国家自然科学基金项目（51878142，51778125，51778078）
"十三五"国家重点研发计划项目（2019YFD1100801）
重庆市自然科学基金面上项目（cstc2021jcyj-msxmX1055）
重庆市研究生教育教学改革研究重点项目（yjg132028）

城市规划社会学（第 2 版）

吴晓　魏羽力　黄瓴　编著

U0380371

东南大学出版社
SOUTHEAST UNIVERSITY PRESS

南京·2023

内容提要

本教材的再版基于"以社会学来审视城市，以城市规划来延伸社会学"这么一种跨学科的初衷和愿景，即以当前城市空间生产的主要技术手段——城市规划为依托，从社会学视角、社会学基础、社会学要素、社会学过程、社会学方法等方面入手，系统阐述城市规划工作的切入角度、理论基础、实施对象、组织过程、技术手段等，旨在实现"社会"和"空间"两个维度的有机连接，也使主要的社会学议题能够在城市规划的语境中被理解、思考和干预。

本教材作为国内城市规划专业以"空间"为主线来讲授城市社会学的专业教材，在编撰上主要立足城市规划专业自身的教学需要，也更加强调相关理论方法面向中国城市规划实践的应用和转化，可供城市规划的研究、编制和管理人员培育使用，也可供地理学、社会学等相关专业的师生参考。

图书在版编目（CIP）数据

城市规划社会学 / 吴晓，魏羽力，黄瓴编著 . — 2

版 . — 南京：东南大学出版社，2023.11

ISBN 978-7-5766-0954-7

Ⅰ . ①城… Ⅱ . ①吴… ②魏… ③黄… Ⅲ . ①城市规

划 – 城市社会学 Ⅳ . ① TU984-05

中国国家版本馆 CIP 数据核字（2023）第 209658 号

责任编辑：孙惠玉 李倩   责任校对：张万莹   封面设计：王玥   责任印制：周荣虎

城市规划社会学（第 2 版）

Chengshi Guihua Shehuixue（Di-er Ban）

编 著 者：吴晓 魏羽力 黄瓴

出版发行：东南大学出版社

出 版 人：白云飞

社 址：南京四牌楼 2 号 邮编：210096 电话：025-83793330

网 址：http：//www.seupress.com

经 销：全国各地新华书店

排 版：南京凯建文化发展有限公司

印 刷：南京玉河印刷厂

开 本：787 mm×1092 mm 1/16

印 张：20.5

字 数：450 千

版 次：2023 年 11 月第 2 版

印 次：2023 年 11 月第 1 次印刷

书 号：ISBN 978-7-5766-0954-7

定 价：69.00 元

自 2010 年《城市规划社会学》正式出版以来，应各方要求已印刷 3 次，累计发行 6 500 册，陆续成为东南大学、浙江大学、山东建筑大学、南京工业大学、广东工业大学、南京林业大学、湖南城市学院等国内诸多建筑院校的主要使用教材，在一定程度上契合和满足了当时城市规划专业的培育需求。

在之后的 10 年里，国内形势和各项事业都有了新的发展和显著变化，尤其是党的十八大的召开和"新型城镇化"战略的提出，"人本＋生态"主线的强力彰显和"三生协调、四化同步、五位一体"等方略的集群宣扬，均预示着我国将在发展理念、模式和导向上迎来不同以往的重大调整；而其中，中央政府关于创新社会治理、调谐社会关系、改善民生状况等社会性议题的一系列探讨，强调了从生产视角到发展视角的重大转向，更是意味着城市规划领域较以往将承载起更为艰巨的社会职能和专业挑战。

为了应对这一转型和挑战，我们需要将经典的"空间"议题置于更为全面的社会生产条件中加以考量，以实现城市规划与社会学的双向渗透与多层面耦合，而本教材的再版正是基于这么一种跨越的初衷：立足城市规划专业本身的教学需要，以当前城市空间生产的主要技术手段——城市规划为依托，联结"社会"和"空间"两个维度，培育学生思考和探求"如何以社会学来审视城市，以城市规划来延伸社会学"，以确保各类社会学议题能在城市规划的语境中被理解、思考和干预。

根据这一设想，新一版教材的修订思路和方向是紧扣和突出"城市规划人才培育"的专业定位的，在保留第一版教材主体骨架和核心内容的基础上，一方面关注新兴学科和学科交叉领域，结合当代科技进步、学科发展和教育改革的新要求，在不少方面做出相应的知识体系增补或是完善；另一方面则是通过和出版社的合作渠道，陆续征集相关高校用户的反馈建议，以此作为本教材再版的直接依据；同时结合教学改革和课程实践，通过持续论证和反复调适之动态，确保新一版教材拥有良好的专业匹配性和积极的使用效果。

按此思路，新一版教材主要做出如下优调和增补：

（1）第 1 章"导论：城市规划的社会学视角"。结合城市规划专业领域的新动向（如城乡规划学升格为一级学科、自然资源部的组建和国土空间规划体系的建立等）和新认知，主要对"城市规划的知识构成""城市规划的发展动向""城市规划的社会学理解"等章节做出了偏结构性的内容重组、知识增补和观点校核。

（2）第 2 章"城市规划的社会学基础"。在保留城市社会学古典渊源的基础上，重点围绕社会学演进的三大理论源流和传统进行二次梳理和展开，不但充实和完善了实证主义［如奥古斯特·孔德（Auguste Comte）、埃米尔·迪尔凯姆（Émile Durkheim）和芝加哥学派］、批判主义（如马克思主义学派）、人文主义［如马克斯·韦伯（Max Weber）、格奥尔格·齐美尔（又译作格奥尔格·西美尔，Georg Simmel）和理查德·桑内特（Richard Sennett）］等核心内容，而且有意识地增补了关于批判主义与城市规划、新城市社会学"空间转向"的全新探讨，并尝试以"空间"为主线来贯穿和组织内容。

（3）第3章"社区研究与社区规划"。在维系社区概念、静态系统、动态系统等基本知识和既有原理讲授的基础上，紧扣近年来城市更新背景下社区规划和社区营造之热点，以多年科研积累和规划实践为依托，于后半章整体性增补和系统化阐述了国内外城市社区发展与规划演变、不同视角下的社区规划思路等全新内容和知识板块。

（4）第6章"城市规划的社会学过程"。在保留和完善原有的社会价值取向、公众参与等基本内容的前提下，重点是结合社区营造、城市更新等热点议题，对上一版的行动规划、社会治理等社会学过程做出了多处增补和调整，并借此更换和新补了部分典型案例（如东京世田谷地区的社区新公共领域、南京小西湖街区的保护与再生等）作为实践支撑。

（5）第7章"城市规划的社会学方法"。在二次梳理社会学技术方法体系的基础上，主要针对"城市规划的研究分析方法"体系，按照"实证主义的科学方法（以定量为主）＋人文主义的理解方法（以定性为主）"两类导向，对多类方法在城市规划领域中的应用特点和要点分别进行了讲解和例证。

（6）其余章节则结合近年来的最新科研成果、工程实践、数据资料、国际典型案例等，对内容统一做出了更新和增补，图表调整幅度保持在1/3—1/2。即使是附录部分，也在保留原有的"社会调查研究报告示例"内容之外，完整新增了"社区更新规划示例"版块（包括重庆市合川区草花街社区和整个渝中区社区的更新）。

依此修订完成的教材共设7章，分别从社会学视角、社会学基础、社会学要素、社会学过程、社会学方法等方面入手，较系统地阐释了城市规划工作展开的切入角度、理论基础、干预对象（社区系统、社会分层和社会问题）、组织运作、技术手段等内容，试图为传统的城市规划领域注入浓郁的社会属性和人文色彩。其中，第1章的第1.2节和第1.3节、第2章的第2.1节、第5章以及第7章主要由东南大学的吴晓教授撰写，第3章和附录（以"社区更新规划"类优秀实践案例的引介为主）由重庆大学的黄瓴教授负责撰写，其余章节则是由南京工业大学的魏羽力副研究员完成，最后再由吴晓教授担任全书的校核和统稿工作。

最后需要一提的是，本书作为国内以"空间"为主线来讲授城市社会学的专业教材，其编撰主要是以国家自然科学基金项目（51878142，51778125，51778078）、"十三五"国家重点研发计划项目（2019YFD1100801）、重庆市自然科学基金面上项目（cstc2021jcyj-msxmX1055）、重庆市研究生教育教学改革研究重点项目（yjg132028）等为依托，汇集和增补了教材编写组多年来所从事的教学、科研、实践等工作的阶段性成果和新进展。

教材编写组

2022年10月

目录

1 导论：城市规划的社会学视角

城市由各种不同的人构成，相似的人无法让城市存在。

——亚里士多德《政治学》

城市是一个复杂的人工系统，除了物质空间以外，还涉及政治、经济、社会、文化等多方面的内容，因此我们很难通过某个单一视角来理解城市；而城市规划工作以促进城市社会经济全面协调的可持续发展为根本任务，以促进土地科学使用为基础，以促进人居环境的根本改善为目标，因此在面对错综复杂的城市条件时，往往会发现土地与空间资源的配置已难以通过单纯的物质性手段加以解决，对空间议题的有效研讨也需置于更为全面的社会生产条件下加以考量，尤其是同社会学的交互渗透已成为当前城市规划工作的一个重要特征。

在当前的新型城镇化背景下，我国的土地开发受限于日趋紧缺的可建设用地和环境资源，城市规划面临着从"增量扩张"向"存量优化"的转变，城市建设也面临着物质空间和社会空间的双重重构，城市规划将面对更多的城市建成环境，其中包含了大量的社会人文方面的内容，需要解决居民、产权、邻里、活力等多方面的问题。这要求相关执业者及教育工作者能够有意识地拓展和借助社会学科的方法，不断拓展城市规划的内涵与方法，为物质空间规划提供社会人文方面的支撑。

简言之，从社会学的视角看待城市规划，可以避免空间布局落入"物质形态决定论"的陷阱，可以加深对城市物质形态背后社会机制的理解，把握城市物质空间与形态背后的"自然过程"。

1.1 社会学与城市社会学

1.1.1 什么是社会学

1）社会学的概念

社会学是从社会整体出发，通过社会关系和社会行为来研究社会的结构、功能、发生与发展规律的综合性学科。在诞生之初，它以研究人类社会的起源、组织、风俗习惯为主，逐渐转变为研究社会发展和社会中的团体行为。

社会学的英文"sociology"由两个部分组成，前半部分的"socio-"源自拉丁文"socius"，即"社会中的个人"，后缀部分的"-logy"则源自希腊文"logos"，即论述或学说。社会学就是关于人类社会的学说。在社会学中，人类不是作为单独的个体，而是作为群体、机构或是社会组织来被看待的，因此我国近代学者又称社会学为"群学"。

2）社会学的缘起与发展

"社会学"作为一门学科最初成型于欧洲，但自人类社会诞生以来，其实就有了关于社会的各种思想和学说。例如，在我国先秦诸子著作中的社会思想、古希腊柏拉图（Plato）和亚里士多德（Aristotle）的学说，以及欧洲中世纪托马斯·阿奎那（Thomas Aquinas）、皮埃尔·阿伯拉尔（Pierre Abelard）和尼可罗·迪·贝纳尔多·德·马基雅维利（Niccolò di Bernardo dei Machiavelli）的社会思想等。只是18世纪60年代爆发的工业革命和快速的城市化进程，在为欧洲城市带来大规模人口的同时，也带来了贫穷、疾病、犯罪等日益凸显的社会矛盾，这便为"社会学"的诞生提供了现实土壤和背景。

1838年，法国哲学家、数学家奥古斯特·孔德（Auguste Comte）在其《实证哲学教程》第四卷中首次提出"社会学"的概念以及对于这门新学科的整体设想，这通常被认为标志着社会学的诞生。在当时急剧变化的社会背景下，资本主义正处在大发展时期，神学与武力正在被理性、科学所代替，许多自然科学（如天文学、地理学、生物学、气象学等）也有了长足发展，而社会学正是作为对现代性突出矛盾的回应而出现的。这一矛盾突出地表现为：世界整体化与个人经验逐渐分裂之间的矛盾。因此，孔德试图将自然科学的方法应用到社会现象的诠释之上，打算用一种物理学的方法来统一所有的人文学科（包括历史学、心理学、经济学等），从而建立一门经得起科学规则考验的学科。原本孔德使用"社会物理学"来称呼这一新的学科，虽然他个人并未真正展开多少社会学方面的研究，但使社会科学最终脱离了人文领域、沿着实证主义的轨道而演进。孔德的目标是使社会研究成为一门真正的科学（即"社会学"），其以自然科学为楷模，力求发现社会构成和变迁的普遍规律，并理性而客观地认知社会。

1874年，英国哲学家赫伯特·斯宾塞（Herbert Spencer）撰写了第一本以"社会学"为标题的著作《社会学研究》（*The Study of Sociology*），其主要特点是将社会与生物有机体进行类比，主要的社会学观点则是"社会有机论"和"社会进化论"。他认为社会同生物体一样，是一个由相互依存部分构成的统一整体和有机体；只是"社会有机体"要比一切有机现象复杂得多，属于一类超有机体。1890年，美国堪萨斯大学开设了最早的社会学课程——"社会学元素"。1892年，艾比安·斯莫尔（Albion Small）在芝加哥创立了美国的第一份社会学刊物《美国社会学杂志》（*American Journal of Sociology*）。1895年，法国波尔多大学也成立了欧洲的第一个社会学系。1919年，马克斯·韦伯（Max Weber）在慕尼黑大学成立了社会学部。1893年，雷恩·沃姆斯（René Worms）成立的"社会学国际小学院"，则是关于社会学的第一次国际合作。

19世纪末至20世纪初，世界上产生了一批卓越的古典社会学家，如斐迪南·滕尼斯（Ferdinand Tönnies）、马克斯·韦伯、卡尔·马克思（Karl Max）、埃米尔·迪尔凯姆（Émile Durkheim）、格奥尔格·齐美尔（Georg Simmel）、维尔弗雷多·帕累托（Vilfredo Pareto）等，他们为社会学的发展奠定了坚实的基础。其中迪尔凯姆通过对有机团结的定义、韦伯通过对合理性的定义和马克思通过对资本主义的定义来理解现代性的主要内涵，恰恰代表了社会学理论研究的三大传统，即实证主义、人文主义和批判主义的理论传统。

20世纪以来，随着消费社会与全球化的兴起，跨地域、跨学科的社会文化研究成为社会学新的研究领域，其中关于"城市"的研究更是成为热点，社会学理论和方法论走向多元化。当代社会学理论主要包括结构功能主义、功能分析理论、现代冲突论、交换理论、社会互动论、现象学社会学和新马克思主义理论等。

中国社会学的演化则与中国社会本身的变迁密切相关：1891年，康有为在广州开设的"长兴学舍"中就开有"群学"的课程（所谓"群学"就是社会学），其将社会进化分为"据乱世""升平世""太平世"三个阶段，并系统地阐述了自己的社会政治理想和观点，其中涉及社会发展、民主制度、国家、家庭和妇女等社会问题；梁启超提出"以群为体，以变为用"的"治天下之道"，指出"群学"是贯通天人之际的根本学问；中国社会学的先驱者严复首先引进了"社会进化论"，翻译出版了斯宾塞的《社会学研究》（亦即《群学肆言》），这是我国整本出版的第一部社会学著作，也标志着西方的社会学被正式引入中国；同期，留日学生翻译了不少包含社会学内容的书籍与讲义，如1902年章太炎翻译岸本能武太的《社会学》、1903年吴建常转译安东尼·吉登斯（Anthony Giddens）的《社会学提纲》（市川源三日文译本）、1911年欧阳钧翻译远藤隆吉的《社会学》讲义等等。这些译著从西方的社会学中汲取养料，吸收了社会进化论、社会有机体论、平衡论以及同类意识等学术观点，在中国传统社会思想中注入了西方社会学思想的新内容，也对社会学在中国的传播和发展产生了较大影响。

3）社会学的主要学说概述

自诞生之初，社会学理论在这个学科领域里就有其特殊的重要性。它作为一种观察与解读世界的方式，重建着我们对世界的认识。

社会学家通常把迄今为止的社会学理论划分为五个阶段：第一个阶段是自社会学诞生的19世纪30年代到70年代末，其代表性人物就是孔德和斯宾塞；第二个阶段是从19世纪80年代到20世纪20年代，这是社会学的形成阶段，其代表性人物就是韦伯和迪尔凯姆；第三个阶段是从20世纪30年代到60年代中期，其代表性人物就是塔尔科特·帕森斯（Talcott Parsons），这个阶段是社会学理论发展史上著名的"帕森斯时代"；第四个阶段是从20世纪60年代中期到70年代末，是各理论流派"群雄割据"的时代，也是著名的"反帕森斯时代"；第五个阶段是从20世纪80年代直至现在，是社会学理论多元综合的新时代，也有人称之为"吉登斯时代"。其中，第一阶段、第二阶段被合称为古典社会学阶段，第三阶段、第四阶段属于现代社会学阶段，目前则处于当代社会学阶段[①]。

古典社会学主要包括迪尔凯姆、韦伯和马克思所开创的实证主义、人文主义和

---

① 参见文军.社会学理论的发展脉络与基本规则论略［J］.学术论坛，2002，25（6）：119-122。

批判主义三大社会学理论传统，这也成为此后社会学理论发展的重要思想源泉；现代社会学理论阶段围绕着社会的现代化展开了一系列的研究，先后发展了三种社会学理论，主要由帕森斯开创的社会理论研究以及一系列反帕森斯的理论所构成；当代社会学理论的成型则基于这么一种背景：随着 20 世纪 80 年代以来全球化、信息化的兴起，传统的社会学理论不断地被修正和综合，而现代社会学理论的"现代化研究范式"也遭遇了前所未有的挑战，全球开始以多元综合的趋向来解释当代社会现象，其中的代表性人物是吉登斯，因此这一时期也被称为"吉登斯时代"。

但总的来看，社会学的主要学说依然是以社会学理论的三大传统和源流为依托，只是在不同的发展阶段中，实证主义、人文主义和批判主义三种趋向以不同的面目交替出现：① 从孔德到迪尔凯姆的实证主义传统，强调社会学理论与自然科学方法的一致性，并开创了客观分析社会整体及其宏观结构的实证研究传统，其希望通过社会学理论研究找到认识和控制社会发展的规律，从而做出"纠正"。② 齐美尔、韦伯开创的人文主义社会学理论传统却强调自然科学与社会科学之间的本质不同，反对社会科学研究中的自然科学倾向，关注社会行动者的主体和主观性。韦伯发展出"反实证主义"的诠释社会学（interpretive sociology），强调社会学研究的对象是人类行为的主观意义。③ 马克思开创的批判主义社会学理论，则以唯物史观为理论基础，使社会学理论在本质上成为一门批判的、革命的学说，并对日后社会学理论的发展产生了重大影响。例如，法兰克福学派的新马克思主义社会学家就反对实证主义的问题和"纠正"观点，认为对社会疾病提出的救治方案，往往是将一个小群体的观念强加到绝大多数人的身上，这样非但解决不了问题，还会使问题恶化。

如今在不断发展壮大、门类众多的社会学理论体系中，若以三大理论传统作为线索加以梳理的话，其大体归属和师承脉络如下：属于实证主义传统的包括现代社会学理论阶段的结构功能主义、交换论和当代社会学中的新功能主义等；属于人文主义传统的包括现代社会学的符号互动论、现象学社会学和当代的理性选择理论等；而现代阶段法兰克福学派的批判理论和当代的沟通理论、新马克思主义的空间生产理论等，则延续了马克思批判主义的传统（主要学说和经典理论介绍详见第 2 章）。

4）社会学的研究对象概述

社会学不同派别对研究对象有着不同的认识。例如，孔德认为社会学研究的是整个社会，是社会现象的基本规律；美国社会学家皮蒂里姆·亚历山德罗维奇·索罗金（Pitirim Alexandrovich Sorokin）认为社会学是研究社会现象之间的关系；韦伯主张社会学研究的是社会行动；帕森斯认为社会学是研究社会制度和社会组织的科学；齐美尔认为社会学是研究人们相互作用的社会形式的科学；迪尔凯姆则认为社会学是关于社会文化的科学。

孔德的社会学概念相当于我们现在的社会科学的总称；迪尔凯姆作为实证主义社会学的代表，提出了社会学的研究对象是社会事实，社会事实的客观实在性是社会学的根本出发点，从而使社会学研究有了明确的范围和实质性的内容；齐美尔认为社会学是一门具体的、专门的社会科学，其研究对象不是世界的总体，而是社会现象中的互动形式："倘若有一门科学，它的研究对象是社会，而不是任何别的东西，那么它就只能研究这些相互作用，这些社会化的方式和形式。"[①]

由此可见，当代社会学所侧重的是将社会关系作为研究对象，因为社会的本质是社会关系的总和，而人类社会是建立在一定社会关系之上的群体。因此可以说，社会学研究的是社会整体的基本构成及其各部分的相互关系。

综上所述，社会学的研究涉及从宏观到微观的一系列内容，从民族、阶级与性别到家庭结构再到个人社会关系模式等，但其重点总会落在社会群体（如社会组织、宗教组织、政治组织以及商业组织等）之间的互动、起源及其发展过程上，分析群体活动对单个成员的影响，关注社会群体的特征、群体间的相互影响及其社会特征（如性别、年龄、种族等）对日常生活的影响等等，其研究结果往往会成为管理者制定公共政策的依据。

5）社会学的研究方法概述

在社会学发展初期，社会学家认为，针对社会事实就应采取因果说明和经验观察的科学方法，使之可以有别于哲学的内省方法和目的论论证方法；而早期的社会学也确实是沿着"理论研究"和"经验社会调查"这两个平行方向演进的。后来迪尔凯姆将二者相结合，不但建立了"理论假设—经验调查—理论检验"的实证研究程序，而且采用多种统计技术将变量分析和多因素相关分析引入社会研究，为如何利用统计调查资料建立社会理论提供了范例；而韦伯却强调和明晰了社会学、自然科学和人文科学的区别，既倡导应用"理解类型"和"主观（投入）理解"的方法对社会现象做出历史的因果解释，也倡导以"价值无涉"的态度保持社会学的客观与中立，因为其认为，作为经验科学的社会学不应承担价值判断的责任，只告诉人们事实是怎样、可能会怎样，而不是指导人们应当怎样；马克思则将辩证法和唯物史观应用到社会发展的研究中，这同样为社会学提供了一种科学的分析手段……就方法总体而言，实证主义偏重于以经验主义和归纳法来理性解析客观社会事实，人文主义偏重于通过价值关联来剖察人的主体性、意识性和创造性，批判主义则秉持社会研究的整体观和动态史观。由此分化和形成的诸多社会学方法大体上可分为两类：实证主义的科学方法（以定量为主）＋人文主义的理解方法（以定性为主）。

其中，实证主义方法确实在20世纪推动社会学的经验调查方法逐渐走向了系统化和精确化，这在很大程度上要得益于现代科学技术手段的发展和引进，并表现为三个方面：① 统计调查方法的完善，统计学的各种方法被大量应用到社会研究中，如抽样统计调查、问卷法和民意测验的广泛应用。此外，计算机技术的发展有助于大量调查数据的处理与分析，并使复杂的多变量统计分析成为可能。② 实地调查技术的精密化与系统化，比如结构化的访谈、观察法的应用、新式调查工具的应用，还有

---

① 参见西美尔.社会学：关于社会化形式的研究［M］.林荣远，译.北京：华夏出版社，2002。

从人类学和历史学引入的参与观察、个案研究、生活史研究、历史文献分析等方法。③ 心理学的实验法和人格测验方法的引入，也丰富了经验调查的手段。

但与此同时，人文主义方法在社会学研究中依然发挥着不可替代的重要作用，甚至 20 世纪 60 年代后，还有社会学家尝试从现象学、语言学、历史学等学科中发掘更为有效的分析手段或是思想方法。其中既包括观察法、访谈法、专题小组讨论法等资料采集方法，也包括一些基于定性资料的研究分析方法（如生活史研究、心理实验、人格测验等典型的人文主义方法），因为学者们坚信，类似的定性方法在理解离散性社会和独特性人文方面仍是一类更好的方法。

总而言之，从社会学发展的整个过程来看，社会调查技术的精密化、社会研究的数量化确实是社会学方法演进的主要方向之一，其有助于社会现象的精确解析；但同时也需要看到，传统的哲学思辨、历史研究、参与观察、案例分析等定性化的人文科学方法，在洞察事物本质、理解人类行为意义方面依然拥有独一无二的地位与价值（具体方法介绍详见第 7 章）。

1.1.2 什么是城市社会学

城市社会学作为城市规划工作展开的社会学基础，是以城市的区位、社会结构、社会组织、生活方式、社会心理、社会问题和社会发展规律等为主要研究对象的一门学科，亦即社会学在城市系统中的延伸和分支。

1）城市社会学的产生与发展

19 世纪欧洲城市人口的急剧增长带来了住房、食物、交通、职业、卫生设施、医疗保健及社会秩序等一系列的城市问题，也自然引起了诸多社会学家的关注。德国社会学家滕尼斯于 1887 年出版的《通体社会与联组社会》（又译《礼俗社会与法理社会》或《社区与社会》）一书，对城市社会与农村社区展开了系统的比较研究。其中，通体社会和联组社会分别以传统农村社区和现代城市社会为代表。滕尼斯将通体社会视为富有生机的整体，认为联组社会不过是机械的集合体。

法国社会学家迪尔凯姆的观点恰好相反，其认为农村社会的基础是一种机械团结，而城市的情况则相反：由于日益复杂和精细的劳动分工，城市居民需要从事不同的职业，彼此联系与相互依存，由此而形成的整体才是不可分割的，才是真正的"有机团结"。

而德国社会学家齐美尔对城市生活进行了系统的社会心理学分析，并在《大都市与精神生活》中提出了个人与大城市情景相适应的种种特征，例如，城市居民对各种刺激的理性回应——淡漠的态度，并认为这对于城市生活而言是必要的。齐美尔和迪尔凯姆一样，从城市生活培养出的冷淡与疏离中也看到了"自由"。

德国社会学家韦伯则在《城市》中提出了"完全城市社区"的定义，指出样板城市必须显示出贸易—商业的相对支配性，既要具备地理位置上的战略地位，而且要具备市场、法院和自治性的法律以及相关的社会联结形式，并且在政治上拥有部分的自治。

滕尼斯、迪尔凯姆、齐美尔和韦伯的城市观以及相关的理论方法，共同构成了古典城市社会学最初的核心价值和理论基础。当然，城市社会学的日趋完善与正式建立，同样离不开大西洋彼岸一大批美国学者（以"芝加哥学派"为代表）的特色研究和不懈努力，自然也就离不开美国 20 世纪 20 年代快速工业化与城市化的大背景。典型者如芝加哥早在 19 世纪末便拥有了 110 万人口，到第一次世界大战结束时其人口甚至逼近了 300 万人，其中 3/4 以上为民族不同、宗教信仰不同、风俗习惯各异的外来移民，贫富悬殊惊人且社会问题众多（表 1-1）。在这样的时代背景下，芝加哥大学的社会学家罗伯特·帕克（Robert Park）、欧内斯特·伯吉斯（Ernest Burgess）、罗德里克·邓肯·麦肯齐（Roderick Duncan Mckenzie）、路易斯·沃思（Louis Wirth）等人以芝加哥作为研究对象和主要基地，对城市现象展开了全面而系统的研究，并借此形成了著名的"芝加哥学派"。帕克不但从城市社会学的角度对城市发展提出了建议，即按商业、工业、交通和住宅划分区域，并按种族、社会和文化的不同自然地分区居住等，而且对城市的劳动分工、组织结构、传播媒介、心理因素做了仔细考察。伯吉斯也对城市社会学的研究做出了杰出贡献，他同帕克于 1925 年合编的《城市：有关城市环境中人类行为研究的建议》是一部公认的城市社会学经典文集；1926 年伯吉斯又进一步编纂了《城市社区》，以此作为《城市》的补充。这两本书也是最早系统研究城市社会学的著作。

表 1-1 19 世纪 50 年代至 20 世纪 40 年代芝加哥的城市人口统计

年代	人口 / 万人	年代	人口 / 万人
19 世纪 50 年代	2.996	20 世纪初	169.858
19 世纪 60 年代	10.926	20 世纪 10 年代	218.528
19 世纪 70 年代	29.898	20 世纪 20 年代	270.171
19 世纪 80 年代	50.319	20 世纪 30 年代	337.533
19 世纪 90 年代	109.985	20 世纪 40 年代	338.456

由此可见，从 19 世纪下半叶到 20 世纪上半叶，正是城市社会学在世界范围内从萌生到发展再到壮大的古典时期，而上述欧美社会学者所创建的一系列卓有成效而又影响深远的成果和观点，无疑对城市社会学领域产生了持续而深远的影响。至于这一时期代表性的理论成果，第 2 章将做详细介绍。

2）城市社会学的研究对象概述

正如前文所述，城市社会学是社会学的分支学科之一，它偏重于社会演化、社会结构、社会组织、生活方式、社会心理、社会问题等的研究，具体对象的内涵如下：

① 城市社会演化方面，包括城市社会的产生、形成和发展规律以及城市化的过程。

② 城市社会结构方面，包括城市的经济结构、劳动结构、职业结构、家庭结构以及阶级和阶层结构等，影响城市社会结构的因素。

③ 城市社会组织方面，包括经济、政治、文化、社区、家庭以及其他类型的社会组织。城市社会学着重研究的是城市社会组织的运行机制。

④ 城市生活方式方面，包括城市生活方式的构成要素、特点以及影响城市生

活方式变革的社会因素等。

⑤ 城市社会心理方面，尤其关注城市社会心理的发展变化对城市社会的影响。

⑥ 城市社会问题方面，如城市建设、人口、住宅、交通、治安、环境保护等等。城市社会学根据城市问题制定对策，以此作为决策的依据与参考。

1.2 城市规划

1.2.1 国土空间规划、城乡规划学和城市规划

2019 年颁布的《中共中央国务院关于建立国土空间规划体系并监督实施的若干意见》明确指出，"国土空间规划是国家空间发展的指南、可持续发展的空间蓝图，是各类开发保护建设活动的基本依据。建立国土空间规划体系并监督实施，将主体功能区规划、土地利用规划、城乡规划等空间规划融合为统一的国土空间规划，实现'多规合一'，强化国土空间规划对各专项规划的指导约束作用，是党中央、国务院作出的重大部署"。在此背景下，统一现有的各类规划并建立"五级三类"的国土空间规划体系，就成了当前我国规划领域的两大重点任务。

其中，国土空间规划和作为一级学科的城乡规划学之间并非一个完全对应的关系。一方面，若从资源保护、资源利用、资源评价、资源与人、资源与技术等维度来寻找相应的知识支撑就会发现，与国土空间规划相关的一级学科竟然多达 26 个，而并非只涉及城乡规划学 1 个学科，其中又有超过一半的学科（如地理学、海洋科学、林学、公共管理等）同国土空间规划工作紧密相关，且主要分布在工学、农学和理学门类；但另一方面，无论是学科的核心知识领域，还是针对"规划"主题的知识体系的完整性，"城乡规划学—国土空间规划"的工作内容之间却有着独一无二、无可替代的高匹配度，理应处于国土空间规划相关学科中的核心位置（图 1-1）。

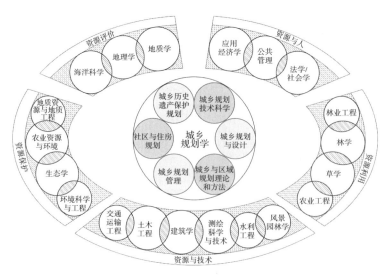

图 1-1　国土空间规划的相关一级学科（以城乡规划学为核心）

因此客观地说，城乡规划学和国土空间规划之间确实存在着一种非对等的包容关系，即国土空间规划有必要也亟须树立城乡规划学一级学科的核心地位，但同时也要兼容、整合和运用其他多学科的相关知识，才能满足其宏大事业的长期需求，并完成规划领域的时代重任。

而城市规划是城乡规划学一级学科下以城市（建成环境）作为重点干预对象和工作范畴的专业领域和子集合，其实也是城乡规划学升为一级学科前高校规划专业教育的传统名称和惯常提法。关于城市规划这一概念，《不列颠百科全书》的权威表述为"围绕城市环境或特定场所中的物质形态、经济功能、社会冲突等问题，对（土地）空间使用所做出的设计与管理活动"；《城市规划基本术语标准》（GB/T 50280—98）的相关定义则是"对一定时期内城市的经济和社会发展、土地利用、空间布局以及各项建设的综合部署、具体安排和实施管理"。可见，城市规划是建设城市和管理城市的基本依据，在确保城市空间资源的有效配置和土地合理利用的基础上，也是实现城市经济和社会发展目标的重要手段之一。

与之相比，城乡规划学的工作范畴明显要更为广泛和更为复杂，涉及城市、镇、乡及村庄等。当然，上述定义都会因为不同时期的城市问题和发展重点的不同，而呈现出包容变化的一面来。那么针对社会日益多元化、资源环境压力日趋严重、城市发展逐步转向以提质为首要目标的时代特征，城市规划工作者究竟要拥有怎样的专业素质，又需要具备什么样的知识体系呢？新时期的城市规划发展趋势是什么，其需要关注的重要议题又有哪些呢？

1.2.2 城市规划的知识构成

著名的规划理论家约翰·弗里德曼（John Friedmann）曾指出，城市规划工作实质上就是一个多学科知识的综合应用过程，即从知识到行动的转化过程[①]。换言之，城市规划是一类涉及若干知识与技术层面的、拥有层次性结构的专业领域，因此，规划工作者也需具备相应的、多层次的专业素质和多维度的知识体系。

1）城市规划的专业素质

从事城市规划工作所需具备的专业素质，主要包括以"基本技能"为保障的四大体系或层次，即知识体系、技术体系、实践体系和伦理体系，现对其分别概述如下[②]（图1-2）：

---

① 弗里德曼曾将规划解释为"规划试图将科学技术知识与公共领域的行动相联系"。参见 FRIEDMANN J. Planning in the public domain：from knowledge to action［M］. Princeton：Princeton University Press，1987：38。

② 本节部分观点参考吴志强. 国土空间规划的五个哲学问题［J］. 城市规划学刊，2020（6）：7-10；石楠. 城乡规划学不能只属于工学门类［J］. 城市规划学刊，2019（1）：3-5；韦亚平，赵民. 推进我国城市规划教育的规范化发展：简论规划教育的知识和技能层次及教学组织［J］. 城市规划，2008，32（6）：33-38。

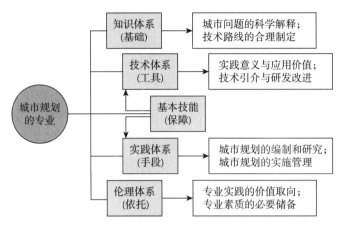

图 1-2　城市规划的专业素质构成

（1）知识体系

知识体系作为城市规划工作展开的内在基础，通常以语言文字和符号系统的形式呈现出来，是"经得起无偏见的观察和系统化的实验"的知识系统与科学理论，包括基础知识、基本概念、思想观念、行为模式、组织机构、政策制度等多类形态。

从渊源上看，城市规划主要有三大知识源头：一是基于工程实践的土木工程和建筑学；二是基于空间观察与分析的地理学；三是基于社会管理的公共管理。若从应用导向上看，城市规划的知识体系则可划分为两大类：其一，以面向城市建设管理的咨询业为主导需求的"规划设计知识体系"；其二，以社会治理为主导需求的"政策规划知识体系"。这二者共同构成了城市规划知识体系的核心内容，既要对各类城市现象和问题背后的规律、原因与机制做出科学的解释和验证，也要协助规划工作者制定合理的规划工作技术路线。

（2）技术体系

技术体系作为城市规划工作展开的专业工具，通常建立在对相关知识体系认知和掌握的基础之上，是"将科学知识应用于实现人类生活实际目标"的专业方法、技能和手段，包括工艺、设备、设施、标准、规范、指标、计量方法等多类形态。因而相比于科学知识，技术体系具有更为明显的实践意义与应用价值，也是我们城市规划教育的核心要素之一。

专业技术体系在城市规划工作中的应用很普遍，如交通流量分析技术、社会综合调查技术、管网综合规划技术等等。若根据不同的服务目的与工作要求，则可将城市规划领域的技术体系划分为四大类，即社会工作方法、政策制定方法、规划设计手段和资源环境领域评估技术；其中，有不少技术方法都交叉建立在了社会学、行政学、概率统计学等专门化的科学知识之上，且会随着时代环境的变化而不断地演进、丰富和更新。

（3）实践体系

实践体系作为城市规划工作展开的主要手段，反映出城市规划鲜明的工科属性和实践导向，而且同上述的"技术体系"休戚相关，只是"实践体系"偏重于技术的实际应用与转化，而"技术体系"更加偏重于以实践为导向的技术引介和研发改进。

从城市规划的实践体系来看，它不仅覆盖了城市规划的编制和研究工作（主要表现为技术的综合应用能力，并对应于前述的"规划设计知识体系"），而且涉及城市规划的实施管理环节（主要表现为工程的行政管理能力，并对应于前述的"政策规划知识体系"）。因此，也有学者将此划归为"规划中的理论"（theories in planning），以区分于"规划的理论"（theories of planning），而且会随着具体制度环境和社会经济的发展而演化[①]。

（4）伦理体系

伦理体系作为城市规划工作展开的价值依托，是一套"关于人类价值和精神表现的人文主义"的知识系统，主要以"社会人"作为研究对象，通过社会伦理和价值精神的发掘和提升来体现规划工作自身的实用意义。

城市规划工作所涉及的伦理体系至少包括四类：其一，一切行为以公共利益为核心的价值观，以此重构规划的职业操守体系；其二，尊重自然、以生物多样性保护原则为前提的世界观，以此重构规划的基本理论体系；其三，尊重历史、重视文化传承与发展的历史观，以此重构规划的基本行为准则和工作程序；其四，以多元包容和社会公平为准则的社会观，以此重新审视规划的对象与均衡发展问题。对于城市建设而言，伦理体系是理想主义信念付诸实践的基石；而对于个人修养而言，伦理体系则是规划工作者提升自身专业素质、包容多元价值取向的必要储备之一。

（5）基本技能

基本技能作为城市规划工作展开的效能保障，反映的是规划工作者以自身的伦理体系为依托，应用相关知识体系和技术体系付诸实践的熟练程度，同实施体系的效果与质量直接相关。基本技能既包括对各类规划编制技术与研究方法的使用水平，也包括某些不涉及复杂知识系统的纯技能，如在文字表述、图形表现等方面所具备的技巧与熟练程度。

2）城市规划的知识体系

一般而言，人类的活动会产生经验，经验的积累和消化会形成认识，认识会通过思考、归纳、理解、抽象而上升为知识，知识在经过运用并得到验证后则会进一步发展到科学层面上形成知识体系。那么，在构成专业素质的"四大体系"中，城市规划工作者究竟需要具备什么样的知识体系呢？

关于这一点，已有部分学者做过不无启益的思索和探讨[②]，尤其是学者石楠

① 参观 FALUDI A. A reader in planning theory［M］. Oxford：Pergamon Press，1973：1-10。
② 相关讨论可参见吴志强.国土空间规划的五个哲学问题［J］.城市规划学刊，2020（6）：7-10；赵万民，赵民，毛其智，等.关于"城乡规划学"作为一级学科建设的学术思考［J］.城市规划，2010，34（6）：46-54；张庭伟.规划的初心，使命，及安身［J］.城市规划，2019，43（2）：9-13；孙施文.我国城乡规划学科未来发展方向研究［J］.城市规划，2021，45（2）：23-35 等。

在《城乡规划学学科研究与规划知识体系》一文中，根据三项代表性成果，从三个角度系统梳理和论证了城乡规划学的知识体系；而城市规划作为城乡规划学一级学科下以城市作为重点工作范畴的专业子领域，不可避免地会在知识体系上延续城乡规划学的诸多学科特点和共性规律。因此，下文所援引的主要成果和观点虽然针对的是城乡规划学一级学科，但对于城市规划领域而言同样富有参考和启示。

（1）代表性成果一：城乡规划学学科升格的必要性论证

2011年，城乡规划学顺应时代需求和学科发展趋势，正式升格为一级学科，这也成为本学科史上具有里程碑意义的事件。为此，国务院学位委员会办公室专门委托住房和城乡建设部人事司，组织有关专家就城乡规划学的升格必要性（包括学科内涵、人才培养、研究方向、理论与方法等）展开了全面而深入的研究。

研究成果建议，在一级学科之下分设六个二级学科方向，即区域发展与规划、城乡规划与设计、住房与社区建设规划、城乡发展历史与遗产保护规划、城乡生态环境与基础设施规划、城乡规划管理，并针对大学教育的不同阶段提出了对应的核心课程设置意见。可以说，上述二级学科方向和核心课程的梳理和设置其实代表和界定的就是"官方认定"下的城乡规划学知识领域。

（2）代表性成果二：《高等学校城乡规划本科指导性专业规范》的确立

由高等学校城乡规划学科专业指导委员会编撰的《高等学校城乡规划本科指导性专业规范》（2013年版）主要是面向本科教学，将城乡规划的专业知识划分为工具性知识体系、社会科学知识体系、自然科学知识体系、专业知识体系4类。其中，专业知识体系又涉及25个知识单元和10门核心课程，核心课程为城乡规划原理、城乡生态与环境规划、地理信息系统应用、城市建设史与规划史、城乡基础设施规划、城乡道路与交通规划、城市总体规划与村镇规划、详细规划与城市设计、城乡社会综合调查研究、城乡规划管理与法规。

可以看出，上述专业规范所建议的知识体系是以"物质空间设计"为核心而确立的，虽然本科阶段的教学内容并不能反映城乡规划学的全部知识体系，但对于其中的核心内容和基础部分而言，无疑是一个很好的可资借鉴的专业缩影。

（3）代表性成果三：《城乡规划学名词》的编撰

由全国科学技术名词审定委员会公布的《城乡规划学名词》，是一项规范性、研究性、协调性、长期性的基础性工作。其中关于名词框架的拟定，其实就是一个对学科知识体系的梳理过程：一是对外必须划定学科之间的"边界"，尤其是与其他学科存在交叉的领域，需要学科之间相互协调，明确各个学科的收选范围；二是对内必须划定该学科内部各知识领域的收词范围，这也需要明确学科知识的内部组织体系，确定各分知识领域的收选范围；而定名和定义工作，则是对知识单元、知识点的甄别、遴选与诠释。

几经研讨和遴选，《城乡规划学名词》最终设置了城乡规划总述、城乡与区域规划理论和方法、城乡规划与设计、城乡规划技术科学、社区与住房规划、中国城市建设史和遗产保护规划、城乡规划管理7个部分，共1 460个条目；在每一个部分所涵盖的知识领域下，又涵盖了若干知识单元和知识点，这些共同组成了城乡规划学的知识体系（图 1-3）。

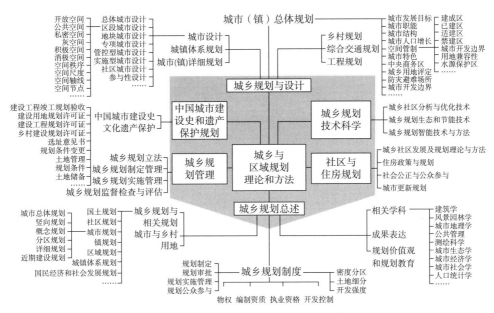

图 1-3 《城乡规划学名词》所呈现的知识体系示例

回顾上述三项成果中对于城乡规划学知识体系的梳理，不难发现，今天的城乡规划学正在经历一种全新的整合过程，"空间规划与设计"依然是其最为核心的部分，但是有越来越多的分支学科正在以不同的方式渗入传统领域；尤其是十三届全国人大一次会议以来所推行的国务院机构改革以及自然资源部的组建，更是要新补和融入土地规划、城市管理、土地资源管理等方面的诸多专业知识。这些均会对本学科知识体系的重组产生巨大影响，从而促使城乡规划学一级学科呈现出综合性强、交叉性强、成长性强的特点。

受其影响，城市规划作为城乡规划学一级学科下以城市作为重点工作范畴的专业子领域，同样是一个社会实践性极强、以未来为导向的综合统筹性领域，同样需要汇聚和应用自然科学、人文科学、艺术科学乃至管理科学的相关知识内容，这就需要以城乡规划学一级学科的知识体系为借鉴，经取舍和调整而建立一套覆盖科学、人文、工程与技术等不同维度的知识体系（图 1-4）。该体系以自然、人工和支撑三大系统为依托，不同的知识维度和专业方向之间交叉渗透，则又会衍生出新的知识领域。

其中尤需一提的是，人文知识及其社会学科在城市规划的知识体系下占据着显著的一席之地，这也就意味着：如何实现"以人文社会科学来审视城市，以城市规划来延伸人文社会科学"，对于未来的城市与区域开发、可持续的环境建设、社会经济发展、人才培养等来说，拥有不言而喻的价值和意义。

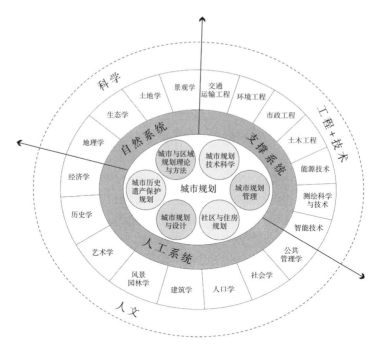

图 1-4 城市规划的知识体系示意

1.2.3 城市规划的发展动向

以城市规划的专业素质和知识体系为依托，规划工作者一方面需要追踪和把握本领域的国际前沿与发展趋势，以专业实践为依托，致力于在理论研究、应用技术等方面寻求创新和突破；而另一方面则需要关注和推进城市规划领域的重要议题，直接服务于国家、地方和城市的建设与发展，同时满足社会实践对于专业发展的要求，通过完善其知识体系来提升中国城市规划专业的国际影响力。

1）城市规划的发展趋势

近几十年来，城市规划领域在对可持续发展的关注、数字技术发展以及当代社会和艺术思潮流变的共同影响下，实现了一系列理论与方法上的突破，并逐渐汇成一股国际趋势：相关的各学科门类之间不但出现了越来越明显的专业分工倾向，而且产生了某些基于人类共识的跨学科综合研究的领域。由此而形成的规划前沿主要包括以下方面：

① 关注世界城市化进程，特别需要洞察以中国为代表的发展中国家的城镇化路径及其会给规划工作带来什么空前挑战。

② 基于对急速消耗的自然资源和可持续发展思想的深刻理解，思考如何建构应对气候环境（如实现国内"双碳"目标）的绿色城市规划理论与方法。

③ 面对全球化背景和城镇化浪潮，思考如何实现历史城镇空间和历史文化遗产的合理保护和利用。

④ 依托大数据、信息网络技术和多类数字平台，思考如何促进智慧城市建设与智能规划创新。

⑤ 针对城市各类公共安全风险（如蔓延全球的新型冠状病毒感染），思考如何提升城市韧性和防灾减灾效能。

⑥ 聚焦与人类生存需求休戚相关的生活空间，思考如何推动高品质的住房建设、住区规划和社区发展。

⑦ 正视城乡空间的复合性，思考如何发掘其空间中所承载的社会、文化、经济、政策等人文属性。

上述研究的推进和展开将更多地依赖于多种学科背景的团队，并大多以各高校的相关院系和研究机构（如建筑系、城市规划系、城市与区域规划研究中心）为依托；同时，也有部分国家和城市政府组织和参与过一些涉及国家城镇化政策、数字城市、绿色城市等方面的重大项目研究。正是这些前沿性的研究，使不少一流学校确立了自身规划专业在国际上的学术地位与重要影响。

例如，美国的加利福尼亚大学伯克利分校凭借其城市空间理论研究的传统优势，进一步拓展了对影响城市和建筑空间生成的社会—经济—文化因子及其理论的整合研究；美国的康奈尔大学、宾夕法尼亚大学、麻省理工学院、加利福尼亚大学洛杉矶分校在城市与区域规划方面具有国际领先水平；美国的卡内基梅隆大学借助学校在计算机科学方面的发展优势建立了数字技术与环境工程相结合的学科平台；英国的伦敦大学学院和美国的佐治亚理工学院则在"空间句法"（space syntax）的数字化及其同社会人文学科的结合方面取得瞩目进展。

另外，英国的卡迪夫大学、利物浦大学，德国的柏林工业大学，俄罗斯的莫斯科大学等在城市规划与设计领域成绩斐然；瑞士的苏黎世联邦理工学院在计算机模拟、地理信息系统（Geographic Information System，GIS）技术应用等方面的进展也十分突出；法国的巴黎第十二大学、日本的东京大学则在交通规划方面享有世界性声誉等。

2）城市规划发展需要关注的重要议题

近20年来，我国城市规划经发展已形成了多类知识领域和专业方向，这也在一定程度上印证了当今城市规划领域的国际发展趋势。鉴于此，本节将从中遴选相对重要和更具迫切性的专业议题，分别对其意义和内涵、内容和要求进行概述；而这八个议题作为当前中国城市规划的发展重点和未来突破方向，也有望在一定程度上发挥学科引领和带动作用[①]。

（1）城镇化道路与城乡空间发展研究

过去10余年来，中国常住人口的城镇化率年均提高1.39个百分点，并在2020年升至63.89%，城市数量也达到了687个。可以说，中国城镇化已经完成了由"乡村中国"到"城镇中国"的蜕变而步入城镇化的下半场，城市群、都市圈也将成为未来中国经济发展的重要引擎。因此，如何有效推进以人为核心的新型城镇化，解

---

① 本节部分观点参见孙施文. 我国城乡规划学科未来发展方向研究［J］. 城市规划，2021，45（2）：23-35。

决由此引发的人地关系、城乡关系、区域关系、社会关系等一系列问题，便成了目前亟待解决的一项理论与实践难题。

该议题的研究内容可分为两个方面：其一是中国城镇化研究的理论框架和预测调控，涉及城镇化的空间过程、动力机制、数理模型、边界条件、预测与调控等，重点是城镇化的路径、模式与机制研究，比如发挥小城镇和基础设施引导生产要素聚集与扩散的积极作用、优化经济结构和增强国家低碳经济发展实力等；其二则是中国城乡空间的统筹与重组，包括小城镇最佳人居环境规划研究、新型城镇化与城乡空间重组研究（如新产业空间、新商业空间、新城中心区）、大型基础设施建设（如南水北调工程、高速铁路工程）与城乡空间的互动协调研究等等，主要是从资源、生态、产业、社会、空间等多角度切入，探讨转型期城乡空间的分异、重构、重组所带来的形态、结构、功能上的新变化，并强化城市空间管制和促进城镇集约发展。

（2）区域协同发展研究

长期以来受行政部门分工及相关制度的约束，我国规划界相对缺少对区域规划的全面研究；而由于中国"市"的概念及其行政建制的独特性，"市域"本身就具有区域性特征，市域规划实质上就是区域规划，这就需要在生态文明和区域治理视角下，建立各级行政区范围内覆盖全域、全要素、全使用方式的区域性规划的基础架构。

该议题的研究内容主要包括三个方面：其一，探寻适用于以地域空间为单元进行综合治理的区域规划方法。综合平衡、统筹配置从自然环境到人工建成环境完整系列的各类资源要素和空间使用活动，建立统一的保护开发利用修复治理的总体格局。其二，研究建立并完善跨行政区域的协调机制及其规划的方法。地区间的统筹和协调始终是区域规划的核心和关键，因此需要协调好各地区保护与发展的关系及其引发的利益关系，协同好各地区的发展步骤和行动纲领，促进各地区有特色、有差别又相对均衡的可持续发展。其三，城市群、都市圈是我国新型城镇化的主体形态，优势地区、中心城市也依然是未来发展的主要载体，因此需要改变过去"重城区组织、轻区域关系"之倾向，针对处于不同城镇化发展阶段的地区实施差异化的区域协调政策，真正建立由具有一定内在联系和互动作用的若干城市所组成的整个区域的整体协同，这就需要通过机制创新来提升区域治理能力，从而在社会经济合作、资源和生态环境保护利用、基础设施公共设施互通共享等方面形成全方位的多中心、网络化的格局。

（3）面向国家治理的规划主体框架研究

对公共事务进行干预的城市规划，既是国家治理体系的重要组成部分，也是国家治理过程展开的重要手段。因此，只有在特定的治理框架下讨论规划该怎么做、规划该提供怎样的知识体系和方法手段才有意义。这就需要将城市规划放置在公共干预的交界面上进行探讨，也唯有此才能为规划实践提供真正有用的知识基础和理论指导。

从这样的角度出发，该议题的研究内容主要包括四个方面：其一，从国家治理体系和治理能力现代化的角度来改革、充实和优化同规划制度体系相关的知识内容，深入研究国家治理体系中规划的作用和地位、规划同其他相关制度和运行的关系，从而将规划有效地编织进国家治理的网络体系之中；其二，从公共干预的角度来认识规划的本质，并在此基础上重构规划的知识体系；其三，加强和完善规划的方法论研究，其关键是建构起多种公共干预手段相综合的方法论体系；其四，在强调多学科融贯的基础上，更加聚焦于"为规划而研究"，将研究重点转移到对规划实操进行支撑的内容上以及面对具体问题的解决对策上，切实推动空间治理的现代化。

（4）城市更新理论与方法研究

当前，以资源约束条件下的精明增长替代以往粗放式、蔓延式的城市拓展，实现从"增量规划"到"存量规划"的逐渐转型，开始成为我国城市规划与建设的"新常态"。这就需要在理念上探索以人为本、全面提升城市生活品质的更新路径，在方法上实现"目标导向下的理想型规划—问题导向下的实施型规划"的转变，并达成共识如下：延续性——城市更新贯穿于城市演化的全过程，其政策重点已从大规模的贫民窟清理转向社区邻里环境的综合整治和社区活力的复兴；系统性——城市更新手段已由单一的物质环境改善转向社会规划、经济规划和物质环境规划相结合的综合性更新，其所牵涉的区域也不再限于衰败地区或是贫民窟局部，而更多地置于社会、经济、文化的整体关联中加以考虑[①]；渐进性——城市更新模式从急剧的外科手术式推倒重建转向小规模、分阶段和适时的渐进式、有机式改善。

回溯相关研究进展还可发现，国内学者主要遵循"知识经济对城市更新的推动—城镇化对城市更新的推动—三旧改造"的路径而展开，国外学者则遵循"棕地再利用—生态保护和城市景观设计—人居环境和社区融合"的路径而展开。该议题的研究内容主要包括四个方面：其一，关于城市各类功能空间更新的差异化路径研究，包括社区营建与邻里复兴、工业区更新与再生、公共空间塑造与品质提升、旧城改造与城市双修、历史文化遗产保护等；其二，关于城市更新的可持续性研究，主要围绕更新活动的绿色技术体系和绩效评估体系而展开；其三，关于城市更新落实的运行机制和管理体系研究，涉及法规政策、操作平台、管理机构、收益共享等；其四，关于城市更新的新理念、新方法、新技术研究等等[②]。

（5）城市住区规划与社区发展研究

居住空间与人类自身的生存需求休戚相关，社区更是城市中分布最广泛、最基本的社会学单位，因包含了社会关系的各种要素而成为社会的重要缩影；而针对住区规划和社区发展展开研究，既是实现全体人民住有所居、居安其屋之亟须，

---

① 简·雅各布斯（Jane Jacobs）、赫伯特·甘斯（Herbert Gans）等人就曾认为，以往的更新是对地方性社群的破坏，因为城市更新不仅仅是一个经济上投资和物质环境上改善的问题，同时还是一项深刻的社会规划和社会运动。

② 参见黄婷，郑荣宝，张雅琪. 基于文献计量的国内外城市更新研究对比分析［J］. 城市规划，2017，41（5）：111-121。

也是全面建成小康社会和提升人居环境品质之必需，长期以来吸引了多方学者的孜孜探求。

该议题的研究内容主要包括四个方面：其一，住区规划与环境研究，在解决基本居住问题、满足基本公共服务和基础设施的基础上，寻求住区规划的新理念、新方法与新途径，并搭建改善城镇人居环境的应用技术平台；其二，住宅供给体系研究，重点是如何建构多层次、多梯度的住房制度及其合理的供给体系，尤需关注和完善我国的保障房供应体系，使各个阶层均能共享改革成果、拥有平等的发展机会；其三，社区规划研究，结合社会基层治理的需要，完善社区空间结构，营造高品质、有活力的社区生活环境，为共建、共治、共享的社区发展提供支持；其四，社区视野下的特殊群体空间研究，关注中低收入家庭独特的日常生活实态、时空行为规律和基本利益诉求，覆盖新就业人口、流动人口、老年人口、少数民族人口、传统产业工人等多类弱势群体及其聚居区，其边缘化属性和普遍性生存已成为解析和影响我国城市社会空间结构的核心变量之一。

（6）韧性城市的规划应对研究

在现代化、全球化的进程中，全球环境变化给城市发展带来的压力和风险与日俱增，追求主动适应各类扰动、动态演进调控的"韧性城市"研究也因此而受到广泛关注。在我国既往的城市规划中，有关地震、洪水等防灾、减灾、救灾的内容历来是规划的重要内容之一，并且与规划的空间组织与整体布局息息相关。正在经历的新型冠状病毒感染公共卫生事件也在警醒我们：只有更加关注城市韧性，城市规划才能为健康、安全、美丽的人居环境建设做出贡献。

该议题的研究内容主要包括三个方面：其一，拓展"韧性"的关注范围，要从风险社会的角度来全面理解未来风险可能。未来风险包括的不只是各种自然灾害，还应包括各类社会经济、公共卫生、战争等方面的内容；不仅包括防灾、减灾、救灾的要求，而且要关注当各类自然和人为灾害发生时的可承受性、可适应性和可恢复性。其二，重视"韧性"的社会维度和制度维度，而不只是设施和工程建设。这就需要同城市空间治理体系和治理方式相结合，在规划中落实不同层级、不同内容的监测预警、应急救治、恢复和常态化管理的需求，完善城市空间结构。其三，关注城市社会经济结构变动中可能出现的局部衰退现象，提升空间结构韧性。借鉴国际经验来探析各类收缩现象的社会经济和空间格局演变特征，不但为相关社会经济问题的解决提供预先安排，而且需要将防范、治理、重构的要求融入城市规划和发展策略之中。

（7）城市规划实施评价研究

近年来有所展开的城市规划实施评价，作为推进规划工作的重要基础和手段，既要对现有规划的内容和方法进行检验和反思，也需要对规划实施的机制体制进行梳理，并对规划作用机制和现存问题进行剖析，才能为规划体制机制的改进和规划内容、形式的完善提供依据。

该议题的研究内容主要包括三个方面：其一，建立正确的实施评价方法论，改变过去为修建性详细规划而进行规划评价的导向，要真正揭示规划实施中的问题，要找到有些规划内容为什么能够实现、有些内容为什么没有实现或者实现有限的真实原因，从而为后续的规划内容和实施寻找相应的对策；其二，从规划实施后的使用状况、绩效以及社会满意度等方面入手，揭示什么是好的规划、什么是好的规划成果，而不是对规划方案、规划图件的"纸上谈兵"，这样才能真正推进规划内容、规划方法、规划技术的改变和进步，才能不断地累积有效的规划知识和实现知识生产；其三，在国际比较研究的基础上，从规划实施评价的过程及其成果中提炼出中国规划和实施的独特性，并统合社会、经济、政治等因素来阐释其独特性产生的原因和机制，从而为城市规划知识的生产和中国规划理论的提出奠定基础。

（8）智能规划技术与方法研究

大数据、互联网、信息技术等的演进和应用，作为当代城市规划科学水平度量的显著标志，在改变人类生产和生活方式的同时，也对城市规划工作产生了两个方面影响：一方面，生产方式、生活方式、交通通信方式等的变化以及伴随而来的社会观念、社会认识的转变，会进一步改变城市社会经济的组织模式和公共干预方式，进而推动城市规划从理念到方法技术的变革；另一方面，城市规划对于人工智能等新技术的运用必将会改造规划的方式方法，并引发技术手段乃至认识问题、分析问题的方法改变，进而影响到规划的知识基础。

该议题的研究内容主要包括四个方面：其一，城市地理信息系统（GIS）的应用，包括信息查询与实时更新、土地利用动态监测、资源环境承载能力和国土空间开发适宜性评价、辅助城市规划编制（如城镇体系规划、历史街区保护与城市设计）和城市规划管理等等；其二，城市遥感（Remote Sensing，RS）技术的应用，包括人口遥感估算、大地测量和遥感制图、大气环境和热场遥感分析、环境污染与地质监测、土地利用变化分析、城市道路与交通分析、城市绿色生态系统评测等；其三，城市与区域规划模型系统（Urban and Regional Planning Modal System，URPMS）的应用，核心功能是规划模型和数据分析；其四，数字城市关键技术的应用，包括人工智能和机器学习（machine learning）算法、城市空间基础设施数字技术、城市仿真与虚拟现实（Virtual Reality，VR）技术等以及各类数字技术平台，尤其是大数据分析技术在当前规划工作中"基础调研—专题分析—方案生成—实施管理"的全链条式渗透。

可以预期，伴随着未来智能技术的发展，关于该议题的探索还将从以下两个方面推进城市规划知识体系的完善：其一，有助于对城市发展要素及其互动关系的梳理，因为智能技术的应用（从信号到信息的转化）多会涉及对城市各类发展要素构成、相互作用及其变化响应的认知，而机器学习的过程及其成果恰好就是一个不断梳理城市规划认识论及其知识基础的重要机会；其二，有助于在规划应用中推动智能技术的新发展，因为智能技术能否实现对环境和形势变化下的未来状况的评判和价值初筛，就是智能技术在规划过程中成功应用的关键所在。

除了上述的智能技术应用外，城市相关的工程技术应用还包括以下方面：在环境工程方面，有废水、固体废弃物的处理和回收利用；在交通运输工程方面，有交通发展战略、预测、规划、政策以及新型交通方式的普及；在能源技术方面，则有汽车燃料的改革和无害化、城市能源结构的合理配置、新能源和清洁能源的推广等。除上述内容外，还会涉足专业技术应用、技术标准制定、工程规划编制等环节，这里不再一一详述。

最后需要一提的是，以应用和解决问题为导向的城市规划工作通常以策略性、行动性的知识生产为特征，因此上述规划议题的研讨也不可避免地要响应社会经济发展、治理体系变革和实践工作的需要，其既有可能在不同的方向、不同的领域分头并进，也有可能在实际问题解决的过程中交互作用而相互配合、相互带动。其中还有不少规划议题都同人文社会科学密切关联，这也就意味着，许多议题的有效研讨仍需被置于更为全面的社会生产语境下加以审视和思考，从而促进社会学和城市规划的交互渗透和彼此辐射，这已成为当前城市规划国际前沿的内生动力和必然走向之一。

1.3　城市规划的社会学理解

在城市规划工作中我们常常会发现，有多方利益主体需要协调，有诸多决策需要公众参与，有新旧社会矛盾需要面对……这就使城市规划在某些情境下愈来愈明显地呈现出一种社会规划的特质。因此，本节将锁定城市规划领域日益浓郁的社会属性与人文色彩，引入和因借社会学的独特视野来把握转型之中的城市规划工作，进而实现城市规划与社会学的双向辐射。这就会涉及两大领域在多层面、多方向上的交互渗透，其中的典型表现包括两个方面：一方面以城市规划为载体，审视社会学的辐射渗透，既包括形而上的理论体系影响，也包括形而下的技术方法借鉴；另一方面则以社会学现象为载体，审视城市规划的辐射渗透，主要表现为社会现象的空间解析和社会问题的规划干预等。

1.3.1　社会学渗透下的城市规划

1）理论层面：为城市规划构建社会学基础

经历上百年的演替和完善，城市社会学不但成就了欧洲偏重理论抽象、理性推导的研究传统和美国重视经验研究、问题导向的应用特征，而且形成了门类众多的理论学派和各具特色的重点领域。不过就理论传统和思想源泉而言，其所依托的仍是社会学的三大传统，只是在不同的阶段以不同的趋向交替出现，给包括城市规划在内的相关学科带来了不同影响。

（1）理论源流之一：实证主义传统

孔德强调社会学客观的学科属性，希冀能以自然科学为范本，理性而客观地认识社会，发掘社会构成与变迁的普遍规律；迪尔凯姆则进一步发展了孔德的实证主义，采用多种统计技术将变量分析和多因素相关分析引入社会研究，为如何利用统计调查资料建立社会理论确立了典范，也开创了客观分析社会整体及其宏观结构的实证研究传统。总之，该传统以社会事实的客观实在性为根本出发点，强调社会学理论与自然科学方法的一致性，希望通过社会学理论研究找到认识和控制社会发展的规律。

受其影响，城市规划工作往往会展现出一种"工具理性"的技术特征，这类"理性模型"有三个特点：其一，在目标定位上，它希望通过各类实证方法，建立放之四海而皆准的普适性模式来确保社会的公正与效率；其二，在基本立论上，它认为城市区域作为复杂的大系统，只有科学才是破解问题的终极路径，因此城市规划并非什么艺术或是手艺，而是更接近于一门工程技术、一门理性的系统科学；其三，在技术路线上，随着现代科学技术手段的发展，它更倾向于在规划研究和编制中引入计量统计、实验法、人格测验法等更为系统化、精确化的自然科学方法，建立"理论假设—经验调查—理论检验"实证研究的标准程序[①]。

（2）理论源流之二：人文主义传统

同样是为了保持社会学的客观与中立，韦伯采取的却是"价值无涉"的治学态度，认为作为经验科学的社会学本应剥离价值判断的职能。在此基础上，韦伯更是发展出具有"反实证主义"色彩的诠释社会学，强调社会学研究的是人类行为的主观意义，关注的是人类及文化价值，而反对社会科学研究中的自然科学倾向。与此同时，韦伯学派虽然不否认社会结构中的个体存在，但认为个体行为还是相对自主的，因此由不同利益群体构成的城市也必然拥有多元的价值观。总之，该传统强调自然科学与社会科学之间的本质不同，关注社会行动者的主体，强调人类行为的主观性与文化价值的多样性，倡导运用"理解类型"和"主观（投入）理解"的方法做出历史的因果解释。

受其影响，城市规划工作往往会展现出一种"协调—沟通"的人文特征，使其有可能在技治主义之外寻求一条渐进之路，打破城市规划中技术与社会的两分。其中，又以保罗·大卫杜夫（Paul Daviddoff）的"倡导性规划"最为著名。他强调社会对规划的多方案选择，认为规划决策的关键不在于寻找效益的最大化，而在于找出不同价值差异的趋同性[②]。柯林·罗（Colin Rowe）也通过《拼贴城市》表明，城市规划者应在不同的价值观和美学中寻求平衡，以"拼贴"的方式来解决城市中的矛盾与冲突，倡导在城市建设中采用"零敲碎补"的方式，而非大规模大尺度的改造。

这类规划模式的特点有三个方面：其一，在目标定位上，它摒弃对于普适性模式的无限追逐，希望因地制宜地建立能得到更多利益主体接受和认可的多元模式；其二，在基本立论上，它认为城市规划是一种面向大众的社会服务，是各类社会利益的协调者，因此必须建立在各专业设计者、城市居民、公众和政治领导人之间协

[①] 参见侯钧生.西方社会学理论教程［M］.2版.天津：南开大学出版社，2006：247。

[②] 大卫杜夫在《规划中的倡导性和多元主义》中提出，既然公共利益的分化不可避免，规划师又难以在不同价值取向的权衡中真正做到公正，就应放弃公共利益代言人的角色，投身到社区、组织和团体中为他们的利益辩护，通过图纸、辩论、协商的方式来解决彼此价值和目标上的分歧。当价值观存在分歧时，"好"即意味着共识。在他看来，城市规划可以为不同的价值观提供一个博弈的平台，并使这一过程公开化。

作配合的基础上，并鼓励在公众参与间寻求共识；其三，在技术路线上，根植于人文科学的特定方法依然发挥重要作用，其中既包括观察法、访谈法等资料采集方法，也包括一些基于定性资料的研究分析方法。

（3）理论源流之三：批判主义传统

马克思对于辩证法和唯物史观的引用，为社会学提供了一种科学分析手段。在此基础上，亨利·列斐伏尔（Henri Lefebvre）所创建的"空间生产"理论打破了经典城市理论中空间的独立化和客观化倾向，指出空间的生产实质上是一个社会关系重组与社会秩序实践性的建构过程。他还批判资本主义的城市规划是国家权力主导城市空间的生产，使设计沦为一种仅仅关心抽象的、与人无关容器的工具。大卫·哈维（David Harvey）则直接将资本主义经济的发展和资本循环同城市空间、时间的改造联结起来，将城市人造环境的规划和建设界定为资本的第二循环。总之，该传统以唯物史观为理论基础，作为一门批判性的革命学说，反对抽象的，仅仅作为物质生产容器和媒介的城市空间观，批判城市规划本身的权力实践特征和资本流通属性，也批判作为一种技术工具而存在的现代城市规划，更反对将小群体观念强加于大众的救治方案。

受其影响，城市规划也逐渐展现出一种"自下而上"的政治经济特征，其特点包括三个方面：其一，在目标定位上，它希望改变过去"自上而下"的政府强势规划模式，转而探求一种自下而上实现社会价值分配的模式，如战后曾倡导的联络性规划和协作性规划。其二，在基本立论上，它认为城市空间是同城市社会过程相联系的社会性产物，其规划不宜再限于政府公共行政权力的实践和凌驾于公众的决断，而应强调专业人员在市场、公众政府和部门之间的集体联络和协作沟通作用。于是，专业人员的城市研究更加深入，但对问题的表述却趋于低调和谨慎，社会力与市场力逐渐成为城市发展的主动力，政府却更多地扮演起市场补充者和社会协调者的角色。其三，在技术路线上，它通过辩证法和唯物史观的支撑性引入开创了一种科学的分析手段，但同样反对现代城市规划中过度的技术工具痕迹和自然科学倾向。

2）技术层面：为城市规划引介社会学方法

社会学同时也是一门拥有多重研究方式的学科，其由高到低可划分为方法论、具体方法和技术手段三个层次，并因三大理论取向的根本性差异而产生了不同程度的分化，这些均为城市规划工作提供了丰富而有效的"方法库"（具体方法介绍详见第7章）。

在方法论层次上，三大理论取向就截然不同甚至针锋相对。实证主义偏重于以经验主义和归纳法来理性解析客观社会事实，具有自然主义倾向；人文主义强调自然科学与社会科学的本质区别，突出人的主体性、意识性和创造性，倾向于通过价值关联来剖察人的"主观意义"；批判主义则以辩证法和唯物史观为支撑，以社会基本矛盾分析为根本手段，秉持社会研究的整体观和动态史观，强调研究过程的经验性、实践性等。

在具体方法层次上，有资料采集方法和研究分析方法两大体系。资料采集方法包括观察法、文献法、问卷法、访谈法、实验法等，对于不同的社会学理论源流而言，其在数据资料的获取方面都是必不可少，且应用方式大同小异；但是针对所采集数据资料的研究分析方法根据不同的理论取向却存在着明显分化，大体上可分为两类，即实证主义的科学方法＋人文主义的理解方法，二者相互对立而又相辅相成。城市规划工作"跨界"引用和借鉴的许多方法，实际上都源于这一层次。

在技术手段层次上，则涉及指标设计、问卷设计、记录、摄影、录音、校订、补遗、指标测度等具体技术和操作手段。其中，支撑资料采集方法的技术手段对于不同的社会学理论源流而言大体相似，而支撑研究分析方法的技术手段则会因为实证主义的科学方法和人文主义的理解方法应用而有所取舍和不同侧重。

1.3.2　城市规划渗透下的社会学

1）诠释层面：为社会现象提供空间解析

（1）社会现象之社会学解析的历史局限

社会学是一门从社会整体出发，通过人类群体、社会结构与社会行为来系统研究人类社会生活及其发展规律的综合性学科。社会学立足人文社科领域本体经验和学科惯例的社会现象诠释，无论是源于实证主义、人文主义还是批判主义的源流取向，往往都会针对诸多社会要素（如社会结构、社会组织、生活方式、社会心理、社会关系、社会变迁等）的社会基础和特征规律做出综合性阐释。而且在以前很长的一段时间内，社会学的现象解析都表现出两大共性：在方法上注重于社会调查、文献查阅、模型构建和统计分析，而弱于空间信息数据的提取和图解；在内容上则偏重于本源的社会属性挖掘和归纳，而弱于空间本体规律的揭示和匹配（多数只是将空间视为机械、客观的外部物理环境）。

在这一演化过程内，或许只有从社会学体系中分化成长起来的城市社会学聚焦于城市，在"空间分析"方面取得了局部进展，形成和积累了以人类生态学为代表的一批重要成果，包括居住隔离和空间分异、族群聚居、社区邻里、城市贫困空间、越轨行为空间等。直至20世纪70年代，社会学才算是实现了真正意义上的"空间转向"。在列斐伏尔、米歇尔·福柯（Michel Foucault）、哈维、曼纽尔·卡斯特（Manuel Castells）、皮埃尔·布迪厄（Pierre Bourdieu）、吉登斯等一批社会学家的共同推动下，"空间"议题开始成为西方社会学所关注的主流问题，空间概念也由此成了社会学的核心概念之一。其中，列斐伏尔所创建的以"城市空间既是产物又是生产过程"为核心的空间本体理论，认为"空间"是社会实践的产物，是包含了资本主义生产关系和支持资本主义再生产的重要载体，而反对仅仅作为物质生产容器和媒介的城市空间观。

（2）社会现象之城市规划解析的空间优势

城市规划作为规范城市发展建设、研究城市合理布局和综合安排城市各项工程建设的综合性部署，从某种意义上看就是为各种人类活动提供相应空间的综合决策过程。"空间"既是城市规划综合部署落实的基本手段，也是城市规划学科恒久不变的核心要素之一。因此，城市规划完全可以为社会学现象提供"空间"视角下的新诠释和新认知。

围绕着"空间"主题，城市规划至少有以下两个方面具备专业优势：

其一，关注城市空间的本体规律及其相应的规划导控路径（如形态、尺度、序列、结构、用途、演化等），其最初源于艺术审美、心理感知和整体环境应对的"朴素空间观"，在本质上迥异于社会学"空间转向"后所确立的"政治性空间观"（此空间非彼空间）；

其二，坚持为各类现象（也包括社会现象）和人类活动（涉及社群人口、产业集群、生活设施、生态资源等诸多要素）解析提供独到的空间视角，这类"媒介空间观"下的特色研究模式，同样有别于社会学研究以往的路径依赖（此路径非彼路径）。

正是从概念到路径的根本差异，决定了城市规划在社会现象的空间解析上拥有社会学无可替代的特殊性和空间优势。尤其是后一方面，城市规划日益成熟和相对丰富的空间分析技术和工具手段，恰好可以为社会现象的解析提供新的视角和差异化路径，并有效弥补以往社会学研究在"空间化"和"接地气"上的先天不足。无论是地理尺度上从社会分层到空间分异的因子分析和空间转译，从社群聚居到社会区划分的空间聚类和落图，还是社区尺度上从生活实态到生活空间的可视化输出等，均可依托于城市规划工作的专业技术优势，完成从定性定量的"社会性解析"向定点定图的"空间性解析"的跨越和补充，从而实现对社会学的技术渗透和视角转换。

2）实践层面：对社会问题实行规划干预

（1）社会问题之规划干预的历史经验

可以说每个时代、每个阶段都会有新的社会问题产生，而应用城市规划手段来解决社会问题的实践探索也可谓由来已久：早在16世纪前期，空想社会主义者就主张建立一种新型社会（即乌托邦），试图把城市作为一个社会经济实体，以城市规划的手段来解决广大劳动者的生活、工作问题〔如罗伯特·欧文（Robert Owen）的"新协和村"、查尔斯·傅立叶（Charles Fourier）的"法朗吉"〕；在法兰西第二帝国时期，乔治-欧仁·奥斯曼（Georges-Eugène Haussmann）为了缓解城市迅速扩张而引发的多重社会矛盾，通过扩建城市道路、兴建大片公园、完善市政工程等一系列规划措施推动了巴黎大改建；1898年，埃比尼泽·霍华德（Ebenezer Howard）更是针对英国快速工业化、城市化所带来的恶劣生活状况以及其他社会问题，提出了"田园城市"理念及其规划解决方案，即从更大的区域层面构建新型的发展载体，将积极的城市生活、美丽的乡村生活和一切福利相结合，并将其安排在宽阔农田和森林绿带所环绕的优美人居环境之中，创造繁荣的社会生活和实现推动社会改革的目标，该理念也由此成为现代城市规划诞生之基石。

即使在当代，社会学也有诸多研究方向（如关于社区、城市化、社会分层等研究）经过多年的演化与完善，愈来愈紧密地同城市规划领域连接起来，并通过学术成果、工程实践或是政策建议的形式加以呈现。尤其是近年来的城市规划研究和编制工作，更是越来越普遍地在资料采集、专题研究、基础分析等环节融入了开展社群调查、解析社会现象、关注社区营建等社会性议题和人文内容，并最终通过城乡空间统筹、三旧改造、社区规划等专题研究和规划编制来积极应对社会问题、发挥专业引导和调控效用。

（2）社会问题之规划干预的专业特长

一般而言，社会学的学科属性决定了其在社会现象的敏察洞悉、描述诠释和深度剖析方面拥有不言而喻的专业优势，而城市规划作为一门虽不可验证但社会实践导向极强的专业工作，其传统优势在于当面对各类社会问题时，往往可以落实到具体有形的解决方案并诉诸行之有效的措施手段。换言之，如果说社会学擅长"病理诊断式"的问题解析，那么城市规划就擅长"临床治疗式"的综合应对，这一学科本质上的互补式差异也决定了二者间的密不可分和合作可能性。

因此，若能将传统社会学的"分析优势"同城市规划学科的"空间策略"相结合，取长补短，则有条件和可能基于深度的社会学分析而将城市问题的解决更科学合理地落实在具体的物质空间形态之上，并为其"空间化"提供相应的规范标准、政策手段和配套措施等。从对社区生活的实态调研到住区空间模式的转译，从对犯罪现象的关注到"街道眼"理念和"可防卫空间"的规划，从对老龄化趋向的担忧到"适老化"改造和养老服务设施的优化，再从对居住弱势群体的关怀到三旧改造和保障性住房体系的建立……不一而足，无不折射出城市规划在面对社会问题时，作为空间干预手段和公共政策工具的多重属性和独到优势。

1.3.3 社会学在城市规划中的应用领域

当前，统一现有的各类规划、并建立"五级三类"的国土空间规划体系，已成为我国规划工作的重点。根据上文关于"城市规划—社会学"交互渗透关系的探讨，其实不难推定，社会学思维同样需要贯穿于整个国土空间规划体系，并在不同的国土空间治理尺度上有所体现。这也是在社会学视域下展开国土空间规划、城市规划工作的专业本底和认知基础。

而事实上，我国面向社会发展的规划转型也确实在诸多方面呈现出显著的社会学特征，并逐步渗透到城市规划的研究、编制、实施管理等各个环节。鉴于此，本节将在国土空间规划改革的大背景下，从城市规划的空间属性、政策属性、过程属性和成果属性入手，结合社会学视域遴选相对重要和典型的规划议题，并概述其内涵和要点。

1）基于社区视野的生活空间建构

社区作为承载人们日常生活的普遍性社会实体，往往交织包含着城市社会关系的种种要素。社区既是国土空间规划和城市空间治理的基本单元，也是新时期创新社会治理、改善民生状况的重要抓手，不仅关系到城市规划和国土空间规划改革的成功与否，而且同基层社会治理新格局的构建、城市品质和人民获得感的提升休戚相关。在此背景下，社区层面的生活空间建构，就不只是一个以"社区"为单元寻求公共资源公正合理配置的过程，更像是一个依靠社区的力量和资源、整合社区要素、强化社区功能、解决社区问题、引导社区协调发展的长期过程和系统工程，是"参与性"和"时间性"的统一，而不止于一个终极结果。

该方向主要是通过社区研究的微观视角来勾勒和管窥我国城市生活空间的宏观概貌，主要内容包括：① 社区规划与发展研究，强调社区成员、社区组织、共同意识、物质环境四个因素的协调发展，营造高品质、有活力的社区生活环境，并摸索社区营建的社会化渠道（如社区规划师、自助式建造等），推动从"住区研究"到"社区研究"的实质性转型；② 特殊群体聚居空间研究，通过覆盖新就业人口、流动人口、老年人口、少数民族人口、传统产业工人等各类弱势群体及其聚居区的实证类研究，揭示中低收入家庭独特的日常生活实态、时空行为规律和基本利益诉求，这也是当前提升民众福祉、促进社会公正、构筑人本和谐社会所必须正视的边缘领域；③ 社区治理与公共服务研究，主要探讨如何建立"责任化分工，精细化管理，多元化参与，信息化支撑"的现代社区治理体系，并实现社区公共物品的有效供给、社区生活圈的优化、社区疫情的防控、外来人口的管控、社区物业的改善等目标；④ 住宅供给体系研究，重点是如何建构多层次、多梯度住房制度及其合理的住宅供给体系，尤需扩大保障性租赁住房供给、缓解住房租赁市场结构性供给不足，推动建立多主体供给、多渠道保障、租购并举的住房制度，这也是推进以人为核心的新型城镇化、实现全体人民住有所居的重要路径；⑤ 空间权利保障研究，聚焦于城市空间重构下的社区生活权利，尤其是空间资源分配失衡所促生的各类"非正规空间"（如自发"居改非"、小产权房、强占定居点等），其代表的其实是通过非法占地、违规建设等手段，所创造的一类抗争国家权力渗透和自我权利表达的异质性"弱者空间"，而保障空间正义的关键是确立一套以保障社区利益相关者空间权利为基础的空间重构与权益平衡政策及其持续调节机制。

2）作为公共政策的城市规划

国土空间规划作为生态文明建设的空间途径，其本质就是通过制定公共政策为国家空间的可持续发展提供指南、蓝图和基本依据；而居于核心地位的城市规划工作，同样具备价值观驱动下的公共政策之属性，即以公共利益最大化为核心、以公共问题的解决为导向，由政府制定并实施的协调城市发展各类矛盾、规范城市各类建设行为的政策措施。自20世纪60年代以来，国际规划领域经历了一个从关注物质空间转向关注社会经济，再转向"作为公共政策的规划"的重大转型，这也说明，城市规划职能正在由技术规范走向公共政策，城市规划理念也在从规划蓝图的编制转向对规划过程的重视，并认定规划的关键环节在于规划的实施。这就要求城市规划遵循公共政策，在解决公共问题、维护公共利益的过程中遵从社会公正等基本价值取向，通过公共资源的有效配置来确保公民共享城市发展的整体利益、公共利益和长远利益。

作为公共政策的城市规划过程，通常由制定、执行、管理、保障、评估等环节构成，围绕着社会学议题，其有望进一步展开的方向（图1-5）包括：① 公共性。城市规划的思想、理论、方法、程序如何全面体现社会的公共利益？是否经过公众协商达成并受到公众监督？② 人本性。城市规划如何代表超越于精英阶层之上的社会各阶层的整体利益？③ 市场性。城市规划的组织和实施除了依靠政府部门外，如何更多地依赖自下而上的市场力量？④ 时代性。城市规划工作如何关注和反映当前社会的现实问题和最新趋势？⑤ 协治性。城市规划如何通过多方合作和共同经营方式，由传统的行政命令和管理手段转变为以协商为特征的"治理"模式①？

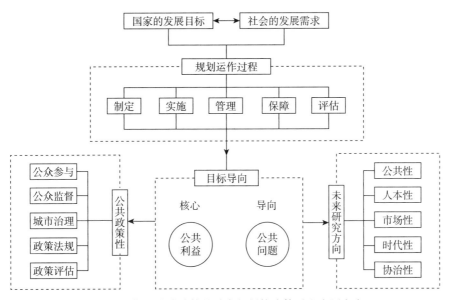

图 1-5　作为公共政策的城市规划构成体系和发展方向

3）接入社会学过程的城市规划

规划作为一类专业活动可追溯至工业时代，但作为一类社会活动，自几千年前城市出现时就一直存在。从这层意义上说，国土空间规划体系的建立就不是一项单纯的专业技术工作，而常常是一项牵涉多元价值取向、社会资源分配、多方利益协调、社会公正维系、公共政策干预的社会工作。在这一规划大体系下，城市规划的工作过程也不可避免会呈现出复杂的社会化特征。那么如何改变以往"自上而下"的精英式规划，而转向"自下而上＋自上而下"的参与式规划呢？这就需要打破规划流程的封闭态，将相关社会学过程（如公众参与、社区行动和社会治理）接入城市规划领域。

如果说公众参与代表的是"公正视角"下城市规划的社会学过程，那么社区行动秉持的就是"多方合作和社区参与"理念，治理则意味着政府（权力）、市场（资源）和社会（市民）之间的"非正式合作"，为此可探寻一条更开放、优化规划全过程的制度化路径：① 制度保障。规范同社会学过程相关的内容、机构、程序、奖惩等方面的制度建设，并在法规中确立社会学过程的程序和地位，真正建立有法律保障、对城市发展有实际作用又可操作的规划社会学过程。② 组织培

① 参见冯健，刘玉 . 中国城市规划公共政策展望［J］. 城市规划，2008，32（4）：33-40，81。

育。加强基层社区组织、非政府组织培育和相对独立的第三部门的媒介作用，并密切同高校、科研机构的专业联络，这样既可为公众参与提供一个多方交流、联络与协作的平台，还可为社区行动提供核心的组织架构，其前提是要确保行动自由的完全性、责任组织的单一性与专家小组的独立性。③ 行为主体。不但要建立和健全社区规划师制度，让规划工作者从单纯的技术专家转变为不同价值与利益之间的调解者、具备专业价值观的中介者，而且要加强政府与非政府力量之间、公共机构与私人机构之间的合作协商式伙伴关系，以实现权利平衡再分配的共同目标。④ 形式手段。无论是因规划类型和阶段而异的公众参与，还是因主题和时空而异的社区行动，均需在形式和手段上做到差异性和多样性的统一；同样治理手段也应体现多样化趋向，既有经济、法律、物质和非物质手段，也不排斥市场行为的某些特征，其最佳模式往往不是集中和单一的，而是分散、多元和网络化的，涉及多元组织的权力协调和多元要素的调配流通。

4）结合城市规划的社会规划

诚如前文所述，社会学思维需要贯穿于整个国土空间规划体系，并在不同的空间治理尺度上都有所体现。其中，社会学的价值和效用发挥并非只是依存于规划体系的辅助角色，还有可能为之提供一套主导性的干预路径和专业成果，这就是结合城市规划而编制的社会规划——一类依据社会目标而进行社会管控和总体部署的手段，关注的是社会发展性质和方向、速度和规模、空间布局和时间计划及其相应的社会评价体系等。相比于社会化特征日趋明显的城市规划工作，社会规划有条件在"社会学的基础研究—城市规划的应用研究"之间实现连接，而不只是通过专题研究、基础分析等局部手段引入社会学理论和方法，其结合点在于：基于价值—目标导向的"规范评估"；关于社会—空间互动的"实证研究"；基于实效—效益评价的"功能监控"。

可见，该方向强调的是城市规划和社会规划的有效结合，可根据二者的操作流程及其结合点确定研究重点如下：① 规范评估，研究驱动城市空间生产和消费的社会要素，重点确立空间背后不同的社会目标和规划定位，以及不同社群之间的价值取向、利益分配、生活方式等；② 实证研究，调研和揭示不同社群的需求结构和空间利用规律，并为此制定和比选干预方案和空间策略，既包括社群基于空间利用而生成的宏观空间结构，也包括公共服务体系的建构及其相关设施布点；③ 功能监控，重新审视以往经济导向和"技治主义"下的规划模式，应用兼顾效率与公平的规划理论和方法，通过增设社会效益评估和规划实施评估环节来补强两类规划的支撑作用。此外，结合城市规划的社会规划在规划编制形式上可分为单独编制的专项规划和规划中的社会类专题研究两类，多倾向于在编制中形成完整的"诠释—干预"闭环，并通过具体的空间策略和措施手段加以呈现（图 1-6）[①]。

---

① 部分观点参考刘佳燕. 构建我国城市规划中的社会规划研究框架［J］. 北京规划建设，2008（5）：94-101。

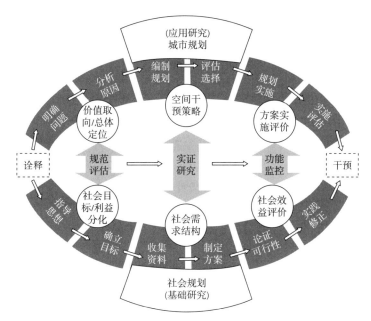

图 1-6 结合城市规划的社会规划示意

第 1 章思考题

1. 什么是社会学？什么是城市社会学？社会学理论的三大传统和源流又是什么？

2. 城市规划工作者需要拥有哪些专业素质？又需要具备什么样的知识体系？

3. 新时期的城市规划发展趋势是什么？城市规划工作需要关注的重要议题又有哪些？

4. 城市规划与社会学之间普遍存在着交互渗透关系，其主要体现在哪些方面？

5. 社会学在城市规划中的应用领域有哪些？请分别做一概述。

第 1 章推荐阅读书目

1. 波普诺．社会学［M］．李强，等译．10 版．北京：中国人民大学出版社，1999.

2. 格拉夫梅耶尔．城市社会学［M］．徐伟民，译．天津：天津人民出版社，2005.

3. 城乡规划学名词审定委员会．城乡规划学名词［M］．北京：科学出版社，2021.

4. 文军．社会学理论的发展脉络与基本规则论略［J］．学术论坛，2002，25（6）：119-122.

5. 韦亚平，赵民．推进我国城市规划教育的规范化发展：简论规划教育的知识和技能层次及教学组织［J］．城市规划，2008，32（6）：33-38.

6. 冯健，刘玉．中国城市规划公共政策展望［J］．城市规划，2008，32（4）：33-40，81.

7. 石楠．城乡规划学学科研究与规划知识体系［J］．城市规划，2021，45（2）：9-22.

8. 孙施文．我国城乡规划学科未来发展方向研究［J］．城市规划，2021，45（2）：23-35.

9. 吴志强．国土空间规划的五个哲学问题［J］．城市规划学刊，2020（6）：7-10.

10. 郑震．空间：一个社会学的概念［J］．社会学研究，2010，25（5）：167-191，245.

11. 吴晓，魏羽力．社会学渗透下的城市规划泛论：兼论现阶段的中国城市规划［J］．现代城市研究，2011，26（7）：48-54.

2 城市规划的社会学基础

城市社会学作为脱胎于社会学的分支学科之一，是以城市的区位、社会结构、社会组织、生活方式、社会心理、社会问题、社会发展规律等作为主要研究对象的一门学科。它以"城市"作为特定的关注对象，初兴于19世纪下半叶，经由德、法、美等国几代学者的不懈努力才得以发展壮大，并最终成长为一门相对独立的科学体系。其中，弗里德里希·恩格斯（Friedrich Engels）的经典名著《英国工人阶级的生活状况》对于城市社会学来说，可称得上是一份根源性和开创性的文献。

2.1 城市社会学的古典渊源

19世纪下半叶到20世纪上半叶，是城市社会学从萌生到发展再到壮大的一段关键期，也就是我们常说的城市社会学的"古典期"。在这一时期，有部分欧美学者以社会学、哲学的既有理论为依托，以当时快速成长的"城市"为特定对象，确立了一系列卓有成效而又影响深远的成果和观点，进而共同构筑了古典城市社会学的核心价值和理论基础。

2.1.1 欧洲城市社会学的理论基础（1887—1921年）

提到城市社会学在欧洲的发展，有必要先了解其研究传统中常见的两个基本概念：① 连续统（continum）是指通过无数中介点将两端连接起来的统一体。② 类型学则是指对社会关系进行高度抽象后所形成的两个极端的类型，并将其置于连续统的两端，然后通过现实世界与两个极端类型的对照与比较，形成对它在连续统中发展程度的科学认知。可以说，类型学既属于一类研究方法，也可以算是一类理论模型。

1）斐迪南·滕尼斯：通体社会与联组社会

斐迪南·滕尼斯（Ferdinand Tönnies，1855—1936），德国社会学家，先后在耶拿大学、莱比锡大学、波恩大学、柏林大学和图宾根大学等学习哲学和历史，后在德国多所大学任教，是德国社会学会和霍布斯协会的创始人之一。他认为社会学是研究人及其生理、心理和社会本质的实质科学，并将社会学划分为一般社会学和特殊社会学两大类。

对于刚刚起步的城市社会学来说，滕尼斯标志性的学术贡献在于：通过名著《通体社会与联组社会》开创性地确立了"社区"（community）这一核心概念，并借助于类型学方法，针对"通体社会—联组社会"两类状态展开了比较研究，形成基本观点如下：

其一，可以将人类组织抽象为两种类型，即以传统农村为特征的通体社会和以现代城市为特征的联组社会，二者在本质上相互对立（表2-1）。其中，滕尼斯本人更倾向于通体社会，他认为这是"一种持久的和真正的共同生活"，是"一种原始的或者天然状态的人的意志的完善的统一体"。

表2-1 "通体社会—联组社会"的类型学比较

类别	社会关系的基础	社会关系的特点	社会形态的存在
通体社会	自然意愿，包括感情、传统和人们之间的共同联系	人们对社会有强烈的认同感，对其他成员有全面的概念，注重情感与传统	通常存在于家庭或生活、工作于一地的群体中，如农村社会
联组社会	理性意愿，包括理性、个人主义、自私自利和感情无涉	人们对社会缺乏认同感，成员之间片面交往，漠视传统与情感交流	通常存在于大城市和工业化社会中

其二，根据类型学的概念，通体社会与联组社会都是现实世界中不存在的理想型极端，现实世界中的各种人类组织都处于这两极之间，更趋近于通体社会或是联组社会状态。

其三，随着工业化和现代化的发展，传统型的通体社会势必要向现代型的联组社会转化。始于中世纪的现代文明演进过程实质上就是一个从"社区"向"社会"演进的过程，虽然联组社会将无可避免地成为社会生活的主导，但滕尼斯并不认为这一变化是好事。

由此可见，滕尼斯的思想中蕴涵着城市社会学早期的端倪，可以说他是最早认为城市具有自身特性和研究价值的学者之一，其学术贡献主要集中在两个方面：其一，率先创立的"社区"概念，已成为城市社会学乃至整个社会学使用率最高的核心概念之一。其二，率先采用连续统概念和类型学方法来阐释人类聚居形式，对其后的社会学界产生了深远影响。如罗伯特·雷德菲尔德（Robert Redfield）的"民俗—都市"连续统和霍华德·贝克尔（Howard Becker）的"神圣—世俗"连续统，还有罗伯特·帕克（Robert Park）、塔尔科特·帕森斯（Talcott Parsons）等，都曾在此基础上汲取营养并进一步发展了自己的理论。

2）埃米尔·迪尔凯姆：机械团结与有机团结

埃米尔·迪尔凯姆（Émile Durkheim，1858—1917），法国社会学家、社会学的奠基人之一。他不但创建了法国第一个教育学和社会学系，还借创办《社会学年鉴》培育了年轻的社会学家团体[①]。迪尔凯姆强调以社会事实的客观存在性为出发点，理性分析社会整体及其宏观结构，既充实了由奥古斯特·孔德（Auguste Comte）开

---

① 迪尔凯姆于1887—1902年在波尔多大学任教期间创建了法国的第一个教育学和社会学系，1898年又创建了法国《社会学年鉴》，并围绕这一阵营培育和形成了一批年轻的社会学家的团体——法国社会学年鉴派；同时著有《社会分工论》《社会学方法的规则》《宗教生活的基本形式》等论著。

启的"实证主义社会学"构想，也使社会学方法论拥有了实质性的进展。

在目睹了欧洲 19 世纪的城市改革之后，迪尔凯姆开始关注城市生活和社会关系，同样采取类型学的模型方法将人类组织抽象为两类极端状态——机械团结与有机团结，并就此展开了比较研究。

迪尔凯姆认为，基于传统社区的机械团结与基于现代社会的有机团结，二者在本质上是相互对立的（表 2-2）。但是在术语的使用上，他却和滕尼斯呈现出截然相反的取向，他认为通体社会是机械的，而联组社会是有机的。

表 2-2 "机械团结—有机团结"的类型学比较

类别	存在基础	特征分析	生成条件
机械团结（mechanical solidarity）	群体共性：成员之间共同的信仰、习惯、仪式、标志等联系	机械性：成员在主要方面具有同一性，成员间的联结具有无意识性	人类组织是相对自足和封闭的，不依靠其他群体即可满足自身需要
有机团结（organic solidarity）	个体差异：成员之间彼此不同的信仰、习惯、职业等	有机性：成员之间存在多种差异，因彼此间的需要和依赖而有意识地联结起来	现代社会存在复杂的劳动分工，人们必须依靠他人来满足多种需要

同滕尼斯一致的是，迪尔凯姆认为最终的社会秩序势必也要从机械团结向有机团结过渡。但不同于滕尼斯对城市生活的忧心忡忡，迪尔凯姆乐观地认为，劳动分工作为现代城市的一项重要特征，有助于人与人之间相互依赖关系的新型社会聚合力的生成，并赋予居民更大的发展可能性；而滕尼斯则认为城市是对生活结构的破坏，是对人类传统、情感和价值的漠视。当然，迪尔凯姆也认识到了城市的诸多问题，但依然就城市和有机团结的优越性进行了大量论证。

由此可见，迪尔凯姆和滕尼斯的学术观点之间形成了有趣的对照：一方面，二者都承认城市同社会差异及个体的发展相关，均采用了类型学的研究方法，且都将理论重点放在了城市生活进化的宏观层面上，并针对其发展趋势做出了类似的预测；另一方面，二者对于城市的态度却大相径庭，迪尔凯姆看到的是保持社会聚合力和获得更大发展的可能性，滕尼斯则在为社会生活结构的破坏而忧心忡忡。实际上城市发展到今天，其复杂程度已远远超出了二位的想象。

3）格奥尔格·齐美尔：城市精神生活

格奥尔格·齐美尔（Georg Simmel，1858—1918），德国社会学家、哲学家，19世纪末至 20 世纪初反"实证主义社会学"思潮的主要代表和形式社会学的开创者。齐美尔的哲学观属于先验唯心主义的认识论，唯名论、形式主义、方法论的个体主义思想和理解社会学思想，曾对德国和美国的社会学界产生重大影响。1900 年出版的重要著作《货币哲学》，更是齐美尔针对现代社会生活特征的归总式论述。

在早期城市社会学的研究框架内，齐美尔关于城市精神生活的研究同样成就了该学科延续至今的特色方向之一。正是通过《桥与门——齐美尔随笔集》中收录的《大都市与精神生活》一文，齐美尔系统归纳了城市居民的精神特征和心理状态，其中主要观点如下：

其一，大都市居民的心理特点包括理性、极强的时间观念、崇尚因果关系、个性化、漠然态度等等。城市生活实质上就是各类专业人员之间的相互作用，它和城市发达的劳动分工一样，都需要理智的组织来获取更高的效率。

其二，与传统社区相比，以商品经济为中心、讲求货币交换的大都市居民在交往中多采取一种实际的功利态度，金钱成了所有价值的衡量标准和有力的平衡器。齐美尔关于"金钱重要性"的论述以最有力的方式揭示了城市理性的精髓，正如他所说，金钱具有一种适用于世间万物的共性：它需要交换价值；它甚至将所有的人格和品质都简化为一个问题，即值多少钱。

其三，与小城镇居民的狭隘、偏见相比，大都市居民则在精神上是"自由"的，但又不乏孤独和失落感。

由此可见，对于"货币哲学和商品经济"的关注和论述是齐美尔理论体系的一个重要基石和出发点。他认为，既然现代城市以越来越复杂的劳动分工为特征，那么在不同的分工之间就需要有普遍化的、共通的交换手段作为保障（货币），这也是现代社会和传统社区之间的主要差异所在；而齐美尔关于城市社会心理的深入剖析，正是建立在这一认知基础之上的。

4）马克斯·韦伯：城市的历史研究与比较研究

马克斯·韦伯（Max Weber，1864—1920），德国著名社会学家，现代最具生命力和影响力的思想家，公认的社会学三大奠基人之一。韦伯对西方社会的影响是多层面和巨大的：拥有丰厚思想内涵的科层制（或官僚制）理论，是韦伯政治社会学的重要内容，现已成为现代西方政治学理论的来源之一；而理解社会学思想对于改变实证主义方法论的一统局面效用显著，并推动了现象学社会学的产生；社会行动理论则是塔尔科特·帕森斯（Talcott Parsons）结构功能主义的思想先驱，并启迪了微观社会学的发展……可以说，当代西方一切重要的社会学理论和流派，都在不同程度和不同方向上汲取了其养分。

其中，韦伯关于城市本体的研究同样成了古典城市社会学的核心观点和贡献之一。他在考察了欧洲和中东的历史城市后，同所知的印度和中国历史城市进行了比较，据此完成的著名论文《城市》通过跨越历史和文化的比较分析，创立了一种普适性的城市模型，并形成主要观点如下：

其一，"完全城市社区"作为一种理想型的城市模型，必须具备以下特征：① 聚居地必须以贸易和商业关系为基础，围绕着经济交换的形式组织起来，而不同于传统农村的自给自足；② 聚居地必须相对自治，必须拥有自己的法律、法院、军事防卫系统、自卫部队和至少是局部的政治自治；③ 聚居地必须拥有社团形式，城市居民正是通过这些社会关系和社会组织来参与城市生活。

其二，韦伯对20世纪的城市不抱希望，认为只有中世纪既有防卫力量和劳动分工，又存在着居民和大规模社区同一性的城市才是完全城市社区的样板。与之相比，他认为现代城市衰退和不完整的原因主要在于：① 城市失去了原有的军事、法律和政治自治，人们会因此失去对城市的心理归属感，转而跟民族、企业等其他社会单元建立联系；② 城市过分强调理性，对资本主义和利润过于依赖。

其三，城市所创造的生活方式，同政治、文化、经济等因素的联系远远胜过了城市本身，这些相关因素的不同往往会导致城市性质上的差异。

由此可见，韦伯的城市研究是以跨越历史和文化的比较分析为手段，以"完全城市社区"的模型分析为主线，其不但突破了之前"社区"概念以传统农村为特征的局限，将研究视野拓展至城市范畴，而且成就了城市社会学史上一个重大的方法论贡献。在此基础上，韦伯明确地指出城市文化在历史上的发展已经达到了巅峰，其潜台词就是，现代城市的出现未必是不可抗拒的，而历史的演化也未必都是进步的。

5）小结：关于欧洲古典城市社会学的评价

滕尼斯、迪尔凯姆、齐美尔和韦伯的相关学术思想，共同构成了古典城市社会学的核心，并对该领域产生着持续而重大的影响。现在对于他们的理论和观点，人们已形成了一个相对客观的评价。

（1）贡献

其一，欧洲的古典城市社会学坚持认为城市是社会学研究的重要对象。滕尼斯和迪尔凯姆虽然没有创立城市理论，但致力于传统农村生活和现代城市生活的比较研究；齐美尔和韦伯则更进一步，重点研究了城市本体的特征规律与工作机制。但不管研究的切入点有何差异，学者都始终坚持将"城市特性"锁定为社会学研究的重要对象，也正因为这类学者的持续关注和成果推进，城市社会学才有可能脱胎于社会学而成长为一门相对独立的科学体系和专业领域。

其二，欧洲的古典城市社会学认识到城市与城市所创造的生活方式是不可等量齐观的，并对城市生活展开了各自的研究，这已成为该领域的重要论点和基石。作为最早一批认定城市具有研究价值并展开城市研究的社会学者，滕尼斯、迪尔凯姆、齐美尔和韦伯的研究有助于人们综合把握当时新兴的城市生活和聚居形式，即现代城市和传统农村在本质上是相互对立的，它以越来越复杂的劳动分工为特征，以商品经济为中心，讲求交换与理性，可以为人们提供全新的体验、更多的选择机会和更大的发展可能性等等。这些观点虽然有的存争议，有的待修正，但却构成了古典城市社会学的理论内核，并为现代城市社会学理论体系的完善和发展奠定了基础。

其三，欧洲古典城市社会学者的研究方向相互结合，共同构成了城市社会学的主要研究领域。诚如前文所述，城市的社会结构是这批社会学者共同关注的焦点，有的针对城市和农村加以比较，有的强调城市精神体验，也有的跨越历史和文化展开城市分析，将这些各具特色的学术成果与研究方向汇总起来，即可大致勾勒出城市社会学的研究领域与框架体系；与此同时，学者还注重类型学等方法的应用，并对未来的城市社会和生活做出了直言不讳的预测和评判……诸如此类的进展，均为现代城市社会学的发展指明了方向。

（2）局限

其一，欧洲的古典城市社会学受到了所处时代与城市的限制。古典城市社会学萌生于快速的城市化和工业化时期，其学术思想和理论体系不可避免地要反映当时所处的时代：当时欧洲的生活方式正在发生急剧的变化，城市迅速取代农村成了人们生活的主要舞台。在此背景下，快速成长的城市到底会给人类带来什么却无从判断。像滕尼斯、齐美尔和韦伯（在某种程度上迪尔凯姆除外）均把城市视为长期以来倍受珍视的人类价值的威胁，是对生活结构的破坏。客观而言，今天的城市虽然也存在这样或那样的问题，但是如果他们目睹了今天城市郊区的发展、城市规划与城市管理的作用以及社会主义新型城市的建设，恐怕也会对自身的理论做出调整和修正。

其二，欧洲的古典城市社会学在各派理论之间也存在着矛盾之处。比如说，滕尼斯认为传统型的通体社会比现代型的联组社会更为人道和理想，而城市是对传统、情感和价值的漠视；但是迪尔凯姆却对此做出了相反的解释，认为现代城市更加自由且充满了发展的潜力。再比如说，齐美尔在分析城市居民的社会心理时，曾暗示所有的大城市都会产生类似的精神过程；但韦伯又对此存有异议，并通过跨越历史和文化的城市分析指出，不同类型的城市会产生完全不同的社会心理适应类型，就如同资本主义城市和封建主义城市之间的巨大差别。

其三，欧洲的古典城市社会学对于社会发展趋势的预测不能全面阐释现实情况。滕尼斯和迪尔凯姆都认为，传统型社会最终会向对立的现代型社会转化。这其实是社会学界经典的"对立—同化"模式在城市社会学中的又一次延伸和体现，但目前却因为诸多无法解释的现象而逐渐成为社会学界利用率最高的靶子之一[①]。作为一种拓展和补充，人们又先后形成了"并存""依附"论与"联结""嵌入"等多种理论模式，像"并存"（coexisting）模式就认为，外来移民社区所代表的传统社会因素和现代城市因素是可以在一个大体系下共存而生和并行不悖的，从而在学术上反驳了简单的"同化假设"理论和两分对立的认知模式。

2.1.2 美国城市社会学的理论基础（1915—1938 年）

同欧洲相比，美国的城市社会学同样萌生于快速的城市化和工业化时期（第一次世界大战前后），但不同于欧洲同行注重理论抽象与推导的做法，彼时的美国社会学者更加强调"走上街头"的观察研究与社会调查，因而形成了一批成熟却独具特色的学术成果与方法。

当时美国城市社会学的领军人物首推芝加哥学派。1892 年，美国社会学家艾比安·斯莫尔（Albion Small）在芝加哥大学创建了世界上第一个社会学系，开设了世界上第一个社会学研究生班，并与乔治·埃德加·文森特（George Edgar Vincent）合著了第一部社会学教材《社会研究导论》，还有美国的第一个社会学刊物《美国社会学杂志》。其后，斯莫尔陆续聘用了文森特、威廉·托马斯（William Thomas）、罗伯特·帕克（Robert Park）、欧内斯特·伯吉斯（Ernest Burgess）等一批有为学者，组建了该系强大的师资阵容，使得该系成为同期美国乃至世界上最为成功的社会学系。以此为依托而形成的"芝加哥学派"，也凭借其在人类生态学等方面的卓越研究，奠定了自身在美国古典城市社会学中的领航地位。

[①]　比如说，美国的黑人社区（社区居民的原身份主要为进城的种族农民）和外来移民社区作为原来传统文化的特殊载体，上百年来却未实现这种传统与现代之间从对立竞争到同化融合的过程，而更多的是以一种文化隔离的状态同流入城市的主流文化相并存。

1）罗伯特·帕克的城市概念

罗伯特·帕克（1864—1944），美国社会学家，芝加哥学派的重要代表人物，是社会科学领域最早揭示人类"边际性"特征的学者。帕克在大学毕业后曾投身于新闻界，热衷于城市社会问题和贫民阶层的调查；随后前往哈佛大学、海德堡大学等深造；1914—1936年在芝加哥大学社会学系任教，曾任美国社会学会主席。

帕克对于城市社会学的贡献主要体现在两个方面：其一，积极倡导观察研究和实地调查的方法。帕克在《城市：有关城市环境中人类行为研究的建议》一书中曾明确指出，城市研究必须依靠训练有素的观察来实施。其二，确立和发展了人类生态学的核心观点和理论。在此基础上，帕克考察和踏勘了美国乃至世界上的众多城市，并确立了城市的基本概念。

首先，帕克将城市视为一种以复杂的劳动分工为特征、以市场为基础的商业结构，其工业竞争和市场统治已经使传统生活方式遭受了不断地侵蚀。

其次，帕克认识到城市将日益以正规结构作为自己生活组织的主要手段。过去人们多借助于非正规手段来组织和参与日常生活，但是现代城市的居民由于越来越难理解和把握日益复杂的城市问题，政治、法律、慈善、媒体、福利等正式组织或是官僚机构将不失时机地取而代之，成为人们生活组织的主要手段。

最后，帕克强调城市生活的心理因素，认为城市生活同其他地方相比感情色彩少、理智成分多；城市中传统情感纽带的支离破碎，将造成一种以利益集团为基础的羁绊；以相似性为基础的团结将被以差异性为基础的团结所替代。

总之，从帕克的许多论述中依稀可以看到滕尼斯和迪尔凯姆的影子，尤其是对城市社会心理的分析更是同齐美尔一脉相承，这同其师从齐美尔的早期深造经历是分不开的；但是在研究手段上，帕克对于实地调查和一手资料的重视既不同于滕尼斯、迪尔凯姆和齐美尔的理论抽象和推导，也有别于韦伯的历史比较分析，可算是对城市社会学的一项重大贡献。当然，上述观点仅仅是反映了帕克城市理论体系中的一部分，至于其代表性的人类生态学成果将在下文做系统介绍。

2）路易斯·沃思的城市理论

路易斯·沃思（Louis Wirth，1897—1952），帕克的学生，以对城市问题的深邃思考和独特发现而闻名，也是芝加哥学派的代表人物和城市社会学的创始人之一。他围绕着"城市概念"这一根本问题潜心辨析，并积极吸纳齐美尔、帕克等理论先驱之精粹，终以《作为一种生活方式的城市性》这一经典文献掀开了城市理论研究的新篇章。

而在此之前，欧洲的社会学者往往有一种理论分析的偏好和传统，因此也炮制了不少空中楼阁式的理论；美国的同行则注重"走上街头"的观察研究，但同样积累了大量重描述、轻思辨的研究成果。直至1938年沃思发表《作为一种生活方式的城市性》，这一状况才有所改变。

沃思的重要学术贡献在于：在一个名副其实的城市社会学的理论框架下，将先前社会学者的各派观点和成果有机而系统地梳理和组织了起来。具体而言，就是首先将普遍反映城市社会特征的各类要素加以提炼和分离，然后推导和思考这些要素对于城市社会生活的决定作用和意义，最终确定和抽离出三类阐释城市特征的关键性要素。

其一，人口数量。大量的人口必然会导致城市在文化和职业方面的多重差异。其中，文化差异需要在城市生活中建立控制结构（如法律系统），而职业差异则确保了专业化分工的急剧扩大，从而形成了以"特殊利益"为基础的人类关系和相应的职业结构；而所谓特殊利益，是指人们因为专业分工而彼此需要、相互利用的关系，疏离而少人情味。

其二，居住密度。人口密度的增大会加剧人口对社会生活的影响，而经济力量和社会过程会将城市肢解为一处处特征各异的邻里和街区。这一方面要求居民对不同的个体差异拥有更强的容忍力，另一方面则会导致更多的竞争、剥削、摩擦和混乱。

其三，异质性。不同特征的个体会在交往中打破顽固不化的等级界限，导致更为复杂的城市分层系统；频繁的社会流动也难以形成有约束力的传统和情感；人口的异质化集中则会导致人际关系的金钱化和居民更加刻板、武断的思维方式。

总之，将上述三个要素的分析结论综合起来，便可对沃思称之为"城市性"的独特生活方式有个整体把握。沃思将城市描述为冷漠的"金钱交易所"，这正好同齐美尔的看法不谋而合；同时，其还对城市生活持悲观态度，认为城市吞噬了传统价值并毁坏了有意义的风俗和关系，这又同滕尼斯、齐美尔和韦伯的判断相似。可见，沃思从欧洲的传统理论中广泛地汲取了养分，然后又反身同美国特色的观察研究相结合，建立了自身影响深远的城市理论。

3）小结：关于美国古典城市社会学的评价

（1）贡献

其一，芝加哥学派所大力倡导的调查分析方法影响深远。强调对大城市的复杂社会结构进行调查分析，是芝加哥学派的一大学术贡献。帕克曾指出，城市研究必须依靠训练有素的观察来实施，而坐在躺椅上是创立不出完美城市理论的。为此，美国有许多社会学者都亲力亲为、走上街头，广泛地开展观察研究与社会调查。这类注重一手资料的实证研究方法延续至今，在催生一批批重要学术成果的同时，也对后来社会学研究方法的发展和丰富产生了重要影响。仅凭此一项贡献，芝加哥学派即已享有经久不衰的学术声誉了。

其二，沃思的城市理论有机结合了理论研究与观察研究。诚如前文所述，传统的欧洲和美国社会学者（包括早期的芝加哥学派）在研究的手段和方法上有着泾渭分明的取向和偏好。无论是实地调查还是理论的抽象与推导，均取得了大量兼具特色与影响的学术成果，但同样也存在着这样或那样的缺陷与不足。正是沃思《作为一种生活方式的城市性》一文的问世，开创性地将传统欧洲的理论思辨和美国的观察研究相结合，建立了令人叹服的城市理论，并在长达20年之久的时间内支配和影响着城市社会学这一领域，从而向世人证明，创造一种真正的城市理论是完全可行的。

（2）局限

其一，芝加哥学派的理论受到了当时所处时代与城市的限制。美国社会学者和其欧洲同行一样,主要是针对快速城市化和工业化的西方资本主义城市进行研究,因此研究的时空范围相对有限,对于城市未来走向的判断也存在着这样或那样的不足。如果学者们能像韦伯那样采取跨越历史和文化的比较分析法,以一种更为广阔的视角来评价各类城市环境,而不仅仅限于规模巨大、人口稠密、民族众多的芝加哥,或许他们的学术成果就会打破过多的制约和局限,而具有一种更为广泛的生命力和借鉴性。

其二,芝加哥学派的研究重点受到了城市"阴暗面"的束缚。城市的无组织状态和各类问题,一直是以帕克为代表的芝加哥学派调查和研究的重点所在。虽说"阴暗面"也是城市构成的一个重要方面,但是仅仅将兴趣放在"阴暗面"上而忽视了其他方面,那么学派理论的阐释便会失去充分而全面的基础,而城市概念的建立也将失之于完整和客观。另外,芝加哥学派对于社会、文化等因素的影响也缺乏深入的考虑。

当然,这些都是各派理论在走向成熟时所常常面临的普遍性问题,可以理解。最后且以帕克的一番话作为本节的结语——

"我希望,我走过的地方,我对世界各地不同城市的踏勘,能比现在任何在世的人都多。从这些活动中,当然也从其他方面,我对城市、社会和地区都获得了这么一种概念:它不仅仅是一个地理现象,而且是一种社会有机体。"

2.2 实证主义:从孔德到人类生态学

2.2.1 古典社会学中的实证主义思想

城市因人类在特定场所的聚居而形成,反映的是人与空间之间的交互作用关系,并由此促生了一系列的土地使用方式,这便形成了特定的社会结构。城市社会学首先是立足人与空间(场所)关系的实证研究,因为空间对于人的影响是具体而实在的,有着难以抽象表述的各类具体细节,这只能通过田野调查的实证研究来完成。

1)孔德实证主义的含义

"实证"一词源自拉丁文"positives",原意为"确实的";而"实证主义"一词最早在19世纪初由法国空想社会主义者圣西门伯爵(Comte de Saint-Simon)所创,孔德陆续出版的《实证哲学教程》则成了实证主义成型的重要标志。可见,社会学的创立者孔德本身就是一位实证主义哲学家,其在《实证哲学教程》中首次提出了"社会学"的概念及其对于这门新学科的整体设想。他认为社会也像自然界一样,其发展演化的过程会受到自然法则的支配,因此完全可以通过观察、分析和比较来揭示社会规律,并坚信对待社会研究可以像对待自然科学那样运用精确的研究方法,从而为古典社会学开创了客观分析社会整体及其宏观结构的实证主义传统。

实证主义的"实证"包含六个方面的要义:现实的、有用的、确实的、精确的、积极的和相对的。孔德的实证哲学就是要找到达到实证知识的原则,包括:一切科学知识必须建立在来自观察和实验的经验事实基础上;反对讨论经验之外的抽象本质和第一因等问题；知识的相对主义原则等。孔德认为，首先，经验是知识的唯一来源和基础，科学知识之所以是确定的、精确的，是因为来自经验；其次，人们的认识能力往往受限于经验，而永远无法理解那些超经验的形而上学的问题，如果人们把精力花费在这些问题上，无疑是一种纯粹的智力和时间上的浪费；最后，经验作为人们知识的来源，我们既不知道经验的本质是什么，也不知道它究竟怎样和以什么样的方式产生，因此知识只能是相对的知识，而不是绝对的知识，追求绝对的知识总会伴随着使用神学的虚构和形而上学的抽象思辨。

孔德实证主义思想的进一步发展和完善，则离不开两大学者的后续努力。其中一名就是前文所提到的展开"机械团结—有机团结"类型学研究的迪尔凯姆，其致力于利用多种统计技术将变量分析和多因素相关分析引入社会研究，为如何利用统计调查资料建立社会理论确立了典范。与此同时，迪尔凯姆的社会学理论还涉及空间的文化意义，提出的"社会事实"概念也揭示了两者之间既存的结构、功能和因果关系，即"社会决定论"——由于拥有相同社会位置的人们对于特定场所的理解具有一定的相似性，这不但会使空间从一个简单的概念转化为影响社会群体行为的、拥有文化内涵的因素，而且将空间与社会结构中人们的组织形式对应和联结了起来。另一名贡献者则是下文要提及的意大利著名学者维尔弗雷多·帕累托（Vilfredo Pareto）。

2）帕累托的"非逻辑行为"思想和结构功能主义

意大利学者帕累托不但在经济学领域因供需均衡模型和收入分配曲线而享有盛誉，被称为"数量经济学之父"，而且因为在社会学领域讨论的社会学学科性质和社会行动而产生了巨大影响。像1916年帕累托出版的社会学著作《普通社会学通论》就将社会学视为一门科学，"一种如同化学、物理学以及类似科学的纯粹实验的社会学"，因为科学的基本特征是"逻辑与经验"，前者意味着从定义或是观察到的关系出发，演绎出源自前提的结论是能够自洽的，后者则指的是狭义上的观察和实验。这也意味着社会学的方法具有价值中立的特点，注重事实判断而不是价值判断。一种社会行为是不是道德的或正义的，在帕累托看来，并不是社会学要解决的问题，而人们如何以及为什么要将一种社会行为赋予道德含义，才是社会学要研究的课题。

相比于经济学关注人类的理性行为，帕累托认为在社会学领域，非逻辑的情感才是决定人类行为的重要因素。非逻辑行为并非意味着反逻辑，只是说明其最终的行为结果无法达成预期目标而已。因此，帕累托所确立的社会学分析思路是，情感是人类行为的驱动力，会导致人类行为的非逻辑化，但人们却试图赋予其非逻辑化的行为以逻辑化的外表。于是，帕累托又提出了"剩余物"（residues）和"衍生物"（derivations）的概念。其中，"剩余物"是从社会活动中除去人们所有理性想法之后依然保留下来的东西，是深层的本能直觉同各种意识形态观念的中介，是直觉、本能、欲望、倾向等非逻辑因素长期积淀而形成的一些非理性层面中相对稳定的东西；而"衍生物"代表着观念、信仰、理论等意识形态系统，是人类用来掩饰情感或是赋予一些本没有理性的主张或行为以理性外表的形式和说辞。帕累托认为，一切主义、教义、思想、意识形态都是某种实在因素的"衍生物"，而"剩余物"则是指那些在一切主义、教义、思想、意识形态背后相对稳定存在着的因素，且人们总是自觉或不自觉地用各种各样的衍生物使自己的行为显得合乎逻辑。这是非逻辑行为的主要支点，也是帕累托自认为对社会学思想最为重要的贡献。

在帕累托之后，新实证主义又逐渐以结构功能主义替代了原先的自然主义倾向，美国社会学家帕森斯以《社会行动的结构》为起点，开始构造系统的结构功能主义理论体系。帕森斯所制定的"社会行动的唯意志论"模式重点分析了行动者"动机—目的"的结构意义，虽然承认社会文化和规范的客观性，并将行为主义、控制论和信息论纳入自己的庞大体系，但还是向理解社会学做出了宽容的让步，以至于冲淡了结构功能主义本身的实证自然主义本质。帕森斯的继承人罗伯特·金·默顿（Robert King Merton）则无视这种宽容精神，将文化规范等划归人的客观方面而加以绝对化。

2.2.2 人类生态学

人类生态学是一门研究人口地域分布的过程、机构的设置及其调整过程的科学，即研究人们在空间方面安置自身及其职能机构的方式、研究不同人口分布情况下的土地利用模式。简言之，"人—空间/土地"的利用关系是该类研究的核心问题。

按照人类生态学研究特点的差异和演进脉络，可将其大体划分为古典生态学和现代生态学两个阶段。

1）古典生态学：芝加哥学派

在美国当时占统治地位的实用主义哲学思潮影响下，芝加哥学派围绕着新兴的芝加哥城市的社会问题展了一系列调查分析，这也让整个学派在创立之初便具备了重视经验研究和以解决实际社会问题为主的应用研究特征。芝加哥学派的经验社会学方向，对于后来美国社会学研究方法的演化产生了重要影响。

古典生态学的理论体系即芝加哥学派的标志性成果之一，其主要是借用生物学领域的"共生""竞争""进化"等基本概念来解释城市的结构、机制、动力等，旨在增强城市研究的科学性与合理性。

（1）人类生态学的基本概念

芝加哥学派认为，人类虽然是一类能够创造文化并按自己意志行事的特殊的高等级种群，但终究作为生物的一支，不可避免地也会受到生物某些特性的影响，因此不妨引入生物学领域的一些基本概念加以描述。

① 共生

共生（symbiotic）是指在各种不同的群体之间所存在的相互依存关系。城市中同样存在着这类相互依赖、彼此关联的生态关系。

比如说，商业区需要工业区所提供的产品和居住区所提供的消费者，而居住区需要商业区所提供的消费场所和工业区所提供的就业机会，同样工业区也需要商业区所提供的销售渠道和居住区所提供的劳动力，由此而产生的相互需要的共生关系有助于缓解城市内外竞争的激烈程度。

② 竞争

竞争（competition）是指当人类所需的资源远远超出供给量时，人们之间所存在的相互斗争的关系。从最终结果来看，竞争有利于社区成员数量和质量的调整，使社区能像生态系统一样，在随外界环境自我调整的过程中保持一种动态平衡。

但同时，竞争也是人的一种天性；而且人们为了更加有效地竞争，往往会同他人结盟，将个体竞争提升为一种更为高级的斗争形态——群体竞争。因此芝加哥学派认为，人类组织的基础是竞争，而不是合作，合作也只是为了更好地参与竞争。

③ 自然区域

自然区域（natural areas）作为古典生态学最基本的分析单位，是指不同的人口和职能机构因为对土地的竞争而分布在不同的区域，这就形成了自然区域。城市不同的自然区域通常会拥有不同的功能，以满足人们不同的活动需求。

比如说，中心区的区位交通优势往往适合于商业、服务、金融、办公等职能的集聚，而靠近铁路、港口和相对宽裕的郊区用地则比较适合于工业的发展，于是就会形成中心区、工业区、民族聚居区等一系列的自然区域。

更为重要的是，自然区域的形成并非依靠社会的有计划发展和人工干预，而源于空间和土地的自然竞争和选择，是无规划生态作用的结果。有的是以湖泊、峭壁等自然障碍为界，更多的则是以人工障碍为界，并呈现出特殊的自然风貌和文化习俗。

（2）人类生态学的生态过程

① 浓缩和离散

浓缩（concentration）是一种在既定区域内同类人口或机构的数量增长的趋势；离散（dispersion）则是一种在既定区域内同类人口或机构的数量下降的趋势。二者是相逆的，均可由"密度"（同类生态单位在某一地区的数量）指标来加以衡量。

② 集中和分散

集中（centralization）是一种人口或职能机构聚集在中枢位置的趋势。许多国家的城市中心区往往就是一个城市的中枢地带，那里集聚着大量的百货商场、专业商店、金融财险、办公等设施机构和大量的人流、车流，并形成了一定的规模集聚效应，这一生态过程就是集中。

分散（decentralization）则是一种人口或职能机构离开中枢位置的趋势。像英美许多城市在 20 世纪 60—70 年代后都出现了中心城区的人口、制造业、商贸服务业和办公业陆续外迁郊区的"郊区化"现象，并造成城区人口和就业机会的普遍减少，这其实就是城市分散过程的一例典型体现（表 2-3）。

表 2-3　20 世纪 60—70 年代英国中心城区的就业机会变化

年代	就业机会类型	主要大城市中心城区		英国总体
		变化数 / 千个	变化率 /%	变化率 /%
20 世纪 60 年代	总就业机会	−624	−8.3	＋1.3
	制造业就业机会	−645	−17.2	−3.9
	服务业就业机会	−10	−0.2	＋8.6

年代	就业机会类型	主要大城市中心城区		英国总体
		变化数 / 千个	变化率 /%	变化率 /%
20 世纪 70 年代	总就业机会	-774	-11.0	-2.7
	制造业就业机会	-927	-34.5	-24.5
	服务业就业机会	＋89	＋1.8	＋1.8

③ 隔离

由于对有利空间位置的竞争，相似的人群或职能机构都会聚集到某一特定区域，而不同的区域彼此分离，这一变化过程就是隔离（segregation）。该现象的产生既可能源于自愿，也可能是强制的产物，像前南非就曾以国家行政力量来强制推行臭名昭著的种族隔离政策。

隔离是一种普遍而客观存在的社会现象和生态过程，社会阶层、种（民）族、职业收入、教育水平等均有可能成为隔离的手段与标准。一般来说，拥有不同社会经济地位的群体在居住空间上也是相互隔离的，而同类群体彼此聚居，因此在城市中往往会形成中产阶层社区、外来移民社区、犹太社区、黑人区等一系列彼此隔离的社区（图 2-1）。

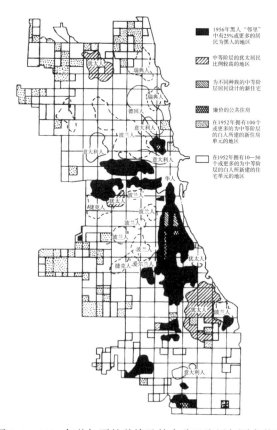

图 2-1　1957 年芝加哥的种族及外来移民聚居与隔离状况

④ 侵入和接替

从原始含义上看，侵入（invasion）是指一个群体进入另一群体居住区域的运动变化；接替（succession）则是指一个群体取代前一群体，对这一地区实施有效统治的变化。二者是紧密相连的一对过程，而不同于"浓缩和离散""集中和分散"的相逆与对立。

比如说有"黑人之都"之称的纽约哈莱姆区，在19世纪下半叶时还是清一色的中产阶层白人区，因为存在空置房屋而吸引了部分殷实的黑人租住于此，于是开始引发白人居民的种族排斥和空间竞争。最终虽然黑人保住了地盘、成功侵入，但白人开始了逃避式搬迁。随着黑人在这一带的不断聚集，仅仅20年哈莱姆区就完成了"从白到黑"、从侵入到接替的整个生态过程（图2-2）。

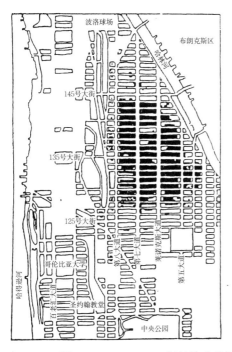
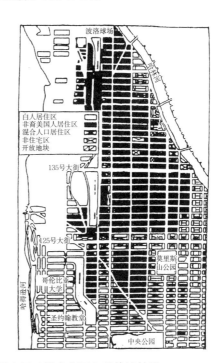

图2-2　1925—1930年纽约哈莱姆黑人区（黑色街区）的快速扩张

（3）人类生态学的同心圆地域假说

伯吉斯应用古典生态学理论，创建了一个城市发展和空间组织的模型——同心圆地域假说，他从中心到外围，将整个城市划分为五个圈层（图2-3，表2-4）。

从图2-3和表2-4可以得到基本结论如下：

其一，城市伴随着发展，会呈现出一种由城市中心向外扩散的趋势。每当

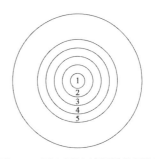

图2-3　同心圆地域假说的图解

注：1—中心商业区；2—过渡区；3—工人居住区；4—高级住宅区；5—往返区。

表 2-4 同心圆地域假说的主要内容

环区	区位特征	人口与机构特征
第一环中心商业区	位于最易接近的布局中心，有很强的区位竞争优势	因竞争抬升的高地价，只能被用来设置获利高、用地紧凑且对区位要求高的职能机构（如商务办公、商业、金融等）
第二环过渡区	位于中心商业区的外围，将来很有可能被外扩的中心商业区所侵入和接替，并面临着拆建，因此常常处于一种过渡状态	房地产商不愿再投资、维修、翻新现有的设施，以待从中心商业区外扩的土地交易中受益。故该区维持着大批破败拥挤的贫民区、仓库、移民区、"红灯"区等下层设施与底层居民
第三环工人居住区	位置接近工厂和中心商业区，虽建筑条件无法与郊区相比，但对于第二代美国人来说，迁入此环已意味着社会经济地位的提升	大批蓝领工人和移民后裔均住在该区破旧但还过得去的住宅里
第四环高级住宅区	位于工人居住区之外的郊区	中间阶层、白领工人、职员、小商人等住在该区的独门独院住宅、高级公寓和旅馆中
第五环往返区	位于城市的最外围，还有小型卫星城	上层与中上层社会居民住在该区的郊外住宅中，并在中心城市工作，多以通勤票往返其间

某一环发生扩张时，其就会侵入下一环，其职能机构和人口也随之接替了原有的机构与人口，就如同中心商业区的扩张一样。

其二，城市距离中心越远，土地面积愈富余，居住密度也就越低，即同中心区的距离和居住密度呈反比关系，因此中心商业区密度最高，而第五环往返区最低。

其三，城市距离中心越远，土地价格越低廉，但花费在向心运动上的时间和成本却越来越高。所以住在外环的人口同内环相比，实质上是以交通高成本来换取土地使用的实际好处。

目前对于伯吉斯的同心圆地域假说，各方学者的总体意见是，该理想模型过于单纯，即使采取一些变形的模式也难以普遍概括现实状况，具体表现包括环界划分的随意性、环内土地利用的单一性、同心圆地域模型的非普遍性等等[①]。

（4）人类生态学的扇形假说

霍默·霍伊特（Homer Hoyt）的扇形假说（图 2-4）事实上是根据上述批评意见，对同心圆地域假说的一种完善和发展，其主要观点如下：

其一，工业区的分布是从城市中心向外放射成扇形，而不是围绕着中心形成由工厂、仓库等设施构成的同心圆区域，其分布同相对于市中心的距离远近无关。

其二，下层住宅区一般位于与轻工业区相邻的贫民窟，或是富人搬迁后留下的旧城区。

其三，中上层住宅区则往往位于城市边缘，特别是地势较高、远离轻工业区的

---

① 有学者认为，城市的职能机构分布和土地利用模式实际上是多元化和不规则混合的；还有学者经过考察发现，世界上还有很多城市的土地利用模式（如亚非拉地区）迥异于同心圆模式。也就是说，该模型无法真实反映和覆盖土地的各类使用情况。

地方。

由此可见，随着不同阶层的流动和搬迁，城市将逐渐形成下层居民居于中心城区而中上阶层居于城市边缘的空间模式；同时各自然区域也不再是按圈层分布，而是像章鱼一样，从中心向外散射延伸形成扇形触须。

（5）人类生态学的多核心理论

昌西·哈里斯（Chauncy Harris）与爱德华·厄尔曼（Edward Urman）的多核心假说（图2-5）同样是在同心圆地域假说基础上的一种完善和补充，其主要观点如下：

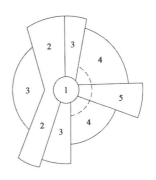

图2-4　扇形假说的图解

注：1—中心商业区；2—轻工业区；3—下层住宅区；4—中层住宅区；5—上层住宅区。

其一，某些设施因特殊的条件要求，必须位于城市的特定地域，如中心商业区需要优越的区位交通条件，而工业区需要相对充足的水源、土地和快捷交通。

其二，某些设施在空间位置上宜彼此相接，如工厂与工人住宅区、商业区与住宅区。

其三，某些设施因彼此间易产生对抗或消极影响，应避免设在一起，如中上层住宅区与污染严重的工业区。

其四，某些设施由于缺少理想的地基，而布置在了不适当的地点，如仓库区。

由此可见，该假说的空间格局主要围绕着多个特殊的商业核心而构成，其基本理念就是，让相互协调的职能机构在空间上彼此相邻强化；让不相协调的职能机构在空间上彼此隔离。

总体而言，古典生态学的三个理论模型各有优劣又各具特色。首先，每种模式都有着不同的适用范围：同心圆地域假说

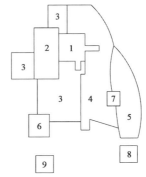

图2-5　多核心假说的图解

注：1—中心商业区；2—轻工业区；3—下层住宅区；4—中层住宅区；5—上层住宅区；6—重工业区；7—外围商业区；8—住宅郊区；9—工业郊区。

比较适用于美国拥有较长历史的老城市，范围相对有限；而扇形假说是霍伊特在调查了美国142个城市的基础上抽象归纳而成的，因此比较符合美国大多数城市的普遍状况；多核心假说则更接近于亚非拉等发展中国家的城市土地利用状况。其次，每种模式还有其所侧重的特殊因子，如扇形假说的社会—职业地位因子、多核心模式的种群因子等，相应的空间分异往往是多种条件、多个程序和多项因子交互作用的结果。因此可以说，只有将三大经典模型结合起来考量，才有可能对现实的城市世界做出更为完整的认知和解释。

（6）小结：关于芝加哥学派的评价

客观而言，芝加哥学派的理论体系确有其独到和合理之处，其产生的学术影

响也是持续而深远的，甚至有不少观点被相关学科吸收和发扬光大。像凯文·林奇（Kevin Lynch）在《城市设计原理》中就明确提出，"城市设计的关键，在于如何在空间安排上保证城市各类活动的交织"，这一观点实际上是对芝加哥学派思想的呼应；再比如说，还有不少学者从芝加哥学派的古典模型中汲取养分，经反复改进而构建了不少新的理论模型，典型者如罗伯特·穆蒂（Robert Murdie）提出的由社会经济地位、家庭地位、种族地位叠合而成的社会空间分异模型（图2-6）；同样在改革开放后的中国，也有部分学者借鉴其技术方法，对主要城市的社会空间结构完成了一系列实证研究（图2-7）……芝加哥学派的国际学术影响由此可见一斑。

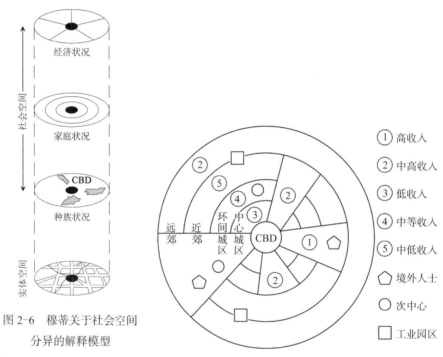

图2-6　穆蒂关于社会空间
分异的解释模型

注：CBD即Central Business District
的简称，是指中央商务区。

图2-7　上海市社会空间结构模型

　　当然，芝加哥学派的理论体系也受到了不少学者的批判，主要意见包括：芝加哥学派忽视了文化因素影响，人们认为其仅仅从生物学角度切入的偏失做法，很难全面解释人类交往和空间利用的活动；芝加哥学派试图将生物属性和社会属性截然分开的倾向，也被批评为不切实际；芝加哥学派对于地缘性的设定也是模糊不清的……诸如此类的不足，均促使后来的生态学者们在反思中不断改进和重构人类生态学的理论体系，于是便有了第二次世界大战后现代生态学的萌生与发展。

　　2）现代生态学：文化新观点

　　伴随着计算机所带来的技术革命和西方国家出现的郊区化现象，曾经在各方批评中沉寂多年的人类生态学开始在扬弃中走上复苏之路。但是相比于以芝加哥学派为代表的古典生态学，现代生态学增设了一条鲜明的主线，这就是对社会文化的关注和分析，并由此分化和形成了几大学派。

（1）新正统生态学

1950年《人文区位学：一个关于社区结构的理论》的出版，标志着新正统生态学的诞生。该学派在创建之初就力图改善和弥补芝加哥学派的种种理论缺陷，其代表性人物包括阿默斯·霍利（Amos Hawley）、奥蒂斯·邓肯（Otis Duncan）、利奥·施努尔（Leo Schnore）等等。

① 阿默斯·霍利：文化适应性

霍利认为生态学就是研究人们如何在不断变化中维持自我、控制环境的科学，因此希望能摆脱对于生物属性的单纯依赖，而有意识地引入了社会变量和文化变量，这便有效地拓展了传统生态学的研究范围，并取得了一系列的学术进展。

其一，研究范畴的拓展。霍利的研究已不再局限于单一的"人—空间/土地"的利用问题，而是扩大到人类如何通过功能分化去适应环境的问题；关心的是群体的适应问题，而不再是个体的心理状态。其中，土地利用模式依然是生态学的研究重点，但已不排斥其他变量的存在。

其二，相关变量的纳入。霍利认为，技术、文化和社会组织是人类适应环境的三个主要手段。

其三，社区概念的界定。霍利认为，社区是生态分析和环境定向组织的重要单位，是所处大社会的"具体而微"，社区成员在适应的过程中形成了相互依赖的关系。

由此可见，霍利试图避免芝加哥学派忽视文化因素和将生物属性、社会属性截然分开的争议做法，为此其将社会、文化等变量都纳入生态学的理论框架之中；与此同时，文化适应性也成了霍利研究的基点和关键所在，正如他所定义的，社会文化就是人类群体努力适应环境的方式。

② 奥蒂斯·邓肯：P、O、E、T变量

邓肯为了确立自然变量、生物变量和社会变量之间的关系，创立了一个弹性很大的"生态系统"。该系统的各类因素都可以归纳为P、O、E、T四个基本变量（表2-5）。

表2-5　邓肯的P、O、E、T变量

基本变量	基本变量的含义
人口（P—population）	对人口数量、异质性的测量与描述
组织（O—organization）	为了生存适应而产生的组织类型
环境（E—environment）	社区外部的各种变量
技术（T—technology）	有助于适应的各种技巧和工具的发展

由此可见，邓肯创立"生态系统"的价值在于：为组织和描述生态变量之间的关系提供一个概念工具或理论框架。该生态系统基本上涵盖了所有重要的生态变量和广泛的社会现象，有助于人们把握社会变化的各类原因和结果；而且可以说，目

前大部分的研究进展都是在这一框架下展开的。

③ 奥蒂斯·邓肯和贝弗利·邓肯：居住分布与职业地位

新正统生态学的另一项著名成果就是，奥蒂斯·邓肯和贝弗利·邓肯（Beverly Duncan）合作完成的"居住分布—职业地位"的关系分析。二者不但通过定量技术进一步验证了帕克的理论假设（拥有不同社会经济地位的群体在居住空间上也彼此隔离），而且明确了社会文化因素的影响与作用，并由此派生出一系列的观点如下：

其一，不同职业群体的空间分离，在很大程度上是由社会经济地位方面的差异造成的。

其二，居民的集中度与他们的社会经济地位有关，像低房租地区居民的集中度就与他们的社会经济地位成反比。

其三，不同职业群体的空间距离与他们的社会距离密切相关，这种距离可以用常规的社会经济指标加以测量。

需要指出的是，奥蒂斯·邓肯和贝弗利·邓肯在剖析居住隔离同社会地位的相互关系时，是以芝加哥的人口统计数据为基础，以计量统计手段为保障[①]；但与此同时，两位实证社会学的大师也清醒地意识到定量方法的局限，并长期致力于改进和完善现有的定量方法，从而在量化社会学方面取得了卓著成果（如关于隔离指数的探讨等）。

（2）社会文化生态学

与古典生态学不同，社会文化生态学始终将文化与价值当作理论的核心，认为是人与人以及人与环境之间的相互作用派生了文化。该学派的特色研究主要有以下几项：

① 沃尔特·范里：波士顿的土地利用分析

沃尔特·范里（Walter Firey）在分析波士顿的土地利用情况时发现，某些地区竟然能够在经济压力之下长期保持稳定，而这是古典生态学理论所无法解释的现象。典型的案例包括同商业区相邻的贝肯山（图 2-8），还有位于商业中心区的公有地和旧墓地，多年以来这些地区都是抗住了巨大的经济压力而未被获利更高的商业用途等所接替。经重新审视和深入研究后发现其原因在于：150 年来人们一直将前者视作"传统与威望的象征"，认为后者是"代表着社区一部分历史的真实情感的神圣之地"。

同样的案例还包括北端的意大利区，在居住环境不断恶化的状况下，其居民（尤其是第一代意大利移民）依然不愿搬离，主要原因也并非源于经济因素的制约，而是人们对这一带传统风俗和熟识群体的感情依附。

由此可见，在许多古典生态学理论无法解释的现象背后，恰恰是"文化变量"（尤其是感情与象征）给出了自己合理的补充和解释。范里也借此表明，"文化变量"原本就应该成为人类生态学体系中不可或缺的有机构成，唯有此才可以对各类城市现象做出更为全面和准确的认知和判断。

---

① 该成果以 1950 年芝加哥的人口统计资料为依据，将各片普查区设计成一系列发自中心区的同心圆和扇形区域，然后通过职业、隔离、低价租房的集中度及其与城市中心的距离等统计学指数展开量化分析，揭示自然分离和社会地位之间的相互关系。

南坡

北坡

平地区

图 2-8　波士顿贝肯山住区的排屋风貌

② 克里森·乔纳森：纽约挪威人社区的流动分析

克里森·乔纳森（Chrison Jonassen）在观察纽约的挪威移民时，曾注意到1850—1947 年挪威人社区从曼哈顿东南端搬至布鲁克林的利奇湾，自发迁移了10 km。在剖析背后的深层原因时，乔纳森发现是挪威移民的传统职业（渔业、航海业等）和价值诉求（坦荡直率的天性和低密开敞的生活需求）最终使然，因为开阔滨水的利奇湾同曼哈顿相比，显然更加契合挪威移民的两大需要。

这一案例研究再次表明，文化因素与价值观念在城市土地利用中所产生的重要影响，而这些都不是古典生态学的变量和概念所能诠释的。但可以确定的是，无论是新正统生态学还是社会文化生态学，它们都力图将社会因素和次社会因素结合到同一个理论体系当中，并使之升格为人类生态学理论体系的重要组成部分。

2.3　批判主义：马克思主义与空间政治经济学

2.3.1　列斐伏尔与《空间的生产》

1）马克思主义批判理论对社会学的影响

在经典的马克思主义理论中，城市问题并未占有重要地位。马克思主义对城市研究的主要贡献在于：以唯物史观为理论基础，通过对资本主义社会特性和社会制度的分析，把商品视作一种抽象化的力量，不但使一系列具体的社会关系转变为抽象的商品关系，而且使社会学理论本身成为一门批判的、革命的学说。

在马克思主义理论中，"剩余价值"学说也因为揭示了资本家的剥削秘密而成为马克思经济理论的基石。资本主义的雇佣劳动制度和对剩余价值的追求，促生了以最少量投入带来最大回报的高效率要求，这不但使生产过程中的标准化和量化分析占据了主导，而且推动了高度精细的劳动分工，并使劳动力价值更多地取决于市场价格（即"劳动力商品化"）。"剩余价值"对社会关系的深远影响主要表现在四个方面：① 非商品化关系的商品化；② 社会中的个人价值依照商品价值的标准来衡量，商品价值较低的人会被边缘化；③ 无市场回报的工作会受到忽视（如义务性工作等）；④ 个人主义占据主导地位，崇尚个人的流动而压制群体的流动；⑤ 家庭的作用在削弱，而工作单位和学校的重要性在加强[1]。

"资本积累"的概念是马克思主义对城市研究的另一重要贡献。"资本积累"的实质是资本家将其无偿占有的剩余价值的一部分再转化为资本，用来购买追加的生产资料和劳动力，扩大生产规模，从而进一步无偿地占有更多的剩余价值（即"剩余价值资本化"）。"资本积累"是资本主义扩大再生产的源泉，但是过度的"资本积累"又会推动资本对空间的开拓（即"资本的城市化过程"）。因此可以说，城市建成环境的形成和发展就是资本利润无情驱动和支配的结果，资本按照其自己的意愿创建和生成了道路、住房、工厂、学校、商店等城市空间元素[2]。

其实上述问题在经典马克思主义理论中，是作为"生产与交换"的一个环节来看待的，而非就城市本身做出的专门性思考。真正发现并重视城市问题是在20世纪60年代西方国家城市的高速发展阶段，大规模的城市建设满足了资本主义扩大再生产的需求和资本对利益的追逐，但也带来了尖锐的社会矛盾，城市中各种社会运动此起彼伏。在此背景下，一些社会学者纷纷以马克思主义的理论方法和批判精神来研究新的城市问题，使马克思主义在当代城市条件下获得了新的发展，其中的代表人物有法国社会学家亨利·列斐伏尔（Henri Lefebvre）、英国社会地理学家大卫·哈维（David Harvey）和美国社会学家曼纽尔·卡斯特（Manuel Castells）等。

2）空间生产与作为社会产物的空间

列斐伏尔是法国马克思主义思想家和社会学家，对资本主义城市空间进行了一系列研究，涉及日常生活批判、城市权和空间的社会生产等方面，包括工业化与城市化（《城市权》）、城市革命（《都市革命》和《马克思主义与城市》）、现代日常生活异化的研究（《被神秘化的意识》《日常生活批判》《现代世界中的日常生活》）等，并创办了《空间与社会》杂志，主导了20世纪七八十年代对空间生产的反思。

在这些著作中，列斐伏尔指出，"我们看到了现代西方资本主义社会最大的意识形态——建筑意识形态。这种意识形态披着纯洁、中性的迷人外衣，打着科学的

---

① 参见顾朝林.城市社会学［M］.南京：东南大学出版社，2002：161。
② 参见韩丽桃.城市中的"冲突"："新马克思主义"与西方现代城市规划［J］.武汉城市建设学院学报，2000，17（1）：32-36。

旗号，却无法摆脱权力的控制……建筑意识形态依靠城市的构成性中心，将群体、阶级、个人从城市中排出，是一种无声的暴力"。他提出要争取"进入城市的权利"（城市权），这种权利属于每一个城市居民，他们拒绝被驱逐，这种权利其实也是一种知识，即关于"空间生产"的知识①。

1974 年出版的《空间的生产》（英译本于 1991 年出版）是列斐伏尔影响最为广泛的作品。经典的城市理论往往将城市空间视为一个独立、纯粹和客观的研究对象，而他却将空间视为一种社会产物，与城市的社会过程相联系。对于列斐伏尔来说，空间不再是通常的几何学与传统地理学的概念，而是一个社会关系重组与社会秩序实践性的建构过程。在马克思那里，生产主要指的是物质生产，空间被当作物质生产的容器和媒介；但是对于列斐伏尔来说，空间生产不再是指空间内部物质的生产，而是指空间本身的生产。因此，空间并非自然衍生的，而是被有意图、有目的地生产出来的，它不能脱离社会生产和社会实践而自主存在——空间有使用价值，也能够创造剩余价值，并可以成为消费的对象；空间既是斗争的目标，也是斗争的场所。

《空间的生产》一书历史性地区分和阐述了空间生产的历史进程，这实质上是从"空间"的角度来理解人类的历史，即任何社会生产方式均有其相应的空间形式：与原始生产方式相对应的"绝对空间"；与古代生产方式相对应的"神圣空间"；与中世纪生产方式相对应的"历史空间"；与资本主义生产方式相对应的"抽象空间"。其中，"绝对空间"是一种类似于原始的、第一自然的空间，是一系列被农民和半游牧民族命名和开发的地方，是从大自然背景之中剥离出来，被人类赋予一些功能特征的空间（如栅栏、边界、范围等等）。政治性的"神圣空间"是伴随着城邦建立而出现的，无论是政治中心还是宗教中心均带有城乡冲突的痕迹，而古老的东方城市和古希腊、古罗马城市作为神圣空间的代表，都具体呈现了意象中的世界，尤其是纪念碑、坟墓往往标志着世界和宇宙的中心。罗马帝国后期和中世纪早期建立的"历史空间"则取代了之前的"绝对空间"，并使"神圣空间"走向世俗化。拥有自身计算和交换合理性的城镇逐渐在重要性上超越了乡村，商人理性社会也逐渐由封建社会的空间转变为了资本积累的空间。而随着土地和劳动的商品化与工业资本主义的发展，"历史空间"最终向"抽象空间"转变，这一新空间与资本主义的社会实践密切相关，是布尔乔亚阶级管理所支配的空间。"抽象空间"的艺术表现是立体主义绘画，其科学表现则是勒·柯布西耶（Le Corbusier）所代表的现代建筑师的"非物质化"设计。乔治-欧仁·奥斯曼（Georges-Eugène Haussmann）的巴黎改造是这种"抽象空间"最早的社会实践，通过资本主义社会生产关系的再生产，生产了一个新的、统一的、充满秩序的同质化空间②。最后，取代与超越"抽象空间"无法克服的内在矛盾的是"差异空间"，重新回到"取用性空间"之开端，今天无论是资本主义还是社会主义均处于这样一个从交换价值支配

---

① 参见列斐伏尔.空间的生产 [M].刘怀玉，等译.北京：商务印书馆，2021：中译本代序言Ⅷ。
② 参见刘怀玉，鲁宝.简论"空间的生产"之内在辩证关系及其三重意义 [J].国际城市规划，2021，36（3）：14-22。

的"抽象空间"回归到使用价值优先的"差异性、身体性空间"的漫长过渡期，将重估差异性的生活经验，并推动"抽象空间"的瓦解与未来空间的形成。

3）空间的三元辩证法

在《空间的生产》中，空间既不是众多事物中的一种，也不只是一类产品，其容纳了各种被生产出来的事物，也包含了彼此之间的各类关系，即一种共时性存在的关系。空间本身是一系列过程的结果，而不能将其归结为某个简单的物体秩序。列斐伏尔对于"空间生产"的理解可概述为六个方面：① 扮演着生产力的角色；② 作为单一特征的产品出现；③ 将自己展示为政治工具；④ 巩固了生产关系和财产关系的再生产；⑤ 社会空间相当于一整套制度和意识形态的上层建筑；⑥ 包含了"作品"和"再取用"的潜能。其中，关于空间的"三元辩证法"是理解空间生产的核心：空间实践、空间的再现和再现性的空间[①]。

其一，空间实践（spatial practice），即感知的空间，反映的是空间的知觉感知层面，是将空间作为外部的、物质的、能够感知的物理环境。

其二，空间的再现（representations of space），即构想的空间，是一种精神性地构造和想象的概念化空间，包含了关于空间的系统化的知识，以及对时间的空间想象。空间再现也是科学家、规划师、专业技术人员等再现出来的空间。作为一种控制工具，这种空间在任何社会都具有统治地位。

其三，再现的空间（representational spaces），即实际生活的空间，强调空间的生活经验层面，是指使用者与环境互动而形成的社会关系，既是居住者和使用者的空间，也是象征的空间。

总之，空间生产并非狭义的产品制造，而是一种由三层辩证联系所组成的社会实践：第一层是由必需性所支配的物质生产，即商品、物体、交换物（如衣物、家具、房屋、住宅等）的生产；第二层是知识生产或知识积累，它们渗透到物质生产的劳动之中并在过程中发挥作用；第三层是最自由也是最有创意的象征空间的表现过程，其预示着"自由王国"的到来，也预示着创造真正作品、意义和快乐的过程开始了。简言之，空间生产不该只被理解为物质和知识的生产，其更重要的是人的自我生产和整体的社会实践[②]。

《空间的生产》出版后，由于其阅读难度和思想的复杂性，在传播与接受度上经历了一个曲折反复的过程，直至 1991 年英译本的出版才获得了空前的影响与成功，并带来了西方社会理论界的"空间转向"，进而影响到法国学术界的本土化研究。总的来看，自《空间的生产》问世以来，西方学术界总共产生过三批次研读列斐伏尔的学者群：第一次是 20 世纪 70 年代由哈维发起的城市政治经济学批判；第二次是 20 世纪 80 年代以来由爱德华·索杰（Edward Soja）发起的后现代地理学研究，将其思想引入空间文化以及人文社科的语言学转向领域；第三次则是进入 21

---

① 2021 年出版的《空间的生产》中译本中的翻译为空间实践、空间的表象和表征性的空间，但本书仍沿用专业常用的译法，将"representation"译为"再现"。

② 参见夏铸九. 重读《空间的生产》：话语空间重构与南京学派的空间想象［J］. 国际城市规划，2021，36（3）：33-41。

世纪之后更加经验化的阅读，涉及全球化、城市化、国家空间、差异理论、建筑学和女性主义等议题①。

2.3.2 空间政治经济学批判

1）城市社会空间的辩证法

列斐伏尔认为，城市规划把城市空间看作纯粹的科学对象，提出一种规划"科学"，而忽视了塑造城市空间的社会关系和社会团体之间的政治对抗。在列斐伏尔之后，有很多马克思主义学者和社会学者对城市空间展开了政治经济学思考，包括索杰、舒克里·罗维斯（Shoukry Roweis）和艾伦·斯科特（Allen Scott）、哈维、卡斯特等。

城市社会空间的辩证法是由法国社会地理学家索杰提出的。他认为"有组织的空间结构本身并不具有独立建构和转化规律的结构，也不是社会生产关系中阶级结构的一种简单表示。相反，它代表了对整个生产关系组成成分的辩证限定，这种关系同时是社会的，也是空间的"②。罗维斯和斯科特的研究进一步揭示了城市空间组织对资本积累的影响，土地产权的私人所有，以及土地产权、建筑和生产设备的不动产性质均会妨碍空间在经济学意义上的最优化使用，因此国家会通过规划来干预和调节城市系统的运行，会为了资本的利益而重组空间（如强制购买私人土地来重新开发，或是通过功能分区来维持空间的使用价值等）。类似的城市土地问题源自土地的社会化生产和收益的私人化之间的矛盾，这在城市空间的组织上则表现为两个方面：一方面，空间的组织形式是由嵌入其中的特定生产组织来生产的，当资本主义再生产时，它的空间形式也会被再生产，当经济结构调整时，空间结构也会发生相应的调整；另一方面，空间组织也会反作用于生产组织，因为空间在某种程度上已经"固化"了之前经济活动模式的表达形式，这就会对新的经济结构调整产生约束作用。

2）空间与资本循环

哈维作为当代马克思主义的人文地理学者，长期关注资本流动、空间及其关系中所包含的现实问题，并致力于重建新马克思主义的空间理论传统。哈维将支配"都市过程"的结构性因素明确地界定为运动中的资本，既分析了现代城市中的空间冲突问题，探讨了解决空间冲突的道德基础，也揭示了空间不平等与资本逻辑的内在关联性。哈维认为，城市作为人类活动的中心，在给人们提供发展机遇的同时，也带来了人与人之间的不平等（如空间分异与剥夺）。可见，空间并非被动的人类活动的容器，而是特定社会关系的载体，并直接参与特定社会关系的建构。

哈维直接将资本主义的经济发展和对空间、时间的改造联了起来，认为在资本主义社会里，金钱、时间和空间的相互控制形成了我们所无法忽视的社会力量。从

---

① 参见列斐伏尔.空间的生产［M］.刘怀玉，等译.北京：商务印书馆，2021：中译本代序言Ⅲ。

② 参见张应祥.资本主义城市空间的政治经济学分析：西方城市社会学理论的一种视角［J］.广东社会科学，2005（5）：82-87。

19世纪中期起，资本主义借助于铁路和通信技术改变了全球空间的配置，为了开创世界市场、减少空间障碍而重绘了全球地貌，并在此过程中产生了一系列的特殊空间，即铁路、公路、机场等，这也是资本本身所生产的适应其目的的特色物质景观。

在此基础上，哈维还将马克思对于工业资本生产过程的分析界定为资本的"第一循环"。但资产阶级对于超额利润的无限追求，势必会导致资本的过度积累，并表现为商品的过度生产、利润率的下降和剩余资本等，这就需要将资本投向"第二循环"和"第三循环"以应付危机。其中，前者指的是城市人造环境的建设，包括面向生产服务的生产性建成环境和面向消费服务的消费性建成环境，哈维以此来解释美国第二次世界大战后郊区化的城市扩张；而后者指科研、技术以及各类社会消费，如教育、卫生等方面的投资。在资本的上述三次循环中，以"第二循环"和城市化的关系最为密切，其所涉及的建成环境是一个一般性概念，具有长期存在、难以变动、空间上不可移动、需要大量投资等属性，可为传统以"人口指标"为代表的城市化分析手段提供新的视角和补充。

其一，城市建成环境作为城市化的显性和物质体现，可以通过城市固定资产投资额的分析在一定程度上反映城市经济结构和空间结构的转换，进而了解城市化进程中生产性建成环境和消费性建成环境各自的发展过程。

其二，在大多数国家的城市化进程中，用"城市人口占总人口比例"来衡量的城市化水平总是在不断上升，但如果用投资等指标进行测算，则具有明显的周期性特点。

其三，有的发达国家已经完成了人口城市化的进程，当前正处在郊区城市化或逆城市化的阶段，若仍以人口指标来衡量和看待，会得出同真实情况不相符的城市化结论。但如果采取"建成环境"和"投资"的视角，就会发现，郊区城市化其实就是资本从"第一循环"转向"第二循环"的实际例子。

但是也要看到，哈维从政治经济学的角度来解读资本的空间化，从某种意义上看是将"空间生产"过程贬抑为一类商品生产事务，空间要么成为剩余价值的载体，要么成为权力与资本的意象符号。这一视角不可否认能够解释城市化条件下的空间生产，但也带来了对空间实践的简化以及对其创造性的抹杀，这在某种程度上会封闭我们的认知能力，进而阻隔实践突破的可能性。尤其是对于城市规划领域而言，仅仅从资本积累和剩余价值循环的角度来分析城市问题，人类创造的能动性就会被忽视，"空间"就会被抽象和等同，日常生活和空间特征的差异也会被抹杀，反而容易失去理论本身的批判性。在今日城市更新的语境下，阐述和研究日常生活实践对城市空间自下而上的建构，或许是破除"资本循环决定"的有效途径之一，也有助于城市规划知识体系的创新和拓展。

2.3.3　卡斯特与结构主义城市研究

1）集体消费

卡斯特虽然是列斐伏尔的学生，但对列斐伏尔的思想有过严厉的批判，他不但质疑列斐伏尔将"都市"（urban）作为连贯的研究目标的可能性，而且对列斐伏尔提出的"都市化"（urbanization）将取代工业化成为历史驱动力的浪漫观点不以为然。卡斯特认为城市是围绕劳动力再生产而结构起来的空间单元，其中对结构影响最大的空间类型是"集体消费"（健康、教育、住宅、设施等），它不只是发生在市场，还是国家机器的产物[1]。

1968 年，卡斯特发表的《城市社会学是否存在？》一文对以芝加哥学派为代表的主流城市社会学提出了质疑，他认为传统的城市社会学并没有自己独特的研究对象，其在空间、城市方面的分析缺乏批判性，不算是一门科学，而更像是资产阶级的意识形态。1969 年，卡斯特发表的《城市社会学的理论和意识形态》进一步阐述了这一看法，并开始了系统的城市社会学理论建构过程。1972 年，卡斯特又结合马克思主义理论、城市社会学以及阿兰·图海纳（Alain Touraine）的社会运动，出版了《城市问题：马克思主义的视角》。该书的重要观点是指明了 20 世纪 60 年代以来大都市地区形成新城市现象及其同资本主义生产方式之间的关联，着重分析了发达资本主义国家的凯恩斯式福利下社会空间的再生产过程，并聚焦于都市冲突过程中与劳动力再生产相关的"集体消费"的概念：现代资本主义越来越依赖国家提供的城市公共物品和服务（即"集体消费"），以保证劳动力的再生产，而"集体消费"的不足也会导致国家和民众之间的冲突。他批判了芝加哥学派城市文化的意识形态神话，同时也批判了列斐伏尔以人本主义"异化"观为核心的城市革命乌托邦，分析了国家尤其是地方政府的角色，以及规划师的专业角色和规划话语意识形态的再生产作用，提出城市社会运动与工人阶级斗争的结合，有可能会带来整个资本主义社会的变革。

卡斯特的"集体消费"概念指的是城市在资本主义整体系统中的功能是通过消费组织来实现劳动力的再生产，因此可以将消费分为"私人消费"和"集体消费"两类，前者指的是个体日常吃穿用等可在市场上买到或是自己提供的商品或是服务，后者则是指交通、医疗、住房等不能被分割的产品与服务。"我们所称的'都市结构'就是劳动力集体再生产过程的内在结构化，在劳动力集体再生产的过程中，它由社会形构中生产方式的经济、政治、意识形态情况的特定连接所组成。"[2]随着城市化的进展和生产组织的专门化，集体消费品的供给显得日益重要，甚至会影响到资本主义体系的顺利运行，但同时也产生了新的问题（如由于投资回报周期较长，私人资本不愿投资集体消费等），使政府在该领域的干预愈发重要。如果政府加大对公共领域的投入，政府如何组织集体消费就会体现在各类城市规划中并最终影响城市形态，这些都构成了城市结构的抽象表达，也在某种程度上说明了集体消费对于当代城市空间的结构性作用。

2）城市社会学中的结构主义

卡斯特以结构主义方法论为框架，建构了一个马克思主义的城市社会学体系：城市是一个包括生产、消费、交换、行政和符号五个要素以及各类次级要素相互作

---

① 参见杨舢，陈弘正."空间生产"话语在英美与中国的传播历程及其在中国城市规划与地理学领域的误读［J］.国际城市规划，2021，36（3）：23-32，41.
② 参见卡斯特.都市问题（1975年后记）［M］.吴金镛，译.台北：明文书局，2002：197.

用而形成的复杂系统，在多元决定的城市结构中，消费处于支配性地位。1974年出版的《垄断、企业、国家和城市》通过对法国敦刻尔克等地区的考察，解释了大公司、国家和规划机构操纵下的地区发展逻辑，即国家通过大量基础设施的投资、公共设施建设计划等途径满足了劳动力再生产，同时也促进了垄断资本的成长。当城市规划问题被置于资本主义的大背景中考察，就可以看到规划活动本身并无能力发现和解决城市问题，而且一旦被赋予某种权力，规划者和其他公共资源分配者即会对城市结构造成破坏。

卡斯特为城市变迁提供了新的分析框架，描述的却是一个并非理性和连续的历史进程，其中充斥着不同行动主体之间的激烈冲突，城市中"空间形式"的背后是深层结构所代表的各种动力，城市意义随着不同历史条件下生产方式的变迁而在具体的社会过程中浮现，通常会涉及各类参与角色的多重诉求。很显然，卡斯特吸纳了路易斯·阿尔都塞（Louis Althusser）的结构主义思想，将城市看作整个社会结构的一部分，而反对芝加哥学派直接从经验出发来研究城市，因为所谓结构就是基于有限元素却能以无限的方式组合来形成错综复杂的形态。按此逻辑推断，城市功能就可以被理解为展现城市意义时对既定目标的组织与实现，而城市空间形式可以被理解为展现城市意义的物质与文化再现，城市规划则是通过专业途径进行协商与调整的过程。

而所谓"结构主义"，是20世纪60年代风行于法国、在全球产生重要影响的哲学思潮，并向之前业已发展成熟的存在哲学（强调人的主体性和独特性）发起了挑战，其核心观点是，人在大多数情况下应被视作一个更广阔系统中的一个成分，"不应当谈人的自由，而应当谈他被卷入和被束缚的这个结构的情况"[1]。因为结构主义者认为，事物作为一个整体的结构而存在，结构和要素相比更具有优先性，构成结构的诸要素则具有共时性，而反对从历时的视角研究社会现象。结构主义者与以齐美尔为代表的人文主义社会学家将人的重要性置于第一位不同，以美国社会学家欧文·戈夫曼（Erving Goffman，1922—1982）和帕森斯（1902—1979）为代表的结构主义者（或称结构功能主义者）更加强调空间对人的行为的制约与塑造作用，他们认为空间在人之上，既要为人的行为立法，也会对人产生支配。

卡斯特正是通过城市意识形态批判确立了一种结构主义的城市研究方法，旨在清除主流城市社会研究中的人道主义和历史主义做法。可见，卡斯特和列斐伏尔的一大分歧在于人类实践对空间的自由创造能力。在卡斯特看来，社会结构总是第一位的，虽然在空间生产中会存在人的实践活动，但也受制于社会结构的深层机制，且实践本身也是一种结构系统，人在其中并非作为主体存在，而是居于整个结构的特定位置，如当事人、代理人、投资人、决策者等。卡斯特还认为，城市空间是由社会结构所决定的，并不存在所谓特殊的空间理论，而空间的社会生产过程就是一个与空间相关的社会组织、社会活动、社会功能和社会区位的运作过程。

---

① 参见布洛克曼.结构主义：莫斯科—布拉格—巴黎［M］.李幼蒸，译.北京：中国人民大学出版社，2003：2。

2.3.4　批判主义与城市规划

1）日常生活的节庆

"在居高临下的审视者眼里，城市是一个可以解读的文本。但这个可以登高俯视的'全景城市'其实是一个'理论的'拟像，他之所以可能，是因为审视者对实践者的忘却和误解……城市行走者的行走是体验城市的一种基本形式，他们的身体随着城市文本的厚薄而起落……这是两种空间的差异，迁徙的或隐喻的城市与清晰的、规划的、可读的城市之间的差异。"①

米歇尔·德·塞托（Michel de Certeau）的这段文字表明了城市规划作为一种构想的空间，与实际生活空间的差异。从《空间的生产》引发的一系列批判视角，对操控空间生产知识体系的行为进行了批判，包括专业的技术官僚、城市规划师等。批判们认为，制度化的知识与权力共谋导致了空间的抽象化，也压制了日常生活的丰富性；空间的再现作为纯粹抽象的领域，切断了与社会实践的联系，一方面隐匿实践、删除所有生产活动的痕迹，创造出一个没有紊乱的幻象，另一方面却服务于官僚体系与权力、地租与利润，将社会空间简化为规划师、政客和管理者们所构想的空间。而日常生活及其空间实践却具有反抽象化和反制度化的潜力，能够颠覆城市规划自上而下建构起来的抽象空间。

相应地，在列斐伏尔看来，"中心性"并非经由密度和规模来定义，而应通过社会实践（如节庆和假日突然汇聚的人群，或是博览会那样被情境塑造的空间）来定义，由此而带来的稍纵即逝的都市就像"日常生活的节庆"一样，不会留下任何明显的物理痕迹。列斐伏尔的这一概念受到了 20 世纪 60 年代活跃的法国先锋派艺术家和社会革命者组织"情境主义国际"（international situationniste）的影响，包括对于日常生活情境、大众文化、非设计的关注，后来也成了消费社会批判理论和后现代思潮的关键性学术资源（图 2-9）。列斐伏尔认为城市化是一种生活化的过程，因而强调了城市化与重建现代日常生活的重要意义。在空间实践中，身体、欲望和差异构成的日常生活空间也是一类"再现的空间"，其中"空间实践既不由某个现存的体系——无论是城市体系还是生态体系——所决定，也不会迎合这个体系，且无论它是政治体系还是经济体系。相反，在各种群体——这些群体能够把同质化的空间专项服务于它们自己的目的——的潜在能量帮助下，一种剧场化的、戏剧化的空间极易生成。……这些方式战胜了需要和欲望在空间中被严格定位化的趋势——这里所说的空间要么是生理的，要么是社会的"②。

日常生活是一种重复的、数量化的物质生活过程，是现代性的意识形态构成了现代性的无意识层面。同时，日常生活也是各种社会活动与社会结构最深层的连接之所，是一切文化现象的基础，也是革命的策源地。列斐伏尔对日常生活的关注为"自下而上"的城市研究带来了独特的方法与视角，尤其在城市规划和建筑学的

---

① 参见德·塞托.走在城市里［M］.马海良，译//罗钢，刘象愚.文化研究读本.北京：中国社会科学出版社，2000：317-318。
② 参见列斐伏尔.空间的生产［M］.刘怀玉，等译.北京：商务印书馆，2021：576。

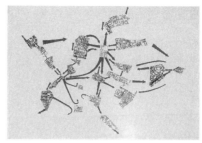

图 2-9　情境主义国际的理想城市"新巴比伦"（左）和居伊·德波（Guy Debord）赤裸的城市（右）

注：左图是利用所有的艺术门类和现代技术建构一个完整的城市环境，而这个环境与未来人们的生活方式之间将存在本质上的相互依赖关系。右图由一张巴黎地图的 19 个片段构成，各片段间用箭头连接。它表明城市不过是一个具体的、有一定处所的主体，作为从一种"个体环境"到另一种"个体环境"的通道，而不是作为一个整体化感知的客体。

领域，对居民自主营建、日常建筑学、匿名建筑、城市形态演变、自主更新，以及对乡土和地域建筑类型的批判性研究等。例如，上海致正建筑工作室在 2020 年通过记录定海桥地区工人宿舍和自建住宅的建筑形态来揭示自发建造背后的社会内容，完成了《日常生活的突围与抵抗——定海桥地区居住建筑空间调研》，关注居民日常生活对建筑以及城市空间的建构，并了解空间在真实生活中是如何被使用的，以帮助建筑学和规划专业人士去寻找和面对城市中被忽视的、更为真实的问题（图 2-10）[1]。

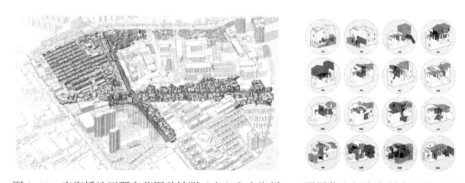

图 2-10　定海桥地区研究范围总轴测（左）和定海桥 449 弄居住空间个案研究汇总（右）

回溯和审视列斐伏尔经典的"空间生产"理论就会发现，其对资本主义的城市规划多采取批判态度，比如说，国家正处在空间生产核心的城市化过程中，而城市规划的交通、空间分隔技术强化了这一过程；城市规划师所做的就是在这一条件下对空间的抽象与分类，其关心的只是"抽象空间"，是与人无关的容器，是国家权力主导了城市空间的生产，而设计只是其中的一类工具。资本主义的城市规划作为空间生产史上的一类特殊形式，是国家提出策略，并按期实施的权力实践，却在人的身体层面和城市空间层面均造成了分离：一方面，身体碎片化为不同功能的器

① 参见致正建筑工作室微信公众号《日常生活的突围与抵抗——定海桥地区居住建筑空间调研》，2022年 3—6 月。

官，众多的分离元素在再现的空间中不断以病态的方式加以体验，而视觉主宰了其他；另一方面，城市空间也抽象化为互不关联的各类系统，不同功能的分离却成为保证系统顺畅运作的条件，居民们在通勤、工作和睡眠中趋于一种毫无差异的生活，其结果就是，作为一种技术工具的现代城市规划通过控制和管理时间、空间，实现了对高度差异化日常生活的控制和管理。

当然，这并不是说列斐伏尔在全盘否定规划，他从过去伟大的城市规划中同样看到了悲剧性、生命性、宗教的神性等[1]；只是列斐伏尔认为，规划的方方面面均离不开集体的从事和维系，因此必须致力于寻求一种新的城市化可能。于是，列斐伏尔和许多建筑师一起参与了各种设计，并在建筑学校开设课程，其思想不但引领了1968年的学生风潮及其对鲍扎艺术（Beaux-arts）的拒斥，还在20世纪七八十年代影响了法国城市政策的制定。此外，列斐伏尔还与乌托邦小组、情境主义国际等激进的社会团体多有牵连，所以当时的建筑设计、城市规划和艺术创作在某些方面也不时会流露出他的集体、自发和游戏性设想。

2）审美化与符号消费

赫伯特·马尔库塞（Herbert Marcuse）指出，动用一切宣传机器，制造种种"虚假需求"，以实现"强迫性消费"，就成了社会的主要任务；列斐伏尔也感受到了消费社会的异化，并明确指出现代社会是一个受控消费的官僚社会，一个欲望被制造和引导的世界；而对于消费社会最深入的研究，当属曾任列斐伏尔助教的法国思想家与社会学家让·鲍德里亚（Jean Baudrillard），其理论主要涉及对资本主义消费文化的批判和对现实拟像（simulacra）构造的分析，严格来说鲍德里亚并非一个纯正的城市社会学者，但其对于当代生活世界的洞见，却让越来越多的城市与建筑研究者以其理论来阐释当代城市与建筑景观。

鲍德里亚指证了消费在当代社会中的主导地位，并重新定义了消费社会的消费概念。相对于生产过程，以往的观点认为消费是一个被动的过程，而今消费却成了一种建立关系的主动模式。传统消费表现为对物的享有、使用和消耗，消费的是其使用价值；但是在消费社会，它却演变为一种符号的系统化操控，"被消费的东西永远不是物品，而是关系本身"，也就是说消费的是符号价值。在符号消费的背景下，消费者与物的关系发生了改变，不再以特定用途来看待某物，而是以其符号意义来看待全部的物。因此，消费社会的消费行为不再是一个自然的物质享受过程，而是重新建构社会关系的过程。

前工业时期的日常生活具有区域的多样性和地方的整体性特征，但是在资本主义生产条件下，日常生活被组织到生产和消费环节中。第二次世界大战后西方社会进入了"丰裕社会""闲暇社会""发达工业社会"阶段，列斐伏尔称之为"受控消费的官僚社会"，消费代替了生产而成为异化的主要力量。技术和官僚统治渗入日常生活的每一个层面，将其无情地系统化，也使日常生活成了"无人称的隐性技术统治"，这在城市中表现得尤为突出。在资本主义的生产、流通和消费的环节中，

---

① 参见汪原. 亨利·列斐伏尔研究［J］. 建筑师，2005（5）：42-50。

城市主要是实现消费的场所。在过去，消费的是物品本身，但当前人们消费的已不再是物质的东西，而是符号。

在一个由符号占据主导地位的时代，城市面貌也发生了根本变化。"城市曾经的首要地是生产以及商品实现的场所，如今城市的首要地却是符号实现的场所。"也就是说，在消费社会中人们消费欲望的转向改变了价值的生产，而主导这一转向的就是鲍德里亚所说的"拟像"。如果将这一过程对应于城市空间的生产逻辑，则主要表现为空间的"符号消费"变成城市空间生产的主导。早在 1967 年情境主义者德波就对此展开了尖锐批判："景象不是形象的堆积，而是以形象为中介的人们之间的社会关系。"以今日的城市空间观之，空间的审美化就是空间符号消费的竞技场，这已成为一类普遍的城市空间生产方式。鲍德里亚把这一现象称为"泛审美化"："当一切事物都成为审美的时候，也就无所谓美丑了。"对于我们来说，现实作为整体已经成为审美的构造。

在美学兴起时，审美被认为是一种对抗理性与物化的方式，是对被物化的人的感观的解放手段。但在当代商品原则的操弄下，审美已经演变为一种可以交换的符号，并完全丧失了对社会的批判性。空间泛审美化带来的是对个体感观的规范化，这会导致对"意义"的索求无度和对物件自身的无视，事物的审美符号取代了现实而成为体制内存在的合法化工具，进而完成对物质实体自身的秘密替换。这就是当代城市给我们的非真实经验：现实在模仿符号！

虽然日常生活由于被受控消费的官僚社会所主宰，正在遭遇深刻的异化，但列斐伏尔依然认为其潜含着改变自身的可能性，并把瞬间的日常生活视为一种拯救，因为他认为，日常生活并非一个专业化的实践形式，而是一个未被分化的人类实践的总体。今日的社会解放一定是总体性的，而不是某个局部的领域，人类解放的真正领域也不是国家而是处于日常生活之中，是日常生活的节庆化、艺术化和瞬间化。

3）城市改造的现代性批判

哈维以欧洲城市空间现代化的著名案例——奥斯曼的巴黎改造为例证，在《巴黎，现代性之都》中，深度论证了空间模式所代表的阶级关系，以及阶级关系对空间分异的影响。该论著阐述了 19 世纪巴黎城市空间在现代资本和政治力量主导下的现代化过程，哈维用"物质化：巴黎 1848—1870"作为核心章节的标题，概括了奥斯曼改造时期的城市空间演化，并对国家意志、阶级冲突、性别角色、文化生活等诸多议题在空间生产中的呈现做出了详细描述，将"空间关系的组织"置于"金钱、信贷与金融""劳动力的买卖""劳动力的再生产""消费者主义景观与休闲""共同体与阶级""说词与表述"之中。由此可见，空间的生产实质就是阶级关系的生产，城市的设施如建筑、道路、咖啡馆、纪念物一旦被生产出来，就会成为制造新的阶级区分、新的社会关联的工具。例如，关于空间分异，中世纪时在同一栋公寓中，低收入阶层（如工人）往往住在较高的楼层，商人等收入优渥的家庭住在低层，共同促成了住户之间的阶级混合，并培养出某种连带关系，如果工人生病或是失业，可得到邻居的帮助，同时底层阶级也养成了谨守规范的习惯。然而奥斯曼的改造却将低收入者强制搬迁到了圣马丁运河乃至城门以北地区，表面看是摆脱了昔日资产阶级的控制，实际上却失去了阶级互动、低收入者受到资助的机会。在巴黎改造中，金融资本、土地和国家彼此连接、交互作用，共同创造了新的城市空间，这其实是将城市建设视为一个资本主义的商务活动：由政府提供土地，由金融市场筹集开发资金，土地建筑成了城市的虚拟资本；以土地资源配置为核心，资本家从土地增值与房地产中获利；同时，巴黎城郊也不断被整合到城市结构之中，促进了城市规模的扩大和土地开发体系的完善，也使房地产一跃成为巴黎的支柱产业；于是，城市空间结构形成了不同使用者以竞价形式取得空间使用权的组织结构，空间的分异也孕育出了新的政治版图。总而言之，巴黎通过1848—1871年的奥斯曼大改造实现了从传统、封闭、落后到现代、开放的转向，这既反映出哈维所说的"都市过程"，也揭示了哈维所说的资本积累链条中的"创造性破坏"（creative destruction）。可以说，《巴黎，现代性之都》以一个历史的断面，剖析了现代资本主义都市形成的深层运作机制 [①]（图2-11）。

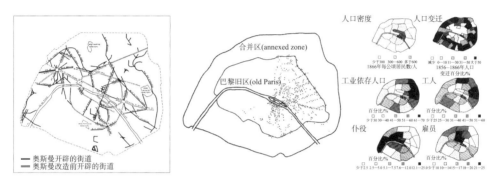

图2-11　哈维在《巴黎，现代性之都》中对奥斯曼巴黎改造前后的空间—社会分析

注：左图是巴黎建于1850—1870年的主要新干道；中图是1848年6月暴乱时巴黎的街垒分布，揭示出城市东西部之间的政治区隔；右图是1866年巴黎的人口密度以及1856—1866年巴黎的人口变迁。

2.4　人文主义：个人经验与社会建构

人类生态学派将城市资源分配看作社会自然进化的结果，而马克思主义更强调对空间社会生产过程的分析。以韦伯为代表的研究者则认为，将社会划分为资产阶级和无产阶级的二分做法过于简单化了，人并非完全受制和依附于社会结构，而具有某种程度的自主性，因此要关注社会行动者的主体性和主观性。除了经济因素外，社会地位、政治权力等也有可能促成社会分层。

2.4.1　从齐美尔、韦伯到本雅明的人文主义传统

1）城市经验中的自由与异化

从迪尔凯姆提出空间的"社会属性"开始，空间特定的情感价值以及社会行为

①　参见哈维.巴黎，现代性之都［M］.黄煜文，译.台北：群学出版有限公司，2007。

在空间中的投射，就隐含了人文主义的倾向，这一倾向也体现在滕尼斯《通体社会与联组社会》对"乡村—城市"空间意义的类型学区分中。

而齐美尔代表着人文主义城市社会学的古典渊源，他对城市生活进行了系统的社会心理分析，看到了个人对城市中各类支配性力量的适应，以及由此而产生的"异化"，即在城市生活和商品交换的背景下，个人以贬低客观世界同时贬低个人为代价来实现自我保护，从而形成了与城市生活相适应的互动方式——"外在矜持"（external reserve）或是疏离的态度。但和前辈学者不同的是，齐美尔对这类因过多刺激而带来的冷漠和置身事外的生活方式并非完全否定，他从城市生活所培养的疏离中看到了自由，并认为这种"有教养的冷漠"对于城市生活来说是必要的，使人能够超越日常琐碎，但同时也走向了自由的对立面。对于齐美尔来说，城市就是人类自由和异化之间的竞争得以发生的场所——"再也没有比在大城市的人群中更让人孤独和迷失的地方了"——这类描述让人感到，异化更有可能获得最终的胜利。与韦伯等学者试图建构全面而整体的社会理论不同，齐美尔的研究开启了破译城市个人经验与现代性碎片的新视角，而这一带有强烈个人经验特点的认知在瓦尔特·本雅明（Walter Benjamin）的《拱廊计划》等文本中得以进一步延伸和放大，进而催生了人文主义城市社会学者，以及后来的后现代地理学者通过日常生活经验的细微刻画再现城市现代性痕迹的经典做法。

2）韦伯：主体的社会行为

为了保持社会学的客观与中立，韦伯采取的是"价值无涉"的治学态度，认为作为经验科学的社会学本就该剥离价值判断的职能。在此基础上，韦伯更是发展出具有"反实证主义"色彩的诠释社会学，强调社会学研究的是人类行为的主观意义，关注的是人类及文化价值，而反对社会科学研究中的自然科学倾向。与此同时，韦伯学派虽然不否认社会结构中的个体存在，但认为个体行为还是相对自主的，因此由不同利益群体构成的城市也必然拥有多元的价值观……总之，该传统强调自然科学与社会科学之间的本质不同，关注社会行动者的主体，强调人类行为的主观性与文化价值的多样性，倡导运用"理解类型"和"主观（投入）理解"的方法做出历史的因果解释。比如说韦伯所提出的"完全城市社区"模型和理论就重视个体的权利，并把个体本位放在城市社区的历史语境中进行考察，这样更有助于我们理解个体自由与城市社区的关系；再比如其代表作《新教伦理与资本主义精神》，则是把具有主观意义的社会行为作为研究对象，以揭示社会行动背后的主观意义。因此，韦伯在道德伦理和经济行为之间建立了联系，从个体出发观察了大量新教徒和天主教徒的不同行为，然后再从具体到抽象，指出正是禁欲主义的新教伦理对社会生产实践活动的影响，最终促成了西方近代的资本主义社会。

韦伯的人文主义社会研究采用了归纳的逻辑，从个体的微观角度来理解社会的整体状况，具有"社会唯名论"的思想，即社会是由个人组成的，社会只是一个符号、一个集合的名称、一种存于世的假象，是虚构的产物，并没有实在的意义；或者按社会学家本尼迪克特·安德森（Benedict Anderson）的说法，社会是"想象的共同体"。

3）本雅明与《拱廊计划》

在当今城市文化理论的研究中，犹太学者本雅明是一位绕不开的学者。他与城市的关系，总是和碎片、震惊、游荡、散漫、未完成等词汇联系在一起。身为作家和哲学家的本雅明并非严格意义上的城市社会学者，但其对巴黎拱廊街的研究善于从空间透视人在城市中的生存状态，从而以一种碎片和蒙太奇的方式传达出一个人在城市中闲逛时所发现的空间意义，而非历史与时间的意义。这一成果因其强烈的人文主义特征，而对个人化的城市研究产生了重大影响，并成为日后此类研究的一例范本。

本雅明于 1927 年开始《拱廊计划》的写作，重点记录了 19 世纪巴黎购物中心游荡者（flâneur）的生活方式。这里"游荡者"代表了对城市环境细节的欣赏，对休闲与美的生活的专注。他们既非贵族也非贫民，而是城市中逐渐涌现的另一个阶层——中产阶层。本雅明的研究本身也是"游荡"式的，不追求一个完整的意义，而是铺陈一系列的个人体验。遗憾的是这一研究并未真正完成，已完成的几篇均收录在《巴黎，十九世纪的首都》里，包括"傅立叶与拱廊""达盖尔与全景画""格兰维尔与世界博览会""路易·菲利普与居室""波德莱尔与巴黎街道""奥斯曼与街垒"等[1]。本雅明用蒙太奇式的写作，呈现了巴黎生活方式、城市景观、社会心态、艺术风格等现代特征，文字中传达出其对于空间的特殊敏感性。正如他所赞扬的超现实主义，把时间转变为空间，把线性的历史变迁转变为日常物品神秘并置的、共时性的当下世界。

拱廊街是 18 世纪末在建筑之间的巷道上覆盖玻璃顶棚的商业步行街。本雅明认为，这是首次出现的真正的现代城市空间，供人们炫耀性地消费资本主义商品。拱廊出现的两大条件是纺织品贸易的繁荣和钢铁在建筑领域的应用[2]。"游荡者"取自夏尔·皮埃尔·波德莱尔（Charles Pierre Baudelaire）诗歌中的意象，他们在拱廊街中徘徊，漫不经心地在纷扰的人群中走过，既投入又疏离地打量着拜物教情境下的视觉奇观，而这正是现代城市人的写照（图 2-12）。

图 2-12 巴黎拱廊街

注：自左至右分别是舒瓦瑟尔拱廊街（Passage Choiseul）、王子廊街（Passage des Princes）、巨鹿廊街（Passage du Grand-Cerf）、全景廊街（Passage des Panoramas）。

---

① 参见本雅明.巴黎，19 世纪的首都［M］.刘北成，译.上海：上海人民出版社，2006。
② 参见本雅明.巴黎，19 世纪的首都［M］.刘北成，译.上海：上海人民出版社，2006：3-5。

本雅明为错综复杂而又超现实的现代城市提供了一个独特的人文主义框架，使城市研究者们得以将其视为一个活生生的复合体，充满冲突、变化与矛盾，而难以概括和简化为抽象同质的空间。他用诗意的语言挖掘出现代化城市中人的感知方式的变化，从哲学、美学和社会意义上探讨了空间与现代性的观念与变迁，虽没有建立某种系统性的空间文化理论，却开拓了城市文化研究的不同视角和维度，很显然，这一维度的影响也远远超出了他自己和同时代学者的预期。本雅明的法兰克福学派同僚西奥多·阿多诺（Theodor Adorno）曾对《拱廊计划》醉心于个人化的写作方式数次提出批评，但恰恰是这种以空间经验作为主线的思考方法，对短暂、不可置信和被忽略的价值的搜寻及其所带来的某种内在的不完整性，反而为后来的城市文化研究奠定了基础，也使本雅明的影响得以跨越更为广阔的领域和时间。

2.4.2 空间经验的社会历史建构

1）城市形态的社会过程

建筑学和城乡规划专业背景的城市社会研究并不排斥对形式的关注，从其通常采用的跨学科途径中，仍可清晰地分辨出"对形式的社会文化再现"这一线索。若同人文主义社会学研究中"对个人体验和对空间经验的关注"相结合，可能建构出城市形态、社会生活与空间经验的关系。在城市规划专业领域，能将空间形式置于社会脉络之中的系统性研究当推斯皮罗·科斯托夫（Spiro Kostof），他从城市史的角度出发，认为静态的、物质形式层面的研究已面临危机，很难对城市有所助益，因此才会在城市史的撰写中同政治、经济和社会脉络相关联，也才会在塑造形式的社会权力结构中解释城市空间形式的意义。科斯托夫通过《城市的形成：历史进程中的城市模式和城市意义》（*The City Shaped: Urban Patterns and Meanings through History*）与《城市的组合：历史进程中的城市形态的元素》（*The City Assembled: The Elements of Urban Form through History*）重点讨论了城市的有机模式、格网、图形式城市、壮丽风格以及天际线等，关注的是这些城市的相貌何以形成以及如何发生变化，研究的是作为意义载体的形式，并将它们置于史和文化的关系之中。为此，科斯托夫指出，城市史所面对的"形式"问题应被置于复杂的"城市进程"（urban process）之中，以反映时间流逝过程中城市所发生的种种物质变化，并实现"社会、政治、技术、艺术力量"的综合（图2-13）。"历史告诉我们，相同的城市形式并不一定会传达出相同或是相似的人的意图；反之，相同的政治、社会或经济秩序也不一定会促生相同的设计布局。"[①]这一观点避免了单一的社会学视角对于空间的"决定论"，因为无论是城市模式还是城市形态的物质要素，都包含了设计之外的历史变迁，都需要对其中的不同意义进行解读。

---

① 参见科斯托夫.城市的形成：历史进程中的城市模式和城市意义［M］.单皓，译.北京：中国建筑工业出版社，2005：16。

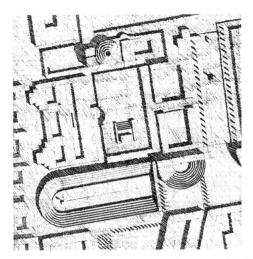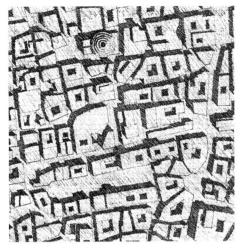

图 2-13　罗马马提乌斯区的演化

注：只有万神庙完整保留到了文艺复兴时期，1 000 年来对石材的回收利用以及中世纪地块的拆分和两层住宅的建设，几乎使罗马时代的形式荡然无存，只有在纳沃那广场还能看出之前图密善赛马场的形状。

即使是城乡规划学和建筑学领域的某些研究（尤其是社会史方面的成果），就算不是以建成环境为研究对象，在描述社会进程时往往也会涉及城市空间特征形成的社会动因，并为城市空间形式的专业研究者提供重要参考。例如，菲利浦·阿利埃斯（Philippe Ariès）在《儿童的世纪——旧制度下的儿童和家庭生活》中，就研究了从中世纪到 18 世纪"儿童"这一观念的形成及其相关学校、家庭观念与制度的演变。作为一部社会史研究，他把"儿童"从人群中单独剥离出来加以分析，发现今天我们很熟悉的某些观念和做法并非自然而然，而是源自一段社会历史的建构，甚至大量涉及西欧城市与建筑形式背后的社会机制。比如说，在谈到西欧"家庭"观念、私密性和房间的成因时，阿利埃斯是这么描述的：

"这类大房子扮演了一种公共角色，在那个没有咖啡馆或'公共室内场所'的社会中，这里是朋友、顾客、亲戚和受庇护者能够相会和交谈的唯一地点，除了仆人、秘书和伙计这些常住者之外，我们必须加上不断来访的客人。后者明显地很少考虑来访时间是否合适，而且从来不敲门。""与此相反，现代家庭挖掘了与外部世界的壕沟，以父母子女团结起来的独立群体面对外部社会。这个群体的所有能量都用于帮助儿童实现社会地位的上升。"

此外，阿利埃斯通过对古代绘画和文献的研究还发现，现代的家庭观念并非天然而存在的，甚至家庭作为私人空间的认知也是在 18 世纪才逐渐形成的；与之相伴的，则是房屋布局中独立"房间"和"走廊"的出现。在此之前，人们必须穿过所有的房间才能到达另一个房间，人们并不把家作为抵御外部入侵时的避难所，而是以此为社群中心，构建了包括亲戚、朋友、客户、受庇护者、债权人等在内的社会关系的同心圆。

2）身体与城市经验的历史

无独有偶，理查德·桑内特（Richard Sennett）的《肉体与石头：西方文明中的身体与城市》(*Flesh and Stone: The Body and the City in Western Civilization*）则是一部从人类身体经验角度来撰写的城市史，探究的是汉娜·阿伦特（Hannah Arendt）等学者所关心的公共领域议题。作为一种城市经验的历史书写，其体现出鲜明的社会学色彩，尤其是关于个体生活与统治权力之间紧张关系的讨论。

桑内特聚焦于"人类身体"和"城市"这两大要素，尝试将人类自希腊以来的城市发展史浓缩为三种身体意象，并对应于身体的不同器官，从而再现了三个历史阶段身体体验与城市意象之间的复杂关系：第一种身体—城市意象对应"声音与眼睛的力量"，代表的是希腊和罗马的古典时代人们如何以声音和眼睛来参与城市生活，并形成了相应的城市空间和城市形象，同时城市中声音和眼睛的空间也规训了人们的身体行为，将它们展现于空间之中。第二种身体—城市意象对应"心脏的运动"，类似中世纪和文艺复兴时期的城市理念和身体经验。相较于古代市民的政治人身份，中世纪时市民走上了"经济人"的道路，也产生了"法人"等一系列的概念（包含了韦伯所说的"自治"含义），城市的身体意象不再依附于"场所"，而是中性地使用空间与时间。第三种身体—城市意象对应"动脉与静脉"，源自哈维对人类身体血液循环理论的发现，它极大地改变了城市理念：道路交通如同人体中的动脉和静脉，循环系统因此而成为城市结构中最为核心的设计，畅通、迅速和舒适也成了现代城市设计的基本原则。

通过上述三种身体—城市意象的类比，桑内特指出规划设计可以通过创造愉悦和舒适来使身体休息，但同时也会造成感官的迟钝，使人处于孤立的状态，移动时空间的价值会被贬低，身体和环境的关系也会变得被动。于是，桑内特又提出了"移置"（displacement）设想，个人的身体可以从经历变故和挫折中重新获得感觉，并借由爱德华·摩根·福斯特（Edward Morgan Forster）的《霍华德庄园》让人们移置出他们原本感觉安全的状态："只有连接，别无他法。"《肉体与石头：西方文明中的身体与城市》一书正是要通过阐述身体与城市经验的历史来告诉人们，文化在创建和利用城市空间方面曾经产生过重要影响，但现在的城市理念却在造成文化的缺失和人们心灵的麻木；人类只有重新回归身体、回归感觉，才能真正恢复被现代城市文明所排挤掉的人的身体。

3）阻力、模糊性与设计

桑内特还曾在多部社会学论著中提到，阻力对于有生命力的文化而言具有积极意义，这一意义同样可延伸至城市规划领域。在研究物质意识和匠艺活动的《匠人》中，桑内特就以"阻力与模糊"为主题讨论城市规划是如何以人的方式来应对阻力的，提出要"顺应阻力"，将边界转化为过渡带、将隔离转化为渗透，要在城市中制造含混，使边界在排斥的同时也起到交流的作用。

桑内特以荷兰建筑师阿尔多·凡·艾克（Aldo van Eyck）的"城市游戏场"系列作品为例，说明城市设计如何通过创造"人为的模糊性"（planned ambiguity），而促使人们去探索边界的种种可能性（图2-14）。艾克利用城市中大量的边角弃置地，清理后将其塑造为一系列的街道口袋公园；公园设置了游戏设施、沙坑和浅水池，让孩子们学会如何在城市环境中成长并共处，设计还有意模糊了沙坑与草坪之间的边界，或者混合放置不同高度的石块，让孩子们感受到可触知的差异、用身体尝试脚踏和攀爬之间的不同动作等。

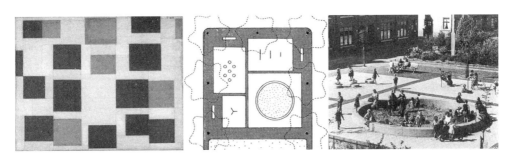

图 2-14　艾克"城市游戏场"设计方案与当前的状况

　　其中，范·波策拉尔街（van Boetzelaerstraat）小公园就位于阿姆斯特丹的高密度建成区，建筑师在场地上放置了石块和管状的攀爬设施，并把一侧的建筑立面和街对面的商店也纳入统一的设计，虽然该想法由于机动车流的存在而有较大的冒险性，但其有趣之处正在于"儿童、青少年和成年人的混用"。设计也通过微妙的引导（尤其是模糊边界的精心处理）实现了人们在身体上的真正混合而非字面上的互动：青年人占据着公园的人行道，座椅的布置让父母能够监控到在街角玩耍的小孩，休息的购物者更愿意看着而不是去干涉在交通边界上欢腾雀跃的孩子们，当人们从一家店走到另一家店穿过这一空间时，也会侵扰游戏场中人们的地盘……艾克以简单清晰的方式，让使用者对场地边界的模糊性做出了熟练自如的操控，更是让孩子们学会了将公园设计中的模糊性融入自身的行为规则之中。

　　这或许就是桑内特所畅想和论述的"开放的城市"："在我看来，城市是一个能够使人增长阅历的地方，这实际上就意味着在经济上要创造更多的开放机会、在社会学和心理学角度上要处理有关复杂性的问题。在一个开放的城市中，人们能够更加熟练地应对生活中的复杂情况，也能够利用意料之外的各种机会，这或许要归功于城市运作的机制及其被设计的方式。"① 也就是说，桑内特将城市的开放性归结

————————
　　①　参见微信公众平台。

为边界状态的可渗透性、未完成形式和可随意标记的价值，这有助于打开城市的边界、利用已有的机会和改变既定的意义（图 2-15）。

图 2-15　开放的城市：可渗透性与未完成形式

2.4.3　城市文化与地方认同

20 世纪城市的发展特征是世界范围内工业社会向都市社会的转变，集结了日常生活、集体消费和社会再生产的城市成了全球化矛盾最尖锐、最突出的地方，因此可以说，"城市研究"的重要性已不在于人口的急剧膨胀和城市化的广度，而是城市作为全球化矛盾的焦点，成为城市问题和隐藏在背后的文化问题之交集。第二次世界大战后"文化研究"作为国际学术界最具活力和创造性的学术思潮之一，兴起于英国并很快扩展到了美国，其中的代表人物包括雷蒙·威廉姆斯（Roymond Williams）、爱德华·帕尔默·汤普森（Edward Palmer Thompson）、理查德·霍加特（Richard Hoggart）等。他们将文化作为意识形态来分析，也为城市社会研究留下了深度的观察。

全球化已不再是一个单纯的经济问题，还是一个文化认同问题。随着互联网技术和社会组织方式的带动，人们的日常生活也在发生深刻变迁，过去依赖于"时空在场"的事物也越来越为缺席的事物所替代，尤其是人们之间的交往模式。社会学家安东尼·吉登斯（Anthony Giddens）将这种时空混杂称为"时空分延"，他认为全球化在建立国际新秩序的同时，也在改变着人们的日常生活。

1）城市文化与创造力

当城市问题和文化问题紧密相连时，基于城市的"文化研究"就成型了。彼得·霍尔（Peter Hall）的巨著《文明中的城市：文化、创新和城市秩序》（*Cities in Civilization：Culture，Innovation and Urban Order*）可被视作由类似片段组合而成的一部西方城市全览，记录了诸多伟大都市曾经的辉煌时刻，并雄辩地指出，这些伟大的共同魅力在于文化领域的创造力。

《文明中的城市：文化、创新和城市秩序》由"作为文化熔炉的城市""创意环境之城""艺术与技术的联姻""城市秩序的建立""艺术、技术和机构的结合"五篇共三十章构成。例如，第一篇"作为文化熔炉的城市"就涵盖了古代的雅典、文艺复兴的佛罗伦萨、17世纪的伦敦、18—19世纪的维也纳、19世纪的巴黎和现代主义时期的柏林，各城市皆为所处时代的文化范型，并缔造了耳熟能详的文化上的"黄金时代"——贸易、艺术、人才和财富的集聚。这些城市共同的特点是，处于特定的时代转型中，文化上的碰撞成了激发城市活力和创造性的关键。例如，公元前5世纪雅典贸易所带来的文化交流和融合，将雅典从一个保守的贵族社会转变为开放的商业化社会；而18—19世纪的维也纳既是贵族社会的产物，也包含了工业资产阶级的创造，拥有独特而前卫的文化氛围；19世纪末的巴黎经受了奥斯曼的大改造，现代化大街的形成带来了步行化的新社交形式，大量中产阶级的出现也使传统等级社会向崇尚个性的新世界转变，尤其是技术和观念的变革显著影响和改变了巴黎乃至欧洲的视觉艺术。与"文化熔炉之城"不同的是，"创意环境之城"是以18世纪工业革命以来的科技作为主题，介绍的并非已建的伟大首都城市，而是新兴的科技城市，比如曼彻斯特、底特律等，这类城市的创造力已经从文化和艺术影响转变为更加讲究实效的科学技术。

霍尔将这些城市放在具体的地理和历史环境中，讲述其发展及其对人类文明的贡献，从理论和实践两个层面回答了"文化、创新和城市秩序"三个核心问题。城市是创新之地，也是典型的混乱之地，城市秩序反映的就是一个城市解决自身问题的能力，其中还包含着比"物理秩序"更复杂的"社会秩序"。霍尔在第四篇中以罗马、巴黎、伦敦、纽约、斯德哥尔摩等七个城市为例，阐述了城市在面临混乱时该如何保持良好秩序。无论是何种城市，都面临着如何在生存和竞争中完成自我更新的挑战，这也是霍尔所希望表达的城市创造力。

人文主义研究者擅长以文化视角来阐明城市的发展与更新，而且当今有越来越多的非西方研究也引起了关注。这批成果虽未遵循资本主义的既定轨迹，但依然以自身的方式催生了转变。如安东篱·芬奈（Antonia Finnane）的《说扬州：1550—1850年的一座中国城市》(*Speaking of Yangzhou: A Chinese City 1550—1850*) 就以明清时期扬州徽州盐商的兴衰，及其广泛而深远的影响为核心线索，再现了18世纪中国最富庶的城市——扬州社会、经济和文化生活的方方面面，深入剖析了城市与腹地、土著与移民、经济与政治、商人与士人、盐政与水利、徽州与扬州等方面的复杂关系。还有莎伦·佐金（Sharon Zukin）、菲利普·卡辛尼兹（Philip Kasinitz）和陈向明合著的《全球城市 地方商街：从纽约到上海的日常多样性》，选取了全球六个城市研究团队在纽约、多伦多、阿姆斯特丹、柏林、东京和上海的研究成果，探讨了地方商业街与全球化的关系。研究者发现，全球的街道都受到了资本和全球化的挑战，资本一方面通过廉价超市和综合商场挤压着街道生存空间，另一方面则通过士绅化的改造与更新损害了原真性，"象征经济"使一致性的商业符号席卷街道，而特殊性和人情味却随着家庭店的消失而逐渐流失。

2）原真性与象征经济

关于城市文化，佐金同样有着自身独特的理解，其试图从文化作为"象征经济"的角度来描绘当代城市图景，提出了"谁的文化？谁的城市？"等问题，并认为文化同样是控制城市空间的手段（标示着"属于谁"），城市经济也越来越多地建立在象征生产的基础之上，如博物馆、文化馆、历史景点、文化产业等，这一切均指向一种"象征经济"。佐金在《城市文化》中描述了美国城市扩张方式和对文化"自动化"的依赖，揭示了这种"自动化"的虚构性和欺骗性，指出这种欺骗性和不合逻辑的文化已经成为在全球推行的重要产品，并在城市街道和居民日常生活中有着各种各样的表现，作为一种"象征经济"而强加于人们的真实生活场景之中。她关注的购物大街、餐厅、博物馆等公共空间是塑造纽约大都市文化的关键，但发现原本更加包容的公共空间却被中产阶级的同质化符号话语所垄断，一系列的文化策略不过是资本的附庸。

在另一部有影响的论著《裸城：原真性城市场所的生与死》中，佐金又通过观察纽约市区重建的演变，探讨了城市中的"原真性"问题。通过六个街区的故事讲述和案例研究，描绘规划者、开发商和居民在改变城市空间和生活时他们之间复杂的作用界面。佐金一方面延续了雅各布斯对城市现代化建设吞没街区日常生活的批判，另一方面也认为雅各布斯的关注点过于强调规划者的权力，而忽视了更为重要的政治、经济资本的力量，尤其是大企业的干预。此外，"原真性"在资本家那里沦为营造目的地文化的一类说辞和工具，佐金以此为着眼点梳理了艺术街区与地产增值背后的逻辑关系，也论及了媒体传播、消费文化与城市原真性之间的相互塑造关系，尤其是深刻地指出"原真性"并非苏荷区舞台布景般的历史建筑，或是时代广场一成不变的灯光秀，而是一种生活和工作的连续变化过程，是一种日常体验的逐步累积[①]。

3）第三空间

后现代地理学者同样关注空间要素，但除了沿用结构理论来阐释后现代状态下急剧转变的时空组织形式外，往往还会从"人地关系"的角度，对社会空间生产及其附着于其中的权力、话语与秩序进行批判性解读，以谦逊的态度和实际存在的材料代替来试图解释一切的大理论传统，重视空间中的无序、非连续、去中心化和差异性，因而在城市研究中常常体现为对不同性别、阶层、种族的人群差异之重视，以及他们在社会时空过程中不同参与经历的认同。索杰作为后现代地理学的代表人物，与斯科特等研究人员一起长期在大洛杉矶地区进行调查，并致力于在新兴的后现代性中寻求对空间发展过程更深入的社会理论理解，逐渐形成了著名的洛杉矶城市主义学派。

以洛杉矶为起点，索杰的视野开始扩展到城市和区域的普遍性研究，并将列斐伏尔的影响和当时兴盛的文化研究相结合，探讨阶级、性别等问题与城市社会空间的关系。在索杰看来，社会的生产关系与空间的生产关系之间存在着一种同存性的辩证关系，其不仅把空间理解为社会关系的地理性定位，而且把它理解为能够体现权力斗争关系的运动与变化、张力与冲突、政治与意识形态等的复合物，这也是这种社会空间具有解放潜能的原因所在[②]。

---

① 参见佐金.裸城：原真性城市场所的生与死［M］.丘兆达，刘蔚，译.上海：上海人民出版社，2015。
② 参见唐正东.社会—空间辩证法与历史想象的重构：以爱德华·苏贾为例［J］.学海，2016（1）：170-176。

在 1996 年出版的《第三空间：去往洛杉矶和其他真实和想象地方的旅程》中，索杰倡导一种不同的空间思考方式。无论是电子传媒的冲击，还是各种种族、环境、贫困问题，人类始终是空间性的存在，始终在参与无所不在的空间性的社会建构。《第三空间：去往洛杉矶和其他真实和想象地方的旅程》有意识地集结了一系列的"真实和想象之旅"，以列斐伏尔"感知的、构想的、实际生活的空间"三元辩证法为起点，贯通了之后的一系列知识与经验的旅程。首先是一系列的理论化梳理，包括美国后现代先锋批评家胡克斯如何将边缘作为激烈的开放性空间，以及在米歇尔·福柯（Michel Foucault）的"异托邦""异形地志学"中发现的空间、知识和权力的三元辩证法；然后在第二部分，索杰又分别经历了"内城"范式的洛杉矶、"外城"范式的奥兰治郡以及自己心目中更为向往的阿姆斯特丹城市中心的微观地理学。

其实，"第三空间"的概念源自列斐伏尔的"感知的、构想的和实际生活的空间"三元辩证法，如果将"第一空间"作为"真实的地方"，"第二空间"作为"想象的地方"，那么，"第三空间"就是在真实和想象之外，指向福柯的"差异空间"——"他者"的空间，代表了基于日常生活灵活呈现空间的策略，一种超越传统二元论的认知空间的可能性。可以说，索杰提出"第三空间"的基本宗旨就是要超越真实与想象的二元对立，把空间当作一种差异的综合体，一种随着文化历史语境的变化而改变着外观和意义的"复杂关联域"。

在洛杉矶和阿姆斯特丹的比较中，索杰将二者视为 20 世纪城市化极端不成功和极端成功的两极，前者的郊区化使商业区地表面积的 75% 为汽车所用；后者中心区的居民却超过了 10%，城市紧凑而适宜步行化。在此基础上，索杰还详细描述了阿姆斯特丹影响深远的"占房运动"（年轻人占据市中心废弃的办公室、住宅、工厂作为栖身之地），认为这是一场争取城市权的斗争。由此而产生的非制度化、不可归类，不能被自上而下控制的差异化空间，恰恰代表了索杰的"第三空间"。有意思的对比事实是，阿姆斯特丹政府部门能将"占房运动"作为旧城的复兴来治理，洛杉矶的公共住房计划却以失败而告终。也正是通过这样一趟曲折的旅程，索杰引发了一些议题的深层探讨，如城市分析的尺度、日常生活的微观地理与考察城市整体的关系等等。

2.4.4 新城市社会学的"空间转向"

"我们身处在共时性的时代中，处在一个并置的年代、比肩的年代和星罗散布的年代。我确信，我们处在这么一刻，其中由时间发展出来的世界经验，远少于联系着不同点与点之间的混乱网络所形成的世界经验。"①

城市是由各种物质空间要素所构成的实体，物质空间也是城乡规划专业理论研

---

① 参见福柯.不同空间的正文与上下文.陈志梧，译.［M］//包亚明.后现代性与地理学的政治.上海：上海教育出版社，2001：18。

究和实践操作的对象。其实古典城市社会学早已涉足"空间"议题，如迪尔凯姆就敏锐地关注到空间划分因社会差异性而被赋予的不同意义，而空间的形象不过是特定社会组织形式的投射；齐美尔则认为，空间是社会生活展开必不可少的条件，但空间既不是社会生活的本质也无法生产社会生活，空间本身只是毫无作用的一类形式[1]；同样，芝加哥学派也是将空间视作社会的反映，并将"空间"作为城市社会学的研究对象而确定了下来。

福柯在 1984 年发表的《不同空间的正文与上下文》中指出，同 19 世纪所关注的"时间"相关主题相比，20 世纪代表着一个"空间"时代的到来，强调的是共时性和并置性，人们对于世界的感受更多地源自不同节点之间相互缠绕的网络，而较少是单一的、经历长时间演化而成的物质存在。

城市社会学研究中的"空间"是一种实体化了的、可以辨识的社会产物，本质上是一种社会空间：首先，空间是物质性的，表现为阶层、家庭、社团、实践活动等按照一定的规则分布而形成城市空间；其次，空间是社会性的，城市的空间结构与社会结构具有内在的统一性，社会中不同的要素生产出不同的具体空间；最后，空间具有时间性，作为实践活动的结果并非一成不变，而是具有动态的发展过程。

佐金在 1981 年发表的《新城市社会学的年代》中，最早使用了"新城市社会学"的概念，以区别于 20 世纪 70 年代以来社会学家在反思传统城市社会学基础上所提出的所谓的"新"城市社会学。马克·戈特迪纳（Mark Gottdiener）的《新城市社会学》一书中曾从一般意义上阐述新城市社会学的基本观点，认为新城市社会学相比于"旧"的城市社会学主要有下述特征：转向资本主义和大都会的全球视角；将空间、阶级、性别与种族等元素包含在城市发展的研究之中；整合经济、政治和文化因素；关注房地产发展和政府干预的推力；引入城市和郊区发展的多中心区域视角。从中可见，"空间"概念的核心地位逐渐凸显，人们将这一转变称为"空间转向"。之所以称之为"转向"，是因为古典社会学者虽然在空间方面也有所涉及，但对空间形式的研究极为有限，大多停留在"无时间和空间向度的社会学"[2]。直至 20 世纪 70 年代，城市社会学者认识到城市空间的社会生产对于资本主义经济的推动力量，才在列斐伏尔、福柯、吉登斯、哈维、索杰、卡斯特、佐金等一批社会理论家的共同推动下，使"空间"议题走上前台而成为西方社会学所关注的主流问题，空间概念也由此而成为社会学的核心概念之一。

"空间转向"意味着城市空间不再只是作为各种社会活动的"容器"或是"背景"，而成为社会建构之产物，是与资本、政治、经济、专业话语、日常生活等权力运作交织在一起的、具有多元意义的社会空间。戈特迪纳将新城市社会学的社会空间研究总结、提炼为一种方法，即以居住领域为切入点，探寻社会过程下城市空间的形成和变化，这种方法也被他称为"社会空间视角"。

可以看到，在城市社会学发展的不同时期和不同研究脉络之间，"空间"的概

---

① 参见西美尔. 社会学：关于社会化形式的研究［M］. 林荣远，译. 北京：华夏出版社，2002：459。
② 参见厄里. 关于时间与空间的社会学［M］// 特纳. Blackwell 社会理论指南. 李康，译. 2 版. 上海：上海人民出版社，2003：505。

念、作用及其在理论框架中的位置均有所不同。比如说芝加哥学派的关注点就是城市空间内部的活动方式，区位是人和组织生存发展所倚重的最重要资源，竞争促生了占据区位的群体或组织，并形成了一个特殊的社会空间；而新城市社会学者认为，帕克等人所认定的某种"自然"力量实际上就是资本主义的生产方式；后现代城市社会学者则向"第三空间"——被边缘化的、沉默的和目不可见的多元空间投入了更多的关注，通过研究日常生活的微观地理学和城市整体的宏观环境来深入理解空间的真实和想象。但无论采取何种视角，对空间的差异性理解本身就值得城市规划工作者展开深入思考（表2-6）。

表2-6　城市社会学主要理论流派中的"空间"概念比较

空间特征	实证主义 （人类生态学）	批判主义 （新马克思主义）	人文主义 （后现代地理学）
空间的概念	生态位	特殊的商品	生活的产物
空间的功用	人类生存	生产资料和消费的关系	日常生活实践的资源
空间与人的关系	竞争、占领、入侵	占用，获得交换价值	作为身份的象征
空间在理论框架中的位置	出发点：反映群体间的实力对比	核心：资本主义制度的反映	基础：身份象征的物质基础

最后要说的是，新城市社会学的"空间转向"对于理解中国当代的城市现象具有重要意义。正如我们所见，现有的城市理论研究由于缺乏相应的批判视野和理论架构，要么无法清晰地解读当前我国城市正在发生的种种变化；要么视这些变化为一种自然过程，并为此配备了一套解释系统或是定量描述系统，对空间的生产过程、集体消费、象征经济、阶层分化等因素缺乏研究视野的整合。以"空间"为主导的新城市社会学有助于我们直面当前城市议题背后的社会逻辑，或者剖析物质空间形态形成背后的社会文化因素。我们需要自问：谁以何种形式占有空间？谁被排斥在外？空间对于城市的意义是什么？资本（包括房地产）和政府在其中发挥的作用是什么？其间又隐含了哪些利益冲突？或者像如佐金那样也问一句："谁的文化？谁的城市？"

第2章思考题

1. 在城市社会学发展的古典期，欧洲出现了哪些有影响的社会学者？这些学者各有什么理论贡献？
2. 在城市社会学发展的古典期，美国又出现了哪些有影响的社会学者？这些学者各有什么理论贡献？
3. 古典生态学和现代生态学在理论方面的主要贡献和观点是什么？它们又各有什么特点？
4. 列斐伏尔对城市社会理论的主要贡献有哪些，对当代城市规划又有哪些启示？
5. 试以"空间生产"理论来分析一处城市"网红"空间的形成与演变。
6. 从城市文化研究的视角来看，城市的"原真性"是被建构出来的，而从城市规划专业视角来看，城市空间的"原真性"体现在哪里，是否存在不同程度的差别？

第 2 章推荐阅读书目

1. 帕克,伯吉斯,麦肯齐.城市社会学:芝加哥学派城市研究文集[M].宋俊岭,吴健华,王登斌,译.北京:华夏出版社,1987.

2. 康少邦,张宁,等.城市社会学[M].杭州:浙江人民出版社,1986.

3. 顾朝林,刘佳燕,等.城市社会学[M].2 版.北京:清华大学出版社,2013.

4. 列斐伏尔.空间的生产[M].刘怀玉,等译.北京:商务印书馆,2021.

5. 卡斯特.双元城市的兴起:一个比较的角度[M].夏铸九,王志弘,译.台北:明文书局,1993.

6. 哈维.巴黎,现代性之都[M].黄煜文,译.台北:群学出版有限公司,2007.

7. 索杰.第三空间:去往洛杉矶和其他真实和想象地方的旅程[M].陆扬,等译.上海:上海教育出版社,2005.

3 社区研究与社区规划

社会学家斐迪南·滕尼斯（Ferdinand Tönnies）所创立的"社区"（community）概念，不仅仅是城市社会学的一大核心概念，也是人们生活组织、生态分析、公众参与和城市规划工作展开的重要载体和基本单元。社区所包含的丰富内涵，业已成为社会学科和城市学科重点关注的课题之一。美国社会学家罗伯特·尼斯比特（Robert Nisbet）对此曾有过高度评价："社区是最基本的、最广泛的社会学单位概念。毫无疑问，社区的重新发现标志着19世纪社会思想最引人瞩目的发展……其他任何概念都不曾如此清晰地将19世纪与前一时代，即理性时代区分开来。"①

3.1 社区的概念及研究概况

3.1.1 社区基本概念

在社会科学中，一些最为基本和重要的概念在含义上却往往是含糊的和不精确的，"社区"的概念即是如此。

首先，这源于社区概念的多样性与差异性，不同的专业和研究角度有着不同的理解；其次，社区概念并非一个一成不变的消极概念，它并不具备始终如一的含义。社区概念的内涵从滕尼斯到马克斯·韦伯（Max Weber）时就已有了不小的变化和突破。美籍华裔社会学家杨庆堃曾在1981年统计过，"社区"一词共出现过140多种不同版本的定义。其中，有相当多的定义都涉及三大要素：地域、共同联系和社会互动。且以罗伯特·帕克（Robert Park）广为人知的经典定义为例，从中便可以较为全面地体悟到人口、地域、归属、认同感、社会网络和交往等要素——

"社区的基本特点可以概括如下：① 它有一群按地域组织起来的人群；② 这些人口程度不同地深深扎根在他们所生息的那块土地上；③ 社区中的每一个人都生活在一种相互依赖的关系之中。"

综合以往的各类社区定义，可以从构成要素的角度来分解和界定社区②——社区代表着数量最多、分布最广的一类社会实体，它一般由五大要素构成。

---

① 参见 NISBET R A .The sociological tradition［M］.New York：Basic Books，1966。
② 这部分概念界定的思路主要参见黎熙元，何肇发.现代社区发展概论［M］.广州：中山大学出版社，1998：6-10。

1）地域要素

（1）社区的地域范围

社区作为一个地域化的社会，是有一定空间边界的，但其所涉及的范围变化之广很难以统一的标准来严格界定：小至聚落社会、大至一个城市甚至国际性社会，均可被作为一个社区来考虑，而我们所熟悉的住区正是其最为重要和普遍的空间载体和表现形态之一①。

（2）社区研究的地域范围

虽然社区本身的地域范围可大可小，但帕克之后的社区研究传统由于多借助于实证与经验的方法，在很大程度上决定了其有限的研究范围，主要原因如下：

其一是可能性。实证研究往往会受到人力、物力、技术等诸多条件的现实制约，这在某种程度上限制了社区研究的地域范围。其二是合理性。许多社会现象都具有高度的复杂性，且在不同的空间地域和时间阶段有着不同的表现（如青少年犯罪和隔离现象）。若以研究的掌控和深度为目标，也不宜将研究的地域范围任意扩大。其三是必要性。只要选择的研究对象具有显著的代表性，对该社区的研究就同样可以使我们对社会的某一方面取得科学认识，因此也没必要把研究的地域范围定得太宽。

比如说，美国社会学家林德夫妇［即罗伯特·林德和海伦·林德（Robert Lynd & Helen Lynd）］为全面了解美国中等城镇的社区生活，就未采取全覆盖的研究方式，而是选择了一处 35 000 人左右的中等城镇作为典型代表，展开参与式调研与综合性描述，以《中镇：现代美国文化研究》一书开创了社区综合研究的先河；同理，费孝通在研究 20 世纪 30 年代长江流域的农村社区时，也只是遴选了江苏吴江县（现吴江区）的一个小村庄——开弦弓村作为样本，并在当地生活、观察和研究了一个月，这便才有了日后的重要论著《江村经济》。

简言之，范围的选择宜小不宜大（如中小城镇、村落或是城镇中的某片区域甚至特定的聚居区），这也是社区研究的原则和优势所在。

2）人口要素

社区的人口要素往往涉及以下三个方面的静态特征：

人口数量——某一时期生活在社区中的人口的多少，代表着社区人力资源的总额。

人口构成——某一时期社区内不同类型的人口特点。

人口分布——某一时期社区人口以及他们的活动在社区范围内的空间分布，包括他们的密度、距离、互相交往或与其他社区相联系的方式。

通过上述人口特征的调查，可以对某一特定时间内的社区人口有一个横断式的把握。

3）区位要素

社区的人口活动往往具有时间和空间双重属性，并呈现出一定的规律性。

---

① 由于界定标准的不同，住区和社区的概念存在多方面的差别，不可彼此混为一谈。比如说，住区偏重于空间属性与物质环境的界定，而社区则更多地关注成员的共同意识、社区归属感、互动联系等社会属性。至于两者间的具体比较，可参见本章第 3.5 节的内容。

（1）时间因素

不同社区的时间利用方式是不同的。比如在传统农村，人们一般过着"日出而作，日落而息"的简单生活，时间的利用往往也是简单明了的。与之相比，现代城市人口的时间利用方式则要复杂和丰富许多，任何时段都会有人在工作，同时也会有人在休闲娱乐或是社交联络，可以说有不同的人群在不同的时间参与不同类型的活动[①]。即便是在同一社区，不同人群或是不同的活动之间，也会存在着时间分布上的差异（图 3-1）。

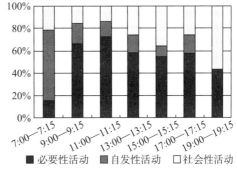

图 3-1　南京某社区各类活动在时间分布上的差异

（2）空间因素

不同社区的空间利用方式也是不同的。像我国传统农村的土地基本为两大用途，即作为生产保障的农业用地和作为生活保障的宅基地；而在现代城市，土地的利用方式却要多元复杂得多，往往会形成工业区、居住区、商业区等一系列的功能区，甚至在居住区之间也存在着彼此隔离的空间聚落形态。同理，同一社区内不同的人群和活动之间，也会存在着空间分布上的差异（图 3-2）。

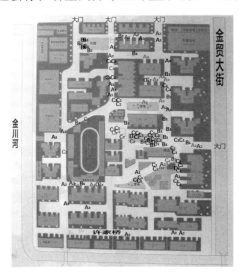

图 3-2　南京某社区不同人群和不同活动在空间分布上的差异

注：A₁—老年人必要性活动；A₂—中年人必要性活动；A₃—青年人必要性活动；B₁—老年人自发性活动；B₂—中年人自发性活动；C₁—老年人社会性活动；C₂—中年人社会性活动；C₃—青年人社会性活动；C₄—儿童社会性活动。

---

① 必要性活动是指人们在不同程度上都必须参与的活动，如上学、上班、购物、出差、递送邮件等。一般日常工作和生活事务都属于这一类型；自发性活动只有在人们有参与意愿，并且时间、地点允许的情况下才会发生，包括散步、呼吸新鲜空气、驻足观望、晒太阳等；而社会性活动是指在公共空间中有赖于他人参与的各种活动，包括儿童游戏、相互打招呼、交谈等各种公共活动，以及最广泛的社会活动——被动式接触，即以视听来感受他人。

4）结构要素

社区的结构是指社区内的各种社会群体和组织相互之间的关系，其研究的困难在于以下三个方面：

其一，社区内群体与组织的多样化。一般来说，社区的规模越大，其内部的群体和组织也就越多样化，社区结构也会随之变得更为复杂。

其二，社区内群体与组织关系的复杂化。社区内的群体与组织往往交织着多类关系，其中有的关系一目了然、易于理解，有的则相对难以把握。像有的社区存在着社会分层现象，其不同阶层背景的成员之间就存在着十分敏感和复杂的关系。

其三，社区与其他社区之间的密切联系。社区并非与世隔离的孤岛，它往往会通过亲缘纽带、连锁企业、组织体系等多种渠道，在社会、文化、政治、经济等方面建立和其他社区的密切联系。

5）社会心理要素

社区成员的社会心理有以下两大特征：

（1）个体的心理、态度、言行等会受到所在社区的重要影响

在社会学上存在着一个极为重要的假设，即群体会对个体行为施加决定性的影响。这就如我们在童年时期受到的家庭影响最为重要，而在青少年时期则受亲朋好友的影响最为显著一样。同样，拥有多类群体和组织的社区也必然会对生活、工作于其间的社区成员产生极大的影响，从而使成员间的个体行为时不时地会呈现出某些趋同性与集群特征（图3-3）；而不同的社区结构给成员心理和言行带来的影响也是不同的。

图 3-3　社区成员行为的集群特征图示

（2）个体在生活中要对所在社区拥有认同感和归属感

社区成员的认同感和归属感往往体现在多个方面，比如说，同其他成员逐步建立的广泛的社会网络与互动联系，还有对社区现有生活服务、生产经营等设施条

件的熟悉和满足等。这一切均在很大程度上满足了人们生理、心理和自我发展的需要，并由此产生了一种特殊的感情依附。因此也就不难理解，在第 2 章沃尔特·范里（Walter Firey）研究的波士顿意大利区案例中，居民为什么愿意长期生活在移民区内而不肯他迁。

有鉴于此，我们在社区改造中不妨采取"原有拆迁居民回迁"的方式，以维系地方社群和原有的社会网络。且以北京的小后仓胡同为例，该住区占地 1.5 hm²，有住户 298 户，共 1 100 人，人口密度约为 733 人 / hm²，原有的住宅都为简易平房甚至危房，居住条件十分恶劣，居民对改变现状的要求也极为迫切。但这一带的居民绝大部分为该地段的老住户，与周围环境有着千丝万缕的联系，而且其本身就是保证北京市民衣、食、住、行的基本队伍；更为严峻的是，他们依靠工作单位是很难分配新房的，但如果将他们安置到郊区，不仅个人的适应会成问题，而且对城市生活的保障也将产生不利的影响，甚至可能会破坏原有的社会结构。针对这一情况，小后仓胡同在改建时并没有简单了事，而是从拆迁、规划、设计、施工直至分配住房都进行了大量细致的调查分析，采取了"原住户全部回迁而不增加新住户"的政策。这一实践虽然给社区的物质形态空间带来了明显变化，但在整体结构上保留了原有的人际交往和社会网络，使社区的同质性和内聚性得到了良好的维系（图 3-4）。

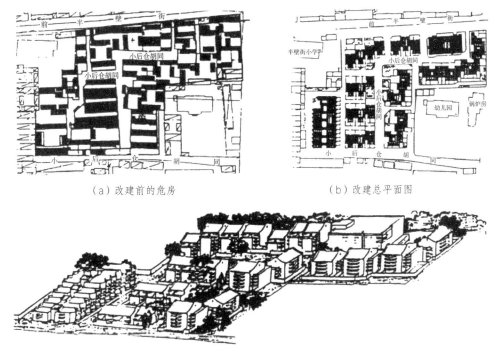

（a）改建前的危房　　　　　　　　（b）改建总平面图

（c）小后仓规划鸟瞰

图 3-4　北京小后仓胡同的改造

综上所述，"社区"就是由地域、人口、区位、结构与社会心理五大要素构成的区域化社会，其涵盖范围很广，小至聚落社会，大至国际性社会，只要符合上述要求与特征的均属于社区的范畴。

3.1.2 社区研究概况

1）早期社区研究的三个阶段

早期的社区研究缘起于西欧，然后又在美国得到了长足发展，其间经历了几次方向性的研究转型。为此，美国学者奥古斯特·霍林希德（August Hollingshead）将20世纪40年代之前的社区研究划分为三个阶段，如表3-1所示。

表3-1　早期社区研究的阶段性演化

阶段	时间	研究特征	代表作
阶段一	1915年前	以"常规向善论"为主题，集中研究贫民的生活状况及与贫民有关的社会问题	亨利·梅休（Henry Mayhew）的《伦敦劳工和伦敦贫民》
阶段二	1915—1929年	研究重点已由如何改变贫民的社会现状转向描述和分析社区生活；与此同时，社会学者依旧关注社区生活中的越轨行为	以查尔斯·盖尔平（Charles Galpin）的《农村社区研究》和韦伯的《城市》为标志；同时，还包括弗雷德里克·施莱舍（Frederick Thrasher）的《帮伙》、哈维·佐尔博（Harvey Zorbaugh）的《黄金海岸与贫民窟》等
阶段三	1930—1940年	研究重点已转向以理论为基础的科学分析，讲求更为科学、复杂和精密的方法	以林德夫妇的《中镇：现代美国文化研究》为标志

2）现代社区研究的三个方向

现代社区研究在经历了20世纪50—60年代的沉寂和70年代的复兴后，形成和积累了一批具有影响力和启发性的学术成果。根据现代社区研究方向，大致可将其分为三类。

（1）针对社区结构和社区动态的本质内容展开研究

这类研究成果相对有限，一般需要研究者以多年的跟踪分析和数据采集为基础，难度较大且耗时长，因此多强调对社区本质性内容（如某一社区制度和结构）进行研究，以描述和分析见长，而不着眼于实际问题的解决，更不会将整个社区的综合研究作为重点。

比如说对社会分层现象的研究。霍林希德就曾以埃尔姆城为例，重点分析了青少年在社会分层中所承担的角色和作用，以及他们的兴趣、爱好和规范。出于对资料真实性和可靠度的严苛要求，他和妻子甚至搬迁到该城居住，以社区成员的身份参与社区的各类活动和交往，与上千人访谈过，也为中学生做过社会心理实验，获取了大量不为大众所熟知的一手资料，并在此基础上完成了《埃尔姆城与埃尔姆城的青年》一书。

再如对社区权力结构的研究。这类研究以《社区权力结构：决策者研究》[弗洛伊德·亨特（Floyed Hunter）著]一书为标志，经过半个世纪的发展和纷争，大致形成了精英论和多元论两大学派①。

（2）把社区作为自变量或因变量，研究相关影响

这类研究较为常见和普遍，主要包括以下两个方面：

其一是社区结构和社区动态的变化所引发的其他变量的变化（社区作为自变量）。比如说改革开放之后，我国农村社区的剩余劳动力源源不断地向经济相对发达的地区和城市流动和聚集，就必然会给流入城市的社会、文化、经济、空间等带来全方位的冲击和影响。由此产生的种种变化，已引起了国内许多学者源于不同角度的关注和探讨。

其二是外部条件的变化对社区所产生的影响（社区作为因变量）。如工业化、城市化和信息化大潮，都不可避免地会给社区生活、经济模式、组织结构等带来影响和变化。像法国学者亨利·孟德拉斯（Henri Mendras）就曾以农业现代化为背景，探讨了农村社区在农民生活、农业经营等方面所发生的一系列变迁；而笔者也曾以南京珠江路科技街的兴起为背景，探讨商业化浪潮给珠江路周边社区所带来的种种影响，调研发现，这些社区已经同珠江路商业系统结成一种多元共生关系，它们在为珠江路电子市场提供必不可少的运营空间、配属功能和就业人员的同时，本身也在房屋使用、成员就业、用地结构、交通组织等方面发生了有趣而显著的变迁（图3-5）。

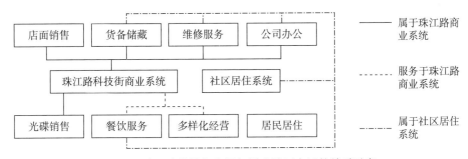

图3-5 珠江路科技街发展与周边社区变迁的关系示意

（3）选择社区生活的某些侧面进行研究

这类研究的切入点和对象相对具体和局部，和其他方面的研究内容少有重叠。如关于社会资本的研究，它以1993年罗伯特·帕特南（Robert Putnam）教授的论文《独自打保龄球：美国社区的衰落与复兴》（*Bowling Alone：The Collapse and Revival of American Community*）为发端，指出社会资本的运用对内有助于社区成员"同质性"的形成，进而增强社区的凝聚力和调适力，对外则可以减少其同主体社会产生的摩擦及其对政府的依赖性；但与此同时，社会资本的滥用也会造成腐蚀成员身心健康、危害社会秩序等问题。

最后再提一下国内的情况。我国的社区研究要明显滞后于欧美地区，西方社

---

① 精英论代表人物亨特在亚特兰大从事社区计划和发展工作时发现，亚特兰大最具影响力的是一个"杰出人物"集团，这40人中绝大部分是没有政治职位的商人、律师、金融家等；而罗伯特·达尔（Robert Dahl）却根据研究形成了截然相反的观点，即纽黑文具有多元化的民主和权力结构，不同类型的领导人都在各自的领域中发挥作用。

会学被正式引入中国，是以 1897 年严复在《国闻报》上翻译发表赫伯特·斯宾塞（Herbert Spencer）的《社会学研究》一书为标志的；而在努力融入民族特色的中国社会学者中，积极倡导社区研究的则是有"中国社区之父"之称的学者吴文藻。他不但为中国社区的研究奠定了理论和方法基础，而且培养出李安宅、林耀华、费孝通、黄迪等一批从事社区研究的人才；他深受英国布罗尼斯拉夫·马林诺夫斯基（Bronislaw Malinowski）等人功能主义理论的影响，却试图走出一条具有中国特色的社区研究和社会学治学道路。

在这一努力本土化的过程中，吴文藻先生曾有一段思考如下，以为共勉：

"以试用开始，以实地验证终；理论符合事实，事实启发理论；必须理论和事实糅合在一起，获得一种新的综合，而后现实的社会学才能根植于中国土壤之上；又必须有了由此眼光训练出来的独立的科学人才，来进行独立的科学研究，社会学才算彻底的中国化。"[①]

3.2 社区的静态系统

社区的静态系统是指社区由自然环境、人口、组织与文化共同复合而成的静态结构。从强调城市和社会属性的原则出发，本节探讨的重点将落在人口、组织与文化上。

3.2.1 社区的人口

1）社区的人口数量

人口数量不同的社区，其社会结构的复杂程度、劳动分工的精细程度、配套服务设施的规模、日常交往的频率与方式、生产方式、对资源的需求等往往也是有差异的。直接影响人口数量的因素有以下两个方面：

（1）人口的出生与死亡

出生有助于社区人口的正向增长，死亡则有助于社区人口的负向增长；二者的差值可直接表征社区人口的数量变化。20 世纪三四十年代，我国各社区人口的出生率虽然较高，但是低医疗水平、动荡的社会环境、频繁的战乱以及饥荒所带来的高死亡率和低平均寿命，却在很大程度上消解了高出生率所带来的人口增量。新中国成立后也经历了三次生育高峰，其中第一次（20 世纪 50 年代）和第二次生育高峰（20 世纪 60 年代至 70 年代中期）所带来的高出生、低死亡和高增长状态，主要源于政策性的生育鼓励和普遍提高的医疗卫生水平；而后面对人口问题给国民经济所带来的沉重压力与制约，政府又开始通过推行计划生育政策和各类行政手段来控制人口的出生率与增长率。其间虽然出现了第三次生育高峰（20 世纪 80 年代中期），但这只是政策框架下的一次小高潮，主要原因是计划生育政策的调整，即农村人口

---

① 参见杨雅彬.中国社会学史［M］.济南：山东人民出版社，1987：95-96。

第一胎如果是女孩还可以生育二胎，同时在第二次生育高峰出生的人口也陆续进入了生育年龄。

从中不难看出，人口的出生与死亡所反映的已不仅仅是生物规律的问题，而更多的是体现了当时社会经济水平、医疗卫生水平、人口政策、婚姻制度、战争等非生物因素的影响，这也正是人口研究背后的社会意义所在。

（2）人口的迁移

迁移是为社区人口带来变化的一种复杂而重要的力量与因素，针对其展开研究的"推拉理论"（push-pull theory）特别强调迁移的情景取向，认为人口的迁移源于原居地之推力与目的地之拉力的综合作用。在此设定下，埃弗雷特·李（Everett Lee）指出每次迁移的决定均涉及四大因素，即居住地的正负因素、目的地的正负因素、中间障碍与个人因素，而人口迁移的动力正源于正负因素两相比较下的"推拉效应"[①]。其中，正因素包括良好的就业机会与待遇、特别的教育与培训机会、较好的工作环境与生活条件等；负因素则反之。

且以改革开放后"民工潮"的爆发为例，借用埃弗雷特·李的四大因素做一大致分析，具体如表3-2所示。

表3-2　我国"民工潮"爆发的基本因素

影响因素	主要影响作用
正负因素	城（居住地）乡（目的地）之间的社会经济条件存在着明显的比较差距（如就业机会、城乡收入、地区经济等），为推拉之下的农民进城行为提供了现实动力和基础
中间障碍	农村体制改革使经济资源的配置单位由人民公社转变为家庭，农民开始拥有支配自己劳动力的权利； 以户籍身份管理为表征的城乡二元结构也在逐渐松动
个人因素	主要反映在乡土观念和安土重迁行为的变迁上
其他因素	曾在农村剩余劳动力的吸纳方面发挥过积极作用的乡镇企业，因在日趋饱和的市场竞争中走上以资金与技术替代密集型劳动的转型道路，使其劳动力的吸纳能力有明显下滑

正是在上述因素的综合作用下，我国最终形成了一股声势浩大、从乡村到城市、从内地到沿海的"民工潮"。据统计，1982—2016 年以进城务工人员为代表的流动人口数量从 0.066 亿人增加到了 2.45 亿人[②]，占全国总人口的比重从 0.66% 增加到了 17.7%；《2018 年农民工监测调查报告》则显示，2018 年进城务工人员的规模更是达到了 1.35 亿人，占该年总流动人口的 56%。

最后要提的是，社区必须保持一个"适度的人口"，即一个"以最令人满意的方式达到某项特定目标的人口"。它既不能减少到使社区居民付出更高的成本，也不能多到使社区难以维持良好的结构和功能。

---

① 参见谢高桥. 都市人口迁移与社会适应：高雄市个案研究［M］. 台北：巨流图书公司，1981：19。
② 参见国家卫生和计划生育委员会流动人口司. 中国流动人口发展报告 2017［M］. 北京：中国人口出版社，2017：3。

2）社区的人口构成

社区的人口构成可以被看作社区个体成员特征与属性的集合反映，对其展开分析既是认知社会结构的一种有力工具，同时也是"研究社会角色与社会制度的一种自然补充"[①]。社区的人口构成往往涉及性别、年龄、职业、婚姻、文化教育等诸多方面，有不少方面彼此间都存在着强关联特征（如收入、职业、文化教育）。

（1）性别构成

性别构成可反映出择偶、婚姻关系、社区的发展及战争、移民等因素的影响。像吸纳移民较多的社区往往男性的比重较大，而战争则会起到降低男性比重的相反作用。

（2）年龄构成

年龄构成可反映出社区社会经济活动、居民社会心态及文化娱乐的不同类型。

一般来说，按照少年（0—14岁）、青年（15—49岁）、老年（≥50岁）人口所占的比重，可以将社区人口的年龄结构划分为递增型、静止型与退缩型三类，与之对应的少年比重分别是40%、27%与20%（表3-3）。

表3-3　我国人口的年龄构成统计

年龄组	20世纪30年代	1964年	1982年
少年（0—14岁）	33%	40.4%	33.6%
青年（15—49岁）	52%	47.3%	51.3%
老年（50岁及以上）	15%	12.3%	15.1%

（3）职业构成

职业构成可反映出社区产业结构、经济模式、成员经济收入、文化程度、生活水准等状况。

像调研南京市红山片区的外来工聚居区时就发现：其一，其成员以工厂企业的打工者为主，服务业和建筑业的从业人员则次之，这不但同进城务工人员就业的普遍特征相契合，而且同该群体较低的文化程度和经济收入水平相呼应（表3-4）；其二，其成员主要在社区之外从事经济产业活动，自行解决就业问题，因此并未像北京"浙江村"那样依托于社区，建立起普遍的经济联系和自身的产业体系，在经济活动上属于一种个体化、零散式的经营。

表3-4　南京市红山片区外来工聚居区居民的职业构成

居民就业方向	样本统计/份	所占比重/%
工业	96	32.21
服务业	89	29.87
商业	26	8.72
建筑业	37	12.42

① 参见马特拉斯.人口社会学导论［M］.方时壮，汪年郴，译.广州：中山大学出版社，1988：104。

居民就业方向	样本统计 / 份	所占比重 /%
运输业	17	5.70
农业	1	0.34
其他	32	10.74

（4）婚姻构成

婚姻构成同性别比例、生育态度、家庭结构、血亲结构、平均寿命的变化等社会因素直接相关，可反映出社区成员的文化背景、家庭观念、妇女儿童权益、社会关系重组等社会问题。

从表 3-5 中可以看出各国育龄妇女不同的婚姻状况，这在一定程度上折射出各国文化背景和家庭观念上的差异：中国传统文化历来重视家庭与生育，妇女一般依从家庭，赞同合作、孝顺和克己，视结婚为人生荣耀之喜事，而以离婚为不光彩之事，故呈现出"有配偶率最高、离异率最低"的婚姻特征；日本育龄妇女由于受中国传统文化影响更大，同中国的情况大抵相似；与之相比，瑞典妇女则深受西方文化影响，崇尚独立与个性，仅将家庭和生育当作妇女生活的一部分，结婚固然可喜，但离婚纯属个人选择而无可指责，因而有配偶率最低、离异率最高。

表 3-5　育龄妇女的婚姻构成比较

国家	未婚率 /%	有配偶率 /%	丧偶率 /%	离异率 /%
中国（1982 年）	31.52	67.23	1.04	0.21
日本（1975 年）	29.78	66.88	1.58	1.76
瑞典（1975 年）	36.92	56.23	0.99	5.86

（5）文化教育构成

文化教育构成可反映出社区成员的现有生活水平、价值取向、就业能力以及与之相联系的互动形式、组织形式和社会问题。

比如说在针对南京经济适用住宅区的调研中就发现，其成员文化程度普遍较低，初中及初中以下的居民占 58.62%，而受过高等教育者仅占约一成（图 3-6）。正是学历偏低、年岁偏大而又缺乏一技之长的严峻现实，造就了社区成员不容乐观的就业现状和生活水准，要么是从事低层次职业，要么就是处于失业或是无业状态。

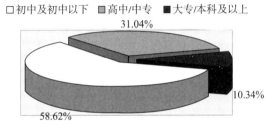

图 3-6　南京经济适用住宅区成员的文化教育构成统计

3）社区的人口分布

不同类型和性质的社区，其人口分布往往拥有不同的特点，这其实受到了政治、经济、文化、科技等因素的影响。邓肯－哥尔兹密德的社会分类法正是试图通过"规模"和"密度"两项指标，来阐释"人口的增长以及与之相辅相成的经济、技术和社会组织的变化"[①]。其中，游牧社区一般结合水源和草场而居，散布于自然环境之中，人口流动性大且平均密度低；而农村社区为了在获取足量的土地和保障彼此安全之间取得平衡，最终会折中性地选择适中的人口密度和长期孤立、静态的生活；相对而言，城市社区的人口分布则要复杂许多，在不同的区域，其成员的就业手段、生活水平、观念意识、人际关系等均有可能呈现出不同的特征和差异来……凡此种种差异，均可从邓肯－哥尔兹密德的社会分类法中得到一定体现（表3-6）。

表3-6　邓肯－哥尔兹密德的社会分类法

社区分类	人口规模	人口密度
游移狩猎和采集氏族	很小	低
游移狩猎和采集部落社会	小	低
定居狩猎和采集部落社会	小	中
牲畜村庄和部落社会	中	中
游牧部落社会	中	低
农业国家社会（包括农村社区和市民社区）	大	中
以城市为主的工业国家社会	大	高
都市—大都市社会	很大	很高

不同密度的人口分布，也会给社会经济的发展带来不同的影响：密度过高，会产生对注意力和对优先权的竞争，对地方、活动和制度的竞争，从而造成社会分化、生活波动和秩序紊乱；密度过低，则会出现劳动力不足、发展成本加大、社交频率降低、社会关系单一等问题。

另外，社区的人口分布具有惯性和惰性的特点：一方面，社区成员出于经济、文化、社会、情感等方面的原因而不愿他迁；另一方面，成员则在生活方式、文化特征、行为心理、公共福利等方面呈现出了一定的排他性和封闭性。借用法国社会学家皮埃尔·布迪厄（Pierre Bourdieu）的"结构主义的建构论"，则可这样理解，社区结构具有客观性和主观性的双重维度，并分别以物的制度形式（场域）和肉体的"持久的禀性系统"（惯习）的状态而存在。其中，前者使社区系统具有自我维系、调和与约束的封闭特性，后者则使禀性深深地扎根于社区成员身上，并倾向于抗拒种种变化。

---

① 参见马特拉斯. 人口社会学导论［M］. 方时壮，汪年郴，译. 广州：中山大学出版社，1988：63。

3.2.2　社区的组织

组织是社区成员为了合理、有效地实现一定的目标，而组成的持续、固定的人群关系。它是个人实现社会化的重要形式，有助于实现个人所不能达到的整体功能。社区内往往并存着多种组织：有的作为大社会组织中的分支，与社区外的社会系统保持着直接联系（如党团的支部组织）；有的活动范围仅限于社区内部，为其提供配套服务（如社区基层管理组织）；还有一类组织则是社区居民为了动员全社区的人力、物力与财力，预防或解决社区内存在的各类问题，开展社会服务工作，提高居民的生活质量（如合作社）。

1）社区组织的分类

社区组织一般都会包括以下要素：机构、章程、成员及其关系、场地和设备等。根据构成要素特性和成员关系的不同，可以将社区组织划分为正式和非正式两种（表3-7）。

表3-7　正式组织与非正式组织的特征比较

正式组织	非正式组织
具有十分明确的组织	组织的形成比较自然，规模较小
拥有正式的阶层结构、组织机构和沟通渠道	拥有非正式的阶层结构和组织机构
具有严格的规章制度和执行形式	章程规范比较松弛，对成员奖罚有弹性
成员间是正式而又片面的互动关系	成员间是亲密的、面对面的互动关系，成员对组织有较强的认同感
拥有正式的场地、设备、资源及活动程序	不一定拥有正式的场地、设备和资源

根据组织功能的不同，塔尔科特·帕森斯（Talcott Parsons）则将社区组织分为以下四类：

经济组织是人类社会最基本、最普遍的社会组织，它担负着提供物质生活资料和文化生活资料的任务，履行社区的经济职能，如各类实业公司和生产性企业。

政治组织是指为了保证社会系统达到自身生存与发展的目的而进行权力分配的组织，如各类政党组织。

整合组织是指调整社区内部关系、维持整个社会秩序的组织，如法院和警察。

模式维持组织是个人与社区之间的重要桥梁，在社区成员社会化与精神建设中扮演重要角色，如教科文组织和各类宗教组织。

另外，美国社会学家彼得·布劳（Peter Blau）和理查德·斯科特（Richard Scott）还从组织的利益分配类型出发，将社区组织分为互利组织、工商组织、服务组织和公益组织；阿米泰·艾桑尼（Amitai Etzioni）则按照权威类型，将社区组织划分为强制性组织、功利组织和规范组织等；而我国常见的组织分类一般为经济组织、政治组织、教科文组织、宗教组织、群众组织等。

2）社区组织的体系

社区组织体系是指社区内相互联系和依存的各类组织，在功能上相互影响、相互制约而形成的有机体系。它一般由两种基本结构交叠复合而成、共同作用。

（1）垂直式的等级结构

垂直式的等级结构是指社区组织之间因为地位差异与隶属关系而形成的一种自上而下的金字塔式体系结构。这是一种垂直式的权力与沟通体系，在等级森严的军队组织和行政体系中体现得尤为明显。这种结构的特点为自成一体、封闭、隶属关系界线分明。这种结构的优点在于分工清晰、职责明确，能保障组织活动的整体展开；但也存在着明显的局限性，一方面易压制下级的主动性和自主权，使组织丧失环境适应的灵活性和活力，另一方面则易割裂同外部组织的联系，不利于人才、信息、资金等的流通，从而破坏组织内部的协作机制。

（2）水平式的网络结构

水平式的网络结构是指社区内性质相关、地位互不隶属的组织群，在平等基础上共享信息与资源，通过各种沟通媒介相互联结而成的体系结构。这种结构的特点为开放性、平等性、跨越地区与行业的横向联系。随着交通通信手段的发展和大众传播媒介的发达，社区将逐步突破传统社区的封闭状态，在扩展的对外联系中以更为有效的方式建立内外多元的关系网络。比如说北京的"浙江村"，就不但为进京的温州人提供了临时的聚居地，而且建构了包括进货、生产加工、营销等环节在内的产业体系，并围绕着服装加工产业形成了一系列彼此相关而又互不隶属的组织。

其中，进货组织负责从河北进皮张，从广州、苏州、杭州进布料，余下原料则从北京轻工业批发市场和厂家进货。

生产组织由村内私人老板和个体工商户开办的一家家加工作坊组成。

销售组织负责在周边的 16 个大型市场销售产品，1995 年即达到 15 亿元。

此外，还有缝纫机修理、辅料（如拉链、扣子）供应等组织加以配合。

其中，一家生产组织可以与多家进货组织及销售组织建立经济联系，同理，一家进货组织或是销售组织也可以与多家生产组织建立经济联系，这就在同一层面上形成了彼此相关、错综复杂的产业组织网。以此为依托，"浙江村"不但创建了自身外向型的经济体系（非自给自足的社区配套经济），而且在为居民提供大量就业机会的同时，也与外部的城市经济建立起了密切联系（图 3-7、图 3-8）。

3）社区组织的管理

社区组织的管理主要指社区管理部门通过一定的管理手段，协调社区内各种组织，调配人力、物力和财力达成目标的活动，而正确、合理、高效的管理是社区成员分工合作、顺利完成组织任务的保障。

按照管控强度和介入程度的不同，可以将社区组织的管理分为直接控制和间接控制两大类。目前我国社区组织管理的改革方向主要为：综合运用行政管理手段、经济管理手段与法规管理手段，逐步变直接控制为间接控制，更多地强调宏观层面的调控和业务方面的咨询指导，旨在逐步改变我国因长期计划经济影响而形成的

"条块分割、各自为政"的局面。

图 3-7 北京"浙江村"的销售市场

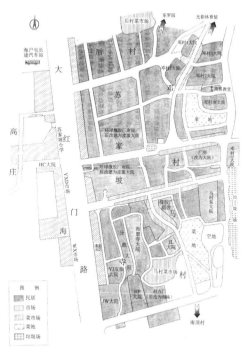

图 3-8 北京"浙江村"的生产性大院

如果按照管理模式的不同，则又可以将社区组织的管理划分为以下三类①：

家长制管理模式是传统小农经济的产物，比较适用于组织规模有限、分工不发达的传统社区及其非正式组织。这种管理模式的特征为：权力高度集中，职能分工不清；任人唯亲、因人设岗；无章可循、无法可依；终身制与一言堂等。

随着社会劳动分工的日益精细复杂化，以及社区成员之间功能依赖性和互动协作性的日益增强，与大规模组织正式结构相关联的科层制管理模式应运而生。这种管理模式的特征为：管理权力分层，职能分工明确；拥有共同遵循、严格履行的章程规范；成员之间形成制度化的工作关系；组织资源按需分配，不可个人垄断；个人财产与组织财产严格区分，不可混为一谈；管理权力源于职务而非具体个人等。

系统管理模式是 20 世纪 70 年代提出的系统管理模式，将社区组织看作一个由各类子系统构成的完整系统来加以管理。各子系统之间相互影响、彼此联系，并且与组织的外部环境形成开放、互动的联系。这种管理模式的特征为：以各子系统之间的关系协调为重点，以管理的综合性和整体性为目标，从而在一定程度上克服了以往管理论的片面性和局部特征。

---

① 参见顾朝林. 城市社会学［M］. 南京：东南大学出版社，2002：61-62。

3.2.3 社区的文化

1）社区文化的含义

文化的含义有多种外延[①]。

最宽泛的含义：文化是指人类在社会历史实践过程中所创造的物质财富与精神财富的总和。

次宽泛的含义：文化是指精神生产能力和精神产品，包括一切社会意识形式，即自然科学、技术科学和社会意识形态。

较狭窄的含义：文化是指一个民族的生活方式所依据的共同观念体系。

与之对应的社区文化的含义如下所述：

中国社会学家吴文藻认为，社区文化可以说是某一社区内的居民所形成的生活方式，也可以说是一个民族应付环境——物质的、象征的、社会的和精神的环境——的总成绩[②]。

英国文化人类学家马林诺夫斯基认为，从功能的角度考察，社区文化应包括经济、教育、政治、法律与秩序、知识、巫术、宗教、艺术及娱乐八个方面。

美国社会学家伯纳德·桑德斯（Bernard Sanders）则认为，社区文化存在于语言文字、公共象征、知识信仰、价值体系及有关行为程序中的惯例、规划与特定方式当中[③]。

上述三位学者所界定的社区文化，实际上沿用了外延不同的文化概念：吴文藻的定义最为宽泛，马林诺夫斯基的定义次之，桑德斯的定义最为狭义，而这类狭义文化正是社区研究的重点所在。

2）社区文化的构成

（1）语言

语言是一个庞杂而繁复的体系，据德国出版的《语言学及语言交际工具问题手册》统计，目前世界上查明的语言有 5 651 种之多，其中已有 4 200 种左右得到人们认可，成为具有独立意义的语言体系，其余的语言要么正在被研究，要么就还未得到认可或是趋于消亡。

因此，首先，语言的复杂性体现在了特色各异的众多分支和派系上。像中国的大量语言经过数千年的更替、演化和裂变，已大致形成南北两大语系。北方语系（如北京话、东北话和山东话）以音调的起伏变化为主，语义易于辨识，发音慢而有力；南方语系（如上海话、闽南话和广东话）的发音方式则自成一体，快而短促，让外人较难理解。但即使是同一语系的不同社区，由于经历了长期的封闭和半封闭式发展，在语言上也会存在程度不同的差异。因此可以说，社区的分界往往就是语言派系的分界。

---

① 文化的最宽泛含义和次宽泛含义引自夏征农.辞海［M］.上海：上海辞书出版社，1999：1765。
② 参见吴文藻.文化表格说明［M］//燕京大学社会学及社会服务学系.社会学界：第10卷.北京：燕京大学社会学系出版部，1939：219。
③ 参见桑德斯.社区论［M］.徐震，译.台北：黎明文化事业股份有限公司，1982：94-94。

其次，语言的复杂性则体现在其拥有整套的文法规则上。中国繁杂的语言派系自不必说，而国际上的诸多语系，像英语、法语、日语等更是拥有自身成熟而严整，包括听说读写在内的一整套文法规则，这也是语言学习的核心内容所在。

（2）习俗

习俗是指特定人群的生活方式和观念因长期沿袭和演变而形成的习惯，是人群共同生活经验的总结。大部分习俗都是有关行事的各种规矩，但也包括两类特殊形式：其一为过渡礼仪，在个人或群体改变身份时举行（如毕业礼和婚礼）；其二为强化礼仪，具有相对深刻的社会含义（如定期举办的节日庆典和山神、河神等的供奉祭祀活动）。一般来说，习俗对古人的约束力要强于现代人，主要原因在于科学发展和社会开放对习俗权威所造成的冲击。

社区的分界往往就是习俗的分界。像少数民族众多的云南省就拥有楚雄彝族自治州、大理白族自治州、玉龙纳西族自治县等不同少数民族的聚居地，由于不同的民族拥有不同的风土人情（如彝族的"火把节"、纳西族的"骡马节"、傣族的"泼水节"），少数民族的聚居区边界转化成了各民族习俗事实上的地理边界（图 3-9）。

图 3-9　云南楚雄彝族自治州的彝族百姓在隆重庆祝"火把节"的场景

（3）道德和法律

道德是指以善恶评价的方式来约束人类行为、调节社会关系的规范手段，也是人类自我完善和社会生活秩序保障的一种社会价值形态。它拥有以下特征：把握世界方法的特殊性、实施手段的特殊性、判断对象的特殊性、个人主体性、特殊的稳定性和调节范围的广泛性等。道德还包括主客观两个方面：客观是指社会对成员的要求，表现为道德关系、道德标准、道德规范等；主观则是指人们的道德实践，包括道德意识、道德信念、道德品质等[1]。

---

① 道德的含义主要参照和引自夏征农.辞海［M］.上海：上海辞书出版社，1999：300。中国传统哲学对此也多有论述，指出"道德"实质上是"道"与"德"关系的一种体现。孔子主张"志于道，据于德"（《论语·述而》），这里的"道"是指理想的人格或社会图景，"德"则是指立身根据和行为准则。因儒家将仁义作为道德的重要内容，故也以仁义道德并称。而老子认为"道"是事物运动变化所必须遵循的普遍规律或万物的本体。"德"和"得"意义相近，指具体事物从"道"所得的特殊规律或特殊性质，对于"道"的认识修养有得于己，亦称为"德"。韩非子则认为，"德者道之功"，把"德"释为道的功用。另外北宋张载也提道"德，其体；道，其用，一于气而已"（《正蒙·神化》），认为"德"是气之体，"道"是气之用等。

法律作为近现代社会的产物，是指人类在社会层次上的规则，是社会中人与人之间的关系规范，它以正义为存在基础，以国家强制力为实施手段，并包括三层含义：广义的法律指法的整体，包括法律、有法律效力的解释及其行政机关为执行法律而制定的规范性文件（如规章）；较狭义法律专指宪法性法律和普通法律；狭义的法律专指普通法律，并与宪法并列使用[①]。

对照上述含义，也可将法律视作政府制定、公布并强制执行，体现道德的条文，因为两者之间确实存在着诸多相通之处：其一，均属于人类的社会行为规范。其二，建立在同一经济基础之上，并随着经济基础的发展而变化。其三，内容相互渗透。在社会上占有统治地位的道德要求往往也会转化为法律上的明文规定（如对"八荣八辱"和社会公德的要求）。其四，目标彼此契合。两者所追求的都是社会秩序安定、人际关系和谐、生产力发展和人民生活幸福。

但是法律和道德也有不少差别，主要表现在五个方面：其一，产生的社会条件不同。道德与人类社会的形成同步，法律则是在私有制、阶级和国家出现后才成型。其二，表现形式不同。法律不论是成文法还是判例法都以文字形式表现出来，道德的内容则主要存于人们的道德意识中，表现于人们的言行上。其三，体系结构不同。法律是国家意志的统一体现，有严密的逻辑体系，有不同的位阶和效力，道德则不具备法律般严谨的结构体系。其四，推行力量不同。法律主要是靠广大干部群众的自觉守法来推行，但也要靠国家强制力来保障，道德则主要靠人们内心的道德信念和修养来维系。其五，制裁方式不同。违法犯罪的后果规定明确，是一种"硬约束"，不道德行为的后果是自我谴责和舆论压力，属于一种"软约束"。

（4）宗教

宗教作为社会意识形态之一，相信并崇拜超自然的神灵，是支配人们日常生活的自然力量和社会力量在人们头脑中歪曲、虚幻的反映，也是一种主观意识对希望的执着而诞生的强大精神依托[②]。它包括信仰、宗教组织、祭礼、文化（宗教建筑、宗教绘画、宗教音乐）等多方面内容。

宗教按照其产生的方式大致可分为自发宗教和人为宗教两大类，前者属于非常原始的宗教，一般成型于原始社会，而现代的宗教基本上都属于人为宗教，其中就包括流行世界的佛教、伊斯兰教和基督教，而且这三大宗教在不同的地域空间、不同的历史时期和不同的民族身上均得到了发展和体现，像欧美国家信奉的基督教，阿拉伯世界主导的伊斯兰教和东亚地区流行的佛教，均受到了地理条件、观念意识、习俗、道德、伦理等因素的综合影响（图 3-10）。但无论如何，"培养和加强人的社会性作用"是所有成功宗教的一项共性。

---

① 法律不同层次的含义引自夏征农 . 辞海［M］. 上海：上海辞书出版社，1999：414。
② 宗教的含义引自夏征农 . 辞海［M］. 上海：上海辞书出版社，1999：2288。

图 3-10 已成为欧美社会生活符号之一的随处可见的教堂

3）社区文化的变迁

（1）内因

社区由于自身生存条件（如自然环境、生产方式等）的重大变化而引发的社区文化的变迁。这同成员的心理素质、观念意识等直接相关，并常常呈现出独特的复杂性与偶然性。

比如说，社会学家费孝通曾在《江村经济》中提道：江村在精美实用的洋货摧垮传统的家庭手工业经济之后，不得不顺应市场需求，转而发展蚕丝业。于是生产方式和经济产业的转型给江村带来了一系列的文化变迁，如妇女地位开始取决于其介入蚕茧的生产技能，而这又引发了社区成员有关家庭分工、男尊女卑、长幼秩序等传统价值观念的改变和调适。

（2）外因

外来文化的侵入导致社区文化的变迁，其一般过程为：两种文化经过冲突和竞争，然后达到融合、同化或是隔离的结果。其中，文化的隔离可以从文化传统深厚的外来移民社区与流入城市的长期并存中得到印证，而文化的同化则要看冲突与竞争双方的强势与弱势之分，以及以何种文化为主同化和融合另一种文化。

比如说，博大精深的中华文化在面对侵入的外来文化时，往往都会凭借自身强势深厚的包容度逐步将其融合、同化；而作为弱势文化的代表就不同了，像现代文明冲击下的少数民族聚居区就有很多在发生显著的变迁：一方面，社区内留存的许多传统烙印（如婚姻制度、家庭结构、社区组织、生活习俗等）开始走向解体和消亡，而另一方面社区成员也将同自己过去的文化断裂，在社会属性上为现代文明所同化和接纳（图 3-11）。

3.3 社区的动态系统

社区的动态系统是指社区的基本结构因素相互作用、促进社区变迁的过程。它

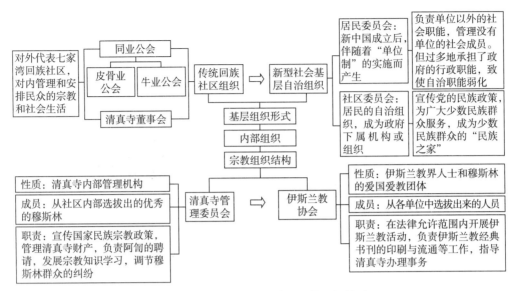

图 3-11　南京七家湾回族社区的组织转型

涉及两个方面的内容：其一是社区内部各个组成部分的相互作用；其二是社区作为一个整体与外部环境的相互作用。

3.3.1　社区内部的互动过程

在社区内部，互动过程并不是一个孤立、瞬间的过程，而是整个社区系统运动变化的基本过程。社区内互动的基本形式有合作、竞争、冲突、协调、同化等。考虑到"竞争"的概念已在第 2 章述及，这里不再赘言。

1）合作

合作是指两个（或两个以上的）个人或团体通过共同努力，达到相关目标的互动过程。合作的前提是目标具有相关性，且合作的成功可能性要大于个人努力。合作包括以下六种基本类型（表 3-8）：

表 3-8　社区合作的基本类型

类型	合作的参与者	目标	参与者的关系	合作的利益
1	两个或两个以上的个人	共同的	稳固的	共同的
2	两个或两个以上的个人	互补的	共生的	个人的
3	两个或两个以上的个人	对抗的	协调的	个人的
4	团体或组织	共同的	稳固的	共同的
5	团体或组织	互补的	共生的	个人的
6	团体或组织	对抗的	协调的	个人的

类型 1 类似于体育参赛队的队友关系。同一队伍的参赛队员在私下里不一定是

好友，但往往会出于"争取好成绩、为代表队争光"的共同目标与荣誉感，而结成这种最为基本和稳固的合作关系。

类型2类似于制片人与导演的关系。制片人作为影片拍摄的资方代理人，重点关注的是影片的筹备、投入与产出情况；而导演作为电影创作的组织者和领导者，最为关注的则是组织和调动组内所有创作人员和技术人员，确保影片的品质与风格问题。二者的目标和利益不尽相同，却构成了一种互补互助的共生关系。

类型3类似于市场买卖双方的交易关系。买方想尽量压价购进，而卖方却想讨个好价。二者的目标和利益可谓针锋相对，最终却会在交换中达成合作关系，这也是一种带有竞争成分的协调关系。

类型4类似于会议主办各方的关系。大型会议的举办往往会涉及论文的征集与审阅、专家的邀请与接待、会场布置与会议注册、媒体与宣传等繁杂事务，这便需要各方面的工作组在确保会议圆满举办的共同目标下，建立一种职能分工、利益共享的稳固合作关系。

类型5类似于足球俱乐部与赞助商的关系。俱乐部需要吸引赞助商的大笔投资来保障俱乐部的日常运转与训练比赛，而赞助商的介入则是想借助体育竞技来宣传自己、打开企业的知名度与市场，二者的目标利益不同，却相辅相成、势成共生。事实上，这些赞助商也很少指望靠俱乐部本身的运作就能赚钱，它们更多的是通过体育所带来的广告效应，打造企业形象，创造经济效益。

类型6类似于厂家和商家的交易关系。这种合作关系与类型3相似，只不过目标对抗的双方由个人扩大为了组织。

2）冲突

冲突是参与的一方蓄意损害或毁灭另一方的行为。相比于竞争，冲突的目的性更强，参与者的情感性也更强，属于一种极端的互动形式，其最高形态就是战争。如美伊冲突和俄乌冲突，还有中东地区历经波折的巴以冲突，这也是目前世界上持续时间最长、有着复杂历史渊源的地区难题（表3-9）。

表3-9 冲突与竞争的比较

冲突	竞争
双方必须有直接接触	不一定
双方抱有敌对情绪	不一定
有故意损害对方的行为	不一定
表现为目标利益与态度上的根本对立	不一定
以一方压倒另一方为终极	双方并存

经济利益、权力分配和文化竞争均是诱发社区冲突的主要因素。一般社会学理论认为，处于变迁过程中的社区最易爆发冲突。因为社区变迁所引发的权利与利益在分配上的变动，以及新旧文化之间的矛盾，均有可能引发冲突。冲突一般都拥有以下特点：

其一，累积性。冲突的爆发都有一个由少而多的积累过程，随着双方敌对情绪的加重，冲突就有可能升级，进一步扩大其破坏范围。

其二，非理性。冲突作为一种强情感性的极端互动形式，会因为双方强烈的敌意而脱离理性的控制轨道，陷入非理性的疯狂行为之中。

其三，潜在的毁灭性。冲突伊始即潜藏着毁灭的危险性，争端和敌意累积越多，非理性程度越高，冲突带来的毁灭性和危险性就越大。但如果在发生之初就能做到及时化解、有效抑制或是使之转化为其他形式，这种毁灭性的破坏就会停留于潜在的可能性之上。

3）协调

协调是终止和抑制冲突、促进合作的一种互动方式。它维护和重建了社区生活秩序，也避免了更大的冲突所造成的损失，因此可以说，协调有助于社区的整合，是冲突参与者之间合作的开始。协调常见的形式有五种：容忍、休战、妥协、调解和超级仲裁。

容忍和休战是指冲突双方在争端并未得到实质性解决的前提下，所采取的两种暂时性措施。如果冲突双方并没有哪方做出让步，只是协商后同意在某一时间段内停止冲突，这就是休战；如果是做出单方面的让步和牺牲，这就需要容忍。

妥协是指冲突双方经协商都做出让步，以全部或部分地解决争端，或是至少阻止冲突的继续发生。

调解是指冲突双方在无法通过协商方式解决争端的前提下，通过第三者的介入达到终止双方冲突的目的。调解的结果往往是双方都得到或是牺牲部分利益。

超级仲裁是指通过比冲突双方权力层次更高的、具有制裁力的第三者的介入，凭借自身的权威强制终止双方冲突。超级仲裁的结果既可能是双方受益，也可能是单方受益，但这都不是冲突双方自己商定的结果。

以巴以冲突为例。自从19世纪末大批犹太人在"犹太复国运动"的策动下迁居巴勒斯坦以来，犹太人便开始了与当地阿拉伯人的流血冲突；即便是在以色列1948年建国之后，阿拉伯世界也依然排挤犹太人，并于1948年、1956年、1967年和1973年发动四次大规模战争。在这一漫长的冲突过程中，国际各方曾采取多种协调方式努力斡旋。像四次战争的结束，就源于休战形式的协调；而无论是1978年埃及、以色列、美国三方签署《戴维营协议》，还是1993年9月在挪威的主持下，巴以双方签署《和平协定》，提出巴勒斯坦自治计划，都可以看到调解形式中第三方的努力；至于1947年联合国大会通过第181号分治决议，规定巴勒斯坦在结束英国的委任统治后分别建立犹太国和阿拉伯国，则是超级仲裁形式的一种体现。

4）同化

同化是个人或群体间的差别逐步消失的过程。与协调不同，它可以持久地减少或消除冲突。因为争端与冲突源自差别和分歧，差别消失了，也就意味着冲突的消除。同化过程有以下特点：

其一，同化是一个双方同时进行的过程。这种互动过程是双方性的，双方都会在相互同化的竞争中受到对方影响并或多或少地改变自己。只是同化的双方有强弱之分，相对弱势的一方被同化的程度更为明显，而相对强势的一方改变较少罢了（但不会没有改变），其实"胡服骑射"的典故和旗袍的演变都是悠久深厚的汉文化在异族文化影响下发生局部改变的典型案例。

其二，同化发生于持续的互动之中。这种互动过程往往是和缓的、复合的甚至是难以察觉的，但双方的互动越持久，同化的程度就越深。

其三，同化是一个不完全的过程。具有不同文化根基的群体或是个人，在同化的过程中或多或少地都会有所改变，但他们被同化和改变的程度即使再高，也会保留某些自身原有的特点，因为在现实生活中不存在彻底被同化的现象。

其四，同化是一个不平坦的过程，甚至会因为失败而出现"文化断层"。这种互动过程常常是一波三折和漫长的，当拥有不同文化根基的群体或是个人之间同化失败、难以彼此协调时，就会以一种文化隔离或是孤立的状态共存。这一现象在具有深厚文化传统的社区身上时有发生，比方说"唐人街"作为东方传统文化的承载地，长期以来就很难与欧美城市中的主流文化相融合和同化。这种因同化失败而出现的文化并存现象，社会学称之为"文化断层"。

5）互动的结果：社区的整合与分化

（1）社区的整合

社区的整合是指社区内所有的趋势都有一种共同的取向，人们有一种参与和认同感；而且社区中每一种互相依赖的关系都能顺利地突破障碍，而对整个社区有所贡献。整合包括自上而下的四个层面，具体如下所述：

其一，文化的整合。文化的整合有助于社区内各种不同价值观信仰和标准的协同。

其二，规范的整合。规范的整合是一种有制裁力的强制性整合，但有可能限制新生事物的产生。

其三，参与的整合。参与的整合是指因参与整体活动而形成的认同感和归属感，参与越多，越利于在互动中形成认同感和归属感。

其四，功能的整合。功能的整合是指因社区分工而形成的功能上的相互依赖性。

（2）社区的分化

社区的分化是指一个社区单位在压力下分解为两个或两个以上的新单位。关于社区内压力的诱发因素，威尔伯特·摩尔（Wilbert Moore）指出有三类：人口的不平衡、资源的普遍匮乏以及规范选择之间的冲突。社区的分化主要有以下特点：

其一，分化是社区发展历史过程中的一种主要原动力；

其二，分化是一个不可避免的过程；

其三，分化是一个内在的过程，只在社区系统内部产生；

其四，分化是一个有益的过程，人们的控制力和自主性，还有社区的成熟性一般都会在经历分化后得到进一步的增强。

（3）社区的整合与分化

社区的整合与分化，最终都取决于社区内部的互动过程。其中，社区的整合同合作、协调、同化等互动过程有着密切的关联，而社区的分化则是压力之下竞争和冲突的结果。因此，不同的社区如果在互动的形式、时间、频率、深度等方面存在差异的话，那么社区整合与分化的程度也将不同。像表3-10就对传统农村社区和现代城市社区的异同进行了大体比较。

表 3-10 传统农村社区和现代城市社区的内部互动比较

比较项目		传统农村社区	现代城市社区
生产与生活		生产活动单一，生活内容单调	生产手段多样，生活内容丰富
交往与关系		面对面的全面交往，固定的人际关系	片面交往，复杂多变的人际关系
社区内部互动	合作	鼓励（主要为情感性依赖）	鼓励（主要为功能性依赖）
	协调	鼓励	鼓励
	竞争	抑制	鼓励
	冲突	抑制	抑制
	同化	外来者只有经过同化方能得到社区认可	外来者进入社区不一定要经过同化
主要结论		整合度高，静态，封闭	分化度高，动态，开放

正如表 3-10 所示，不同类型的社区会因为内部互动过程的不同，而呈现出不同的整合与分化状态；就算是同一社区，也会在不同的时间阶段经历不同的整合与分化过程。正所谓"合久必分，分久必合"，而社区正是通过持续不断的整合、分化和再整合来推动自身的发展。这是一个"否定之否定"的过程，其目的是提高社区对内外环境或结构变动的适应能力。因此借用新正统生态学阿默斯·霍利（Amos Hawley）的观点，可以认为，"适应"是社区活动的总目标和总过程，而社会文化就是人类群体努力适应环境的方式。

3.3.2　社区的变迁

社区的变迁是指社区结构局部或全部因时间或相关因素的改变而发生的变化。这种变迁是以结构性变化为特征，其动力既可以来自外部环境，也可以源于社区内部的整合与分化。它其实是对社会体系的一种调整，无损于整个体系的整合与均衡。

1）社区变迁的主要范畴

（1）社区阶级结构的变迁

社区阶级结构的变迁包括社区内各个阶级自身的变化（如人数的增减、力量的消长及阶级特征的变化）和阶级之间关系的变化（一个阶级相对于另一个阶级政治经济地位的变化），这也是社区结构变迁中最为基本、最为重要的变迁之一。

从历史过程来看，阶级革命与社会性质的变更，往往都会伴随着阶级结构的根本性变化。像以攻占巴士底狱为标志（1789 年 7 月 14 日）的法国大革命，就是世界近代史上规模最大的一次资产阶级革命。它不但给本国的封建统治带来了颠覆性的变迁，使原先以封建地主、农民两相对立为基调的阶级关系，让位于新兴的资产阶级与无产阶级的对峙与斗争，而且动摇了整个欧洲封建统治的根基与秩序，传播了资产阶级自由民主的进步思想，对世界历史格局的发展产生了重大影响。

（2）社区职业结构的变迁

社区职业结构的变迁是伴随着生产力的发展、经济模式的转换、科学技术的进步和社区分工的发达而实现的。人类历史上的两次大分工，都引发了人类职业结构的重大变迁，而且随着社会分工的日益精细化和复杂化，将会看到越来越多的新兴职业和大批从业人员的产生。

再比如南京的江心洲，在 1985 年前还是以第一产业为主导经济的传统型农村社区，却凭借着得天独厚的优势逐步成为地方大力发展乡村旅游经济的典范和品牌，而经济模式的转型也带来了成员在职业结构上的显著变迁（图 3-12），究其原因有以下两点：

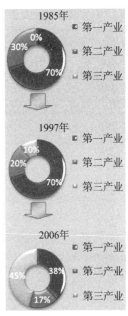

图 3-12　江心洲成员
职业结构的阶段性变化
（从业人员比重）

其一是乡村旅游市场发展的客观需求。目前乡村旅游业尚属劳动密集型产业，其发展和挖潜的过程势必伴生着大量的就业岗位，并推动当地商贸业、交通业、餐饮业、娱乐业及开放型经济的发展，这就有效地吸纳了农村剩余劳动力，实现了劳动力的跨产业转移。

其二则是经济利益驱动下的主观选择。乡村旅游业的发展带来了宽阔的市场和良好的经济收入。巨大的商机和潜在的利润吸引了一大批农民从单一的农业劳作中摆脱出来，自己投资办景点、开餐馆、搞交通等等，主动投身于第三产业，从而也使江心洲的产业结构有了质的改变。

（3）社区组织的变迁

社区中的组织是社区成员为了实现一定的目标和适应一定的社区生活而建立的，每个组织都拥有自己的机构、章程、管理体系和特定的功能等。随着成员需求的转变和社区生活的发展，其组织也会不断发生变化。

以新中国成立后农村组织的变迁为例：1958 年，我国农村社区普遍建立了"县—人民公社—生产队"的组织结构体系，主要以公社为单位，对农村生产和生活实行军事化、集体化和公有化的管控；到 20 世纪 80 年代后政策形势有所变化，为了配合家庭联产承包责任制的实施，我国农村社区又开始撤销人民公社管理委员会，而代之以"县—区—乡—村民委员会"的组织体系，即以家庭为单位来组织农村生产与生活，使农民拥有了更大的主动性和自由性。也正是社区组织体系的变迁，给整个农村社区带来了巨大而全新的变化。

（4）社区文化价值观与行为规范的变迁

社区文化价值观及行为规范作为社区成员活动的导向与标准体系，一般包括习俗、道德、宗教、礼仪、法律等基本内容。它的形成源于社区成员共同生活的需要、稳定的社会关系以及由此带来的共同的文化心态，而其变迁则主要源于两个方面的原因：其一，社区内部条件（如自然环境、经济模式、生产方式、文化生活等）的自我调适与特征转变；其二，社区外部政治、经济、社会文化等环境形势的变化与冲击。

综上所述，影响社区变迁的因素往往是错综复杂的，主要有自然环境、阶级革命、科学技术、劳动分工、生产方式与生产关系、人口因素等。

2）社区变迁的大致分类

按照经历时间的长短，社区变迁可分为三类：长期变迁、循环变迁和短期变迁。其中，因灾难带来的短期变迁（如印度洋的海啸和2008年席卷中国南方的雪灾）历时短、突发性强和社区影响大，需要特别注意和防范（图3-13）。

图3-13　社区的短期变迁：汶川大地震现场

按照涉及范围的大小，社区变迁又可分为以下三类：

其一，超社区变迁。变迁范围超出社区并波及整个社会，因此这类变迁是根本性的和大规模的，属于整个社会变迁的一部分。像战争和波及社区的政治运动，所引发的变迁往往都超越了社区的界限，无论是社区内的各个层面还是社区外的成员，均会受到影响。

其二，全社区变迁。变迁范围波及社区整体且为本社区所特有。像改革开放后作为实验前沿而建立的五大经济特区（深圳、珠海、汕头、厦门、海南），就实行着不同于内地的经济优惠政策与经济管理体制：建设上以吸收利用外资为主，对外商投资予以优惠和方便；经济活动在国家宏观经济指导调控下，以市场调节为主；经济所有制实行以社会主义公有制为主导的多元化结构；特区拥有较大的经济管理权限等。经过多年的建设和经营，特殊的政策与体制已经给特区的社会、经济、文化等带来了既不同于以往也有别于大陆其他地区的影响和变化，一种为特区所独有的整体变迁（图3-14）[1]。

---

[1]　1979年7月，中共中央、国务院同意在广东省的深圳、珠海、汕头三市和福建省的厦门市试办出口特区；1980年5月，中共中央和国务院决定将深圳、珠海、汕头和厦门这四个出口特区改称为经济特区；1988年4月，七届全国人大一次会议通过决议，批准海南岛为海南经济特区。

图 3-14　社区的全社区变迁：深圳特区面貌

其三，局部社区变迁。变迁范围仅限于社区的某一部分或某一方面，如部分成员的更替、组织的变化或是文化价值观念的转变。这类变迁和全社区变迁均发生在社区的范畴以内，但不同之处在于其变迁是涉及局部还是整体。

3）社区变迁的一般特征

其一，社区中的社会产品数量一般都呈上升或是增加的趋势，而自然资源处于衰减的趋势却令人担忧。

其二，社区中价值体系的神圣性在逐渐消失，世俗性与功利性则开始增强。过去在农村社区十分活跃的宗教活动，经过多年的社会变革和社区变迁已出现明显的消减趋向，许多年青一代的农民更是关注经济利益的追逐，因而呈现出世俗性、功利性与竞争性的一面来。

其三，社区逐渐由较同质性转化为较异质性。尤其是那些经济发展较快的东南部沿海地区，伴随着具有不同文化背景、阶层背景和专业分工的外来人口的大量涌入，其社区的构成已经逐步从单一走向复合、从封闭走向开放和流动。

其四，社区成员间的关系逐渐由较初级转化为较次级，原先不计利害的全面交往关系正在逐渐削弱，取而代之的是契约式的片面交往关系。

3.3.3　社区的发展

社区发展是一种有方向性的变迁，是社区行动过程在社区中的具体化。联合国曾在《社区与有关服务》一文中将社区发展定义为：人民与政府机关协同改善社区经济、社会及文化状况，使其与整个国家的生活融为一体、使其能够对国家的进步充分贡献的一种程序[①]。因此在这里，我们可以将社区发展的过程看作社区成员以积

---

① 参见 United Nations. Economic and social，official records of the 24th session：Annexes［R］. New York：Aqenda item 4，20th Report of the Administrative Committee on Coordination to the Council，（E/2931）Aunex Ⅲ，1956：14。

极的行动来改造社区，使之更适合于环境和人们生活愿望的过程。具体就我国而言，社区发展则是指在党和政府的领导下，依靠社区力量，利用社区资源，强化社区功能，解决社区问题，提高社区成员的生活质量，建设环境优美、治安良好、生活便利、人际关系和谐的新型社区，促进社区经济、政治、文化、环境协调、健康发展的过程，也是社区资源和社区力量的整合过程。

但无论何种定义，社区发展实际上都属于社区变迁的一类特例：它既不同于衰退式的变迁，是一种正向、积极性的变迁；也不同于由自然因素引发的变迁，是一种有目标、有计划、在人为的积极控制和推动之下发生的变迁。

1）社区发展的理论模式

1915年，美国社会学家弗兰克·法林顿（Franck Farrington）在《社区发展：将小城镇建成更加适宜生活和经营的地方》一书中首次提出"社区发展"（community development）的概念；之后，社区发展的实践活动开始得到广泛倡导和深入开展，其体系涉及社区成员、共同意识、社区组织、物质环境等主要内容，并形成了几类重要的理论模式。

（1）系统模式

系统模式（system model）作为结构功能学派的理论贡献之一，曾在20世纪四五十年代的西方社会学界盛行一时。依照帕森斯、乔治·卡斯珀·霍曼斯（George Casper Homans）、金斯利·戴维斯（Kingsley Davis）等人的观点，社区就是一个系统、一个功能性实体，系统平衡（system equilibrium）既是其运行的目标和理论境界所在，也是其内部互动和功能运作达到最佳状态的保障。系统模式的重要观点包括以下三点：

① 一个系统有一定的范围，其范围应包括多种互有关系的子系统和单位，如正式与非正式、宗教、民族与传媒等各类子系统；

② 一个系统有其特有的目标、规范和奖惩制度；

③ 系统内含有角色、地位及阶层结构的性质，阶层背景过于庞杂和过于悬殊均不利于系统平衡目标的实现。

那么如何保持社区的结构平衡呢？可以分别从外部和内部入手采取以下两类途径：

① 深入了解来自系统外的冲击力及其对社区的影响，并做出适当的阻止、保护、修改和适应的计划及行动；

② 深入认知系统内某部门的变迁及其同相关部门变迁之间的相互关系，并在变迁发生时设法维系原来各部门之间的平衡性，或顺应发展趋势推向新的平衡状态。

（2）均衡发展模式

均衡社区的发展应包括两个方面的内容，即经济发展＋社会发展，二者相辅相成、缺一不可。这其实同我国改革开放后"两个文明"（物质文明与精神文明）的建设方针是有相通之处的，其核心依然是"效率与公平"问题。且了解一下战后欧美发达国家的经济政策演化情况。在凯恩斯主义主导和确保了战后西方国家长达30年的稳定发展之后，以20世纪七八十年代英国撒切尔夫人和美国里根执政为分水岭，政治气候的右转为新自由主义经济政策的强势登台创造了条件。其后"倡导贸易自由化、价格市场化和私有化"的新自由主义一跃而成为欧美国家的主流经济政策和资本主义全球化政策的基础，甚至上升为一种强大的意识形态。多年的实践证明，一方面新自由主义确实提高了英、美等国的经济效率和整体竞争力，而投资的鼓励也拓展了国家的全球影响，使以跨国公司为主体的西方国家整体实力有所提升；但另一方面"重效率而轻公平"的代价却是，由于有意削弱政府的调控干预、公共物品提供和社会福利，该经济政策又破坏了社会公平，加剧了两极分化和贫富差距，难以真正保障平民平等社会的建立[①]。这正是社会—经济之间失衡现象的一种现实体现，而追求均衡的社区发展也是社区研究和规划时必须正视和思考的问题。均衡发展模式（balanced development model）的重要观点包括以下四点：

① 社区发展的目标取向是更进步、更成熟、更丰富和更有成就；

② 社区发展的过程具有阶段性、层次性、时间性和可辨识的状态性特征；

③ 社区发展的轨迹有多种，可能是直线式、螺旋式、定期摆动式推进，也可能趋于专门化或特殊化形态；

④ 社区发展的效果会因各自发展潜力的不同而呈现差异性。

（3）问题解决模式

问题解决模式（problem-solving model）是社区规划和发展的实际工作人员经常应用的一种理论模式，因为该理论模式类似于一种方法论，主要指导社区发展事务的实际处理工作。问题解决模式的主要步骤如下：

① 确认问题的性质；

② 建立与问题有关的处理结构；

③ 研究解决问题的种种政策，并对适用性政策和方案进行挑选；

④ 提出并实施可以达到目标的方案；

⑤ 对方案的实施进行监督和检查。

社区发展的过程实质上就是发现社区存在的问题和社区成员的共同需求，然后有针对性地制定发展计划，并加以实施的过程。其中，关键的步骤为如何确认问题的性质和确定合适的解决政策。

2）社区发展的原则

其一，民主的原则。该原则是指社区发展的目标及其实现目标的步骤与方法，是经过民主程序而制定的。这样集思广益既可少犯错误，又可最大限度地满足社区成员的广泛需要。

其二，解决问题的原则。这是问题解决模式的一种原则性体现。在社区存有多类问题的前提下，应在人力、财力、物力及时间都很有限的前提下，先着手于最迫切问题的解决。

其三，自力更生的原则。该原则包括四个方面内容：① 充分运用社区内部提供的资源；② 充分依靠社区内部的人才；③ 努力激发社区成员的发展需求；④ 在依靠自身力量的基础上，不排斥外来的援助。

---

① 参见张庭伟.新自由主义　城市经营　城市管治　城市竞争力［J］.城市规划，2004，28（5）：43-50。

其四，全体参与的原则。社区发展是全体社区成员的共同事业，应尽量由全体居民共同参与、群策群力来推动。像 2008 年夏季奥运会在北京等地的辉煌上演与成功举办，就离不开近几年来承办城市乃至全国人民方方面面的大力支持与共同参与。

其五，自下而上的原则。考虑到社区的发展要最大限度地满足社区成员需要，其发展目标及其实现方式最好能根据基层广大民众或是下级组织的意见提出，然后再由社区领导层在大多数成员的支持下，做出决策并组织贯彻实施。

其六，物质文明与精神文明同步发展的原则。这是均衡发展模式的一种原则性体现，即协调、同步地发展社区的物质文明和精神文明，两者相互促进、相互制约而不可偏废。

而事实上，为了推进社区的健康发展，不少政府都制定了"社区发展计划"和衡量社区发展的指标体系（表 3-11），希望通过有关机构与非政府组织的合作，将社区发展引导到正常的发展轨道上；与此同时，城市规划专业自身也在检讨基于建筑师理念而发展起来的学科缺憾，希冀从城市问题的本质出发去理解城市空间布局。"社区规划"即是在这一背景下萌生并发展起来的。

表 3-11　衡量社区发展的指标体系示例

序号	指标大类	指标
1	自然环境	人口密度（人/km²）；城市建成区面积（km²）；城市人均绿地面积（m²）
2	人口与家庭	总人口（万人）；性别比（比女性为100）；市镇人口所占比重（%）；出生率（%）；死亡率（%）；结婚对数（万对）；离婚对数（万对）；平均寿命（岁）
3	劳动	劳动力资源（万人）；社会劳动者（万人）；社会劳动者占劳动力资源比重（%）；城镇待业人员（万人）；待业率（%）；物质生产部门劳动者占社会劳动者比重（%）；脑力劳动者占社会劳动者比重（%）；第三产业劳动者占社会劳动者比重（%）
4	居民收入与消费	居民平均收入（元）；劳动者平均劳动收入（元）；职工生活费用价格总数（以某年为100）；居民消费水平（元）；社会消费品零售额中食品所占比重（%）；农民生活消费中商品性支出所占比重（%）；城乡居民储蓄存款年底余额（亿元）
5	住房与生活服务	人均居住面积（m²/人）；全社会住宅投资总额（亿元）；每万人拥有零售商业、饮食业、服务业机构数（个）；每万人拥有零售商业、饮食业、服务业人员数（个）；每万人拥有电话机数（部）；每万人拥有邮电局数（处）；每万城市人口拥有公共电车、汽车数（辆）；每万城市人口拥有铺设道路面积（万 m²）；城市自来水用水普及率（%）；城市煤气普及率（%）；人均使用长途交通工具次数（次）
6	劳动保险与社会福利	实行各项劳动保险制度职工人数（万人）；劳动保险费用总额（亿元）；退职退休离休职工人数（万人）；社会福利事业单位数（个）；社会福利事业单位收养人数（万人）；年内脱贫户数（户）
7	教育	各级学校数（个）；各级学校教师数（万人）；各级学校在校学生数（万人）；各级学校招生数（万人）；各级学校毕业生数（万人）；每万人拥有大学生数（人）；学龄儿童入学率（%）；小学毕业生升学率（%）；各级成人教育学习人数（万人）

序号	指标大类	指标
8	科学研究	自然科学研究机构（个）；自然科学研究机构的科技人员数（万人）；全民所有制单位自然科技人员数（万人）；每万人拥有自然科技人员数（人）
9	卫生	卫生机构数（万个）；卫生机构床位数（万张）；卫生技术人员数（万人）；婴儿死亡率（%）；新法接生率（%）
10	环境保护	工业废水排放达标率（%）；工业废渣综合利用率（%）
11	文化	艺术表演团体数（个）；电影放映单位数（万个）；广播电台数（座）；电视台（座）；公共图书馆数（个）；博物馆数（个）；群众文化馆数（个）；人均观影次数（次）；书刊出版印数（亿册）
12	体育	各级运动员数（人）；举办县级以上运动会次数（次）；获世界冠军数（项）；破世界纪录数（次）；达到"国家体育锻炼标准"人数（万人）
13	社会秩序与安全	律师数（人）；公证人员数（人）；人民调解委员会数（万个）；刑事案件发案数（万件）；交通事故数（件）；火灾事件数（件）
14	社会活动参与	工会基层组织数（万个）；工会会员数（万人）；共青团员数（万人）；少先队员数（万人）
15	生活时间分配	用于工作和上下班路途的时间；用于个人生活必需时间；用于家务劳动时间；用于自由支配时间

注：上述指标体系由国家统计局社会科技和文化产业统计司制定，包括 15 个大类 1 300 多项因子（表中未将具体因子一一列出）。

3.4 国内外城市社区发展与规划演变

现代意义的社区发展起源于 19 世纪末至 20 世纪初英、美、法等国开展的"睦邻运动"。之后伴随着社会科学的发展，关于社区发展内涵、社会变迁与社区发展关系、社区发展基本方法和理论的阐述日益增多。第二次世界大战后，许多国家和政府在联合国的倡导下，纷纷制定"社区发展计划"，社区自身的资源和社区自助力量的运用由此得到重视，社区发展的内涵也得以深化。目前，全世界有上百个国家正在执行全国性的社区发展计划。随着经济社会的变迁，社区发展计划的主旨已日渐丰富，逐渐转化为一种普遍适用于各类国家和地区的目标。

3.4.1 国外城市社区发展与规划演变

1）发达国家的社区发展与规划演变

在西方发达国家，社区发展已经成为解决社会问题、进行社会改良、培育社会资本的一种重要手段和途径。社区发展主要属于社会规划和社会工作的范畴，工作内容也以社区公众参与为主。尤其在面对城市贫困、人际关系疏离等现代社会问题时，社区发展在重建基层社会共同体方面发挥了重要作用。本节将以美国和英国为例，大体介绍其社区发展实践的演变过程。

（1）美国社区发展实践

近百年来，美国社区规划主要有六种：① 邻里规划单元；② 城市更新计划；③ 社区行动计划；④ 社区经济发展；⑤ 政府支持的社区规划；⑥ 规划发展单元、传统社区规划和公交导向发展[①]。

① 邻里规划单元

在 20 世纪早期，很多美国城市都遭遇了因缺乏总体规划、缺乏对私人开发约束以及对公共开敞空间和其他基础设施投资不足而带来的种种负面效应。长期以来无规划的零碎发展，也让美国城市变得拥挤不堪，饱受各类社会问题的困扰，许多社会改革家都相信这同物质空间是相关的，包括社会隔离和陌生感、引导青少年成长的社会控制缺乏、市民参与缺乏等。基于上述背景，科拉伦斯·佩里（Clarence Perry）为解决这些社会问题而提出了著名的"邻里规划单元"（Neighborhood Planning Unit，NPU）模式（图 3-15），其原则包括六个方面：规模应足够支持一所小学；边界应由主干道组成，限制通行的车辆；有集中社区中心和分散的公园；学校和其他设施位于邻里中心；地方性商业设施位于邻里边缘；社区内部的道路系统设计尽量降低穿越性交通。

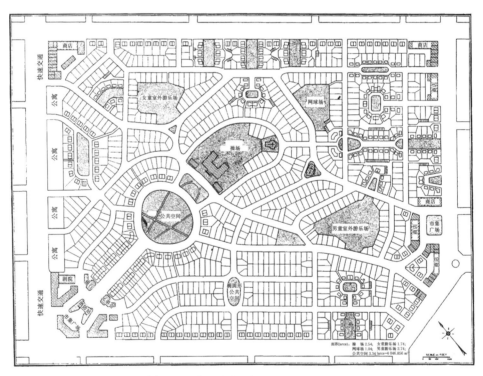

图 3-15　邻里规划单元模式的缩略图

② 城市更新计划

在美国，人口和商业从城市中心外迁至郊区地带，始于第二次世界大战之后大

---

① 参见洛尔，张纯. 从地方到全球：美国社区规划 100 年［J］. 国际城市规划，2011，26（2）：85-98，115。

量士兵的退伍。当时，城市中心的住房和基础设施开始衰败，与此同时开发商却在郊区开发了很多现代、新式的独栋住宅（single family house），这股外迁郊区的移民潮带来了种族隔离、贫困集聚、失业、住房失修、犯罪等一系列问题和多重财政压力。一方面，中心城区的不少住房由于年久失修，通常会被周围新开发的商业建筑所包围；另一方面，在中央商务区（Central Business District，CBD）边界地带进行再开发开始成为住房投资者、政府官员以及市中心商业投资者的关注新热点，佩里提出的"邻里规划单元"思想正好为这一区域的重新规划提供了一种模式，虽然它并没有提供如何征用土地并且支付征地高额费用的答案。

按此展开的城市更新计划（urban renewal program）确实取得了一定的积极效果，如提供理性规划方法将分散的土地集中利用以缓和交通拥堵问题，但也带来了严重的消极影响，迫使成千上万的低收入居民背离家园。总之，城市更新给规划领域带来的教训和启示是，单纯采用物质空间手段和强制性清拆来解决城市问题是简单粗暴的，有其局限性，或许它可以让社区看上去很漂亮，却无法彻底消除引发城市衰退的本质问题。这也让规划者认识到，地方关系和社会网络应该在更新规划中得到重视（尤其对于中低收入社区来说），像简·雅各布斯（Jane Jacobs）、赫伯特·甘斯（Herbert Gans）等人就认为，该计划是对地方性社群的破坏，因为城市更新不仅仅是一个经济上投资和物质环境上改善的问题，同时还是一项深刻的社会规划和社会运动。

③ 社区行动计划

在20世纪60年代早期，人们认识到城市更新计划并不能彻底解决城市中心区的问题。城市中的居民和就业岗位持续下降，只剩下大量非裔人群聚居的贫民窟；城市中心的失业率也在持续上升，尤其是非裔男性居民的失业已成为一种普遍现象。在此背景下，社区行动计划（Community Action Program，CAP）和模范城市计划（model city program）得以推行，以反思城市更新计划的不足和社区现存问题。

首先，新计划促使市民广泛参与社区的设计和实施过程中，与城市更新计划相比，该计划主要是通过联系社会、政治、经济和空间发展的综合方法，来促进真正全面的再生；其次，社区行动计划强调联邦力量与社区力量的相互结合，以对低收入群体产生真正的影响；再次，社区行动计划还要让人们意识到社区规划必须跳出物质空间再开发的狭隘思路，而采取社会、经济、政治相结合的综合视角和手段来应对社区发展问题；最后，社区现有的教育欠缺、失业、犯罪、政治影响力缺乏等问题也应当得到综合考虑。总之，社区行动计划摒弃了以往基于物质空间的狭隘社区复兴概念，而纳入了具有历史视角的社区发展理念。

④ 社区经济发展

社区行动计划实施不久，批评者就认为其缺乏对社区的实际控制力，并没有足够重视城市中心社区的经济活力和就业问题。在上述背景下，20世纪60年代很多社区发展公司（Community Development Corporation，CDC）在全美范围内应运而生。这类公司作为社区代表控制下的非营利组织，主要关注社区或者城区的物质和经济改善问题。尽管社区发展公司所主导的社区规划方法为中低收入社区带来了各种各样的资金支持，但也有批评者指出其中的问题：大多数社区发展公司规模很小，不但缺乏通过大尺度和综合开发手段来扭转社区衰退的能力，而且过于强调社区的组织和动员能力，只强调现存问题的批判而非问题的解决。

社区经济发展（community economic development）方法对规划领域的重要影响在于，将社区综合发展规划的职责从市政府下沉至基于社区的社区发展公司，这不但使社区发展公司同样可以参与各类城市项目（如住房更新、社区规划等），而且把城市规划编制工作由地方政府转移到了社区发展公司和其他中介组织。可以说，城市规划编制和实施的责任与权利转移，意味着规划代理机构被赋予了崭新的角色。地方政府授权社区发展公司来负责地方基金的使用，而自身只负责监督这些基金的运作，以保证其满足联邦和城市的要求。这种监督工作也由此成了后来政府规划部门的重要任务之一，并且需要规划官员具备有别于学院派的传统规划知识以外的综合技能。

⑤ 政府支持的社区规划

在 20 世纪 60 年代城市暴动、市民权利崛起和反战情绪高涨的大背景下，美国的城市政府决定出资支持社区规划，地方政府也开始从联邦支持的社区行动计划中借鉴思路，寻求更好的沟通方法，而不再试图与社区中的居民就权利分配抗衡。在那一时期，城市规划部门关注的重点是城市尺度的宏观发展和综合土地利用规划，虽然为地方发展提供了总体指导，但也常常忽视现有社区的需求。于是，市政府提出了旨在资助社区组织和市民参与以及促进公共和私人部门合作的"社区规划"，确保规划蓝本在得到市政府的批准之前，能广集来自方方面面的意见。研究发现，市政府支持的社区规划（municipally sponsored neighborhood planning）明显促进了社区居民之间的面对面交流，但是社区的总体参与率依然不到 5%，这也意味着社区意愿并未获得充分表达；而且，参与者多为社区中的高收入群体，这就有可能导致规划的编制和某些项目的拟定被这部分住房所有者所支配，从而导致规划结果和社区本质利益的错位甚至冲突。

尽管如此，市政府支持的社区规划还是在很多方面对规划领域产生了重要影响：既让规划者关注到现有社区和社区居民生活中的细节话题，也让规划者意识到控制新的增长固然重要，但是提升现有社区居民的生活品质同样重要。可见，市政府所支持的社区规划项目，为各种社区中的规划运用提供了重要的地方居民关注机制。

⑥ 规划发展单元、传统社区规划和公交导向发展

战后对于快速郊区化时期的社区发展，各种批评的声音开始出现，纷纷指责郊区发展增加了交通拥堵，减少了步行机会，导致了环境污染，引发了高额的基础设施消费，也带来了社区感的缺失。作为一种回应，20 世纪 60 年代又出现了"规划发展单元"（Planned Unit Development，PUD）的概念，即"一个综合的土地发展项目，在统一场地规划的基础上，融入了建筑布局的灵活性，将住房类型、土地利用、开敞空间和某些自然特征的保护结合起来"。这一概念可以被视为一种发展模式或是一种许可的法定过程，同传统区划和分区条例相比，其不但为整合居住、商业、办公等功能的土地利用提供了更多可能，而且为规划委员会成员和政府官员提供了一种标准，而非某些硬性要求和管制规则。

20 世纪 80 年代兴起的传统社区规划（Traditional Neighborhood Development，TND）是在规划发展单元基础上的进一步调整，以尽力回归第二次世界大战以前的规划风格，其主要的特点包括：混合的土地利用、中等强度和高中强度的土地开发、混合利用的社区中心、密路网、临近道路的住房设置前廊、车库在道路的背后、邻里空间、有符合当地气候和文化的建筑景观和便捷的交通等。相比之下，公交导向发展（Transit-Oriented Development，TOD）和传统社区规划的思路反而很相似，同样强调混合利用、高密度和步行交通，但两者的区别主要在于，公交导向发展是围绕着交通站点来发展，而较少考虑建筑风格的统一。客观而言，规划发展单元、传统社区规划和公交导向发展均对规划领域产生了重要影响。

（2）英国社区发展实践

在英国历届政府实施的城市更新过程中，社区参与在驱动本地更新方面所发挥的作用与日俱增。社区参与公共政策的历史最早可追溯至 20 世纪 60 年代，当时城市政策发生了重大变化，一大批备受瞩目的基于地区的社区倡议开始推行，旨在解决"贫困"社区所面临的一些问题，具体包括：教育优先区（education priority areas）计划、住房行动地区（housing action areas）计划、地区改善一般（general improvement areas）计划、社区发展项目（community development projects）计划、内城地区研究计划（inner area programs）、综合社区计划（comprehensive community programs）和城市计划（urban programs）。

20 世纪 60 年代，英国陷入了经济衰退，城市贫困问题、空心化现象和种族矛盾十分突出。在此背景下，社区自助行动的重新兴起既吸引了政府的关注，也吸引了居民的主动参与，并由此衍生出"社区发展项目"方案，社区发展实践初显雏形。20 世纪 70 年代末至 90 年代初期，英国开始由最初的直接社区救济原则，转向以经济发展带动社区复兴的新道路，并通过引入新型伙伴关系来促进城市社区发展、推动居民就业，但是社区发展实践依然没有得到应有的重视和推行。20 世纪 80 年代后期至 90 年代早期，城市发展和更新政策的重点还是物质空间的更新，这和美国类似，也引发了诸多的社会经济问题。为此，政府出台了集社会包容、邻里复兴和社会参与于一体的社区发展政策，希望地方当局与公司部门、志愿机构和社区居民共同制定有效的地区发展规划。也就是在这一时期，社区在城市复兴中逐渐占据了主体地位，并由单向的自助式发展迈向了综合发展的新阶段，社区发展实践也不断被推动和实行，成为解决社区发展问题、实现社区发展目标的有效手段。总之，英国的社区发展实践更强调理性协作、政府支持、过程性及其可操作框架，其核心是通过建立社区成员之间的信任与互惠来激发居民参与的积极性，从本质上说这也是一种社会资本的创造过程。

目前，英国的社区发展实践日益广泛，已被确定为全面提高地区福利的综合战略，其目标有二：一是促进社区参与，以确保居民和社区确实参与了影响自身的公共服务决策当中；二是发扬合作精神，各部门和组织协同工作，努力提供更好的公共服务。当然，为了达到上述目标还需遵循两个原则：一是社区发展实践应强调理性协作，通过提供一个总体的合作组织框架，协调其他各种发展意向和合作关系；

二是社区发展实践应支持并促进国家与地方之间的联系，形成一个机制来平衡国家优先战略和区域、地方及邻里层次的优先战略。

社区发展实践本身也具有层次性。根据区域规模的大小，其可划分为市区、城区和邻里等不同层次；每一个地方的行政区域内部，根据不同的行政地域范围也会制定相应层次的社区规划，其最低层次即邻里社区规划。尽管存在不同层级的社区规划，但各层级的社区规划在具体形式和内容上基本相似，都包括：首先，社区规划需要对特定地区的发展提出某种形式的远景展望，相当于实现经济、社会和环境可持续性的总体规划目标或是战略；其次，社区规划需要明确关键性主题，并详细拟定各主题的主要目标；再次，社区规划还需要确定指导原则和工作方式，以及在多数情况下需要的某些监督形式和审查框架；最后，许多社区规划还附有一定形式的行动计划或是行动目标。

2）发展中国家的社区发展与规划演变

战后新兴的发展中国家普遍面临着贫穷、疾病、失业、经济发展缓慢等一系列问题，如何促进经济快速增长已成为许多国家的首要关注点，但同时也诱发了社会贫富过度分化、生态环境恶化以及伴随而来的社会政局不稳等弊端。联合国于1948年提出"落后地区的经济发展要与社会发展相同步"的方针，并以社区为单位采取了一系列援助措施。

1951年，联合国经济社会理事会通过390D号议案，提出了用建立社区福利中心的社区发展方法来推动经济和社会整体发展的设想，并于1952年正式成立了"联合国社区组织与社区发展小组"，具体负责推动全球特别是落后地区的社区发展运动。这一运动在亚洲、非洲、中东和南美等地区得到大力推行，从乡村社区波及城市社区，并取得了显著成效。

这一理念来自如何充分发掘社区资源以及动员社区力量，而不仅仅依赖于十分有限的政府力量，即以乡村或是城市社区为单位，通过政府有关机构与社区的民间团体、合作组织、互助组织等通力合作，发动全体居民自发地投身于社区建设事业。20世纪70年代以后，社区规划开始向社会治理方面转型，逐渐放弃了过多的经济目标，也不再把社区发展作为一种引导大型社会变迁的手段，而更多地转向"社会服务取向"①。

3.4.2 国内城市社区发展与规划演变

新中国成立至今，社区发展实践的历程可划分为以下三个阶段②：

1）中华人民共和国成立至20世纪80年代初：全国性、大规模、运动式的发展方式

中国的社区发展同历代的民间结社活动密不可分，包括社仓、义田、乡约、会

---

① 参见顾朝林, 刘佳燕, 等. 城市社会学［M］. 2版. 北京：清华大学出版社, 2013。
② 参见李东泉. 中国社区发展历程的回顾与展望［J］. 中国行政管理, 2013（5）：77-81。

馆、团练等。近代以来西风东渐，民国时期基于对中国传统社会落后一面的反思，并受西方思想引进的影响，主要由知识分子主导了当时有组织的社区发展实践，其典型代表即晏阳初和梁漱溟，二者的实践活动都有部分获得了当局者的支持。1952—1979 年，囿于我国主流的意识形态和理论观念，社会学一度被取消，"社区"这个概念也近于消失，具有中国特色的"单位"取代了"社区"，但基于就业联系所形成的"单位住区"事实上仍具有社区所固有的某些属性和要素构成（如地域感和社群认同感）。只是在管理方面受到了行政和计划经济的制约，社区自治变成了单位管辖，社会学意义上的社区认同被单位认同所取代。这一时期，中央政府动用国家力量和动员全国人力、物力而展开的旨在缩小区域差距、城乡差距的大规模经济发展政策和社会改造运动（如"一五"计划、"上山下乡"运动、"三线"建设等），从广义上看也应属于社区发展的实践领域。客观而言，这些运动确实在一定程度上改善了落后地区的社会经济面貌、缩小了地区差异。

2）20 世纪 80 年代后期至 21 世纪初：为适应社会转型而进行的社区建设

改革开放以来，计划经济体制的松动和社会经济的转型，使得很多国有和集体单位在外企与私企的竞争夹击之下效益不断下降，"企业办社会"已难以为继，而改革势在必行。在此情形下，企事业单位纷纷将住房、教育、医疗、养老等社会职能分离出来，并移交给地方政府和街道社区，大量国有企业也纷纷通过改制和公司化改革，转变为了自负盈亏的自主经济实体。于是，计划经济条件下所形成的"企业办社会"局面土崩瓦解，"单位制"及其社会成员的"单位人"属性（转变为"社会人"）也随之发生了深刻变化。面对这一新情况，中国政府开始了社区建设的新探索。

一是"社区服务"的提出。从 1985 年开始，民政部门开始倡导和推动社区服务工作，第一次把"社区"概念引入实际生活，并于 1987 年开始在全国推广社区服务。当时在民政部门的主导下，最初的社区服务是以民政对象作为服务主体的。

二是社区建设的提出。20 世纪 90 年代初期，学术界和民政部借鉴国外的"社区发展"概念提出了"社区建设"口号。自此，"社区服务"的提法延伸扩展为"社区建设"，而"社区建设"的内涵基本等同于国际社会流行的"社区发展"概念。在这一时期，社区建设的主要内容是将社区服务范围扩大到所有市民，同时"社区"概念开始被官方和民间所广泛接纳，逐步演变为我国城乡基层管理单元的专属名称，并与一定的地域辖区及组织相挂钩。

三是社区建设的全面展开和深化。经过一段试点工作后，2000 年 11 月中共中央办公厅、国务院办公厅转发了《民政部关于在全国推进城市社区建设的意见》，随后开始在全国范围内推广社区建设工作，以投入公共资源来强化"属地管理"，也让"社区"这一概念为中国公众所熟知。

在民政部的大力提倡下，全国性的社区建设运动旨在解决快速城市化所带来的各种社会问题，并与"小政府，大社会"的行政体制改革相呼应，以承接政府转移的大量社会功能。当前的社区建设多集中于城市社区和居住社区，并表现出强烈的行政主导特色，主要工作包括争创文明小区和安全小区、建设社区基本服务设施等，在相当程度上属于一种"上级下达命令，社区奉命完成"的被动发展模式。不过强烈的行政干预还是在很大程度上促进了基层的民主进程，加之"单位小社会"的逐渐解体，都在客观上强化了居民的社区参与意识和自我发展意识。总的来说，社区建设是我国民政部门在20世纪80年代中后期所提出的以社区服务为核心的基层建设行动，致力于社区服务、文化、教育及治安等方面的综合改善。

3）21世纪以来："上下结合"并存的多元发展格局

回顾过去，我国的社区规划离不开20世纪90年代以来民政部的持续倡导和大力推动，确实带有显著的行政色彩，但也因为初期缺乏规划界的介入，甚至有学者认为其并非真正意义上的社区规划。其实，社区规划本身具备多学科的综合属性，其中最主流的学科就要数社会学了，这是一种基于微观社会效益的社会规划，是区域背景下立足社区的综合发展蓝图。我国的社区规划体系包含了市级、区级、街道级和居民委员会级社区规划四级层次，可分为以街道（镇）为地域单元的综合性行政社区规划、以城区为地域单元的综合性行政社区规划、以创建文明城区（社区）为重点目标的行政社区规划、全市的社区发展规划、不同地域单元的社区建设指标体系研究以及城市规划部门对社区规划的系统研究等；在工作组织操作模式上，其又可划分为政府主导型和民间自发型两种。

就理论研究而言，我国社区规划由于欠缺良好的社会学传统和积淀，在社区发展理念引入之前，一直沿用的是中华人民共和国成立初期的"居住区规划"理论，这就带来了"社区规划"概念模糊、理论框架松散、对社区发展的指导性偏弱、社会效应受限等不足；就实践进展而言，我国社区规划则形成了"问题导向""人本导向""居住空间正义""参与协作式规划""旧住区渐进式更新""多行政层次的新型规划""行动规划和公共政策""资产为基""时间维度"等理念，但依然存在一系列的问题，比如说对社区本质理念的认知不一、社区边界模糊、工作组织机制不完善、规划层次和内容局限、未纳入城市规划体系、法律地位不明确、规划实施和评估环节被忽视、重成果轻过程、参与主体单一等等。

进入21世纪以来，国内学术界关于社区建设的研究呈现出"井喷"景象。随着"公民社会""和谐社会"等理念的提出，民生问题和社区民主自治得到高度重视，与之紧密相关的真正意义上的"社区规划"也开始逐步展开，"社区规划师"的作用和"社区规划师"制度建设开始受到重视。

党的十八届三中全会提出，"将推进国家治理体系和治理能力现代化作为全面深化改革的总目标"；国家新型城镇化战略也提出，要从外延式增长转向内涵式发展，城市发展要从增量建设逐渐转向兼顾存量治理；2014年在中国城乡规划年会上，社区规划和社区规划师更是成为研讨热题，被视为我国规划领域向社区层面拓展和延伸的里程碑。很显然，关注建成环境、以人为本、民生导向、寻求城市再生和精明增长已成为当前现实之选，因为在建设中国特色社会主义的当代语境下，探索中国的社区规划理论和规划师角色的转变路径就是城市转型的迫切要求。

3.5 城市规划领域的社区规划

社区建设是一个综合性强，涉及政治、经济、文化和社会发展等多方面的系统性工程，因此，社区规划自产生伊始便带有多学科的综合属性和某种不确定性，而社区规划的编制往往也要由各学科分别承担完成。从社区规划的研究与实践来看，主流的应用领域还是社会学，另外还包括社区经济方面的规划、社区物质环境方面的规划等等。

3.5.1 住区规划、社区规划与城市规划

1）住区规划与社区规划

在城市住宅产品的开发过程中，住区规划与社区规划是密切相连的：一方面，住区规划作为社区规划的一个阶段和内容构成，是社区规划在物质空间层次上的表现形式与载体，而社区规划则是住区规划的依托与归宿；另一方面，与原有的住区规划理念相比，社区规划又在地域界定、规划目标、核心内容、工作方式、关注层面、社区成员参与度等方面存在明显差别（表3-12）。

表3-12　住区规划与社区规划的比较

比较项目	住区规划	社区规划
地域界定	与行政区划没有直接关系	与行政区划有直接关系
规划视角	城市规划领域	以社会学为主的多学科综合视角
规划目标	以提升社区环境品质为主要目标	以促进社区健康发展为主要目标
规划核心内容	住区物质环境设施的规划、更新与完善	通过物质规划手段达成社会目标，从本质上满足社区成员的需求，增强社区成员的共同意识、社区归属感与互动联系
规划关注层面	住区物质环境及设施、社区成员的活动方式	社区成员间的互动、社区成员与社区物质环境设施间的互动、社区组织的运行等
规划工作方式	自上而下，以设计图纸为媒介与依据进行建造	自下而上与自上而下相结合，以社区发展策略与规划条例为依据，进行民主讨论与协商
规划师角色	置身社区之外的理性规划者；以建筑师、规划师、景观建筑师为核心的规划精英组织	由社会工作者引导，并由规划精英、业主、开发人员共同参与组织；与社区成员保持一定的沟通，对社区成员的需求有较深入的了解，同时还须保持规划师的理性
人群参与度	住区成员参与度很小或是不参与	社区成员在一定的程度和限度内参与

城市规划工作对于社区规划的关注，可追溯至西方国家战后长达50余年的探索与实践，但在我国以公有制为主体、其他多种经济成分并存的所有制结构下，由于权力高度集中的计划经济体制的长期影响，其社区规划却一直处于相对滞后的蹒跚起步阶段。

2）社区规划与城市规划

随着社区建设在我国许多城市的兴起，社区规划对于社区发展和建设的指导作用已愈来愈为社会所重视。当把编制社区规划放到实际操作的层面上时，就不得不面对一个协调问题，即如何将社区规划纳入现有的城市规划体系。因为社区规划所面对的实质上是城市整体空间的有机构成和城市人居环境的子系统，这必然会受到已相对规范的城市规划工作的影响和规制。从这层意义上讲，我们也可以将城市规划看作影响社区建构的重要外部因素；与此同时，两者作为"决策—实践"的连续统一体，不但在规划的内容上有诸多相通之处，在操作层面上也面临着共同的困境（表3-13）。

表3-13　社区规划与城市规划的比较

比较项目	社区规划	城市规划
规划层面	从微观层面上关注社区的社会、空间和经济属性，作为城市规划范围的子集合，与城市规划的内容有所交叉和重叠	从宏观层面上关注城市总体的社会、空间和经济属性，及其同所在区域的关系
规划原则	是规划公平原则的具体表现——通过政府力量与社区力量的结合，与市场力量达成平衡	在政府、公众和市场三方力量之间谋取平衡的原则，与社区规划大体一致
核心内容	实质上属于一种社会规划，偏重于微观社会效益，如社区成员间的互动、社区成员与社区物质环境设施间的互动以及社区组织的运行等	实质上属于一种空间规划，偏重于宏观效益的整体平衡
组织编制	既可由政府来组织编制工作，也可由社区成员或是组织来承担	主要由政府、建设单位等组织编制工作
规划评价	评价的对象既包括社区组织、成员素质、社区工作等软件环境的建设成果，也包括公共设施、社区环境等硬件建设环境的建设状况	评价的对象是城市各类资源和设施在空间配置上的综合效益

3）从住区规划到社区规划

从住区规划到社区规划的转型，有赖于城市社会学的成长与社区理论的完善。社区的研究缘起于19世纪末的西欧，随后又从欧洲传入美国。它以滕尼斯在《通体社会与联组社会》一书中创立"社区"的概念为标志，先后经历了20世纪20—50年代的兴盛期、50—60年代的沉寂期和70年代的复兴期，而社区理论的探索之路也随着多次方向性转型，积累和启示了一大批具有影响力的学术成果，如美国芝加哥学派的人类生态学理论。

20世纪50年代以后，社区研究成果开始向住区规划的实践领域渗透，真正地转化为社区发展与规划的实践依据。如果说通过前半个世纪的理论储备，西方实现了从住区规划到社区规划的认知演进的话，那么战后众多规划工作者的社会实践，则使社区规划在实践层面上得到了相应的提升与丰富，这也为日后社区规划理论及实践的进一步发展奠定了基础。

3.5.2 创新社会治理背景下的城市社区规划

在党的十八大的顶层设计下，推动治理下沉成为推进国家治理现代化的重要手段，这也奠定了社区治理的重要地位。2013年，党的十八届三中全会将"完善和发展中国特色社会主义制度，推进国家治理体系和治理能力现代化"作为全面深化改革的总目标。2014年，党的十八届四中全会把"推进法治社会建设"作为全面依法治国的重要内容，并将"坚持系统治理、依法治理、综合治理、源头治理"作为提高社会治理法治化水平的基础；同时将"加快保障和改善民生、推进社会治理体制创新法律制度建设"作为提高社会治理法治化水平的必要条件。2015年，党的十八届五中全会通过的《中共中央关于制定国民经济和社会发展第十三个五年规划的建议》又提出了创新发展、协调发展、绿色发展、开放发展、共享发展的新发展理念，并就加强和创新社会治理做了全面部署。2017年，党的十九大进一步将"加强和创新社会治理，维护社会和谐稳定"确定为新时代中国特色社会主义思想的重要内容，并指出"人民群众对美好生活的需要日益广泛，不仅对物质文化生活提出了更高要求，而且在民主、法治、公平、正义、安全、环境等方面的要求日益增长"。2019年，党的十九届四中全会则指出，"必须加强和创新社会治理，完善党委领导、政府负责、民主协商、社会协同、公众参与、法治保障、科技支撑的社会治理体系，建设人人有责、人人尽责、人人享有的社会治理共同体"。随后，党的十九届五中全会通过的《中共中央关于制定国民经济和社会发展第十四个五年规划和二○三五年远景目标的建议》明确指出，"要完善社会治理体系，健全党组织领导的自治、法治、德治相结合的城乡基层治理体系，完善基层民主协商制度，实现政府治理同社会调节、居民自治良性互动"（图3-16）。

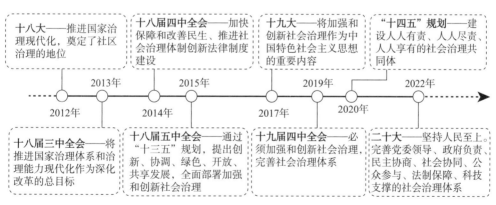

图3-16 推进创新社会治理的重要政策梳理

由此看来，在创新社会治理的背景下，社区治理的演化呈现出明显的阶段性特征，并形成了以党的领导为核心、发挥政府主导作用、鼓励和支持社会各方面参与的"一元多轴"的治理结构。在此背景下，社区规划同样需要适应社会治理主体多元化的现实要求，围绕着人民群众对美好生活的需要而展开。

1）城市社区规划的核心议题

社区规划是城镇化进程发展到一定时期的特定产物，用以应对居民复杂和多变的矛盾和需求。在过去40年来，中国经历了人类历史上最大规模、最快速的城市化过程，实现了经济社会的巨大变迁，社区规划也在这一时段应运而生并持续成长。迈入新的发展阶段后，鉴于人民对美好生活的向往，如何以人民为中心，如何在社区层面满足个体对于健康、公平、安全、身份认同等方面的具体需求，开始成为社区规划的时代议题。

（1）健康促进

21世纪人类面临着重大的健康挑战，包括不健康饮食、缺乏体育锻炼、慢性非传染性疾病、道路交通伤害、肥胖，以及空气污染、人口增长和全球气候变化。世界卫生组织曾指出，环境因素对健康的影响占到17%。社区作为居民日常生活的载体，在社区层面探索健康干预的政策和措施无疑是长远且经济的做法。

社区的健康影响主要表现为三个层次（图3-17）：首先，在疾病治疗过程中，社区级的医疗卫生服务中心是重要的基层医疗机构，其在空间上的全面覆盖和合理配置是推进健康中国的基本保障。其次，安全、便利和舒适的步行环境有助于提升个体体力活动水平，从而实现对健康的主动干预。最后，高质量的社区环境也有助于培养一个地区居民的社区感和自豪感，促进居民的社会参与，降低个体的孤独感与失落感。邻里社会凝聚力可以通过给个体提供有意义的社会联系及相互尊重，来影响个体的心理社会过程（psychosocial process）和增加居民的生活获得感，从而积极地影响健康。总之，将医疗卫生服务延伸至社区，通过社区空间环境的改善及治理水平的提高，提升居民个体的体力活动水平、邻里社会交往水平及社会参与度，最终实现个体身体和心理健康干预，就是当前社区规划与建设的重要使命。

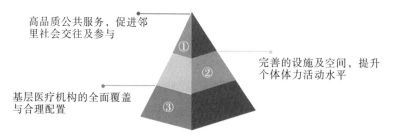

高品质公共服务，促进邻
里社会交往及参与

①

②

③

完善的设施及空间，提升
个体体力活动水平

基层医疗机构的全面覆盖
与合理配置

图3-17　社区层面健康促进的三个层次

（2）全龄友好

"全龄友好社区"的概念缘起于20世纪90年代早期约瑟夫·朗特里基金会（Joseph Rowntree Foundation）、哈宾特格住宅协会（Habinteg Housing Association）以及其他学者提出的"终身住宅"（lifetime homes）概念，意指为每个年龄段的社区居民提供住宅、服务设施、环境设施的共享空间，形成健康的、有均等公众参与机会的居住社区。面对快速变化的社区人口流动形势与居民设施需求，全龄友好社区可为所有年龄段的居民提供具有包容性的高品质生活环境，尤其是依赖性最强的老年人和儿童。

当前的社区规划需要以老年人和儿童为中心[①]。其中，老年人已成为社区建设和志愿者活动的主力军；但相比而言，社区对于儿童的吸引力仍未得到充分发挥，因为大多数的社区在规划和空间安排上都并非儿童友好型的。所以接下来，我们应该以儿童为突破口，在空间安排上尽力让社区居民跨越"熟人门槛"，这也是社区认同构建的关键所在。

（3）社区养老

我国是世界上老龄化速度最快的国家之一。第七次全国人口普查数据显示，截至 2020 年底，我国 60 岁及以上老年人口数量为 2.64 亿人，占总人口的 18.70%；而根据《世界人口展望》的预测方案，2050 年该数据将达到 4.79 亿人，占总人口的 35.1%。老龄化会引起人们生理、精神和心理上的变化，并引发听觉、视觉、灵活性、机敏性以及记忆力的退化，进而增加老年群体的健康脆弱性。《健康中国行动（2019—2030 年）》就指出，我国老年群体患有一种及以上慢性非传染性疾病（简称"慢性病"）的比重高达 75%，失能、部分失能的老年人约为 4 000 万人；中国老龄科学研究中心的调查数据也显示，我国各个年龄段的老年人有半数以上拥有明显的孤独感。总体来看，我国老年人的整体健康状况不容乐观，较低的健康水平不仅严重影响了老年人的生活质量，增加了国家、社会及家庭的看护负担，而且极大地降低了老年人应对突发公共卫生事件和抗风险的能力。

2019 年中共中央、国务院印发的《国家积极应对人口老龄化中长期规划》强调，积极应对人口老龄化是实现经济高质量发展的必要保障，是维护国家安全和社会和谐稳定的重要举措。在此背景下，如何推进健康老龄化就成了国家建设发展所面临的紧迫任务与严峻挑战。随着年龄增长和老年人出行范围的缩小，社区成为其日常活动的主要场所。因此，社区规划与适老化设计对于老年人来说具有重要意义，这需要一个灵活和不断发展的建成环境来补偿由于年龄增长而带来的身体和心理变化。2019 年 4 月国务院办公厅颁布的《国务院办公厅关于推进养老服务发展的意见》提出要"推动居家、社区和机构养老的融合发展"，同年 5 月又进一步部署了促进社区养老加快发展的各类措施。不难看出，通过改善社区建成环境来促进健康老龄化已成为时代共识，而如何制定有效的社区建成环境改善策略，不但是当前政府决策者和规划师所面临的关键问题，而且需要通过厘清社区建成环境特征与老年人健康结果之间的关系来奠定基础（相关探讨还可参见第 5 章的第 5.4 节）。

（4）社会公平

在新发展阶段，随着人民对生活水平和生活质量追求的不断提高，社会公平成了社会空间关系管理的关注要点。社会公平所关涉的内容主要指向公共领域，因此作为政府重要公共行政和公共服务职能的城市规划工作，无疑会成为体现社会公平诉求的主要领域，而社会公平本就应成为规划师的最基本价值观，正如社会学家和规划师甘斯所说的，规划师就应该具有改善弱势群体生存条件的道德责任感。

---

① 参见熊易寒.社区共同体何以可能：人格化社会交往的消失与重建［J］.南京社会科学，2019（8）：71-76。

社区层面的社会公平问题主要体现在三个方面：其一是社会公共物品的均衡配置，社区规划需要结合自身实际情况，来完善基本公共服务设施、便民商业服务设施、市政配套基础设施和公共活动空间（补短板），推进"基本公共服务均等化"的国家重大战略决策。其二是对社区特殊群体（儿童、老年人、残疾人、低收入群体等）的关怀，通过提供特定的帮助和保障机制为居民提供精准化、精细化的服务（穷尽需求）。其三是社区规划的制定和实施，从政府主导转向政府、居民以及市场的多元参与和协同规划，强调居民参与的权利（居民赋权）。

（5）文化培育

文化是城市的灵魂[①]，存在于居民的日常生活习惯之中。地理学家迈克尔·康泽恩（Michael Conzen）就认为，城镇景观是它栖息的社会客观精神的继承，当时社会的愿景、奋斗过程及经验都反映在这些可观察的特征中，从建筑风格到整个城市的平面布局无一不是城市文化的载体。城市社区在幅员辽阔的中国境内呈现出不同的社会空间形态，这些异质化的形态镶嵌在错综复杂的城市空间结构中，既作为城市空间文化的载体，同时也作为城市空间文化的本体，同其间居民百姓的日常生活共同组成了城市文化的活态基因。

然而，在过去40年大拆大建的城市化进程中，社区的文化价值被严重忽视：一方面，大尺度、均质化的住区建设造成了住区与城市结构的失衡，打断了城市空间形态的延续和发展，城市正在失去其脉络肌理中所沉淀的历史与特色；另一方面，目前展开的老旧社区更新却将物质空间的干净、整洁作为唯一目标，一味追求环境美化，修鞋、修锁和裁缝等便民小商贩被驱逐，僵化、粗犷的更新方式只会逐渐消解老旧社区的烟火气。这两个方面共同造成了社区文化的割裂问题，既难以应对新阶段国家文化自信的要求，也无法满足人民日常生活的高水平文化诉求，更与地缘性社区精神塑造、居民归属感培育的目标背道而驰。从这个意义上讲，文化培育无疑是新发展阶段社区建设与发展的迫切任务之一。

2）城市社区规划的主要理念

（1）绿色社区

"绿色社区"概念的出现最早可追溯至20世纪80年代的德国，1987年出版的布伦特兰（Bruntland）报告《我们共同的未来》则正式提出了"可持续发展"的概念，并逐步被学者所接受，也赋予可持续社区以更丰富的内涵：可持续社区强调现在和未来、生活和工作、安全性和包容性、生活品质和环境保护的统筹协调，不但要规划合理，而且要建设和运营良好，可为社区居民提供平等的机遇和优质的服务。目前绿色社区相关的评价指标体系包括以下四个方面：

其一，美国的"能源与环境设计领袖"（Leadership in Energy and Environmental Design，LEED）绿色建筑分级评估体系。它由美国绿色建筑委员会（United States Green Building Council，USGBS）于1998年正式推出，目的是通过创造和实施广为认可的标准、工具和建筑物性能表现评估标准，鼓励全球对可持续绿色建筑的建造

---

① 参见2019年11月2日习近平总书记在上海考察时的讲话。

与开发技术的应用。经过 10 余年的发展，LEED 已经开发出适用于不同类型和生命阶段的一系列评价工具，并因为评价体系结构简单、完整、清晰、易于使用者从宏观把握等优点而被广泛认可和采用。

其二，英国的"建筑研究院环境评价方法"（Building Research Establishment Environmental Assessment Method，BREEAM）。它由英国建筑研究院（Building Research Establishment，BRE）于 1990 年开发，目标是减少建筑物的环境影响，并涵盖了从建筑主体能源到场地生态价值的整个范围。可以说，BREEAM 是最早推出的具有影响力的生态社区评价指标体系，主要致力于减少建筑物的环境影响。

其三，绿色社区考核指标与评价标准（Evaluating Indicators and Assessing Standards for Green Communities，EIASGC）。"十五"期间，国家环境保护总局在全国范围内推广"绿色社区"创建活动，推动基层参与国家、省、市等各级生态社区的创建，各省也为此制定了绿色社区考核指标与评价标准，并从基本条件、环境质量、环境建设、环境管理和公众参与等方面进行考核。但由于地区差异较大，国家尚未制定统一的评价标准。

其四，《绿色社区创建行动方案》。2020 年，住房和城乡建设部等部门又进一步印发了《绿色社区创建行动方案》，要求"绿色社区"创建行动到 2022 年取得显著成效，力争全国 60% 以上的城市社区参与创建行动并达到创建要求，基本实现社区人居环境整洁、舒适、安全、美丽的目标。

（2）低碳社区

低碳社区是指通过采取对策、规划措施、技术、激励手段和管理模式使其排放指标降低或是达到零碳排放的社区。该社区一般具有充分利用资源能源、优化内部结构、减少外部效应并实现生态平衡的特点，是实现城市可持续发展的具体形式，符合可持续框架下社区创建的基本要求。

2020 年，习近平总书记在第 75 届联合国大会一般性辩论中宣布："中国将提高国家自主贡献力度，采取更加有力的政策和措施，二氧化碳排放力争于 2030 年前达到峰值，努力争取于 2060 年前实现碳中和。"社区碳排放包括居民在社区内使用的电力、燃气、水资源、垃圾碳排放以及交通出行所导致的碳排放等，它们是城市碳排放的重要组成部分。社区作为城市生活的基本单元，自然是支撑"碳中和"目标实现的基础载体。纵观国内外的"碳中和"实践，多属于一个从宏观到微观、多角度、多层次的大体系，涉及区域、城市、社区和建筑的各个层面。其中，低碳社区实践主要涉及土地利用、能源体系、慢行交通、绿色建筑、生活观念、制度保障六个方面，且多集中于新区的开发项目。因此，既有社区的更新改造也应得到进一步的重视，如何在更新的同时完善对整个社区的低碳改造，同样是一项重要课题。

（3）智慧社区

智慧社区是一种通过利用各种智能技术和方式，整合社区现有的各类服务资源，为社区群众提供政务、商务、娱乐、教育、医护及生活互助等多种便捷服务的模式。从应用方向来看，"智慧社区"（smart community）以实现"以智慧政务提高办事效率，以智慧民生改善人民生活，以智慧家庭打造智能生活，以智慧小区提升社区品质"为目标。"智慧社区"的口号早在 20 世纪 90 年代末即已出现，随着智慧地球与智慧城市理念的提出，与之相关的智慧社区实践开始在诸多城市展开（图3-18），并以适当的空间尺度和相对完整的体系结构而成为智慧城市的重要应用领域，进而形成了与智慧地球、智慧城市一脉相承的智慧社区概念，并共同搭建了"智慧地球—智慧城市—智慧社区"的整体实践体系。

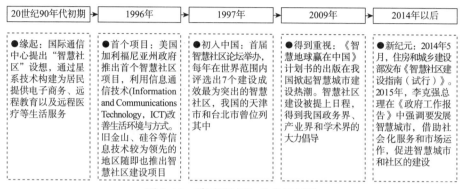

图 3-18　"智慧社区"的发展历程

（4）韧性社区

韧性是事物能够凭自身力量抵御灾害、减轻灾损，并在灾害来临后快速恢复响应并主动修复，乃至实现更高质量的灾后发展的能力。如果将城市比作一个生命体，韧性就如同它的免疫力，足够的韧性会使城市在日常运作的情境以外，有能力抵御不可预计的灾害冲击，使自身真正成为一个健康城市。同理，社区韧性则是指社区应对灾疫时的稳定能力、恢复能力和适应能力等一系列能力的集合，同时也体现为灾害前后运转正常或是在灾后临时紊乱下社区适应与恢复能力提升的过程和发展目标。

韧性社区应具备弹性冗余和稳健可靠的基本特征：弹性冗余是指社区具有一定的空间和服务资源的弹性容量，在危机发生时有利于减少灾损并拥有功能变换和紧急扩充的可能性；稳健可靠则是指社区具有足够的抵抗和应对外部冲击的能力与自主性，在危机发生时可以稳定可靠地保障居民基本的生存。为实现弹性冗余和稳健可靠，韧性社区还需掌握恢复、适应和学习的能力：恢复力是指遭受冲击后的可逆性和还原性，能回到系统原有的结构或功能；适应力是指根据环境变化能够调节自身的形态、结构或是功能，以适合各种应急情景；学习力则是指能够从灾害经历中吸取教训、学习经验，并转化创新的免疫能力。

（5）全龄社区

一个可持续的全龄社区（lifelong community）应具备以下特征：其一，可达性和包容性；其二，美观和安全（包括交通安全和治安安全），且可以容易和舒适地进出；其三，能提供设施、开放空间和优质服务；其四，拥有良好的社会和公民组织，包括志愿服务和非正式社会网络、多主体参与的决策机制等；其五，具有强烈的场所感和归属感①。总之，全龄社区要营造让居民可以全生命周期居住的高质量健康生活环境，并具备多样化的住宅类型、安全的交通方式、可步行的街道网络、可休闲和交往的公共空间、可达的公共服务设施及其服务等条件。其中，支持性服务系统和包容的、无障碍的物质空间环境对于维持不同年龄阶段居民的活力、稳定和健康而言同等重要（图 3-19）。

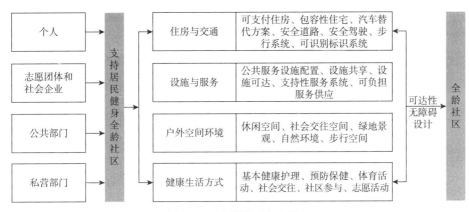

图 3-19　全龄社区内容框架

（6）未来社区

2019 年《浙江省政府工作报告》首次提出了"未来社区"特色小镇的说法，之后这一概念被视为浙江"十三五"期间最具比较优势、最能带动全局的重大创新举措之一。随后，浙江省政府正式印发的《浙江省未来社区建设试点工作方案》为浙江未来社区建设提出了明确的工作目标和建设要求，要求到 2021 年底培育 100 个左右的省级未来社区试点。浙江省对于"未来社区"的定义基于一个"1 ＋ 3 ＋ 9"建设模型（图 3-20）："1"即"1 个中心"，指促进人的全面发展和社会进步，以满足人民美好生活向往为根本目的，打造群众生活满意的人民社区；"3"即"3 个价值维度"，指围绕社区全生活链服务需求，以人本化、生态化、数字化为价值导向，构建具有归属感、舒适感和未来感的新型城市功能单元；"9"即"9 个场景"，涉及邻里、教育、健康、创业、建筑、交通、低碳、服务和治理 9 个方面，并据此构建由 9 个一级指标、33 个二级指标所组成的未来社区项目绩效考核指标体系（表 3-14）。

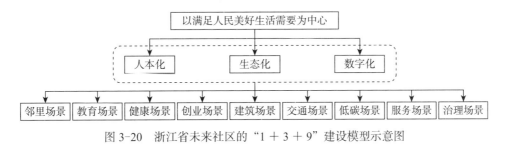

图 3-20　浙江省未来社区的"1 ＋ 3 ＋ 9"建设模型示意图

① 参见 KEYES L, RADER C, BERGER C. Creating communities: Atlanta's lifelong community initiative [J]. Physical & occupational therapy in geriatrics，2011，29（1）：59-74。

表 3-14 "未来社区"的评价指标体系

序号	一级指标	二级指标
1	未来邻里指标	邻里特色文化
2		邻里开放共享
3		邻里互助生活
4	未来教育指标	托育全覆盖
5		幼小扩容提质
6		幸福学堂全龄覆盖
7		知识在身边
8	未来健康指标	活力运动健身
9		智慧健康管理
10		优质医疗服务
11		社区养老助残
12	未来创业指标	创新创业空间
13		创业孵化服务及平台
14		人才落户机制
15	未来建筑场景	贵士移动（Quest Mobile，QM）数字化建设平台应用
16		空间集约开发
17		建筑特色风貌
18		装配式建筑与装修一体化
19		建筑公共空间与面积
20	未来交通场景	交通出行
21		智能共享停车
22		供能保障与接口预留
23		社区慢行交通
24		物流配送服务
25	未来低碳指标	多元能源协同供应
26		社区综合节能
27		资源循环利用
28	未来服务指标	物业可持续运营
29		社区商业服务供给
30		社区应急与安全防护
31	未来治理指标	社区治理体制机制
32		社区居民参与
33		精益化数字管理平台

（7）公园社区

公园社区是成都在建设公园城市的背景下，将社区规划理论与实践相结合的全新探索。"公园"与"社区"概念的结合体现了人与自然的和谐统一，实现了公园环境与社区空间的有机融合。公园社区的内涵大体可概括为"作为公园城市建设的基本单元，主要是围绕着社区内不同人群的各类需求，在公园本底中建设社区，营造以人的行为特征为出发点的社区生活场景，以实现人、城、境、业的高度和谐统一"。可以说，公园社区是公园城市美学价值、生态价值、人文价值、经济价值、生活价值的最直接体现，其核心要义是"以人为本"的综合服务功能的提升，强调生态环境、公共空间、居民家庭、城市建筑、历史文化、社会服务、经济发展等要素的有机融合（表3-15）。

表3-15 "公园社区"的指标体系表

建设目标	建设要求	建设指标
绿色社区	① 生态绿色为底，有机融合 ② 三级绿道成网，互联互通 ③ 公园空间丰富，全民共享 ④ 环境开门见绿，四季有花	绿道绿网密度（km/km^2）
		城市绿地率（%）
		城市绿化覆盖率（%）
		公共空间绿视率（%）
		自然驳岸比重（%）
		全类型公园接入绿道的连通率（%）
		公众对环境的满意率（%）
		公共绿地500 m服务半径覆盖率（%）
		本地植物比重（%）
美丽社区	① 街区开放便捷，透风见绿 ② 空间尺度宜人，疏密有致 ③ 建筑富有特色，绿色环保	街区尺度
		沿街街墙长度
		不设置围墙，鼓励设置绿篱
		街道林荫化
		商业建筑窗墙比
		其他建筑窗墙比
活力社区	① 创新驱动、因地制宜的特色产业 ② 多元混合、融合发展的功能布局 ③ 全龄适应、全时活力的消费场景	高科技人才从业占比（%）
		高新技术产业增加值占产业增加值的比重（%）
		本科以上学历占比（%）
		科学研究与试验发展（Research and Development，R&D）经费投入占国内生产总值（Gross Domestic Product，GDP）的比重（%）
		含有经营本地特色文化与创意服务或产品店铺的商圈占全部商圈的比重（%）
		为国际性商业活动与产业变化预留的弹性产业空间占总产业空间的比重（%）
		24 h活力商圈数量（个）
		创新与研发就业岗位比重（%）

建设目标	建设要求	建设指标
人文社区	① 特色鲜明的文化设施标识 ② 彰显文化的公共空间环境 ③ 丰富多彩的文化活动场景	举办国际会展、国际体育赛事、国际知名文化节次数（次）
		博物馆数量（座）
		剧院数量（座）
		城市文化小品雕塑密度（座/万人）
共享社区	① 配套完善，方便快捷的公共服务 ② 适应人群、需求导向的特色配套 ③ 高效集约、衔接有序的绿色交通 ④ 共建共治、邻里和谐的生活场景	15 min 公共服务圈覆盖率（%）
		实现 15 min 到达城市重大设施的居民比重（%）
		通过无障碍设施出行的残疾居民比重（%）
		绿色交通分担率（%）
		轨道交通分担率（%）
		住所 500 m 范围内有公交站点的居民比重（%）
		实现 15 min 绿色通勤的居民比重（%）
		避难场所 500 m 覆盖率（%）
		休闲生活方式多样性指数
		夜间便民服务商业网点密度（处/小区）
		住所 10 min 步行范围有公园的居民比重（%）
		新建道路的慢行空间与绿化空间占比（%）
智慧社区	① 绿色智能、韧性安全的市政设施 ② 基于大数据、物联网的社区管理 ③ 享有全天候、人性化的社区服务	年径流总量控制率（%）
		城市建成区污水再生利用率（%）
		城市建成区雨水资源化利用率（%）
		市政设施用地实现绿化覆盖的比重（%）
		新建建筑中绿色建筑占比（%）
		公共空间免费无线局域网（Wi-Fi）覆盖率（%）
		示范建筑达到绿色建筑占比（%）
		非传统用水占市政公共用水比重（%）
		生活垃圾资源化利用率（%）
		雨水回收利用率（%）
		可再生能源利用率（%）
		环保型公交车辆占比（%）
		室外透水地面面积占比（%）

（8）完整社区

由吴良镛院士提出的"完整社区"（integrated community）概念其实内涵非常丰富，既包括硬件也包括软件。目前，福建省最早对完整社区的建设进行了实践探索。

2012 年，福建省政府出台的《福建省人民政府关于开展城乡环境综合整治"点线面"攻坚计划的指导意见》全面启动了"完整社区"的建设工作。2020 年 8 月，住房和城乡建设部等多部门也联合发布了《住房和城乡建设部等部门关于开展城市居住社区建设补短板行动的意见》，并推出了《完整居住社区建设标准（试行）》（表 3-16）。

表 3-16 "完整居住社区"的建设标准

目标	序号	建设内容
基本公共服务设施完善	1	一个社区综合服务站
	2	一个幼儿园
	3	一个托儿所
	4	一个老年服务站
	5	一个社区卫生服务站
便民商业服务设施健全	6	一个综合超市
	7	多个邮件和快件寄递服务设施
	8	其他便民商业网点
市政配套基础设施完备	9	水、电、路、气、热、信等设施
	10	停车及充电设施
	11	慢行系统
	12	无障碍设施
	13	环境卫生设施
公共活动空间充足	14	公共活动场地
	15	公共绿地
物业管理全覆盖	16	物业服务
	17	物业管理服务平台
	18	管理机制
	19	综合管理服务
	20	社区文化

3）城市社区规划的基本特征（原则）

（1）多元主体，公共参与

社区是基本公共服务设施的供给单元，而人是社区的主体，提升居民生活满意度和幸福感是社区公共服务设施配置的最终目标。在中国 40 年的快速城镇化进程中，曾片面强调社区公共服务设施的均衡配置：一方面，过分追求设施公平而忽略了人作为设施的使用主体，违背了市场规律而造成了不必要的资源浪费；另一方面，公共服务设施配置的目的在于通过提供公共服务来提高居民生活质量，以人为本，促进社区空间规划和社区服务提升融合发展才是社区规划转变的重要方向。

相较于传统规划所暴露的种种问题与矛盾，空间营造、服务补足、人本导向的"人—空间—服务"三位一体的未来整体性规划将成为高品质城市社区塑造的重点方向（图 3-21）。通过控制刚性的物质空间规划和柔性的社会服务体系，最终实现社区居民的身份认同，提高使用主体的居民体验，进而形成刚柔并济的新时期高品质社区。在高品质发展阶段，社区不应只是有物质空间和设施的社区，更多地强调以服务链接人和空间，贯穿社区的全生命周期，使社区成为能吸引人、留得住人、滋养人和成就人的社会空间。

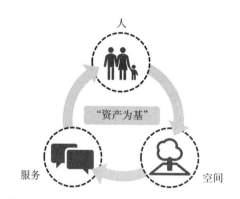

图 3-21 "人—空间—服务"的社区规划框架

（2）因地制宜，在地统筹

社区规划的出发点是为了赋予社区更高的能力，从而提升居住在其中的人们的生活质量。因此，社区能力的建设是社区规划的核心内容，并表现为社区价值的积累和增长。社区价值并非客观存在于外部世界，静止地等待规划师的探索，而取决于规划师如何认知社区的在地性特征。例如，许多修建于 20 世纪八九十年代的老旧社区，往往存在房屋建设标准低、公共空间缺乏、居住环境差等问题，但这些社区由于地处城市核心地段，往往周边设施配套齐全、生活便利、土地价值较高。如果注意力过多地聚焦和局限于社区本身，规划师和社区居民就容易陷于其中而产生消极和局部的社区认知，从而忽略社区自身的优势。重视社区自身的在地性特征，这既是理解社区规划工作的重要切入点，也是未来社区规划工作的限定要素和时代任务。

（3）公共结构，公共营造

社区公共性具有两个方面的基本内涵：一是价值层面的公共精神，即社区认同；二是实践层面的社会交往，即多元主体的社区参与。从这层意义来说，社区是一个公共领域，其本质就是公共性——一种真正回到从现实个人出发的地域共同体，而不是一种虚幻的公共性。当然，这种社区公共性只有通过其外在结构表达为感性形式，才能得到清晰的呈现，其主要包括：第一，公共空间，涉及物理性质的公共场所和公共讨论的场域；第二，内生型的社团，而社团是培育公民道德的学校；第三，公共舆论，可表现为社区报纸、张贴栏、网络论坛（BBS）等；第四，公共利益，但需兼顾私人利益和公共利益；第五，共识规范，往往通过公共交往和互动达成以增加其合法性；第六，集体行动，即居民为了共同的利益而抗争 [①]。一般

---

① 参见胡晓芳.公共性再生产：社区共同体困境的消解策略研究［J］.南京社会科学，2017（12）：96-103。

而言，集体行动并非常态，在社区居民感到共同利益被侵犯时才有可能发生。创新社会治理背景下的社区规划应充分体现社区的公共性特质，以"公共利益最大化"为指导原则，以公众参与为技术手段，以公共空间为抓手来促进社区环境改善、增加社区公共交往、培育社区社会资本，逐渐建立人与人的信任与连接，增进人与环境的社会联系。

（4）时间过程，文化永续

文化是人文活动在时间维度的积淀和升华。若要充分发挥社区规划效能，必须在社区更新过程中尊重其历史发展过程，从更长的时间尺度上认知社区空间的文化价值，挖掘老旧社区在不同时期遗留下来的历史遗存和事件，在宏大叙事背景下关注和揭示丰富动人的历史细节，为空间场景的保留或再现提供依据。通过对空间中文化基因的挖潜，凸显空间中的文化精神；通过在居民的日常生活中发挥文化感召力，促成新的文化记忆；通过对社区历史文化积淀和当下生活文化特质的在地观察、系统梳理和转译，在历时性的空间文化发展中创生新文化，从而实现从历史文化的承继到未来的文化创新。

（5）先进技术，智慧赋能

城市社区规划中先进技术的应用包括物联网技术、云计算技术、参与式感知技术等。

其中，物联网技术是指通过各种信息传感设备，实时采集任何需要监控、连接、互动的物体或过程等各种需要的信息，与互联网结合形成一个巨大网络，其目的是实现物与物、物与人等所有物品与网络的连接，以便于识别、管理和控制，可融入社区规划的各个层面和为社区信息化提供各种支持。

云计算技术可将城市社区规划中的智能系统和网络通信系统有机结合，并整合到相应的系统平台中，可推动社区所有用户的信息资源共享，而信息化管理平台的建设涉及城市发展的各个领域，主要是以强大的计算能力和储存能力为基础，利用自动规划、专家系统、机器学习以及统计学等方法来深入挖掘、采集信息数据，提取和总结相关规律。

参与式感知技术则是将每个人看作一个传感器，通过收集个人主动或是被动分享的位置、文字、图像等数据，利用模式挖掘、语义分析等方法对数据进行计算分析，从而实时感知公众的行为和诉求。因为对于社区居民来说，其通过网络平台、手机应用、智能设备等分享的足迹、心情、生理（如压力）等个人信息，不但可以反映出居民的个人情感、空间活动及其生活环境，而且可用来分析、挖掘居民需求和诊断社区问题，从而科学有效地支撑城市社区的规划和管理决策。目前，感知数据在城市规划中的广阔应用前景已引起国内外学者们的关注。利用数据分析、可视化等技术将个体数据"量化"为群体智慧，进而融入城市社区规划的分析、评估与决策，被认为是城市社区规划新的科学范式[1]。

---

[1] 参见张姗琪，甄峰，秦萧，等.面向城市社区规划的参与式感知与计算：概念模型与技术框架［J］.地理研究，2020，39（7）：1580-1591。

3.5.3　城市社区规划的主要类型

本节立足中国城市发展的实际情况，以国内多年的科研积累和规划实践为依托整理和归纳而成，一来希望从理论到实践能够提供一定的专业示范和案例参考，二来能够对当前创新治理背景下的社区规划有一个更为系统的理解（社区更新规划示例详见附录1）。

1）空间治理视角下的城市社区规划

在中国快速的城市化背景下，城市不但是经济社会生活的主要空间，而且是诸多矛盾的积聚之地，因此城市空间的治理就是当前国家治理的主阵地，而城市规划工作就是城市空间治理过程中分配空间要素、优化空间布局的重要措施，推进治理体系与治理能力现代化则是城市规划转型的应有之义。

（1）城市与社区更新规划

随着我国经济由高速增长转向高质量发展的"新常态"，中国城市的发展也开始重视存量空间的利用。与增量扩张的时代不同，存量语境下的城市更新规划会面临更加多元的主体、更为复杂的产权利益纠葛和社会问题，现有的规划理论与手段也将面临城市发展的新挑战。在此背景下，治理创新就成了我国新发展阶段中城市更新破解转型难点的关键所在。

城市更新与社区规划之间存在着强关联性，而且这种关联性不仅仅代表了空间尺度上的关联，也反映出两个概念内涵之间的互通与共识（图3-22）。因此，这里引入"城市与社区更新规划"这一新的理念视角，就是希望兼顾城市更新与社区规划的特点，形成一种以人为核心统筹宏大叙事与日常生活的新规划理念。该理念的提出，一方面是因为我国现阶段的发展与西方不同，正处在增存并举的发展时期：宏观的城市经济发展、城市空间结构有待完善，微观的社区日常生活环境也亟须提升。另一方面则是基于我国社区显著的空间治理特征：社区有明确的空间治理边界、治理主体，且是我国基础协商治理的关键；将社区纳入城市更新规划能更好地应对多方博弈的空间治理过程。

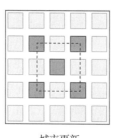 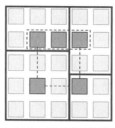 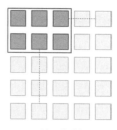

城市更新　　　　　　　城市与社区更新规划　　　　　　社区规划
（关注城市整体）　（带有社区边界，及关注城市整体又　　（关注社区整体）
　　　　　　　　　　关注社区自身的独立性）

图3-22　城市更新、城市与社区更新规划、社区规划的适用对象图示

① 更新重点：城市与社区更新在空间治理体系中的有机统一

本节所提出的城市与社区更新，是在兼顾城市更新与社区规划相关内容的基础

上，更侧重把握城市与社区之间的联系，即在中观片区尺度上统筹城市与社区的发展需求，落实上位规划，指引社区微更新与改造，能更好地将城市发展与居民日常生活结合起来。同时，在纵向上协调政府部门与基层自治组织，在横向上协调控制性详细规划单元、生活圈单元以及治理单元间的关系，以空间治理思维统筹城市与社区的共同发展。

在更新对象上，城市更新是以城市中的地块、街区为主要空间载体，而社区规划是以社区内部的建筑、公共空间为主要空间载体，"城市与社区更新规划"则介于二者之间，将社区治理边界作为空间单元来统筹地块街区以及社区内部的建筑、公共空间等，是介于城市宏观尺度考量与微观人本尺度需求之间的一种中观尺度的规划类型。这就像城市规划向宏观尺度拓展而催生了城市与区域规划类型一样，城市与社区更新规划便是城市规划向微观尺度拓展而衍生的一种规划理念，它与城市更新、社区规划的本质差异就在于，城市与社区更新规划将始终带着社区空间治理的边界，并思考城市与社区的关联性与系统性（表3-17）。

表3-17　城市更新、社区规划、城市与社区更新规划的侧重点辨析

名称	内容侧重	适用对象差异
城市更新	城市经济社会发展，及城市尺度下对空间格局的整体优化，以及和重点地块的改造、重建等	关注城市整体，以及城市中的街区和地块
社区规划	日常生活空间微更新、社会治理创新等	关注社区整体，以及社区内部微空间
城市与社区更新规划	城市与社区的空间联系、服务联系、治理联系	既关注城市整体，也关注社区自身的独立性

② 城市社区建制规划

我国社区建设长期处于城市规划与行政区划"两张皮"的指导下，社区建制在空间上往往会忽略结合在地特征的差异化人本需求，也缺乏与城市治理体系及城市空间规划体系的协同，甚至会因为"人的需求""服务供给""设施空间"的片面化考虑而常常陷入日渐突出的矛盾之中，进而阻碍社区的可持续发展。

传统社区的建制规模基本上是按照面积户籍人口来划分的，却常常带来需求规模、行政划分与空间边界的不相匹配。精细化治理和高品质要求反而希望在空间规划末端留出一定的弹性空间，通过治理手段更好地契合多样化、在地化的差异性需求。城市社区建制规划的实现路径主要包括两个方面：其一，针对现状社区的规模确定弊端，基于治理创新视角提出社区建制规模的评估方法与优化调整策略；其二，回归空间规划，用以引领和解决街镇和社区层面所隐含的"人—服务—空间"的错配问题。

③ 社区服务圈概念下的社区建制规模研究方式

在社区服务圈的概念下，社区的社会单元属性、行政单元属性和空间单元属性是通过其背后的"需求—供给—空间"链条而联系起来的。其中，"供给"要素是指非物质空间的服务供给，而物质空间部分的供给可归入"空间"要素考虑，这是对以往根据空间规模和人口规模来划分社区的理念和方法做出了创新性尝试。

这就像采用不同的方式来切分以区域为整体的一块"蛋糕"（图 3-23）：依据面积来切分能够直观看到社区在面积上的对比和均衡方法；依据人数来切分能够反映居住密度的分布情况，能够对社区的人口规模进行适当的均衡，能够在资源配置上以人口空间分布作为参考依据；依据服务量来切分蛋糕，则可以更精准地反映涵盖了人口构成特征和地域构成特征在内的社区服务圈规模，属于一种更加精细化和综合化的切分方式。以重庆市渝中区 6 个街道为例，分别采用传统的面积、人数和前述的服务量进行规模划分的可视化对比，会产生截然不同的结果，研究也发现，基于服务量的划分方式相较而言更能反映社区真实情况，而针对服务量的优化调整也更能解决社区实际问题。

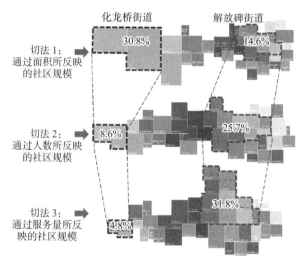

图 3-23　三类社区规模评估方式的呈现结果对比

④　社区规模评估方法构建

社区规模评估方法构建主要是针对老城社区规模划分与现实服务需求的矛盾，重新审视社区内不同人口构成所带来的需求差异及其对社区治理品质的影响，从治理创新的视角提出基于需求管理的社区服务圈理念和一套更加精细化的、适时适地的社区规模评估方法——"社区管理服务实际需求量测算法"（Community Service Need, CSN）。该方法对需求量进行空间图示分析，构建理想的社区服务圈模型，可为社区规模调整、社区生活圈构建与社区规划提供新的视角和途径（图 3-24）。

但是 CSN 的应用需要引入三个关键概念，以便测算、评估和制定量化标准。

社区管理服务实际需求总量（N）——社区内主要的各类人和事的管理服务的需求量大小，也是社区实际需要承担的管理服务工作量的大小。

社区管理服务实际需求量当量（N_0）——一个普通常住人口（非弱势群体、非重点人员）在常规均质环境下的管理服务需求量。

管理服务工作量密度（ρ）——对于管理服务的特定对象而言，是指特定人群的管理服务实际需求量在单位空间上的分布状况，用以换算需要调整的需求量和需要调整的面积量。

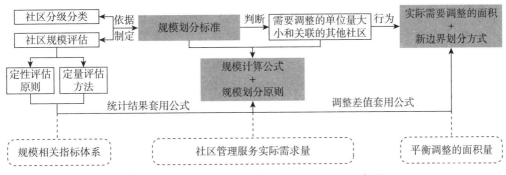

图 3-24　利用 CSN 进行社区规模调整原理示意图

⑤ 评价指标体系与当量系数测算

同样以重庆市渝中区 6 个街道为例，主要是从"需求—供给—空间"三条线索入手进行综合评估，通过重庆市与渝中区的调研访谈，并根据民政部门和一线社区管理服务人员的建议，结合规划经验和当地实际规模问题对复杂庞大的社区规模相关要素进行筛选，从而汇总为一套评估要素集合（表 3-18）。

表 3-18　基于"需求—供给—空间"的社区规模评估要素集合

需求方面	年龄、收入水平、健康状况、就业情况的人口构成
	人户分离情况与遗留房产情况的户籍情况
	社会大型市场、社区商业、九小场所、流动摊贩、正规与非正规仓库、码头、施工地、旅游景区景点、地质灾害点、河道等需要进行日常维护管理的事务情况
供给方面	社区居民委员会职员人数、社会工作者人数的社区主要治理主体，简化为服务时间和服务难度两个指标，用于测算当量系数
	社区管理服务运营情况
空间方面	社区边界划分和管理情况
	各类服务设施的分布和使用情况
	社区范围内用地功能构成情况
	社区范围内人口分布密度情况

考虑到以人数计量的各类特定人群数据和以个数计量的主要专属事务数据无法直接用来比较，这里需要借用当量系数（ω）将其转换成可比较的、与当量呈倍数关系的社区管理服务实际需求量。其中，当量系数可以通过针对不同对象的管理服务时长和针对管理服务难度系数的统计对比而获得：对于服务人群而言，可将其划分为人户分离、弱势群体（含老年人、残疾人和低保户等）和重点人员（含牢释人员、监外罪犯和吸毒人员等）三类，并以人数作为数据采集单位（图 3-25）；对于专属事务而言，则可将单个工作人员的日均、月均、年均处理事务时长都统一转换成"小时 / 年（h/a）"作为数据比较单位，并以各类事务所涉的对象个数作为计算单位（图 3-26）。

针对等量的主要特定人群工作量排序和当量系数评定

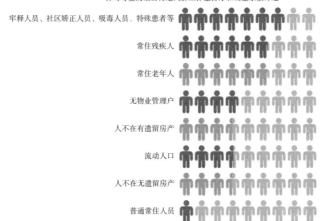

图 3-25　各类人群当量系数测算差值的原始结果

针对各类专属事务工作量排序和当量系数评定

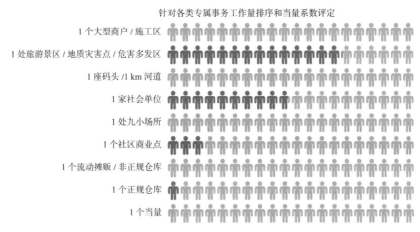

图 3-26　各类事务当量系数测算差值的原始结果

定性指标同样是影响规模划分的重要因素，其由社区划分、社区发展情况和社区治理情况三个板块构成：社区划分板块具体包括社区所处的区域位置、地形地势、交通情况等；社区发展情况板块具体包括社区的历史文化、发展问题与需求等；社区治理情况板块则具体包括社区各类组织及公共服务设施使用情况等。

⑥ 社区规模调整程序

社区规模调整的主要步骤和程序包括：第一，收集基础信息，厘清社区规模现状特征；第二，制定目标原则，聚焦社区规模优化难题；第三，构建评估标准，适地适时地调整社区规模标准；第四，动态更新评估，定变结合地应用动态更新方法；第五，落实规模调整，采取尊重存量现状的优化行动。

（2）城市社区公共服务设施供给

在空间治理视角下，城市社区公共服务（U）评价体系应当涉及社区公共服务供给的空间水平和治理水平两个方面内容，空间水平主要指社区公共服务供给所依赖的空间设施和服务人员需求设施的完善程度，而治理水平主要指为保障社区公共

服务供给可持续所依赖的服务人员的能力效用。城市社区公共服务关系可以用方程式简化表达为

$$U=f\left(S_{\mathrm{P}}, G_{\mathrm{O}}, T, L\right)$$

其中，S_{P} 为空间水平；G_{O} 为治理水平；T 为时间变量；L 为区域变量。

在空间治理视角下，空间、治理两个方面要素都可以作用于社区公共服务的整体供给水平，而两者之间应当是耦合协调的关系，缺一不可。已有的实践探索证明了空间水平的影响，但是关于治理水平对公共服务满意度水平的影响机理仍然较为模糊，同时空间与治理要素之间的耦合作用机制也未得实证。因此，笔者对于城市社区公共服务的评价将从三个方面展开：社区中的"人"真实享受到的公共服务水平、空间层面提供的公共服务水平和治理层面提供的公共服务水平。这里将社区公共服务的满意度水平评价、社区公共服务的空间水平评价、社区公共服务的治理水平评价三个维度进行整合，并对这三项指标进行量化表达。

其中，社区居民对于社区公共服务的满意度水平评价是为了表征社区居民真实享受到的公共服务质量，这也是反映社区公共服务绩效最为直观和本质的指标；社区公共服务的空间水平评价是为了对社区中通过空间设施、空间手段供给的公共服务布点、规模、数量等进行评估，以判断社区中公共服务空间要素供给的完善性、布点的合理性等；社区公共服务的治理水平评价则是针对社区公共服务供给中必须由"人"实现供给的、非设施依赖型的、"形而上"的治理要素（如社区社会组织建设、社区志愿者推广、社区制度完善等）做出投入水平的综合判断。社区公共服务评价体系的三维度构成如图 3-27 所示。

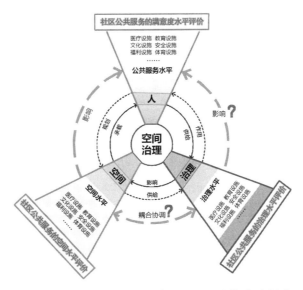

图 3-27　社区公共服务评价体系的三维度构成示意图

（3）城市社区（微）更新与社区营造

从广泛意义上的规划来看，社区微更新和社区营造也属于社区规划的范畴。近年来，大量学者基于在地化的实践和研究，积极探索创新治理背景下的社区微更新

和社区营造路径，已经积累了较为丰富的成果。

像徐磊青就认为创新治理背景下的社区更新需要充分挖掘社区各主体的力量，这包括四个方面：① 调动社区主体的积极性。在传统的"三驾马车"（居民委员会、业主委员会和物业公司）之外，让活跃的、积极的、对社区有贡献的社区居民成为社区活动的主要力量，并使其能获得恰当的社区身份。② 唤醒年轻人的力量。现在社区的活跃主体是退休者，其他年龄段的居民常常处于隐身或是匿名状态，不参与社区活动，可以通过多种渠道唤醒他们，尤其是建设以孩子为中心的活动场地更易达到目的。③ 社区更新改造的经济来源需要多元化。较大的经济投入目前都来源于政府，如何组织社区、机构和居民主动提供经济支持，对于后续社区更新模式的推广而言极为重要。④ 扩大社区组织和非政府组织（Non-Governmental Organization，NGO）的力量。要建立新的平台和机制让这些组织发言、发声，政府也要调整思路，从购买服务的角度让这些组织发展壮大，并贡献自己的专业服务力量。

再比如说刘佳燕基于"新清河实验"的实践探索，也将城市社区规划路径概括为两点：① 围绕公共事务，推进社区议事制度的建设。结合基层社会治理创新，推行议事委员制度，建立议事规则和民主协商制度。实践显示，议事委员已成为社区议事和行动的重要社会力量，议事委员会也已成为与居民委员会、物业及相关组织开展联席会议、共议社区事务不可或缺的核心组成。② 依托公共空间的生产过程，重塑邻里关系和公共性。基于议事制度而形成的各社区发展提案，大多以公共空间改善为核心。围绕楼栋美化、健身广场、停车空间、养老服务站等公共空间的改造，从议题提出、程序拟定、人才培训、方案设计、讨论交流到参与实施行动，既是一个公共事务从议题到实现的过程，也是一个社会关系的再生产过程。

此外，刘悦来则以上海创智农园片区社区规划参与行动的重要突破——睦邻门为例，总结了社区参与式规划的关键机制，包括：多元协力共治，协调社区规划工作；基层组织培力，居民做自己社区的主人；专业力量参与，以在地化方式推动社区治理（更详细的资料、更丰富的实践案例可参阅表 3-19 的资料）。

表 3-19　创新治理背景下城市社区微更新（社区营造）实践及研究梳理（部分）

城市	项目名称	资料
北京	新清河实验	刘佳燕，谈小燕，程情仪．转型背景下参与式社区规划的实践和思考：以北京市清河街道 Y 社区为例［J］．上海城市规划，2017（2）：23-28；刘佳燕，邓翔宇．基于社会—空间生产的社区规划：新清河实验探索［J］．城市规划，2016，40（11）：9-14
	史家胡同	赵幸，惠晓曦．"为人民设计"：北京史家胡同/内务部街策展经验［J］．北京规划建设，2016（1）：7
上海	创智农园、百草园	刘悦来，尹科娈，葛佳佳．公众参与协同共享日臻完善：上海社区花园系列空间微更新实验［J］．西部人居环境学刊，2018，33（4）：8-12
	普陀区万里街道社区	郭玖玖．社区视角下的城市微改造创新与实践：以上海普陀区万里街道社区规划改造为例［J］．中外建筑，2017（8）：124-127
	普陀区曹杨新村	步敏，蒋应红，刘宙，等．城市精细化管理背景下社区规划师在社区更新中的拓展实践：以上海曹杨新村"美丽家园"规划为例［J］．上海城市规划，2019（6）：60-65

城市	项目名称	资料
上海	浦东新区塘桥街道社区、普陀区莲花公寓社区	徐磊青,宋海娜,黄舒晴,等.创新社会治理背景下的社区微更新实践与思考:以 408 研究小组的两则实践案例为例［J］.城乡规划,2017（4）:43-51
成都	高新区交子公园社区	周逸影,杨潇,李果,等.基于公园城市理念的公园社区规划方法探索:以成都交子公园社区规划为例［J］.城乡规划,2019（1）:79-85
	青羊区少城街道四道街社区、成华区猛追湾街道东街社区等	成都社区营造.2018 年成都市城乡社区可持续总体营造行动项目优秀案例［EB/OL］.（2020-08-12）[2022-10-01]. https://mp.weixin.qq.com/s/Jq2Ilwz1YpTxA5jydP1NcQ
重庆	渝中区嘉陵桥西村社区	黄瓴,丁舒欣.重庆市老旧居住社区空间文化景观结构研究:以嘉陵桥西村为例［J］.室内设计,2013,28（2）:80-85
	合川区草花街社区	黄瓴,陈颖果.全域旅游视角下的城市社区更新行动规划研究:以合川草花街社区为例［J］.上海城市规划,2018（2）:89-94
	沙坪坝区石井坡街道中心湾社区	黄瓴,吉悦.基于社区人力资产的后单位社区公共空间更新研究:以重庆市沙坪坝区中心湾社区为例［J］.上海城市规划,2021（5）:23-31
广州	荔湾区永庆社区、泮塘社区,黄埔区深井社区	赵楠楠,刘玉亭,刘铮.新时期"共智共策共享"社区更新与治理模式:基于广州社区微更新实证［J］.城市发展研究,2019,26（4）:117-124
深圳	光明区凤凰社区	刘怡萍,江芙蓉.资产为本的社区营造实践:以光明区凤凰社区营造为例［J］.大社会,2019（12）:32-33

2）文化复兴视角下的城市社区规划

党的十八大提出"文化复兴"国家战略是基于我国当前发展形势的一次重大价值转型。它不仅将文化品质视为评价国家综合实力的重要标准,而且认识到在新时代追求内涵式发展的背景下,文化资源保护与利用对于城市社会经济的进步具有重要意义,可见整个社会对于文化价值的认识确实在逐步提升。

然而,在过去的快速城镇化时期,我国大刀阔斧的城市更新因为过于关注物质空间的改善,而忽视了对城市文化的有效保护,并造成了城市文脉割裂、空间文化失落、特色文化衰微等一系列问题。但随着学术界的专业反思,城市空间研究开始呈现出"文化转向"之势,新的观点既将文化视为促进空间复兴的要素,也将空间发展视为实现文化复兴的手段。其中,社区作为城市空间的基本单元,势必会成为当前语境下空间与文化相互作用的重要微观场域。

（1）社区文化复兴的背景

社区是城市文化的基层载体,实现社区文化复兴对于城市文化复兴而言意义重大。在经历了快速的城市化浪潮之后,近年来对存量空间利用思考的回归使得城市社区问题逐步显露。由于粗放建设或者长期使用等原因,如今城市老旧社区不可避免地出现了物质空间破败、基础设施衰退、发展机制薄弱等问题,在影响城市整体面貌的同时也无法满足当代居民的生活需求。考虑到传统的社区更新方法往往停留在物质空间层面,而忽略了对社区人文方面的持续关注,也缺乏有效的更新手段,如今的社区文化复兴迫切需要寻求新的社区更新策略。

于是,社区（微）更新成了实现社区复兴乃至城市文化复兴的重要手段,而且其内涵也在逐步发生转变：一方面，更新内容不仅要关注物质空间的改善，而且需要促进城市文脉在微观层面的延续以及城市文化的可持续发展；另一方面，新的社区文化复兴目标也对社区更新策略提出了新要求，尤其是要重视文化资源的保护利用和社区居民的参与，这恰好为当前社区更新提供了新的途径。因为人才是推动社区文化复兴的根本力量，只有当人同昔日的历史岁月、当代的社会意义相联结，才能产生归属感，并树立其对于社区的责任感，从而推动其积极地参与社区的未来发展当中，从根本上改善社区更新的动力机制，促进社区的可持续发展，发挥文化与社区更新之间良好的互动效应。

（2）文化复兴视角下的城市社区更新规划内涵

从文化治理视角来审视城市社区更新，意味着空间建设目标被推向了更高的层次：挖掘空间背后的文化基因和文化秩序，通过设计手段传达空间中的文化精神，并对居民行为进行引导，唤起个体的文化自觉……从文化维度进行解读，空间本身就具有文化二重性，即空间既是文化本体，又是文化载体。以此为认知起点，全面理解空间文化的价值，就是社区文化治理视角下城市社区更新的核心内涵。这具体可以拆解为以下三个要点：

① 尊重历史过程

社区空间文化是城市和社区文化在社区空间中的显现和留存，兼具历时性和空间性。文化是人文活动在时间维度的积淀和升华。要充分发挥文化的治理效能，必须在社区更新过程中尊重历史发展过程，从更长时间尺度上认知空间的文化价值，挖掘老旧社区在不同时期留下的历史遗存和事件，在宏大叙事背景下关注并揭示丰富动人的历史细节，保留或再现空间场景。通过对空间中文化基因的挖潜，凸显空间中的文化精神，在居民的日常生活中发挥文化感召力，促成新的文化记忆。通过对社区历史文化积淀和当下生活文化特质的在地观察、系统梳理和转译，在历时性的空间文化发展中创生新文化，实现从历史文化的承继到未来的文化创新。

② 识别空间文化结构

以往的规划设计大多聚焦于空间功能和景观分析，未能揭示空间的文化内涵；空间文化结构则是由社区在长期的发展过程中内生而来，是历史文化单元和日常生活文化单元在空间中的分布和组织，并黏附在社区的空间骨架中，其作为对社区空间文化的系统认知，体现了社区空间文化的整体价值。社区更新就是要从宏观上重视存量的文化要素，保护历史形成的和创造新的空间文化单元，并将其组合成最佳的空间文化结构，以最大化地实现社区价值。

③ 建构"人—空间—（文化）制度"三位一体的社区文化复兴格局

社区更新是实现社区和城市文化复兴的重要手段，其核心在于构建"人—空间—（文化）制度"三位一体的格局（图3-28）。社区文化复兴的目标是促进居民的自我发展，并凝聚形成社区文化的共

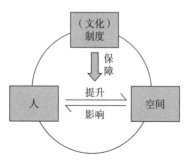

图3-28　三位一体的社区文化治理框架

同体，这需要依托人、空间、（文化）制度来实现。多元协作治理平台的搭建、文化组织的培育和文化扶持政策的制定等制度设计是促进人与空间良性互动的保障和前提。社区更新首先需要通过公众参与和空间文化品质提升来更新居民的价值认知，居民又会通过参与社区活动来改善空间品质并创生新的文化，促进社区的可持续发展和真正实现文化复兴。

（3）"文化修复、社区修补"的城市社区更新规划策略

文化是社区发展的内生动力，而社区是文化进步的发生场所，因此策略中的文化修复和社区修补实质上是两位一体、相互促进的，二者互为目标与方法，共同助推社区的文化复兴（图3-29）。

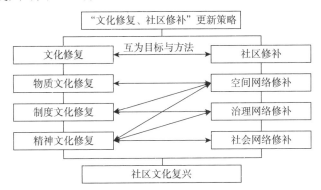

图 3-29 "文化修复、社区修补"社区文化规划策略结构图

首先是文化修复，即要正确认识社区文化价值，并使其在社区更新的过程中得到提升。文化修复实质上是人对文化的再认识以及人对文化的再创造，这就要求社区修补不仅要对现有的文化资产进行保护与发展，而且要激活居民的社区意识，使其与居住环境、居住伙伴发生良性互动，实现从物质文化到精神文化、由表层到内核的全面修复。其次是社区修补，其作为文化修复的实现手段，包括三个方面：空间网络修补、治理网络修补与社会网络修补。

其中，空间网络修补是社区更新的首要层面，既是治理提升与强化社会联系的物质基础，也是三类文化在物质层面最直接的表现形式，因此空间网络修补离不开三类文化的共同作用，各类文化资产为其提供了独特的社区文化要素，而物质空间也为文化提供了展示场所。可见，此处的空间修补不仅仅限于空间整治，更需要考量空间所能表征的文化内涵，需要塑造出能够承载记忆的社区场所，使其成为真正意义上的文化空间。

治理网络修补是对社区运行机制的修补，也是空间网络和社会网络的制度基础。若要保证社区的可持续运行，必须借助自下而上的力量，这就需要制度文化与精神文化的联结作用，自治组织为公众参与提供了基础，共同的价值观则为居民力量提供了团结的纽带，这样在全新治理结构的互动过程中，新的文化就会逐步产生。

社会网络修补则是实现社区可持续发展的关键一步。通过居民与居民之间、社区与社会之间联系的修缮来培育社区共同体意识，通过优化邻里关系和加强文化认同，居民意识到自己是社区不可或缺的一分子，从而树立社区自豪感，并积极参与

社区的建设与发展，最终实现社区与人的共生共长和社区文化复兴。

3）城市社区生活圈规划

（1）社区家园体系规划：从邻里中心到社区家园

随着治理能力现代化要求的提出，传统邻里中心模式在空间治理视角下与我国行政管理体制的结合处出现了明显缺口，其对单一"综合体"形象的偏侧也反映出邻里中心与城市各功能结构在系统上的衔接断层。

笔者曾针对重庆自然与人文的差异性地方特征，提出要基于社区生活圈的社区家园理念，应对当前城市从粗放式管理到精细化服务的转型需求，同时以社区家园体系规划为抓手来整体提升片区价值、构建城市高品质的未来社区。通过对居民公共服务需求和社区家园愿景的抽样问卷和访谈，笔者总结出理想社区家园所需具备的基本特征：① 应位于社区中心、临近公交站点且将步行距离控制在 15 min 以内；② 能提供商业、文化、体育、医疗、游憩等相对高品质的基础性设施；③ 应具有社区公共服务与增进社区居民交往的功能。

再以重庆市新区的土地开发为例。笔者还结合重庆山地城市之特征，以《重庆市城市提升行动计划》中所构建的"10 min 社区基础生活圈和 20 min 街道公共服务生活圈"为目标，探究了社区家园的理念内涵。在空间治理视角下，以 10 min 社区基础生活圈为基本单元，高效集成空间服务资源并与服务机制有效协同，旨在构建城市社区中"人—空间—服务"三位一体的有效链接，这是对城市基本单元的进一步落实与强化。可以说，以社区家园为空间抓手，在 10 min 社区基础生活圈的框架下，不但可以通过一体化构建高效能的公共空间系统与公共服务体系来营造有温度的城市社区，而且可以通过系统性串联历史文化要素与当下生活需求来传承有厚度的城市文化（图 3-30）。这种将住、娱、学、商、医集中布局在居民基础生活圈内的方式，不仅能增强社区居民的归属感与认同感，满足其对高品质生活的需求，而且能良好地提升城市韧性，为城市应急防控系统提供有力支撑（图 3-31）。

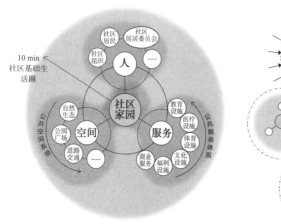

图 3-30　社区家园模式

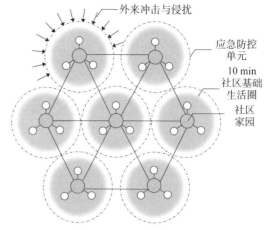

图 3-31　社区家园与城市应急防控系统模式

参照《重庆市主城区街道和社区综合服务中心布点规划》等相关规定，可进一步明确社区家园的功能组成与控制指标（表3-20），并以高品质社区生活为建设目标继续提档升级，将各功能模块划分为普惠型、品质型两大类。以重庆市所确定的社区综合服务中心 2 700 m² 规模为依据，综合社区家园各项功能的配套要求，最终可确定一个社区家园的基本配置标准，即服务规模为 1—3 万人、占地总面积为 2—3 hm²，包含 1.0—1.5 hm² 的社区服务综合体、1.2—1.8 hm² 的社区公园以及不低于 2 000 m² 的户外运动场地（图3-32）。同时，以 20 min 街道公共服务生活圈来划定街道级公共服务设施的规模与数量，并与片区商业服务设施相结合而形成片区商业中心。再运用结构规划思想，以多个社区家园联合商业中心，共同串联片区内的交通、生态、文化等多类城市级公共要素，由点及面、结面成网，构建结构化、复合化、高品质的社区家园体系（图3-33），通过统筹空间（以结构植入实现模块集合）、功能（以公共服务突显交往纽带）、服务（以社群组织打破邻里壁垒）以及效益（以聚合效应集成高效收益）四大目标而整体提升片区的未来价值。

表3-20 社区家园功能模块组成

设施分类		设置内容	规模面积 / m²
普惠型		社区综合服务中心	3 000
		超市、银行、餐饮、邮局、药店、综合修理、社区图书馆、幼托、家政等	6 000
		幼儿园	3 600
		智能图书馆、文化馆	4 000
		综合运动中心	4 000
品质型	多功城遗址公园	游客服务中心	700
		多功城遗址博物馆	3 500
		多功能演艺剧场	1 000
		文创产品工坊	500

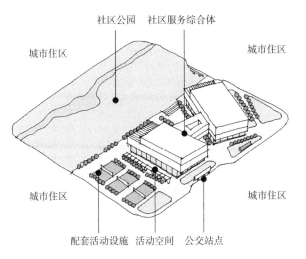

图 3-32 社区家园基本配置标准示意图

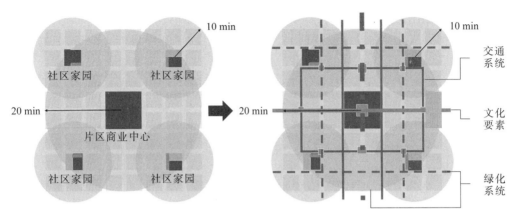

图 3-33　社区家园体系构成示意图

（2）城市社区生活圈规划

2016年，上海发布了全国首个《上海15分钟社区生活圈规划导则（试行）》，明确要求"在15 min步行范围内，配备生活所需的基本服务功能和公共活动空间"，由此拉开国内社区生活圈规划实践的序幕。该社区生活圈规划的具体做法和创新实践在于，全要素短板评估，重点聚焦慢行系统、服务设施和公共空间三大系统；创新居民调查方式，精准获取居民的实际需求信息；多样化挖潜，多手段补齐短板；评估形成一图一表，明确社区发展愿景和近期项目清单；与街道和各区条线部门紧密对接，确保近期项目的实施性[①]。

柴彦威等以清河街道15个社区为例，运用"基于情境的结晶生长活动空间"方法，构建了一套符合生活圈理念同时适合推广的社区生活圈划定模型，这也为新版居住区规划标准中各类生活圈规划能够真正落地实施提供了技术支撑[②]。

常州市自然资源和规划局则于2019年组织开展了《常州市区社区生活圈规划》。该规划在对居民关心的居住、交通出行、公共服务、公共空间等要素进行现状调研的基础上，借鉴国内理论及案例，衔接上位规划，首先确定了生活圈配套设施标准；其次明确了常州市区社区生活圈的规划策略；然后依据《城市居住区规划设计标准》（GB 50180—2018）和各街镇意见，划定了"5 min/10 min/15 min"社区生活圈，并具体分析了若干典型案例；最后提出了若干实施路径[③]。

在此基础上，社区生活圈的理念还在继续向乡村延伸。2020年，山东省自然资源厅印发的《山东省村庄规划编制导则（试行）》提出了"乡村社区生活圈"的概念，并将其划分为四类：城郊融合片区社区生活圈、乡村发展片区社区生活圈、生

①　参见杨晰峰.城市社区中15分钟社区生活圈的规划实施方法和策略研究：以上海长宁区新华路街道为例［J］.上海城市规划，2020（3）：63-68。

②　参见柴彦威，李春江，夏万渠，等.城市社区生活圈划定模型：以北京市清河街道为例［J］.城市发展研究，2019，26（9）：1-8，68。

③　参见熊侠仙，狄雪琴，蒋祎宁.常州市区社区生活圈规划的探索与实践［C］//中国城市规划学会.面向高质量发展的空间治理：2020中国城市规划年会论文集.北京：中国建筑工业出版社，2021：551-558。

态保育区社区生活圈和特色功能片区社区生活圈；无独有偶①，2021 年《上海乡村社区生活圈规划导则（试行）》也正式发布，且已经在青浦重固章堰村、浦东惠南海沈村等地展开了试点工作。

最后需要说的是，随着我国新型城镇化建设步伐的加快和城市时代的来临，具有中国特色的城乡社区可持续发展正在成为当前衡量我国城乡建设质量和人民生活品质的重要目标，以及创新社会治理的重要抓手。从这层意义上讲，进一步探索和厘清适合中国实情的社区（更新）规划理论和方法，进而在我国国土空间规划的大体系下去认知和建构城市社区规划的知识与技术，既是时代需求，也是当代专业学子任重道远的使命。

第 3 章思考题

1. 如何理解"社区"这一核心概念？
2. 社区的静态系统包括哪些要素？并了解这些要素的概念、构成与特征等内涵。
3. 社区内部的互动过程包括哪些基本形式？社区变迁的主要范畴和特征是什么？社区发展的主要理论模式又有哪些？
4. 如何理解创新社会治理视角下城市社区规划的核心议题？
5. 城市社区规划的主要理念和基本原则是什么？
6. 城市社区规划的主要类型有哪些？

第 3 章推荐阅读书目

1. 黎熙元，何肇发.现代社区概论［M］.广州：中山大学出版社，1998.
2. 格拉夫梅耶尔.城市社会学［M］.徐伟民，译.天津：天津人民出版社，2005.
3. 康少邦，张宁，等.城市社会学［M］.杭州：浙江人民出版社，1986.
4. 赵蔚，赵民.从居住区规划到社区规划［J］.城市规划汇刊，2002（6）：68-71.
5. 薛德升，曹丰林.中国社区规划研究初探［J］.规划师，2004，20（5）：90-92.
6. 李东泉.中国社区发展历程的回顾与展望［J］.中国行政管理，2013（5）：77-81.
7. 黄瓴，骆骏杭，宋春攀，等.基于社区生活圈理念的社区家园体系规划：以重庆市两江新区翠云片区为例［J］.城市规划学刊，2021，262（2）：102-109.
8. 张姗琪，甄峰，秦萧，等.面向城市社区规划的参与式感知与计算：概念模型与技术框架［J］.地理研究，2020，39（7）：1580-1591.
9. 柴彦威，李春江，夏万渠，等.城市社区生活圈划定模型：以北京市清河街道为例［J］.城市发展研究，2019，26（9）：1-8，68.
10. 黄瓴，骆骏杭，沈默予."资产为基"的城市社区更新规划：以重庆市渝中区为实证［J］.城市规划学刊，2022（3）：87-95.
11. 黄瓴，牟燕川，彭祥宇.新发展阶段社区规划的时代认知、核心要义与实施路径［J］.规划师，2020，36（20）：5-10.

---

① 参见周聪聪，孔利，陈亮.乡村社区生活圈规划探索：以泗水县的实践为例［C］// 中国城市规划学会.面向高质量发展的空间治理：2020 中国城市规划年会论文集.北京：中国建筑工业出版社，2021：798-806.

4　社会分层与空间分异

　　城市社会由人组成，他们分别处于不同的位置，社会分层（social stratification）和空间分异（spatial differentiation）反映的就是社会成员间因地位不同而带来的分类和差异，其通常包括垂直地位的差异和水平空间位置的差异。

　　其中，社会分层属于一种垂直结构，指的是社会成员或群体在社会中阶级和地位的等级组织与划分。"stratification"（分层）作为地质学家分析地质结构时的专业用语，原指地质构造的不同层面；考虑到城市社会中的人与人之间、集团与集团之间也会像地层构造那样分成高低有序的等级层次，因此城市社会学者借用地质学上的"分层"概念来说明城市社会的层级结构，并称之为"社会分层"。社会分层并不是人为划定和静固的，而是自然形成的，并通过社会流动来实现。

　　空间分异反映的则是社会成员空间分布的水平结构，即具有特定特征与文化的人群聚居在不同的空间范围内，从而在整个城市中形成一种空间占有的分化甚至是隔离的状况。空间分异与城市的社会分层密切相关，可视为社会分层在城市空间中的物质表现，它反映了不同阶层的社会群体对城市空间资源和社会资源的占有状况。

4.1　社会分层的理论基础

4.1.1　西方社会分层的一般理论

　　1）社会分层产生的原因

　　（1）功能论

　　功能论的观点认为，社会分层的基础是个体在社会运作中所承担的不同功能和职责。该观点的代表人物有威尔伯特·摩尔（Wilbert Moore）、塔尔科特·帕森斯（Talcott Parsons）、金斯利·戴维斯（Kingsley Davis）等。

　　戴维斯和摩尔对社会分层的解释是承担不同功能的社会地位，是维系社会运行和稳定的基础。不同的行业对于社会有不同的重要性和功能，有些行业对社会相当重要，有些则可有可无；有些工作比较艰难，需要专业知识的支撑，有些则是轻而易举，无须专业训练。因此，社会为了鼓励人们去接受专业训练和担任艰难的工作，一般会给予较多的酬赏和较高的社会地位；而那些缺乏特别训练并担任非重要工作的人，就只能获取较少的酬劳和较低的社会地位。从某种意义上可以说，社会地位和酬劳的不平等是社会的必然，这一来取决于社会地位在功能上的重要性（即独特性、不可取代性，或其他位置对其的依赖性），二来取决于社会地位所需的才能与训练，从而造成社会成员所拥有的财富、声望与权力的不平等。

（2）冲突论

与功能论相对的理论是以卡尔·马克思（Karl Max）、拉尔夫·达朗道夫（Ralf Dahreadorf）、格尔哈特·伦斯基（Gerhard Lenski）为代表的冲突论，他们认为社会分层的基础是个体之间的竞争与冲突。

冲突论者认为社会阶层是不公平，也是不必要的，是人们为了争夺稀有资源而引发斗争的结果。尽管随着现代工业的发展，财富被大量制造出来，劳工尽管是财富的制造者，却无法以劳力致富；而资本家因拥有生产资料，却更容易达成财富的累积。换句话说，长期来看，拥有生产资料才能积累财富，而非才干、勤奋不懈或是个人的优点。

（3）功能论与冲突论的观点比较

功能论与冲突论的观点比较详见表4-1。

表4-1 功能论与冲突论的观点比较

功能论	冲突论
分层是普遍存在、必要且不可避免的	分层虽然普遍存在，但不一定是必要和不可避免的
社会组织（社会制度）影响了社会分层	社会分层影响了社会组织（社会制度）
分层产生于社会整合、团结和协调的需要	分层产生于群体征服、竞争和冲突
分层促进社会和个人的最理想功能	分层阻碍社会和个人的最理想功能
分层是社会共享价值的体现	分层体现的是社会支配团体的价值观
权力通常在社会中合理分布	权力通常在社会由一小群人控制
工作和酬劳的分配是合理的	工作和酬劳的分配是不合理的
经济结构从属于其他社会结构	经济结构是社会的基础
分层通过演化过程而改变	分层需要革命来改变

2）韦伯的社会分层标准

西方社会学中最早提出社会分层理论的是马克斯·韦伯（Max Weber），其社会分层理论的核心是划分社会阶层的三条标准：财富（wealth）、威望（prestige）和权力（power），即经济标准、社会标准和政治标准。这三条标准既相互联系，又可以作为划分社会阶层的独立标准。

经济标准指的是个人用经济收入来交换商品或劳务的能力，也可称之为财富标准，实际上就是把个人的收入作为划分社会阶层的标准。具有相似收入水平的个人构成了同一个阶级。

社会标准指的是个人在他所处的社会环境中所获得的声誉与被尊敬的程度。韦伯提出身份群体（status group），以显示社会标准与经济标准的区别。身份群体指的是拥有相似的威望或生活风格，并能从他人那里得到等量尊重的人所组成的群体。韦伯认为，由经济标准形成的阶级和由社会标准形成的身份群体并非完全等同，阶级依据人们与商品的生产和获取的关系来划定，而身份的特征是特定的生活方式，则需依据消费的原则来划定。

政治标准指的是权力，即"处于社会关系之中的行动者即使在遇到反对的情况下也能实现自己意志的可能性"。权力不仅取决于个人或群体对于生产资料的所有关系，而且取决于个人或群体在科层制度中的地位。

西方社会学者对社会分层标准的研究基本上是在韦伯提出的标准基础上展开的，这也构成了今日西方社会分层理论的基础。

3）马克思主义社会分层理论

马克思主义社会分层理论认为，社会首先会根据人们在生产关系中的地位和作用划分为阶级，阶级划分的标准主要是对生产资料的占有关系，以及人们在生产方式中所起的作用和领取社会财富的方式、数量等。每一个阶级内部再根据利益、价值观、政治倾向等其他经济和非经济因素划分不同的阶层。

4.1.2　社会阶层的划分

1）阶级与阶层

在社会学理论中，"阶级"（class）和"阶层"（stratum）指的是按照一定标准区分的社会群体，不同的研究视角往往拥有不同的分法。

一般认为，阶级是一个经济范畴，是在一定的生产关系中处于不同地位的社会集团。马克思主义的阶级概念强调了占有生产资料的决定性意义，由此而划分的阶级形成了社会的基本骨架，也揭示了社会结构的纵向轮廓和社会成员之间的根本差别。例如，在古罗马就有贵族、骑士、平民和奴隶阶级的划分，在中世纪有封建领主、陪臣、行会师傅、帮工、农奴等的划分，在第二帝国时期的法国亦有较为复杂的社会分层。

阶层则是指在同一个阶级中因社会经济地位不同而分成的层次，或者由不同阶级出身，因某种相同的特征而形成的社会集团，如领导阶层、知识分子阶层等。阶层作为社会结构中比阶级更为深入的层面，丰富了社会结构的纵向划分；同时，阶层划分的标准也是综合的，其可以用财富、职业、权力或受教育程度等多元化指标来衡量。

对于社会阶层与阶级的关系，目前主要形成了三类观点：① 社会阶层处于阶级的内部。在这种情况下，同一阶级不同阶层中的人在生产资料的占有关系上并没有差别，区别在于拥有财产数量的多寡，因而在政治上和社会地位上也形成了差别，这些差别造成了同一阶级内部的不同阶层，且阶层之间的对立从属于阶级对立。② 社会阶层与阶级并列。在这种情况下，阶级和阶层有可能是交叉的，同一阶层的成员会分属于不同的阶级。例如，知识分子因为具有相似的劳动性质、心理和生活方式而构成了同一个社会阶层，但这并不属于一个独立的社会阶级，而是分属于不同的阶级，其中大多数属于中产阶级和小资产阶级，也有一部分属于资产阶级、工人阶级。③ 社会阶层与阶级相联系，但又相对独立于阶级之外。例如，我国的个体劳动者就与工人阶级、农民阶级和小资产阶级相联系，但又不属于这几个阶级，而属于一个社会阶层。

此外，我国也有一些学者用"利益群体"来代替阶级和阶层的表述。因为阶级和阶层在含义上指的是利益分化已经完成的社会集团，但在当代中国，社会利益结构一直处在变化之中，社会利益群体的分化与重组十分迅速，因此可以用"利益群体"的概念来代替相对稳固的阶级和阶层的分析范式。

2）社会阶层的划分方式

社会阶层的划分主要有以下三种方式：

其一，把社会划分为特征差异显著的几大阶级，有二分法和三分法之称。其中最为常用的是把社会成员分成三个阶级：上等阶级、中等阶级和下等阶级。林德夫妇［即罗伯特·林德和海伦·林德（Robert Lynd & Helen Lynd）］在 1929 年出版的《中镇：现代美国文化研究》和 1937 年出版的《过渡中的中镇》中提出了"企业家阶级"和"工人阶级"的二分法：企业家阶级由商业与工业管理者以及通常被称之为专家的人组成，其他人则属于工人阶级；美国社会学家查尔斯·赖特·米尔斯（Charles Wright Mills）在 1956 年的《权力精英》一书中，则把工人分成白领与蓝领两个阶级，其中白领是指从事脑力劳动的技术熟练的工人（包括管理者阶层），蓝领则是指非熟练的体力劳动者。

其二，把社会划分成特征逐渐过渡和连续变化的若干阶层，又称渐次法（gradational）。20 世纪 40 年代美国社会学家威廉·劳埃德·沃纳（William Lloyd Warner）等人就提出了六个阶层的渐次划分方法，其实质是把上、中、下三个阶级各细分为两个阶层（表 4-2）。

表 4-2　沃纳的社会分层方式

阶层划分	社会阶层特征
上上层	由世世代代的富有者组成，他们既拥有大量的物质财富，又有上流社会所特有的生活方式
下上层	虽然在财产上并不逊于上上层，但尚未具备上流社会的生活方式
上中层	基本上由住在环境优美的郊区的企业家和专业技术人员构成
上下层	他们的收入并不比上中层和下中层的人少，但主要从事体力劳动，如装配线上的工人
下中层	主要包括小店员、神职人员等
下下层	主要是指无固定收入者、失业者和只能从事一些非熟练劳动的人

其三，功能划分法，又称续谱（continum）法，即根据人们的职业分工、工资收入与身份声望等方面具体而细致的差别，把社会成员划分成连续排列的多个小层（即续谱）。例如，美国社会学家、结构功能主义的代表帕森斯就主张以职业作为社会分层的标准。这种分层的特点是不承认社会阶层结构中存在一条客观明显的分界线，依此方式而划分的阶层往往达到几十个甚至上百个。

4.1.3　社会流动

1）社会流动的概念

社会流动（social mobility）作为社会分层和社会结构演变的动力，是指一个自然人从一个阶级向另一个阶级、从一个阶层向另一个阶层、从一种职业向另一种职业的转变。对社会流动的研究始于美国社会学家皮蒂里姆·亚历山德罗维奇·索罗金（Pitirim Alexandrovich Sorokin）1927 年出版的《社会流动》一书。第二次世界大战后的社会高速变迁，提高了社会流动率，也引起了诸多社会学家的兴趣，而使之成为社会学研究的一个重要领域。

社会流动既表现为个人社会地位的改变，也表现为个人社会角色的转换，由于会引发社会结构的变化而被人们视为社会变迁的指示器。与此同时，社会流动和人口流动也具有一定的交叉关系：人口流动反映的是人口在空间分布上的改变，社会流动反映的是社会成员在社会位置上的变动；某些永久性的人口流动有可能带来个人社会位置的改变，因而也属于社会流动；反之，也有一些社会流动会涉及人口在空间分布上的变动，同时也属于人口流动。

2）社会流动的特征

社会流动的程度与社会分层体系的开放程度密切相关。在封建制度中，以土地所有权界定社会阶层的高低，个人的地位、身份、权责与声望绝大部分因出身而命定，只有极少数人因为科举制度和杰出的军事贡献而受赠土地与封号实现向上流动，社会流动其实非常有限。再如印度的喀斯特制度是所有阶层体制中排他性最强的制度，社会成员无法在阶层体制的不同层级间移动，不同层级之间的成员也因宗教信仰与规定而极少接触，成员的阶层位置或社会身份是与生俱来的、固定的、不能被改变的，其子孙几乎没有机会拒绝由父执辈所传承下来的社会身份，而只能在同一个喀斯特中流动。这种阻断社会流动的社会往往被称为"封闭社会"，而构成其社会阶层关系的基本原则包括：① 身份是世代相传的；② 阶级内部通婚制度；③ 职业依阶层而定；④ 每个阶层有其日常饮食起居的习惯；⑤ 丧失阶级者会被社会所排斥。

在工业化社会中，社会阶层体制以阶级为主轴，阶层之间的界线相当模糊，阶级间向上或向下的流动也非常频繁，既不受传统、惯例或法律上的约束，也没有在法律或宗教上来限制阶级间的通婚，个人在生产、分配与消费等经济活动中的位置决定了其阶级地位的高低。这种社会流通渠道畅通无阻的社会则被称为"开放社会"，其社会流动频繁的原因包括：① 一般人均有相近、公平的经济机会来追求财富及改善生活水平；② 政治有一定的自由，可以通过公开竞争而获得；③ 教育的普及使人们的思想、信仰得以解放；④ 个人拥有创造、发明以及迁徙的自由；⑤ 个人主义思想的影响。

3）社会流动的类型

（1）垂直流动和水平流动

垂直流动是指一个人或群体从一个社会位置移到另一个高低与之不同的社会位

置上。如果向高于从前的社会位置流动，就称之为向上流动；反之，则称之为向下流动。与之相比，水平流动是指一个人或群体从一个社会位置移到另一个同一水平（指经济收入、社会地位、政治权力等方面基本相当）的社会位置上。

其中，垂直流动无论是对个人还是对社会运行均有重要影响。合理的垂直流动能够保证和促进社会正常而高效地运转，影响社会的阶级、阶层和产业结构，并增进各阶层社会成员之间的沟通与了解。对于社会来说，形成健康的垂直流动，关键是要有各种合理的流动渠道和一套优选的标准与办法，这是在社会流动的实践中形成的，源于一种社会选择而非人的主观决策和设计。

而水平流动可以满足个人的社会需求，不但有利于个人才能的发挥，而且有利于形成自然资源、物质财富和人力资源合理配置的动态平衡机制，强化不同地区、行业之间的竞争，进而影响到人口的地区分布和同一产业的内部结构。

（2）代内流动和代际流动

代内流动是指一个人一生中社会位置的水平或是垂直流动，主要是一个人一生的职业动态；代际流动则是指上下代之间社会位置的变动和异同情况。

从鼓励的角度来看，代内流动只能反映个人职业生涯的起伏，但如果联系多个人的代内流动来考察，则具有重要的社会意义：首先，代内流动的趋势能够反映整个社会的发展趋势；其次，代内流动的变化也能反映政策和社会价值观的变化。

社会学尤为重视代际流动的调查研究，因为代际流动的社会意义在于反映了社会的结构状况：在封闭社会中，子继父业很普遍，而代际流动很少；但是在开放社会中，代际流动的发生则是必然的。从动态的角度来看，代际流动的世袭率、流动率和趋势也能直接反映社会发展水平：世袭率越来越低，说明社会正在从封闭走向开放；如果代际流动的速度越来越高，则说明社会经济的快速发展和社会分工的日益发达。社会学从总体上考察代际流动的上升与下降比例，希望可以从中发现社会变迁的基本规律。

（3）自由流动和结构性流动

随着对社会流动研究的深入，社会学者又提出了"结构性流动"的概念。结构性流动指的是由于整个社会结构变迁而引起的社会流动，包括有组织的和无组织的流动。与结构性流动相对的则是非结构性流动（即自由流动），是指因个人原因造成的地位、职业的变化或地区的移动。

两相比较，自由流动不会对社会结构和人口的分布产生重大的影响，结构性流动则会在短期内引起社会结构和人口分布的变化；自由流动是随时随地发生的，且无固定方向，而结构性流动只有在自然或社会环境发生较大变化时才会发生，是有方向性的，且从每一次结构性流动中都会发现社会变迁的性质和方向。但是不能笼统地说，某种社会流动方式是结构性流动而另一种是自由流动，这需要具体考察引起流动的社会原因，如移民有的就属于自由流动，有的则属于结构性流动。

4.2 中国城市的社会分层状况

4.2.1 中国社会分层结构的转变

1）身份制的变迁

20世纪50年代中国的社会阶层是按照一套社会身份指标来划分的，而不是以财产和经济收入来区分的，被称为"身份制"[①]。这种身份指标包括政治身份、户籍身份、职业身份等，其特点包括：一是指标的非连续性和异质性，如按照职业来区分的工人、农民、知识分子等；二是指标多与"先赋因素"有关，如年龄、性别、家庭出身、户口等。这一时期的社会阶层主要从生产关系的角度出发，按照职业划分为工、农、兵、学、商。

1978年改革开放后，新的雇佣、被雇佣关系和收入上的差距产生了，也带来了社会经济地位上的差别，于是社会分层结构也发生了转变，从以"身份指标"来划分社会阶层向以"非身份指标"来区分的方向转化[②]。其中，对社会分层结构产生重要影响的社会变迁因素主要有以下五个方面：

一是农村人口开始突破户籍身份的限制向城市流动，这也使原来基于户籍和职业身份的社会阶层区分开始松动。

二是档案身份的多元化管理，突破了过去不同工作单位之间人才流动的限制。伴随着经济类型的多元化，人才交流中心对于人事档案的托管使人才的"单位所有"变成了"社会所有"，无档案就业的情况越来越多，档案身份对于城市就业人员阶层划分的作用已经日趋薄弱。

三是级别工资制度的影响也在改变。随着整个社会经济成分的多元化，收入来源和分配也日趋多样化，过去政府统一制定的工资级别在收入分配中所占比重已经变得越来越微不足道，这也改变了以往基于单位级别和干部级别的社会分层机制。

四是产权逐渐成为经济与社会地位的主要指标。随着社会财产共有程度的降低和民间财产数量的增长，财产的拥有形式也发生了根本性变化。例如，自住房体制改革以来，我国城市居民的住房自有率已高达82%，财产所有权制度将会使当代中国的社会逐渐以经济分层取代政治分层。

五是贫富差距的扩大凸显了经济因素在社会分层中的主导作用。在改革开放之前，社会经济的不平等程度较低，而政治不平等程度相对较高；但随着贫富差距的加大和经济话语权在居民日常生活中的扩大，社会愈来愈重视个人和群体的经济地位，这就使经济因素在社会分层中逐渐占据了主导地位。

2）中国当代的新社会阶层

新中国成立后，伴随着"三大改造"的基本完成，工人、农民、知识分子构成了中国社会的三大阶层。其后从1957年到20世纪80年代初期，中国的社会分层

---

① 参见李强.改革开放30年来中国社会分层结构的变迁［J］.北京社会科学，2008（5）：47-60。
② 同上。

结构又在此基础上发生了变化，即由阶级分层转变为身份分层：首先，严格的户籍制度促生了我国计划经济下独特的城乡二元结构，城市居民和农村居民成为社会最为基本的社会分层；其次，城市中的工人阶级被进一步区分为干部和工人，知识分子阶层则基本包含在了干部阶层之中。

改革开放以来，中国的社会阶层结构又发生了新的变化，社会分层在走向多元化的同时，经济地位逐渐成为主导性因素：首先是农村社会阶层的分化，一部分农民到乡镇企业务工，成为实质上的企业工人；其次有成千上万的农村剩余劳动力流入城市，成为进城务工人员；最后也出现了大批的个体工商业者。当然，城市中原有的阶层也在产生分化，产业工人的增长有限，但是第三产业的从业人员在迅速壮大，知识分子阶层也在迅速扩大。此外，还产生了一些值得注意的新社会阶层：新富裕阶层，包括私营业主、国有大中型企业高管、外资企业高管、演艺人员等；中产阶层，包括外资企业员工、部分企业中层管理人员、知识分子、自由职业者等；新贫困阶层，包括下岗职工、残疾人和一部分退休职工等。

3）中国社会分层结构特征

根据李强《当代中国社会分层》中的研究[①]，目前中国社会分层结构具有如下特征：

一是社会分层差异巨大。中国社会历来是社会资源占有存在很大差异，涉及政治资源、经济资源、文化资源等不同方面。这主要表现在 20 世纪 90 年代以来居民的收入差距和贫富差距，虽然 20 世纪 80 年代以前的经济差异并不显著，但是政治资源上的差异却相对突出。

二是城乡分野。中国的社会差异突出表现为城乡差异，当今中国几乎所有的社会难题都与城乡分野的二元社会密切相关，而社会分层方面最突出的就是城乡之间的分层。

三是社会结构呈金字塔形。如果按照人口的收入分布将高收入放在上面，将低收入放在下面，就会形成社会分层的结构图形。中国自古以来就是金字塔形社会结构，贵族和士绅阶层的人数很少，绝大多数还是贫苦农民；改革开放以后，虽然分层发生了不小的变化，但要实现党的十八届三中全会中所提出的"橄榄形分配格局"之目标，还需要不断扩大中间阶层在全社会中的占比和话语权。

四是身份等级社会。中国社会历来重视人的社会身份，以身份实现社会礼制，并内化人们的行为规范。改革开放之前，户籍制度和单位制强化了身份制度，官民社会就是传统身份体系的突出表现；改革开放之后，身份制度已经在很大程度上得以淡化，产生的新社会阶层开始在社会身份体系中寻求自身的位置，以平等地获取相应的社会资源，精英阶层则在社会上发挥出日益巨大的作用，包括政治精英、经济精英和技术精英。

五是阶层流动性较高。中国社会自古以来就分层明显，科举制度算是封建时期较为合理的社会流动机制；后来由西方社会发展出来的市场机制，开始让人人参与

---

① 原文总结了九点社会分层特征，笔者在此基础上又进行了适当归并。参见李强.当代中国社会分层［M］.北京：生活·读书·新知三联书店，2019：15-31。

市场竞争；近代以来，中国社会更是一个阶层流动率较高的社会，不同之处在于流动的原因：改革开放之前以政治原因为主，而改革开放之后以经济原因为主。

六是家庭纽带弥合社会差异的重要功能。从改革开放之前的政治分层社会到改革开放之后的经济分层社会，中国社会结构的变化同样带来了家庭内部不同阶级相混杂的局面，在此背景下，家庭关系对于社会分层的影响就体现在了经济上的成员互助和阶级裂痕弥合。

4.2.2　当代中国城市的社会分层

城市社会阶层的划分本身就具有多种视角，用单一的标准很难清晰界定社会成员的阶层属性。比如说韦伯学派对社会阶层的划分主要是依据人们在市场中的能力（即市场权力），其阶层划分的基本构架是职业结构，据此我们可以将城市社会阶层划分为富裕阶层、中产阶层和贫困阶层；再比如说马克思主义学派更强调对生产资料的占有，其追随者从生产领域与权威的关系（即技能或是专门技术）来区分社会阶层，据此我们又可以将城市社会阶层划分为管理阶层、专业技术人员阶层、办事员阶层、工人阶层、自雇佣者阶层、私营企业主阶层以及其他阶层。

阶层的划分应反映不同人群对社会资源的可获得性和占有情况，并反映社会的主要特征与矛盾，像我国香港地区居民就常常通过居住的空间位置来衡量个人收入。随着经济因素在我国城市社会阶层划分中的作用愈来愈突出，若参考学者顾朝林的观点，可以按照收入和个人财富将城市社会划分为新富裕阶层、中产阶层和贫困阶层三类群体，再对其进行阶层细分[①]。

1）新富裕阶层

城市新富裕阶层指个人或家庭资产普遍高于城市一般水准的家庭或个人。根据《2004年全球财富报告》可知，中国拥有超过100万美元金融资产的富人为23.6万人，这些人的总资产已超过9690亿美元，而2003年中国国内生产总值（Gross Domestic Product，GDP）总量为1.4万亿美元。这说明中国城市的新富裕阶层业已形成。

（1）群体组成

城市新富裕阶层几乎涉及社会的各个领域，据调查，其中最为集中的主要有这样几类人群：私营企业主，部分个体工商户，少数企业经营承包者，承包开发科技成果的科技人员，三资企业职工，紧缺人才如律师、会计师、经纪人、设计师、演艺人员、模特等，第二职业人员，房地产开发公司等行业的职员，流通公司和非银行金融机构等行业的职员等。

以北京市新富裕阶层为例，其职业构成以三资企业、私人企业等公司职员的占比为最大（约为1/3），其次是企业负责人和公司经理、民营科技企业创业人员和技术人员、个体工商户和私营业主、金融业从业人员等。其中，企业负责人和公司经理、民营科技企业创业人员、金融业从业人员具有较高的收入水平。

---

① 参见顾朝林.城市社会学［M］.南京：东南大学出版社，2002：85。

通常新富裕阶层还可以分成三类：新富裕阶层的上层，占新富裕阶层人数的20%，主要包括公司经理、演艺人员、个体工商户、私营业主和部分公司职员；新富裕阶层的中层，占总人数的30%，主要由公司职员和专业技术人员组成；新富裕阶层的下层，占总人数的50%，一部分由公司职员和专业技术人员组成，一部分是自由职业者[①]。

（2）空间分布

从城市总体来看，我国城市新富裕阶层的空间分布并不如发达国家那样明显。从居住空间上看，城市新富裕阶层往往是一部分择居于城郊的别墅区，一部分位于城市环境品质较佳地段的高尚住宅区。例如，北京市区的富人区就主要集中在亚运村、燕莎附近，郊区的富人区则位于京顺路、顺义、亚运村北部和西山脚下一带。但总的来看，环境是新富裕阶层择居标准的首要考虑，他们一般希望住在绿化率高、容积率低、空气清新、宁静舒适、环境私密性强的地方。城里一套公寓、城外一套别墅是许多新富裕阶层的购房标准。城市里临近公共资源又具有良好环境的地段往往也是新富裕阶层的聚集区，典型者如主要公共活动中心和自然河湖山体的服务半径交汇地带，南京城东的紫金山一带和中心城区的玄武湖周边地区即属此例。

再者，开发商对自己项目的高端市场定位也会吸引一部分新富裕阶层，这类社区往往靠近城市中心，具有很强的封闭性和隔离性，严格的门禁制度强调内部私人环境的营造，也促生了独立于城市环境的一块块飞地。

从就业空间上看，新富裕阶层通常会选择这样几类区域：一是外资公司集中的城市高端商务区，二是经济技术开发区和各类高新区，三是大学和研究机构，而最近出现的以城郊独栋办公为主要形态的产业园也成了富裕阶层新的办公场所。

2）中产阶层

改革开放以来，所有制结构的变化和产业结构的调整催生了中国的中产阶层。但是在中国，中产阶层的划分尚缺少统一而准确的标准，因为这个阶层本身在经济利益、生活方式、文化程度和空间分布上的差异性要大于共性。如果按照收入水平、社会地位、职业和受教育程度等因子来描述，可大体表述如下：

① 收入水平处于社会的中间位置。按照西方的标准来看，若要达到类似的生活水准，其家庭年收入要介于 20 000 美元至 30 000 美元之间。② 社会地位在社会权力等级结构中也处于中间位置。如三资企业和效益较好的国有企业的中层管理人员，金融、贸易、演艺、高科技等行业的从业人员等。③ 大部分人均受过高等教育，而非纯粹的体力劳动者。

（1）群体组成

中国的城市中产阶层主要由四类人群组成：① 政府公务员和知识分子阶层是中国中产阶层最为稳定的人群，据统计，这两部分人群占就业人口的7.37%。② 效益较好的国有企业、三资企业、公司的雇员，在国有企业改革与分化结束后，这部分人员的经济地位也比较稳定，占就业人口的3%—4%。③ 私营企业主，包括个

---

① 参见顾朝林.城市社会学［M］.南京：东南大学出版社，2002：86-89。

体工商人员，这部分人员发展较为迅猛，目前已占到就业人口的 5%—6%。但此类人群结构最为复杂，受各类因素影响较多，流动性强且较不稳定。④ 新兴中产阶层，主要是年龄较轻、学历高、就职于新兴科技企业、外资和新兴行业的人员，或自由职业者，一般处于产业结构的高端，生活方式有高消费倾向，占就业人口的 1%—2%。

中产阶层作为贫富阶层之间的过渡群体，不但可以在阶级对立中发挥缓冲作用，而且可以缩小社会上的贫富差距。总的来看，除去交叉统计部分，中国中产阶层的总数不会超过就业人口数的 15%①，因此还很难形成"橄榄形"的社会结构，也无法在短期内消除中国城市社会阶层的"结构紧张"状态。但是随着社会结构转型的完成，中国的中产阶层将逐渐成为城市社会的主体和中坚力量，参与社会活动并影响城市公共政策的走向。

（2）空间分布

目前我国中产阶层分布比例较高的主要是一线城市和区域的中心城市，如北京、上海、深圳和广州。目前，这一群体在城市中的空间分布特征仍不明显，其中的上层已接近于新富裕阶层，而择居于城郊别墅区；中下层则散布于城市各社区中，尤其是新建的商品房住区；此外，城市重点发展的新城区也会聚集较多的中产阶层，如南京的仙林新市区和河西奥体新城等。

3）贫困阶层

城市贫困人口的界定有绝对贫困标准和相对贫困标准两种：绝对贫困标准包括基本需求法、恩格尔系数、城市居民最低生活保障线等；相对贫困标准则通常采纳国际上以"一个国家或地区社会中位收入或是平均收入的 50%"作为贫困线。如果按照城市低保标准来计，据民政部门 2007 年的统计，全国城市约有贫困人口 2 242.7 万人（1 038 万户）；如果按照相对贫困标准来计，据广州市 1993 年的调查，贫困户的占比为 13%。据此推断全国城镇居民中的贫困者占比会高于 10%②。

当代我国城市的贫困阶层一般拥有以下特征：① 城市贫困群体与农村贫困群体相比，生存能力更加脆弱，面临的社会压力也更多。② 传统的城市贫困群体主要由个人原因致贫，而当代的城市贫困群体有相当一部分是结构性和制度性的，与社会结构变迁、产业结构升级等密切相关。③ 文化程度一般较低。④ 在住房方面，有很大一部分家庭的住房是上代留下的。

（1）群体组成

当前我国在特定社会背景下产生的城市贫困人口也可称之为新城市贫困人口。其中，下岗人员和个人低收入者占据了最大比例，这也说明下岗和在职低收入是当前城市贫困的两个主要原因。城市贫困人口的职业分布广泛，除了领导干部、企业工程技术人员和企业中层以上管理人员外，在其他各类职业中均有存在。其中，工人的占比最高，达到 72.3%③；其次为商业从业人员和无职业者。

---

① 参见李强.当前我国社会分层结构变化的新趋势 [J].江苏社会科学，2004（6）：93-99。
② 参见顾朝林.城市社会学 [M].南京：东南大学出版社，2002：105。
③ 参见顾朝林.城市社会学 [M].南京：东南大学出版社，2002：109。

（2）空间分布

按照第2章伯吉斯的"同心圆地域假说"，美国有大量底层居民集聚于第二环"过渡区"，这里紧邻中心商业区，却维持着大批破败拥挤的贫民区、仓库、移民区、红灯区等下层设施。与之相比，我国的实际情况是，城市贫困人口大多分布于城市郊区化扩张的边缘地带、紧邻城市中心区的周边混合地带、部分历史城区以及衰败的老城区和工业区。

具体而言，我国本地化的城市贫困人口通常聚居于传统老城区和单位福利住宅区，多属于结构性贫困；而异地化的城市贫困人口（如进城务工人员）除了部分择居于中心城区的老旧小区之外，多倾向于在内城边缘区和城郊接合部的农村民宅和城中村租住（图4-1），并在空间使用上表现为居住、作坊、商店、仓库的混合。

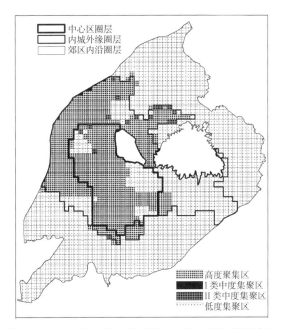

图 4-1　2015 年南京市进城务工人员的居住集聚分区

4）现代城市社会结构演变的一般趋势

城市中的社会结构变迁与城市的现代化发展一般是同步的，并具有以下特点：

一是从贵族与平民身份制度转变为雇主与雇员的阶级分层制度。自工业革命以来，西方社会逐渐演变成了以资本、财产所有权为基础的雇佣制社会。同过去贵族与平民两极分化的社会结构相比，无论是雇主还是雇员都拥有自身复杂的分层体系，像大公司高级雇员的社会地位可能还要高于小业主，因此社会并没有出现雇主和雇员的两极分化。

二是职业分层成为社会分层的基础。在城市社会中，职业地位表征着人最主要的社会地位，这不仅仅体现在经济和财产中，还反映了人们在权力结构和社会声望中的位置。在职业分层和社会分层日趋吻合的今天，教育成了人们跻身城市和职业结构的主要渠道，也由此成了决定城市社会分层的主要因素。

三是庞大的中产阶级队伍正在形成。在经济较为发达的城市中，庞大的中等收入群体正在成为社会的主体，其不但缩小了社会贫富差距，而且缓冲了社会上层与下层之间的冲突。

四是严格的税收制度缓解了贫富分化，社会保障制度也让大多数市民能分享基本的社会福利，包括贫困线制度，失业救济制度，以及医疗、养老、住房等保障制度。

4.2.3　社会分层测量方法

社会分层的测量包括经济、政治、权力和声望的地位测量，其中经济地位作为测量的核心，包括经济收入、财产等。从社会学的角度研究经济地位，主要关注的是"收入"（一定时期内获得的货币总量）差距，可通过这一指标来评估和了解人们的社会地位与分层状况。与收入相比，财产的构成就要更复杂了，在不同的价值计算标准里存在多方差异，甚至难以折算成货币量化统计。因此，就经济地位和社会分层的研究而言，"收入"更适合作为一项简洁有效的指标加以测度和计算。

对于城市居民来说，其收入来源一般包括工作单位的收入、兼职收入、投资收入等。测量经济地位差别的方法也有不平等指数法、五等分法、基尼系数法等[1]。

1) 不平等指数法

不平等指数法是一种测量社会分层或是社会结构差异度的方法，测算的是相对的差异度，而非绝对的收入水平，即用最高收入者占总人口的比重，累加上最低收入者占总人口的比重（两者百分比之和）来反映社会的不平等程度（表4-3）。通常来说，可将贫困线或收入低于平均水平50%者定义为低收入，而将收入高于2倍及以上者定义为高收入。

表4-3　1980—2005年中国农民的不平等指数

年份	最低收入群体占农村总人口比重 / %	最高收入群体占农村总人口比重 / %	不平等指数
1980	9.38	5.99	15.37
1985	12.22	13.26	25.48
1990	13.76	8.69	22.45
1995	7.97	12.27	20.24
2000	18.42	9.81	28.23
2005	19.97	13.16	33.13

2) 五等分法

五等分法最早由英国学者弗兰克·沃尔特·佩什（Frank Walter Paish）提出，按照人均收入的高低将人口五等分，测量每份1/5人口层的收入在总收入中所占比重，这样透过每份比重之间的差距就可大体看出社会的贫富状况（表4-4）。

---

① 本节内容主要参见李强.当代中国社会分层［M］.北京：生活·读书·新知三联书店，2019：161-190.

表 4-4　2006 年五等分法测量的一些国家收入分布

人口分组	巴西	中国	俄罗斯	印度尼西亚	菲律宾	美国	瑞典	日本
最低 1/5	2.6	4.7	6.1	8.4	5.4	5.4	9.1	10.6
次低 1/5	6.2	9.0	10.6	11.9	8.7	10.7	14.0	14.2
中间 1/5	10.6	14.2	14.9	15.4	13.1	15.7	17.6	17.6
次高 1/5	18.4	22.1	21.8	21.0	20.5	22.4	22.7	22.0
最高 1/5	62.2	50.0	46.6	52.3	52.3	45.8	36.6	35.6

例如，从表 4-5 中就可以看出，巴西的贫富差距较大，瑞典和日本的贫富差距较小；再横比中国、俄罗斯和美国，又会发现中国的不平等程度要更高一些，这表现为低收入群体的占比更小，但是中国的高收入群体占比要高于美国和俄罗斯。

表 4-5　2006 年一些国家的基尼系数

国家	巴西	中国	俄罗斯	印度尼西亚	菲律宾	美国	瑞典	日本
基尼系数	0.580	0.447	0.399	0.343	0.461	0.408	0.250	0.249

3）基尼系数法

基尼系数（Gini coefficient）是意大利经济学家科拉多·基尼（Corrado Gini）建立的测量分配不平等程度的指标，同其他方法相比，它能较全面地反映出财产、收入分配的差异程度，因而在社会分层研究中得以广泛应用。

基尼系数是一个 0 至 1 之间的数值，0 表示绝对平均，1 表示绝对不平等（即表示全部财产或是收入都集中在一个人手中），数值越接近 1 则表示贫富差距越大。基尼系数法的原理类似于五等分的算法，但更加简单直观。国际上通常将 0.4 作为贫富差距的警戒线，大于这一数值就易于出现社会动荡（表 4-5）。

4.3　城市社会空间分异

在城市社会中，不同的社会阶层占有不同的社会资源，其经济实力、消费观念、文化修养和价值取向也多有不同，这在城市空间中表现为：同一阶层的群体会在居住和活动空间上日益体现出某种同质性，从而促成城市空间的区位化分布。人类生态学认为城市空间分异是纯然基于成本考虑的自由竞争的结果，而新城市社会学则认为这是人为意志干预的产物。

4.3.1　城市社会空间的分异模式

1）二元城市

城市空间分异一直是城市社会学研究的经典领域，有不少社会学者应用概念来描述这一现象。例如，萨斯基娅·萨森（Saskia Sassen）就为此提出了"社会极化"

（social polarization）理论，其认为，日益增长的社会不平等并未带来中产阶层的壮大，反而会使高收入阶层和低收入阶层呈现两极化的扩张趋势，进而形成"沙漏形"的社会结构。在这一语境下，"分裂的城市"（divided cities）和"二元城市"（dual cities）作为社会极化的后果而开始出现。两极中的一极是城市精英阶层的防卫社区，另一极则是弱势群体、贫困人口高密度聚居的城市中心地带，由此形成了穷人与富人居住空间分异所带来的空间隔离。无独有偶，新马克思主义城市社会学家曼纽尔·卡斯特（Manuel Castells）也在《双元城市的兴起：一个比较的角度》中分析了社会分层下二元城市的形成过程，并区分了三种西方社会空间的分异模型。

一是前工业时期各种社会阶层的混居。自文艺复兴以来，欧洲城市中的贵族与仆人共处时一般会保持明显的社会距离，这还会通过相关制度加以强化，因此无须通过空间上的区隔来固化二者间的社会差距。

二是工业化城市空间的分化。个别社会群体会占据特定的邻里，并借助经济的逻辑和城市舒适性所形成的文化区隔来维持彼此之间的社会距离，这正呼应了芝加哥学派所说的现代大工业城市的出现。

三是大都会的进一步隔离。在工业城市的基础上，大都会进一步强化了工业城市中分布在不同区域的群体间的社会距离；而各地区间由于管理制度的不同，也进一步强化了彼此制度上的藩篱。美国中产阶级的城郊化即是这种类型的代表[①]。

2）城市空间结构模式

对城市空间分异的实际研究，最早可追溯至弗里德里希·恩格斯（Friedrich Engels）针对19世纪40年代曼彻斯特社会空间模式的先驱式研究：其将英国社会划分为富人和穷人两大阶层，然后以二分制模型的形式投射到曼彻斯特的城市空间上，从而抽象出大致的空间模型（图4-2）。

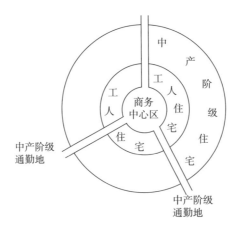

图4-2　恩格斯的曼彻斯特社会空间模型

---

① 参见卡斯特.双元城市的兴起：一个比较的角度［M］.夏铸九，王志弘，译.台北：明文书局，1993：313。

到目前为止，引用最多的仍是人类生态学的经典理论模式——同心圆地域假说、扇形假说和多核心理论模式，以此来诠释不同社会阶层在城市空间上的分布规律（各理论模式的观点详见第2章）。

同心圆地域假说：城市居民根据居住年限、社会地位和生活方式，从中心商业区开始到城郊，分布在相对典型的区域之中。

扇形假说：沿着一定方向分布的人口常数，这种情况下的居民分布同相对于市中心的距离远近无关。例如，巴黎社会地理的某些特点印证了这种模式：相对富裕的人住在西区，东部、北部分布着平民区。

多核心理论：城市空间由多个特殊的居民核心所构成，极端情况下还会产生"飞地"（enclave）。

事实上，这三种模式之间并非互不相容、非此即彼，而是各有优劣又各具特色。它们既有其不同的适用范围，也有其所侧重的不同的特殊因子。正因为城市的社会分层可以依据不同的因子、不同的标准来看待，那么相应的空间分异也必然是多种条件和多个程序交互作用的结果。

在上述三种模式的基础上，城市社会地理学家罗伯特·穆蒂（Robert Murdie）又进一步提出了由社会经济地位、家庭地位和种族地位所决定的、具有叠加特征的城市社会空间结构的理论模型。此外，格雷格·科尔斯利（Greg Kearsley）修正的同心圆模式、威廉·怀特（William White）建立的21世纪城市空间结构模型等，均反映了西方在社会空间分异研究方面的代表性进展。

4.3.2　城市社会空间的隔离形式

1）隔离的概念

空间隔离（segregation）又称空间区隔，是截然分明的城市空间分异形式。在平等的价值观占主导的社会中，隔离含有某种贬义。为减少价值判断的干扰，也有少数研究者将这一词语用于社会、种族和宗教团体，作为一种制度化的社会组织的根本原则。

空间隔离是现代城市普遍存在的一种现实状态。法国社会学家皮埃尔·布迪厄（Pierre Bourdieu）就认为，几乎任何地方都有空间隔离的倾向或空间划分的模式；美国社会学家彼得·布劳（Peter Blau）也认为，隔离是指一个群体或阶层与其他群体或阶层没有社会接触的成员的比例[①]。可见，隔离必须满足两个条件：空间上的隔断；群体间没有社会交往（图4-3）。

那么，社会分层是否会必然导致社会隔离的问题？一种观点认为社会隔离是社会分层的必然结果，如"二元城市"和"分裂的城市"的相关论述；另一种观点则认为在社会流动与地理迁移之间不存在一一对应的关系，引入福利分配机制可以干预社会

---

① 参见布劳. 不平等和异质性 [M]. 王春光，谢圣赞，译. 北京：中国社会科学出版社，1991：390。

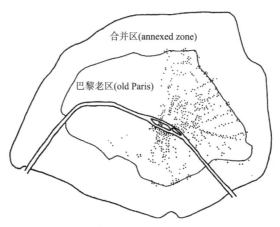

图 4-3 1848 年六月暴乱时巴黎的街垒分布

注：图片显示出城市东部与西部之间有着显著的政治区隔。

隔离与社会空间的分裂；此外，也有研究者从人们公共生活参与程度的演变角度，来看待社会空间隔离的社会文化原因，认为这是当前亲密社会中公共文化的终结所带来的必然结果[①]。当代城市研究中关于空间隔离的议题，主要包括职业场所的分化、公共空间的私人化、旧城的贵族化、居住空间的隔离以及这些隔离所带来的城市形态表现等。

2）空间隔离的方式

城市社会空间隔离主要表现为三种方式。

一是源自排斥或暴力策划的合法或非法行动。在这种情况下，隔离的意图明确表现在集体意愿之中。这种集体组织的隔离以团体或机构的名义进行，往往因为具有社会占支配地位的价值观而处于不容置疑的合法地位。该方式很容易产生完全而绝对的社会空间隔离现象，如文艺复兴时期欧洲城市中的外国人聚居区等（图 4-4）。

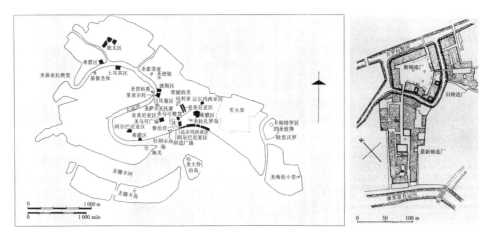

图 4-4 17 世纪威尼斯的外国人聚居区（左）和犹太人隔离点新铸造厂（右）

---

① 参见 SENNETT R. The fall of public man［M］.London：W. W. Norton & Company，1977。

二是作为社会分层的客观结果，而与意向性无关。这种隔离并非完全的隔离，而是在很大程度上受到了经济因素的影响，渗透到了工作场所、居住空间、娱乐场所、人际交往关系等方方面面，并表现为家庭的贫富、受教育程度的高低、能力的强弱和穿戴的好坏。例如，城市改造中所修建的林荫大道和消费场所，就与隔离遮蔽其后的衰败居民区等形成了鲜明对比（图4-5）。

图 4-5　委内瑞拉加拉加斯贫民窟和中产阶级封闭社区

注：贫民窟和新兴的中产阶级封闭社区之间唯一的联系是快速路中间的一座桥。

三是作为个人歧视行为联合作用的共同结果。个人对年龄、宗教、肤色、社会地位、受教育程度等方面的歧视，虽然不会导致空间隔离的局面，但作为群体中相似价值观的共同作用则有可能导致空间隔离局面的产生，如当代城市中以"门禁社区"为代表的封闭住区等。

根据格奥尔格·齐美尔（Georg Simmel）的观点，城市本身就是陌生人彼此接触的地方，距离则是城市社会关系的核心，而空间上的接近并不代表社会意义上的接近，因为空间并非交流的唯一障碍。反之，杂居的人口既有利于改善城市社会关系，也有可能会加剧紧张局面。因此，对于城市社会空间隔离应关注下列三种类型之间的相互影响[①]：

其一，确定个人和团体在社会空间位置上的客观特征。人们的社会距离需要根据其所处的经济等级、社会地位、种族等方面来衡量。

① 参见格拉夫梅耶尔. 城市社会学［M］. 徐伟民，译. 天津：天津人民出版社，2005：35。

其二，个人之间关系的性质和程度，涉及家庭关系、邻里关系、友情联系、职业关联、社会生活等方面。

其三，与上述两个方面特征相关联的空间结构，包括家庭居所、社区、城市活动范围、社交关系网的分布、城市公共设施和公共空间的使用等。

4.4 城市居住空间分异

居住空间分异是不同社会阶层因经济收入、社会地位差异和择居观念不同而产生的居住水平及空间区位上的差异。居住空间分异作为城市社会空间中最为普遍的一类分异形式和典型构成，现已引起国内外众多社会学者的关注。

4.4.1 城市居住空间分异的动因

1）西方城市居住空间分异的动因

西方城市居住空间产生分异的原因主要包括：① 区位选择和土地利用的分化，即居民通勤成本和城市不同区位级差地租之间的平衡；② 城市土地资源的稀缺性，即不同社会群体会根据各自社会地位而竞争和占据不同的地段，如中产阶层择居于环境整洁的城郊，而贫困人群聚居于内城附近的密集地区；③ 社会等级、家庭状况和种族状况的综合影响，会因择居而形成扇形、同心圆或是多核心空间结构；④ 居民生活方式的影响，即行为学理论所说的人与环境之间的互动，有助于拥有类似价值取向的人逐渐聚集在一起。

2）我国城市居住空间分异的动因

我国城市居住空间分异的形成和西方国家有所不同，尤其是住房市场化配给机制的改革和推行，更是加速和放大了我国居住空间的分异状态，究其原因有三。

（1）宏观政策的影响

在"单位型"社区条件下形成的是一种"相对差异"，即社区对外的同质性和对内的异质性，社区内部居民之间就职业来说是同质的，但是在经济上却是异质的。随着单位制度的消解，城市社区逐渐转变为一类具有"绝对差异"的"阶层型"社区，即社区对外的异质性和对内的同质性，不同社区之间逐渐呈现出经济主导下的差异性，但是在社区内部却表现出经济上的同质和职业上的异质。于是，家庭所在的社区取代了原来的单位而继续发挥着社会分层的功能。

（2）土地区位差的影响

在住宅市场化供给的大背景下，"级差地租"对于城市居住空间的影响越来越明显，并表现为不同区位条件下差异化的低价和房价。像中心城区就因为基础设施较为齐备、社会服务较为完善、人文环境吸引力较大而拥有优势的区位条件，并由此成为全市土地价格最高和房价昂贵的热点区域。因此面对不同区位条件的城市用地时，开发商在开发和运营上往往会针对消费者差异化的身份、地位和收入而精准定位和分类施策，进而造成不同身份地位的居民在择居区位和居住空间上的分化以及差异。

（3）城市居民阶层化的影响

城市居民阶层化最主要的原因是经济地位不同而带来的社会分层，同时职业、权力、社会地位等因素也会在社会阶层的形成过程中起到一定的作用。受此因素影响，城市中既有依经济收入而形成的高收入阶层社区、中产阶层社区、普通住宅区、打工族住宅区等居住空间，也有因社会地位而形成的省市级机关住宅区、老干部住宅区、高教公寓等居住空间，加之某些精神因素和审美因素的潜在影响，均会引发城市居住空间普遍的分异现象。

4.4.2 居住空间分异研究的内容与方法

居住空间分异的研究目的是遴选表征分异的宏观因子与微观因子，揭示影响分异的动力机制（如城市政府和规划部门的作用、个体和家庭择居策略的影响等），研究内容一般包括社会调查、样本分析、特征研究、机制发掘、对策建议等环节，研究技术则同样会应用观察法、问卷法、因子生态分析法、社会区域分析法等方法（具体方法介绍详见第 7 章）。

1）居住空间分异的社会调查

研究居住空间分异首先要选定研究范围，既可以是城市总体层面的，也可以是一个包含了多片社区的城市片区；其次通过目标判断与分层配额相结合的抽样调查方式来采集数据资料，具体操作上可综合运用观察法、问卷法、访谈法等。

在样本选择上，应综合地理区位、房屋价格、政府相关文件、市民印象、历史变迁等各类因素，选取若干个能全面反映地区居住空间状况的社区。然后通过踏勘进一步完成样本筛选和样本分类工作，如别墅区、高档公寓、中高档住宅区、普通住宅区、低收入群体住宅区、廉租房等。

问卷根据实际情况可采取随机发放的形式，也可以预先确定发放原则以确保问卷能覆盖所有的居住空间类型，如选用相同间隔的门牌号抽查等手段，或者在每个样本社区中随机发放预定配额的问卷。调查内容可根据研究重点来具体设计，通常会覆盖个体或是家庭的社会、经济、空间等属性信息，比如说经济收入、受教育水平、户籍人口构成、就业方向、住房来源、住房类型、通勤与出行情况、邻里交流情况、满意度评价和择居意向等（图 4-6）。

2）居住空间分异的样本分析

在社会调查的基础上，可以对调查结果展开定性和定量的研究分析，以确定主要研究议题的实际状况：首先是调查数据的分类统计，可按照调查表分类制作不同专题下的数据资料汇总表（表 4-6）；其次可综合运用因子生态分析法、社会区域分析法、比较分析法、历史分析法等多类研究方法，要么通过制作数据表来定量分析空间分异的程度和规律，要么通过分析各因子之间的关联度，确定居住空间分异的主要影响因素及其影响效用。

B. 家庭人口

B1. 家庭人口数：_____ 人

B2. 居住几代人：_____ 代

B3. 家庭成员人口结构（包括您）

1. 学龄前儿童：_____ 人

2. 上学学生：_____ 人

3. 在职工作：_____ 人

4. 下岗：_____ 人

5. 离退休：_____ 人

6. 失业/无业：_____ 人

......

B6. 户主文化程度

1. □小学及以下

2. □初中

3. □高中

4. □大学专科

5. □大学本科及以上

BB3. 住户过去 12 个月收入总额：
_____ 元

......

C. 居住情况

C1. 住宅单元的面积

a. 居住面积 _____ m², b. 建筑面积 _____ m²

C2. 在现居住地居住几年：_____ 年

CC1. 楼宇（或住房）落成日期

1. □新中国成立前

2. □20 世纪 50 年代

3. □20 世纪 60 年代

4. □20 世纪 70 年代

5. □20 世纪 80 年代

6. □20 世纪 90 年代

7. □2000 年或以后 _____ 年

8. □不清楚

C3. 户型：a. _____ 室，b. _____ 厅

......

D. 通勤状况

D1. 户主距工作地点的距离

1. □1 km 以内

2. □1—2 km

3. □3—5 km

4. □5 km 以上

D2. 户主上班花费的时间 _____ min

......

图 4-6 某市居民的居住状况调查问卷（部分）

表 4-6 印度德里居住空间分异研究的调查数据分析

住房特征	住房类型						
	安置房	德里发展局（Delhi Development Authority，DDA）的公寓	住房协作社	城中村	未经授权的聚居区	违章建筑区	所有类型总计
建成年限	各类住宅百分比/%						
<5 年	1.5	—	28.2	2.2	33.9	—	10.2
5—9 年	7.5	—	71.8	11.2	32.2	4.8	18.7
10—19 年	91.0	100.0	—	11.1	27.4	85.7	59.4
≥20 年	—	—	—	75.5	6.5	9.5	11.7
危房或半危房	9.0	0.0	0.0	11.6	18.3	91.3	13.8

住房特征	住房类型						
	安置房	德里发展局（Delhi Development Authority, DDA）的公寓	住房协作社	城中村	未经授权的聚居区	违章建筑区	所有类型总计
建成年限	各类住宅百分比 /%						
包括经济用途的住房	4.4	14.3	5.1	45.6	32.3	15.8	16.7
房间数	各类住宅百分比 /%						
1 间	35.3	—	—	37.2	66.1	78.3	35.7
2 间	50.4	—	17.9	30.3	19.4	13.0	29.8
3 间	7.5	85.7	41.1	11.6	9.7	8.7	21.9
≥ 4 间	6.8	14.3	41.0	20.9	4.8	—	12.6
没有独立厨房的住房	78.9	—	—	46.5	56.5	96.0	53.2
没有浴室的住房	80.4	—	—	32.6	35.5	96.0	48.2
没有厕所的住房	85.0	—	—	32.6	20.2	96.0	47.1
没有饮用水的住房	12.0	—	—	—	13.3	82.6	12.6
占用状态	各类住宅百分比 /%						
合法私有	92.5	80.9	51.2	62.2	58.3	—	70.4
出租	6.8	16.7	48.8	26.7	36.7	—	20.5
其他	0.7	2.4	—	6.7	5.0	100.0	9.1
住房总数 / 处	133	42	41	43	60*	23	342
合计百分比	38.9	12.3	12.0	12.6	17.5	6.7	100.0

注：* 表示在 60 处住房中，47 处在未经授权的聚居区（=76%），13 处在正规定居点（=21%）。

3）居住空间分异的特征研究

在样本调查和数据分析的基础上，居住空间分异的特征研究主要是通过不同社会阶层差异化的空间分布来图解表达：首先，区分不同社会阶层聚集或划分形成的居住空间类型，如上层社会阶层居住的城郊高级别墅区和城市高级公寓，中产阶层居住的市区新建商品住宅等；其次，识别并解析不同类型居住空间的分布特征，如有的居住社区依托城市优质自然景观资源而建，有的居住社区则与城市轨道交通或是其他大型基础设施的建设相联系，还有的居住社区则聚集在城市业已形成的主要公共设施周边；最后，以恰当而明晰的空间图解方式来表达这一结构特征，并从中提炼和总结不同类型居住空间相互区分、联系或是隔离的程度与方式（图 4-7）。

以此类推，居住空间分异的研究对象除了城市常住人口（或是户籍人口）之外，还可针对城市的外来人口（或是流动人口）做出类似分析和表达。曾有学者根据 2000 年的第五次全国人口普查数据，通过因子生态分析法将上海市外来人口的居住空间划分为六类区域，涉及白领、蓝领、普通外来人口、农业迁居人口等不同类型的群体，并通过抽象化的结构模型图加以表达，从而使其"圈层＋极核"的空间特征一目了然（图 4-8）。

实力阶层 ▨ 低收入阶层
▨ 富有阶层 ▨ 贫困移民阶层
▨ 富裕阶层 ▨ 湖
□ 一般阶层 • 中央商务区

图 4-7　南京不同社会阶层居住空
间分布

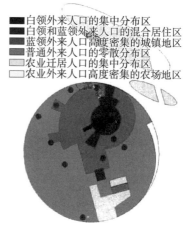

■ 白领外来人口的集中分布区
■ 白领和蓝领外来人口的混合居住区
■ 蓝领外来人口高度密集的城镇地区
■ 普通外来人口的零散分布区
□ 农业迁居人口的集中分布区
□ 农业外来人口高度密集的农场地区

图 4-8　2000 年上海市外来人口
居住空间结构模型

总之，居住空间分异的特征研究一般会涉及以下要点：① 居住空间分布的差异，即各社会阶层的居住空间分布区域和结构特征；② 不同社区之间的分离或是聚合现象，包括不同阶层的社区之间和同类社区之间；③ 居住空间分异的发展趋势；④ 居住空间隔离的范围和方式，如新建高级住宅区和传统住宅区间的隔离，及其封闭与防卫的空间组织方式等。

4）居住空间分异的机制发掘

居住空间分异的动力机制发掘主要是从经济、住房政策、社会价值取向影响下的择居方式、历史因素等方面展开分析。像我国当前的居住空间分异现象，就可以从社会阶层的极化导致空间分布的极化，以及居民的职业分化、家庭结构和住宅市场化政策的转变、城市规划思想与方法的变化等方面展开综合分析。

其中，各因素对居住空间分异的影响程度可以在针对调研数据在计量统计的基础上，以图表方式做出定量化表达（图 4-9、图 4-10）。

5）居住空间分异的对策建议

自改革开放以来，城市居住空间的分异在我国已经变得愈发明显和普遍，但对此是倡导还是控制其实并没有达成一致的见解。客观而言，居住空间分异的一部分作为不同生活方式和择居观念的空间化，其实就是居住方式复杂性和多样性的体现，完全可以在良性的组织下强化社区的自我认同感；但与此同时，居住空间分异

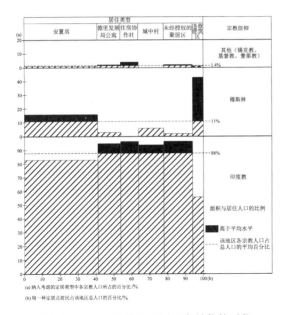

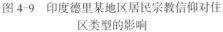

图 4-9　印度德里某地区居民宗教信仰对住
　　　　区类型的影响

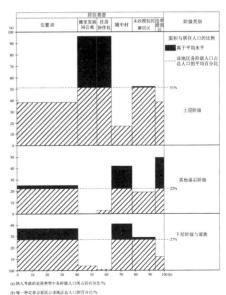

图 4-10　印度德里某地区居民的喀斯特
　　　　　群体对住区类型的影响

也会有某些部分对不同阶层的接触产生人为排斥，通过"防卫社区"的方式导致城市空间的碎片化和公共资源的私人化，进而给城市的整体认同感和公共生活带来较大的负面影响。

　　鉴于此，居住空间分异的研究最终还是要根据具体问题提出可行的规划建议，我们不妨从空间和用地上做出一定的专业思考，主要包括但不限于以下三个方面：

　　其一，位于不同居住空间的居民交往空间是什么？如何强化它的作用？在不同的社区之间是否存在一些共同的价值，可用作规划的基础和出发点？

　　其二，在规划空间结构中，有哪些要素被用来区分不同的社区与阶层？社区之间的区分方式又是怎样的？这种区分将带来怎样的影响？如果是负面的，是否还存在其他结构模式？

　　其三，为实现规划的构想和愿景，我们还需要哪些相关的公共政策来保障和配合？

4.4.3　中国城市居住空间分异的特征与对策

　　社会分层虽然是在社会发展中形成的，但会通过不同群体之间的空间关系表现出来。我国不同城市的具体社会分层结构受国家经济和政治制度的影响，体现出某种一致性，尤其在大城市中。随着社会阶层划分从"身份指标"转向"非身份指标"，与职业、收入密切相关的经济因子成为影响社会分层的主要因素之后，城市居住空间分异也呈现出一些共同的特征和发展趋势。

1）当前中国城市居住空间分异的特征

（1）社会阶层的居住空间分布

当前，我国城市的居住空间可以区分出与居住者的社会阶层相对应的六类，包括：① 城郊高级别墅区的富豪阶层；② 城市中心高级公寓的富裕阶层；③ 市区或城市新区新商品住宅的中产阶层上层；④ 市区普通商品住宅、原单位大院、房改房中的中产阶层中下层；⑤ 旧城老破旧小区、部分衰退工厂宿舍区的贫困阶层；⑥ 城郊接合部、城市边缘区的多人合租民宅或是自建棚户的城市边缘阶层。

（2）不同城市区位的空间分异特征

① 城市边缘区是贫富阶层居住空间差别最为明显的地带，社会问题最多，居住空间隔离也最为明显。② 由于城市中心新建住宅区的贵族化和中心周边贫困人口的存在，城市中心区的居住空间分异现象也较为明显。③ 原来较为均质的单位大院正在走向异质化，但不同地区的异质程度不一，总的来看，科研院所和机关住宅区较为稳定，而工厂生活区随着厂区的外迁而发生了较大变化。

（3）居住空间分异的形态特点

① 从城市总体层面来看，居住空间的分异与隔离导致了城市空间的碎片化，各社区基本上是按照"防卫社区"的模式来组织空间，于是形成了一个个相互独立、只有内部而没有外部的"单子"。② 空间隔离性越强的社区，其边缘的公共空间越消极，社区的公共活动也越来越多地发生在内部。③ 这种内部性往往是不可持续的，其有可能带来社区的衰败和服务设施的匮乏，严重时还会引发社区居民的阶层变化。

2）居住空间分异的规划对策

城市规划应充分认识到居住空间分异机制的差异性，恰当评估其社会影响，并对这一过程进行良性引导和控制。从城市规划的角度来看，可采取以下对策：

其一，加强城市公共设施与基础设施投入，缩小不同社区之间外部环境的差别。

其二，通过多元化的公共空间建设来减少社区隔离，提供不同阶层居民共同参与社会活动的场所。

其三，探索分类混合居住模式，将大规模的开发单元划分为小的组团，并将组团散布在其他社会阶层的邻里之中。

其四，建立城市规划社区参与的实施机制，通过社区自主营建的方式来激发不同阶层居民对社区建设的参与，强化成员的社区认同感。

4.4.4　居住空间分异的研究示例

空间分异历来是城市社会地理学的重要研究课题之一，尤其是居住空间分异，代表了城市社会阶层的空间分布状况，与社会分层可谓休戚相关。居住空间分异同时具有空间与社会双重属性，在空间属性上表现为住宅类型、环境、配套设施等方面的差异，在社会属性上则表现为不同居住空间内的社会群体在经济地位、受教育程度、生活方式等方面的分化。

以南京为例，研究表明，1998—2010年南京市居住空间分异指数（其公式和算法详见第7章第7.3.1节）为0.410—0.631，说明住宅市场的空间分异程度较高。总体而言，南京市居住空间的分异程度总体上在不断加深，其中1998—2002年为居住空间分异的缓慢发展期，2003年至今则为居住空间分异的加速期（图4-11）[①]。

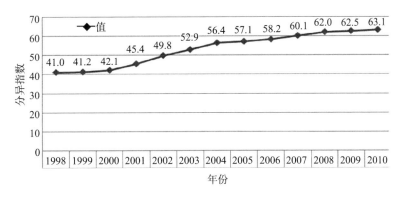

图4-11　1998—2010年南京市居住空间分异指数

除了分异指数的测度，作为城乡规划专业的研究者，往往还需要以具体的空间位置来表达空间分异的分布状态。研究空间分异的分布首先需要根据研究目的选取适当的范围，常见的研究范围有城市行政区范围、主城区、新城区、历史城区或者若干个住宅区等；而不同的空间类型和研究范围往往拥有不同的研究侧重点，如历史城区常常关注居民的年龄构成、职业构成、住房来源和家庭规模等，新城区则侧重于解析收入状况、文化程度、职业构成等方面的差异，而更大尺度的主城区范围除了作为多因子评价的结果外，还可以观察特定时间段内空间分异的历时变化。

仍以南京市主城区的居住空间为例，研究者运用因子生态分析法对居住空间分异现象进行探讨[②]。整个研究以行政区划的街道为基本空间单元（共计8个区44个街道），在对第六次全国人口普查数据进行初步分析的基础上，首先提取了人口规模、家庭规模、年龄构成、文化结构等13类共69个变量，构建了44×69的研究数据矩阵；其次，对该矩阵进行预处理并综合相关研究文献，遴选了21个主要荷载变量作为输入变量，用以代表南京市主城区的人口规模、家庭规模、年龄构成、文化程度、职业构成、住房配套设施、住房来源、人口流动性和失业人口状况（表4-7）；再次依循"单因子分析—主因子分析—聚类分析"的总体思路，借助统计产品与服务解决方案（Statistical Product and Service Solutions，SPSS）、地理信息系统（Geographic Information System，GIS）等软件来定量分析2010年南京市主城区居住空间的总体分异特征；最后采取以时间为纵轴的动态追踪方

① 参见陈燕.我国大城市主城—郊区居住空间分异比较研究：基于GIS的南京实证分析[J].技术经济与管理研究，2014（9）：100-105。
② 参见强欢欢，吴晓，王慧.2000年以来南京市主城区居住空间的分异探讨[J].城市发展研究，2014，21（1）：68-78。

式，通过对 1999 年南京市居住空间分异特征的转译拟合及其同 2010 年居住分异状况的比较分析，发掘 2000 年以来南京市主城区居住空间的演化特征及动力机制（图 4-12）。

表 4-7　研究选取的 21 个变量表

一级变量	二级变量
（1）人口规模	1. 平均每户人数（人、户）
（2）家庭规模	2. 一人户比重
	3. 三人户比重
	4. 四人户及以上比重
	5. 一代户比重
	6. 二代户比重
	7. 三代户及以上比重
（3）年龄构成	8. 65 岁及以上人口比重
	9. 抚养比
（4）文化程度	10. 中学文化程度者比重
（5）职业构成	11. 国家机关、党群组织、企业、事业单位负责人比重
（6）住房配套设施	12. 无洗澡设施住户占家庭户的比重
	13. 无厕所住户占家庭户的比重
	14. 无厨房住户占家庭户的比重
（7）住房来源	15. 租用房住户占家庭户的比重
	16. 购买房住户占家庭户的比重
（8）人口流动性	17. 居住本街道、户口在本街道人口占总人口的比重
	18. 居住本街道、户口在外乡镇、街道，离开户口登记地半年以上人口占总人口的比重
	19. 省外外来人口占外来人口的比重
	20. 省内外来人口占外来人口的比重
（9）失业人口状况	21.16 岁及以上人口失业率

根据诸因子的评价得分，对各街道进行聚类分析后，可以将南京市主城区的居住空间划分为六类。对各类居住空间分布的抽象综合表明，2010 年南京市主城区的居住空间结构呈现出"圈层＋散点放射"的复合空间特征："差就业状况，大规模家庭区"主要聚集在老城中心，并和"高省内外来人口与常住人口混合区"共同形成第一圈层；而"最佳住房条件，高省外外来人口区""高省内外来人口，小规模家庭区""较好就业状况，低住房条件区""最佳就业状况，常住人口区"则是相互穿插散布在主城区的东北面和西南面，构成了整个居住空间结构的第二圈层（图 4-13）。

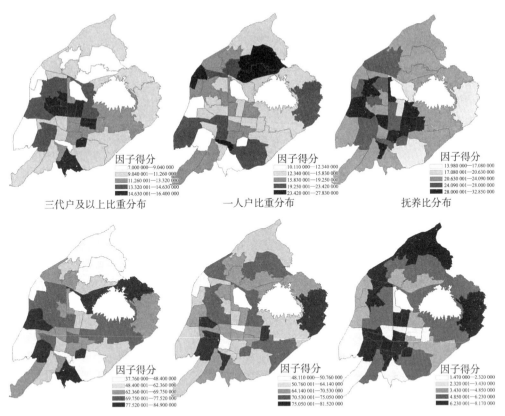

因子得分
7.000 000—9.040 000
9.040 001—11.260 000
11.260 001—13.320 000
13.320 001—14.630 000
14.630 001—16.400 000

三代户及以上比重分布

因子得分
10.110 000—12.340 000
12.340 001—15.830 000
15.830 001—19.250 000
19.250 001—23.420 000
23.420 001—27.830 000

一人户比重分布

因子得分
13.980 000—17.080 000
17.080 001—20.630 000
20.630 001—24.090 000
24.090 001—28.000 000
28.000 001—32.850 000

抚养比分布

因子得分
37.760 000—48.400 000
48.400 001—62.360 000
62.360 001—69.750 000
69.750 001—77.520 000
77.520 001—84.900 000

购买房住户占家庭户的比重分布

因子得分
48.110 000—50.760 000
50.760 001—64.140 000
64.140 001—70.530 000
70.530 001—75.050 000
75.050 001—81.520 000

省内外来人口占外来人口的比重分布

因子得分
1.470 000—2.320 000
2.320 001—3.430 000
3.430 001—4.850 000
4.850 001—6.230 000
6.230 001—8.170 000

16岁及以上人口失业率分布

图 4-12　南京市主城区居住空间分异的部分因子空间分布

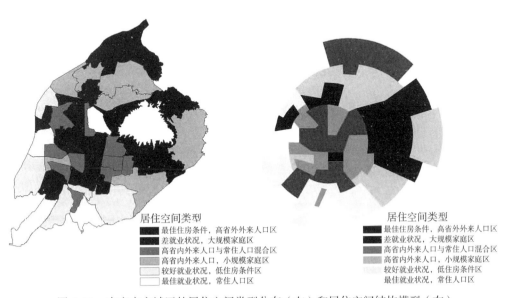

居住空间类型
最佳住房条件，高省外外来人口区
差就业状况，大规模家庭区
高省内外来人口与常住人口混合区
高省内外来人口，小规模家庭区
较好就业状况，低住房条件区
最佳就业状况，常住人口区

居住空间类型
最佳住房条件，高省外外来人口区
差就业状况，大规模家庭区
高省内外来人口与常住人口混合区
高省内外来人口，小规模家庭区
较好就业状况，低住房条件区
最佳就业状况，常住人口区

图 4-13　南京市主城区的居住空间类型分布（左）和居住空间结构模型（右）

通过社会分层的空间化分析过程可以看到，居住空间分异现象的形成主要源于家庭状况、住房状况、户籍状况、外来人口状况、就业状况五个主因子的相互作用。其中，家庭状况和户籍状况主因子大致呈环形＋扇形分布，住房状况主因子呈扇形分布，外来人口状况主因子呈均质化分布，就业状况主因子则呈外围散点式分布。如果进一步与1999年南京市的居住空间分异状态做比较，又会发现其居住空间已经表现出"住区外延化与碎片化、人口混合化与分异化、就业异质化与集聚化"的总体演化特征。

第4章思考题

1. 什么叫社会分层和空间分异？它们之间又有什么样的联系？

2. 我国计划经济条件下和市场经济条件下的社会分层分别是怎样的？它们是如何演变的？

3. 试描述你所居住社区的社会分层状况。

4. 居住空间分异研究包括哪些内容与方法？并据此阐述你所在城市居住空间的分异特征。

5. 如何通过城市规划与城市设计的手段，让城市中的边界打破隔离而变得"可渗透"？

第4章推荐阅读书目

1. 顾朝林.城市社会学［M］.南京：东南大学出版社，2002.

2. 李强.当代中国社会分层［M］.北京：生活·读书·新知三联书店，2019.

3. 布劳.不平等和异质性［M］.王春光，谢圣赞，译.北京：中国社会科学出版社，1991.

4. 吴启焰.城市社会空间分异的研究领域及其进展［J］.城市规划汇刊，1999（3）：23-26.

5. 卡斯特.双元城市的兴起：一个比较的角度［M］.夏铸九，王志弘，译.台北：明文书局，1993.

5 社会问题与相关对策

城市社会问题是指城市中存在的扰乱社区正常生活秩序的越轨行为倾向，以及由于城市基本建设失衡而造成危及社区正常运作的问题。各类社会问题不仅仅是城市社会学传统的关注重点，往往也是城市规划工作需要面对和思索的社会学议题。每个社会在不同的阶段都会出现特殊的社会问题，就我国来说，目前最严重、最基本、最棘手的问题莫过于人口问题，并由此衍生出就业、住宅、贫困等一系列的问题。

5.1 就业问题

就业通常是指具有劳动能力和求职愿望的人，从事某种社会劳动并取得相应报酬或是经营收入的行为。我国的就业特征一般包括：① 符合国家求职的相关规定，如一般应满 16 周岁，完成规定的义务教育；② 所从事的劳动是有偿的，公益性和无报酬的劳动一般不能称之为就业 ①。就业方面的问题业已成为世界各国普遍存在且日益严重的一个社会问题，其一般包括两类情况：失业与不充分就业。

5.1.1 失业现象

凡处在一定年龄范围内、有能力为获取报酬而工作的个体，若未找到工作，即可认定为"失业"状态。其实无论是发达国家还是发展中国家，都在不同程度上面临着失业问题。像美国非农业工人的失业率在 20 世纪 80 年代时就曾迫近 8%，波及从蓝领工人、少数民族、老年人到外来移民、白领的各个社会阶层，并在黑人身上得到了显著而集中的体现（表 5-1）。同样在国内，据国家统计局、劳动和社会保障部发布，2000 年以来城镇登记失业率也长期稳定在 3.8%—4.3%，这在一定程度上同 20 世纪 90 年代起因国有企业改革、企业重组等原因而产生的大批下岗工人有关（表 5-2）。总体而言，失业现象的发生主要集中在产业部门，尤其是那些劳动密集型的工业部门。

根据失业现象产生的主要原因，可将其划分为以下几类：

1）自愿性失业

这类失业现象的产生并非源于就业机会的供给不足，而是因为劳动者所要求的实际报酬超过了其边际生产率，或是劳动者存在着就业的机会与可能却不愿接受其

---

① 就业的含义引自夏征农.辞海［M］.上海：上海辞书出版社，1999：874。

表 5-1　美国黑人战后的失业率统计

年份	1948	1952	1954	1961			
黑人平均失业率 /%	5.2	5.4	9.9	12.4			
				纽约	芝加哥	底特律	克利夫兰
				10	17	39	20

表 5-2　中国的城镇登记失业率统计

年份	2010	2011	2012	2014	2015	2016	2017	2018
城镇登记失业人口 /万人	908	922	917	952	966	982	972	974
城镇登记失业率 /%	4.1	4.1	4.1	4.1	4.1	4.0	3.9	3.8

工作条件而造成的一类失业问题。像人们在面对环卫、搬运、快递这一类脏、累、险、待遇低的工作时，就不时会出现宁可选择失业而不愿意从事的情况。这实质上属于一种主观性失业。

2）结构性失业

同自愿性失业相似的是，这类失业现象的产生也不是源于就业机会的缺乏，而是因为现有劳动力的知识、技能、观念等客观素质难以适应社会和市场的需求变化而引发的一类失业问题。因此可以认为，这类失业问题的产生离不开以下两大条件：

其一，经济变动（如产业结构、产品结构、地区结构的变化）影响和改变了社会对劳动力的需求结构（必要条件）；

其二，种种限制使劳动力的供给结构难以满足需求结构的变化（充分条件）。

因此，结构性失业的产生主要源于劳动力的需求方，其主要特征为，失业人群与空职位的并存，以及社会对劳动力的需求结构同劳动力市场的供给结构不相匹配。比如说科技产品的更新与新兴产业的成长［如电子产品和互联网技术（Internet Technology，IT）行业］，就会因为部分劳动力缺乏新技术所要求的专业技能与客观素质而无法将其吸纳就业，难以实现劳动力与生产资料在新条件下的结合。

3）摩擦性失业

这类失业现象的产生主要源于国家经济制度的动态结构所带来的劳动力的供大于求，即由于经济运行中各种因素的变化和劳动力市场的功能缺陷而造成的临时性失业。通常来说，存在一定数量的摩擦性失业是不可避免的，它涉及的行业和人员较多且失业周期较短[①]。

以我国国有企业的改革与转型为例，在计划经济统包统配的就业制度下，国有企业往往承载了过多的就业安置任务，甚至远远超出了社会生产需求，从而导致冗员充斥、人浮于事、效率低下和就业岗位的相对不足。伴随着国家经济体制的转轨和科学技术的进步，许多国有企业为了在激烈的市场竞争中谋求生存与发展，先后

---

① 摩擦性失业的含义引自百度百科。

走上了产品技术、组织结构和经营体制的优化转型之路，这就使劳动力结构的相应调整和职工流动成了一种必要和可能，于是不少需要分流的富余人员因暂时找不到就业机会而成了下岗职工[①]。

因此从某种意义上说，职工下岗现象属于一类典型的摩擦性失业，实质上这是我国经济发展多年积累的深层次矛盾的综合反映，也是计划经济条件下就业制度在经济体制转型过程中所带来的必然性和临时性产物。

4）供不应求式失业

这类失业现象是最为普遍和基本的一类失业形式，主要源于社会对劳动力的需求量难以满足和消化劳动力市场的供给量。这类问题的关键在于，社会实际上能够提供和创造多少就业机会，而不同的影响因素又会给劳动力的需求带来不同的变化。

一方面城市建设与更新、大型节事活动的承办（如世博会和奥运会）、第三产业的拓展等，均能创造出更多的就业机会，进而扩大社会对劳动力的需求量；另一方面科学技术的进步、劳动生产率的提升、经济形势的不景气、经济结构的单一等，则会在一定程度上抑制或是减少社会对劳动力的需求量。像 2008 年的次贷危机便引发了全球性的大规模裁员，据报道，美国报业巨头麦克拉奇报业公司在不到一年的时间内数次宣布裁员，先后累积裁减 4 150 个岗位，裁员率高达 33.3%，而后又于 2009 年 3 月 9 日宣布再次裁减 1 600 个工作岗位，以节省 3 亿美元的开支[②]。

同样对于我国这个人口大国来讲，一旦社会所创造的就业岗位无法适应和满足日益增长的就业需求，就会面临供不应求式失业所带来的沉重压力，这也在"大学生就业难"问题上得到了一定体现。虽然科技进步对于高素质人才的需求，为大学生就业创造了许多新的机遇，但随着 1998 年的高校扩招和高等教育的大幅普及，迅速增长的毕业生规模和逐年累计的待就业劳动力，已明显超出科技进步与经济发展所创造的就业岗位，加之科技进步排挤旧行业所带来的毕业生专业不对口、高校专业设置滞后、学生素质参差不齐等现实问题，导致近年来高校毕业生严峻的就业问题（表 5-3）。

表 5-3　1998 年以来我国高校扩招与就业率统计

年份	普通本专科招生数 / 万人	增长率 /%	高考录取率 /%	就业率 /%
1998	108.0	15.0	34.0	76.8
1999	160.0	48.1	56.0	79.3
2000	221.0	38.1	59.0	90.0
2001	268.0	21.3	59.0	82.0
2002	320.0	19.4	63.0	80.0

---

① 据不完全统计，1998—2000 年中国国有企业共产生下岗职工 2 137 万人。其中，从地域分布上看，下岗职工主要集中在老工业基地和经济欠发达地区，东北三省占 25%；从行业分布上看，下岗职工则主要集中在煤炭、纺织、机械、军工等困难行业。

② 参见 2009 年 3 月 11 日《扬子晚报》A16 版。

年份	普通本专科招生数 / 万人	增长率 /%	高考录取率 /%	就业率 /%
2003	382.0	19.4	62.0	75.0
2004	447.0	17.0	61.0	73.0
2005	504.0	12.8	57.0	72.6
2006	546.0	8.3	57.0	—
2007	566.0	3.7	56.0	80.0
2008	599.0	5.8	57.0	85.0

5.1.2 不充分就业现象

不充分就业问题主要包括两种情况：

1）非对口就业

这主要指一个人有劳动的能力与愿望，但由于缺乏适合的技术或其技术在市场上不属于需求之列而产生的一类就业问题。像美国就曾出现哲学博士的过剩现象，部分哲学博士因为找不到合适的工作而被迫开出租车或是捡垃圾；到了 20 世纪 60 年代末至 70 年代初，部分化学博士也因为劳动力的供大于求而不得不屈身于实验室充当技术人员。这些被迫从事不适合自身技术和潜力的工作，便是非对口和不充分的就业。

2）半就业（半失业）

这主要指就业单位由于无法为职工提供充分的工作量，而采取半天工作制、轮流工作制或干干停停的一种非充分就业现象。

5.1.3 就业问题的基本应对策略

就业问题不仅仅是一个经济问题，更是一个牵涉面广的复杂社会问题，因此就业问题的应对和解决也是一项繁复的综合性工程。如何解决就业难问题？这需要在适度控制劳动力供给规模过于膨胀的前提下，更为有效地扩大社会的劳动力需求和就业供给，主要方向包括以下方面：

其一，扩大企业就业规模。企业作为吸纳就业的主渠道和主战场，政府需采纳各类措施来鼓励企业（尤其是中小微企业）吸纳就业，并给予一次性的就业补贴；对于企业招收毕业生开展以工代训的，也需为职业培训提供一定的补贴支持。

其二，扩大基层就业规模。挖潜和创造更多的城乡社区服务、基层医疗、科研助理等领域岗位，有序启动机关事业单位、基层服务项目的笔试和面试环节，在扩大基层招聘招募规模的同时，为基层公共服务补短板。

其三，扩大自主就业创业规模。面向以高校毕业生为代表的待就业群体，实施创业支持计划，鼓励发展平台经济，制定社保补贴政策，落实创业担保贷款、免费场地支持等措施，以创业带动就业，支持多渠道灵活就业，并规范和引导非正规就业 [①]。

其四，健全职业教育体系。借鉴德国"双元制"校企合作的职业教育经验，建立和健全包括职前职业教育（职业预备教育、职业教育）和职后职业教育（职业进修教育、职业改行教育）在内的职业教育体系，多渠道地募集优质见习实习岗位，扩大见习培训规模，制订专项培训计划，同时为见习实习企业提供补贴支持、鼓励企业单位留用见习生等。

此外，制定就业资金投入的财政政策、发展劳动密集型经济组织和第三产业、承办大型节事活动、推动基础设施建设等，同样有利于创造就业机会和拓展就业渠道；与之相配套的举措则是要同步加强就业服务和强化兜底保障，包括改革就业机制、建立就业援助制度、普及职业教育、完善劳动力市场、鼓励职业介绍与自谋职业相结合等等。

5.2 住宅问题

住宅是人类生存、发展和享受的基本要求，人一生中约有 2/3 的时间是在住宅中度过的，理应享有充分而平等的居住权。联合国人居署就曾在《伊斯坦布尔人居宣言》倡导："要保证人人享有适当住房，要使人类住区变得更为安全、健康、舒适、公平、持久和更具效率。"然而在现实社会中，住宅的建设与供给却存在着不少问题，而且大多是伴随着工业化和城市化进程而日益凸显的。

5.2.1 低标准住宅的使用

低标准住宅是指缺少必要的设备设施，或是在结构、材料等方面存在破损、不适于居住的住宅。目前欧美城市的发展以边缘扩张和分散为重点，而低标准住宅多分布在衰败的中心城区或是旧郊区的贫民窟，如美国的黑人区和旧金山的唐人街，这里不但住房破旧，质量低劣，供水、排水、交通、消防等设施问题也长期得不到解决（图 5-1）；而在我国，低标准住宅则主要集中于贫困群体的聚居地段，包括衰退的老城区、工业集中区的配套居住区（如工人新村）和郊区（如进城务工人员聚居的城中村或是棚户区）等，并同周边城市的环境景观产生了鲜明的冲突和对比。

低标准住宅根据形成的原因可以分为两类：其一为后天性低标准住宅，即因为使用年限和寿命的因素，原本质量尚可的住宅在历经多年的风雨后逐渐走向物质性老化；其二为先天性低标准住宅，即出于应急性和临时安置的目的，一开始便按照低标准搭建的住宅，如安置大量流动人口的简易住宅和人们强占定居、私自搭建的

---

① 由于存在明显的"二元经济"特征，亚洲国家的新增就业机会大多是由非正规部门所提供的。客观而言，非正规就业确实在缓解就业压力、推动劳动力市场发育、促进产业结构调整等方面发挥了积极作用；但与此同时，非正规就业也会带来低收入者比重增加、收入分配差距拉大、社会保障覆盖率低、劳动生产率低下、技术进步受限等负面影响，因此需要规范、保障和促进非正规部门和非正规就业的健康发展。

图 5-1　凯尼恩-巴尔的高密度黑人社区

棚户区。如果说住宅的后天性退化源于无法改变的客观规律，那么先天性低标准住宅的产生则有其特定的历史背景。

像西方国家早在快速城市化阶段，有许多城市的房地产商就曾面对急剧膨胀的城市人口，出于牟取暴利的目的，将成片的破旧住房稍作改造后即出租出售，或紧急加建简易住宅待价而沽，在形成大片低标准住宅的同时，也导致城市居住环境的进一步恶化。英国在这方面是相当典型的，其所创造的背靠背式（back-to-back）工人住宅简直就是低标准住宅的典型，由此而催生的贫民窟式工人住宅区包括伦敦的圣·吉尔斯、塞夫顿山、雅克布岛、伯立克街和派尔街，以及曼彻斯特的牛津路、小爱尔兰、议会街等。对此，刘易斯·芒福德（Lewis Mumford）曾有过辛酸的描绘[①]：

"不论在老的或新的工人区里，那种又臭又脏的情况实在难以形容，还不及中世纪农奴住的茅屋……在伯明翰和布拉德福德这些城市里，几千所工人住房都是背靠背地盖起来的（有的甚至今天还存在）。所以每层上，四间房间中有两间空气和光线不能直接进来。除了两排房屋之间有勉强能通过的走道外，再也没有其他空地。16世纪时，英国许多城镇把垃圾随便掷到街上是不允许的，而这些早期的工业城镇把垃圾掷到街上却被认为是理所当然的处理办法。这些垃圾一直堆在那儿，不管如何脏和臭，也无人管，直到有人要拿它当肥料时才运走。厕所一般在地窖里，脏得无法形容；猪圈一般设在住房下面，而这些猪经过几个世纪没有上街后，又在大城市里的街上闲逛了。甚至公共厕所也极少……在曼彻斯特的一个地方，1843—1844年时，7 000名居民有33个厕所——这就是说，每212人只有1个厕所。即使设计的水平这样低下，即使是如此的恶臭和污浊，在许多城市中连这种住房还

---

① 参见芒福德.城市发展史：起源、演变和前景［M］.倪文彦，宋峻岭，译.北京：中国建筑工业出版社，1989：341-342.

很缺乏；于是出现了更糟糕的情况，地窖也用来作住所……甚至在 20 世纪 30 年代，伦敦仍然有 20 000 人住在地下室……"

该阶段的美国、法国、德国城市同样也兴建了大片简易住宅，缺乏规划、条件简陋而又布局杂乱，社区内往往是烟雾弥漫、空气污浊和肮脏不堪。但即便是这类房子也已经是供不应求，迫使很多进城务工人员不得不采取临时租床、轮换休息的变通方法，形成了独具特色的"租床人"大军……其居住标准和环境条件也就可想而知了（图 5-2）。

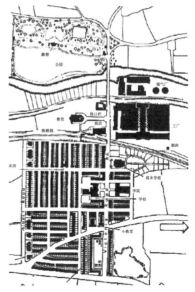

图 5-2　建于 1851 年的索尔泰尔（Saltaire）工人住宅区平面

其后为改善城市人口的居住条件和生活环境，欧美发达国家制定了一系列的政策与法规，不但取缔了背靠背式住宅，而且通过贫民窟清理、工人住宅升级、公共住宅建设、住房补贴等举措，在一定程度上扭转了低标准住宅的使用状况（图 5-3）。但同时也需看到，低标准住宅（区）的改造和整治是一项长期而艰巨的综合性工程，它不仅仅属于物质性的开发和清理问题，更要保证对策的综合性、系统性与关联性，应在综合考虑物质性、经济性、社会性和政治性要素的基础上，制定出目标广泛、内容丰富的政策和措施来。故而上述遗留问题即使到了战后，也未得到全面而彻底地解决，照样有数以万计的低收入工人蜷缩在了一些建成于农村剩余劳动力大转移时期的旧工人住宅内（表 5-4）。

图 5-3　英国根据《公共卫生法》而建造的郊区工人住宅

表 5-4　美国战后的低标准住宅住户统计

年份	1960	1970	1976
低标准住宅的住户数 / 万户	980	640	740
所占比重 /%	17.3	9.5	9.7

而现如今的发展中国家，同样存在着大量先天性的低标准住宅，这已成为当地贫民窟的主要来源（表 5-5）。其中的典型代表即强占定居点（squatter settlement），即居民在城市周边空地或没有很好利用的私人土地上，非法搭建的大量用以栖身的棚户住宅区。该定居点的成员以拥有城市生活经历的底层居民为主，大多思想保守、组织完善、倾向于爱国，但迫切希望改变现状，而对于占地自建的棚屋，该群体也多倍感自豪，且经常修缮扩建。

表 5-5　1990 年、2001 年和 2005 年部分地区的贫民窟人口统计

地区	1990 年		2001 年		2005 年	
	贫民窟人口 / 千人	所占比重 /%	贫民窟人口 / 千人	所占比重 /%	贫民窟人口 / 千人	所占比重 /%
发达地区	41 750	6.0	45 191	6.0	46 511	6.0
欧洲独联体国家	9 208	6.0	8 878	6.0	8 761	6.0
亚洲独联体国家	9 721	30.3	9 836	29.4	9 879	29.0
非洲北部地区	21 719	37.7	21 355	28.2	21 224	25.4
撒哈拉沙漠以南非洲地区	100 973	72.3	166 208	71.9	199 231	71.8
拉丁美洲和加勒比海地区	110 837	35.4	127 566	31.9	134 257	30.8
亚洲东部（不含中国）	12 831	25.3	15 568	25.4	16 702	25.4
亚洲南部	198 663	63.7	253 122	59.0	276 432	57.4
亚洲东南部	48 986	36.8	56 781	28.0	59 913	25.3
亚洲西部	22 006	26.4	29 658	25.7	33 057	25.5

目前，这一非正规居住现象在发展中国家（尤其是拉美地区）普遍存在，像秘鲁就有上百万人在强占定居点落脚，而巴西里约热内卢同样有 200 万人口"蜗居"在 1 020 片贫民窟之中，其中也有很大一部分源于强占定居的非正规空间。按照空间政治学的观点，抗争与权力原本就是密不可分的，在很多情况下抗争本身就具备一种空间性；而"强占定居"所促成的不仅仅是一片片的低标准住宅，其实更是弱势群体通过非法占地、违规建设等手段，创造的一个阻止国家权力渗透和操纵的异质性"弱者空间"，其代表的是一种不同于城乡生活方式的、居民联系密切的生活结构，一个居民自我珍惜的立足之地。

面对这种非法占地行为，不少政府都采取了双管齐下的策略：一方面采取强制性手段驱赶居民和清拆棚屋，另一方面则通过配建标准公寓来安置强占者的家庭，但实施的效果并不理想、有悖初衷。知名学者埃里克·瓦格纳（Erik Wagner）曾一针见血地提出，强占定居点的形成源于过度城市化所引发的国民经济与过量人口之间的不平衡，只有一面提供体面大方的住宅，一面加速国家经济的发展，才有可能根除这一现象；瓦格纳还认为，不必再为强占定居点的居民专门修建公寓，而可以通过培训、雇佣他们的方式提高其谋生能力，并协助改善其定居条件；甚至承认强占定居这一现实，强行征购私人土地划分后售与强占者，以此作为其修建设施的报酬，并让其最终成为土地的所有者。

5.2.2　住宅供给的不足

对于西方发达国家来说，住宅供给的普遍性紧缺可追溯至 18—19 世纪的快速

工业化和城市化阶段。随着数以万计的农业人口和外来移民拥入城市充当廉价的劳动力，在城市现有住宅难以支撑急剧膨胀的城市人口的现实背景下，各地政府和开发商纷纷兴建了大片简易住宅区，以解应急安置之用，并由此催生了大批前文所述的低标准住宅。但由于跟不上人口快速增长的节奏，这批环境条件简陋的住宅依然是供不应求、挤满了人。

同西方相比，我国住宅供给的紧缺则要归咎于特定时期的经济体制与供给体系。在房改前的计划经济时期，由于"先生产，后生活；重生产，轻生活"的经济制度安排，我国逐步形成了"为生产而生产、生产目的与手段相颠倒"的不良局面：一方面，政府长期重视生产性投资、压制非生产性建设。仅在"一五"期间的建设投资中，生产性建设就占到71.7%，而非生产性建设仅占28.3%，其中住宅建设投资更是只占9.1%（表5-6）[①]。而另一方面，住房作为居民工资以外的二次实物分配，基本上都是由单位或是房管部门全责供给、统包统配，这就不可避免地导致了住宅供给的严重不足，使之成为当时社会最为紧缺的资源和要素之一，常常是十几口人长期挤在一间十几平方米的小屋里，整个院子甚至是整个胡同都在共用一个厕所和一个水龙头。

表5-6　我国"一五"至"六五"期间的住宅建设面积统计

时期	住宅建设面积 / ×10⁴ m²	住宅建设投资占总基建投资的比重 /%
"一五"	9 454	9.1
"二五"	11 012	4.1
"三五"	5 400	4.0
"四五"	23 481	5.7
"五五"	—	11.9
"六五"	42 317	—

也正是受计划经济时期的历史欠账影响，到改革开放伊始的1978年，全国累积的住房困难户已高达760万户，约占全国城市家庭的1/3；而1982年的237市统计也表明，当时城市的人均住房面积仅有4.4 m²，这不仅远远低于同一时期的欧美发达国家和许多发展中国家，甚至连新中国成立初期的人均水平也未达到（表5-7）[②]。

表5-7　20世纪70—80年代部分国家的人居居住面积统计

国家	人居居住面积 /m²	统计年份
西德	25.0	1978
美国	18.0	1976
新加坡	15.0	1980

[①] 参见21世纪秘书网。
[②] 参见黎熙元，何肇发. 现代社区概论［M］. 广州：中山大学出版社，1998：275。

国家	人居居住面积 /m²	统计年份
法国	13.0	1976
日本	13.0	1978
苏联	12.7	1978
罗马尼亚	9.5	1977

1994 年国务院颁布的《国务院关于深化城镇住房制度改革的决定》在推动住房商品化的同时，也给我国的住宅供应结构带来了质的变迁：原来全部由国家负责向职工分配的福利性公用住房，转而由市场向居民提供商品住房；城市居民也由租房改为买房，将住房转为家庭最重要的、最昂贵的消费品和财产。与此同时，随着均质社会状态的分化和住宅供给的商品化运作，我国住宅逐步扭转了长期以来的供给不足状况，无论是成片开发的新楼盘，还是老城区和原单位大院（生活服务区）的改造与建设，均在供给总量、空间布局、面积标准、套型设计等方面有了明显改观（表 5-8）。

表 5-8　沪宁单位大院（工人新村）居住空间的阶段性演化

	类别	"一五"到"二五"期间	20 世纪 70 年代末至 80 年代初	20 世纪 80 年代以来
社区空间布局	空间围合	疏松的行列式布局	紧凑的行列式布局	点式周边式和行列式组合
	住宅体量	低层（2—3 层）	多层（5—6 层）	多层和高层结合
	建设强度	土地利用率低下	用地相对集约	用地高度集约
	典型轴侧意象			
住宅套型布局	主要套型	宿舍型	合用公寓型	独立成套的居室型小公寓	独立成套的过厅型小公寓
	人均面积	4 m² 左右	3 m² 左右	5—10 m²	10—15 m²
	厨卫使用	厨房 3—5 户合用，卫生间 4—10 户合用	厨房和卫生间都是 2—3 户合用	厨房和卫生间基本做到每户独用	厨房和卫生间每户独用
住宅套型布局	典型平面意象				

图例：　图例：□公共　□卧室　□厨房　□卫生间　□厅　□阳台　□储藏

这不仅反映出住宅开发由低层次的单一性向高层次的多元化演变的趋势，也标志着其居住条件和生活标准正在由以往的简易型和实用型向合理舒适型转化，以满足居民在经济转轨期多层次的市场需求和日益丰富的生活需要。

当然，住宅供给的不足除了数量和质量有待提升之外，往往还表现为面向大批中低收入家庭的可支付住宅的供给体系失衡，这就需要我们审视和思考：纯粹依靠市场化手段和商品化住宅，是否能够真正满足"居住有其屋"的基本民生需求？住宅所带来的高租金、高售价同老百姓（尤其是中低收入群体）支付能力之间的普遍现实矛盾，又该如何切实有效地加以应对？目前，如何解决中低收入家庭的居住问题，已成为不同国家和地区在住宅领域所面临的首要任务和工作难点。

5.2.3　住宅问题的基本应对策略

如果说我国房改前的住宅供给不足还属于一种普遍化的阶段性现象的话，那么纯粹市场化的住宅供给则有可能导致一种同贫困群体和低收入阶层相关联的局域失衡现象，因为以利润追逐和市场利益为驱动的商品房开发，往往会忽视大批低收入户、中下收入户和中等收入家庭的购房能力与供给需求。这就需要政府在充分发挥市场配置住宅资源职能的同时，通过多梯度、多层次住宅政策和供给体系的建构，来覆盖和适应不同阶层居民的安居需要，弥补市场功能的先天不足和产品结构的严重失衡。其中至少涉及以下几个层次：

其一，面向中上收入户、高收入户和最高收入户主要供应中高档商品住宅，其投资与建设完全可以通过市场手段，而政府则借助于税收等手段加以调控。

其二，通过提高容积率等方式来降低楼面地价，通过税费优惠等手段来鼓励开发简约型、户型适中的中低端产品，既适应发展中国家的经济国情，又可降低物业管理等使用成本。

其三，构建健全的住宅租赁市场，鼓励部分中等收入户以租代购地解决居住问题，也可部分地解决住宅不可移动性与劳动力移动性、昂贵房价与有限收入之间的两大矛盾。

其四，面向贫困群体和中低收入户，由政府在有限的范围内供应保障性住宅（如公共租赁住房、经济适用住房、廉租房等）。其中，公共租赁住房可将以往游离于保障与市场之外的无能力购房群体纳入其中，最低收入户则是城镇住房保障（尤其是廉租房）的重点对象。

像南京市政府自 20 世纪 90 年代起即为了解决中低收入家庭的住宅问题，先后尝试和推行了建设教师住房、集资建设、拆迁复建房、合作建房等多项措施，并逐渐构建起包括经济适用房、廉租房、公共租赁房、限价商品房、拆迁安置房在内的较成熟的保障性住宅体系。2015 年，南京市又将公共租赁房和廉租房合并为"公共租赁住房"，由此而形成的保障性住宅体系包含了四类住宅：公共租赁住房、经济适用房、限价商品房、拆迁安置房（表 5-9）。

表 5-9　目前南京市的保障性住宅体系一览表

类型	公共租赁住房	经济适用房	限价商品房	拆迁安置房
目标群体	中等偏下收入住房困难家庭、低保户、特困职工、新就业人员、外来务工人员	低收入住房困难家庭、国有或集体土地被拆迁家庭	中等偏下收入住房困难家庭、首次置业家庭、认定人才	城市被拆迁户（包括集体和国有土地拆迁）
保障方式	以租赁补贴为主、实物配租和租金减免为辅	购房（保本微利，利润率在3%以下）	购房（同地段商品房价格的90%）	实物补偿、货币补贴
建设标准	2人及2人以下户控制在40 m² 左右；3人及3人以上户控制在50 m² 左右	建筑面积控制在60 m² 左右（一人户在40 m² 左右，二人户在50 m² 左右）	以65 m²、75 m²、85 m² 左右的中小户型为主	以75 m² 左右为主要套型；一室半一厅房型，60 m² 左右；两室半一厅房型，75 m² 左右；三室一厅房型，90 m² 内

注：中等偏下收入住房困难家庭即"双困户"：家庭人均月收入在规定标准以下［现标准为1 513元/（人·月）］，家庭人均住房建筑面积在规定标准以下（现标准为15 m²/人）。南京市规定低保户为持有本市常住户口的城市居民，其共同生活的家庭成员人均收入低于当地城市居民最低生活保障标准［500元/（人·月）］。南京市规定特困职工为企业中无房且持有市总工会核发的"特困职工证"的特困职工家庭。南京市规定新就业人员为自大中专院校毕业不满5年，在本市有稳定职业的从业人员。

5.3　贫困问题

贫困既是一种物质生活状态，也是一种客观存在的社会结构现象，或者说是一种社会物质生活和精神生活的综合状态。贫困人口不仅大量存在于发展中国家，在发达国家同样也有，不仅存在于农村地区，在大小城镇也有。目前，消除贫困业已成为各国政府和联合国相关机构的主要工作目标之一，我国也把"消除贫困"作为国家发展战略写进了《中国21世纪议程》。

5.3.1　贫困的多重内涵

贫困是一个全球性、长期性和迫切性的重大问题，是经济、社会、文化等贫困落后现象的总称。

首先，贫困反映的是一种相对于经济范畴而言的生活状态，即一个人或一个家庭的生活水平达不到社会可以接受的最低标准，也可称之为物质生活贫困。正如本杰明·朗特里（Benjamin Rowntree）和查尔斯·布思（Charles Booth）1901年撰文时所认为的，即"一定数量的货物和服务对于个人和家庭的生存和福利来说是必需的；缺乏获得这些物品和服务的经济资源或经济能力的人和家庭的生活状况，即为贫困"。我国国家统计局也指出，"贫困是指个人或家庭依靠劳动所得和其他合法收入不能维持其基本的生存需求"。

其次，贫困还关乎基本的公民权利与能力，即一种权利和能力的贫困。正如1998

年诺贝尔经济学奖获得者阿马蒂亚·森（Amartya Sen）所说："贫困不是单纯由于低收入造成的，很大程度上是因为基本能力的缺失所造成的。"比如与高额医疗、养老、教育、住房等民生支出相对应的公民获得健康权、养老权、教育权、居住权的能力缺失。

总而言之，贫困不仅仅意味着一个人或家庭创收能力与机会的贫困，同时也意味着其获取和享有正常生活的能力与权利的缺失。贫困根据不同的标准可以划分为不同的类型，如绝对贫困和相对贫困，生存型贫困、温饱型贫困和发展型贫困，区域型贫困和个体型贫困，城市贫困和农村贫困，狭义贫困和广义贫困，等等。

5.3.2 城市贫困群体的特征

自 19 世纪起，开始有西方学者针对城市贫困现象或是群体展开认真而严谨的调查与研究，其中典型者如弗里德里希·恩格斯（Friedrich Engels）的《英国工人阶级的生活状况》、威廉·杜波依斯（William DuBois）的《费城的黑人》、亨利·梅休（Henry Mayhew）的《伦敦劳工和伦敦贫民》、哈维·佐尔博（Harvey Zorbaugh）的《黄金海岸与贫民窟》、奥斯卡·刘易斯（Oscar Lewis）的《贫困文化》等。这类基于"常规向善论"的主题性研究，所重点关注的是城市贫困群体的生活状况及相关社会问题，其中也包括对贫困线或是最低生活保障线的研究。

美国城市学家安东尼·道斯（Anthony Dawes）曾依据联邦规定的贫困标准，对美国城市贫困群体的特征做出广泛而细致的分析，结果发现：① 从绝对数量上看，构成城市贫困群体主体的是白人（约占 2/3），而不是黑人、亚裔等其他人种；② 约 1/4 的城市贫困家庭由带孩子的妇女所构成，其余 14% 为老年人，5% 为伤残男士，而不是人们所认为的懒惰或是失业的男性家庭（实际上只占 1/8）；③ 40% 以上的城市贫困群体都是 18 岁以下的人口[①]。

国内也有学者和机构从事相关的调研统计，比如说 2005 年西安市城调队就曾基于城市居民的家庭生活调查资料，分析发现 1998—2004 年西安市的绝对贫困群体规模总体上呈下降之势（表 5-10），并具有普遍性特征如下：① 国有企业、集体企业职工是贫困群体的主体。② 文化程度整体偏低。高中及以下低学历者占比高达 93.3%。③ 以 40—46 岁的下岗者和低收入者或是 70 岁以上的高龄老年人为主。④ 专业技能水平较低。非技术工人家庭的贫困概率远远高于技术工人，且工作存在较大的不稳定性。其中，商业、服务行业人员占 53.3%，无就业人员占 20%（表 5-11）。

---

① 参见康少邦，张宁，等.城市社会学［M］.杭州：浙江人民出版社，1986：196。

表 5-10　1998—2004 年西安市绝对贫困群体的规模变动情况

表 5-10　1998—2004 年西安市绝对贫困群体的规模变动情况

贫困群体		1998 年	1999 年	2000 年	2001 年	2002 年	2003 年	2004 年
贫困人口	发生率 / %	1.76	1.27	2.66	2.66	2.37	1.89	1.38
	绝对数 / 万人	4.78	3.51	7.57	7.78	7.10	5.90	4.39
贫困户	发生率 / %	1.33	1.00	2.33	2.00	2.00	1.71	1.43
	绝对数 / 万人	1.19	0.90	2.23	1.93	1.99	1.77	1.52

表 5-11　西安市贫困家庭人均收入与全市平均收入水平比较

职业	国有企业职工	集体企业职工	其他类型职工	个体劳动者	离退休再就业者	其他就业者
贫困家庭人均收入 / 元	4 076.420	3 037.000	6 400.000	1 325.000	—	2 916.631
全市平均收入 / 元	12 300.00	6 228.54	9 838.97	9 422.35	6 942.00	5 923.54

　　笔者也曾针对城市新贫困群体的典型代表——进城务工人员，展开长达 20 年的跟踪调研。以南京市的进城务工人员（总体—商业服务业人员）为例，通过对其住房条件的专项研究，揭示出这类弱势群体的居住特征大体如下：① 同城市贫困群体的同类居住标准相比，进城务工人员的人均居住面积整体偏低，超过六成的人员不超过 15 m² (图 5-4)；② 以单间为主的套型选择和独立厨卫的低拥有率，已成为制约进城务工人员居住品质提升的前提（图 5-5）；③ 租赁的各类住房已成为进城务工人员择居的主要房源，尤其是从事商业服务业的人员，租居型人口已接近八成（图 5-6）；④ 自来水与能源的使用基本能满足日常生活需要，但仍有较大提升空间。

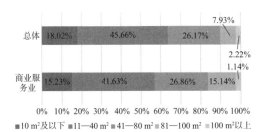

图 5-4　进城务工人员的人均居住面积

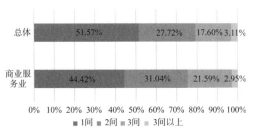

图 5-5　进城务工人员居住空间的房间数

图 5-6　进城务工人员的住房来源

不难看出，同广大农村地区相比，我国城市的贫困群体有其相似性（如文化素质低、专业技能有限、居住条件不甚理想等），但也有诸多差异性和特殊性，比如说分布更广、地区差异和行业差距大、年龄结构相对较高、国有和集体企业职工为主，并且具备转型期较为鲜明的过渡性、群体意识和边缘化属性；而且，这一特征还会随着时间的推移而发生新的变化。

其一，城市贫困群体的结构愈发多元。20 世纪 80 年代我国的城市贫困群体主要有四类："三无"（即无劳动能力、无法定供养人和无其他收入来源）人员、贫困的失业人员、贫困的在职和退休人员、残疾或疾病等其他原因造成的贫困人员。但随着改革的逐步深入和贫富差距的逐渐扩大[1]，城市贫困群体的构成开始呈现多样化趋势："三无"人员逐步减少，更多的是下岗、离岗、失业和退休人员，尤其是源源不断的进城务工人员，由于城乡二元结构和户籍制度的影响，而很难在就业、医疗、社会保障等方面享有"市民化"同等待遇，目前已成为城市新贫困群体的主要构成。

其二，城市贫困群体的规模逐渐增加。民政部统计显示，2005—2013 年我国城镇居民的最低生活保障人数（城市贫困人口）分别为 2 234.2 万人、2 240.1 万人、2 272.1 万人、2 334.8 万人、2 345.6 万人、2 310.5 万人、2 276.8 万人、2 143.5 万人、2 077.6 万人[2]。虽然该群体规模在总体上有升降波动，但是上述数据并未将"应保未保"对象和非城市户籍的进城务工人员统计在内，考虑到我国城市化进程的渐次展开、企业制度的改革深化和社会分配失衡现象的持续存在，不难判定城市贫困群体的规模还将在较长一段时间内继续扩大。

其三，城市贫困空间的分布日趋扩张。在改革开放初期，我国由于优惠政策、环境条件、经济基础等的区域性差异，城市贫困群体多集中分布于中西部（包括不少边区、山区、革命老区和少数民族地区）的城镇；但是进入 20 世纪 90 年代后，城市贫困群体的分布空间开始扩张和蔓延到老工业基地、矿区和传统工业占主导的各地城市。全国总工会 2002 年完成的一项调查即显示，东部地区的城市贫困群体已占到全国城市贫困人口总数的 21.9%，而中部地区和西部地区分别占 52.9% 和 25.2%。

值得注意的是，我国贫困群体在城市内部的分布通常还具有一种"大分散、小集中"的特征，即整体上多混杂散居于城市的各个角落，而在某些特定地段却通过主动或是被动聚居形成了各类贫困空间，典型者如衰退的老城区、传统工业和老企业的配套居住区、进城务工人员和保障性住宅集聚的郊区等等（图 5-7）。

---

① 国家统计局数据显示，我国财产的基尼系数长期超过国际 0.4 的警戒线：2003 年为 0.479，2008 年达到最高点 0.491，2014 年为 0.469，2018 年则为 0.474；与此同时，世界上超过 0.5 的国家约占 10%，一般发达国家的基尼系数为 0.24—0.36。

② 数据源自《2012 年社会服务发展统计公报》、2013 年 10 月全国县以上城市低保情况，参见民政部官网。

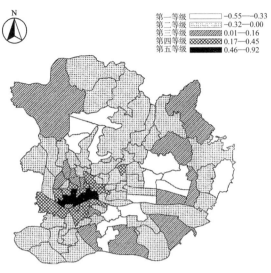

第一等级 □ −0.55—−0.33
第二等级 ▨ −0.32—0.00
第三等级 ▧ 0.01—0.16
第四等级 ▦ 0.17—0.45
第五等级 ■ 0.46—0.92

图 5-7　广州市相对贫困（剥夺）空间的等级分布

5.3.3　贫困的划分标准

贫困相对于富足，可以有一个人为划定的标准，用以评估居民家庭生活水准的底线，这就是贫困线。在底线标准的界定上，贫困线一般是指满足居民个人最低营养标准 [2 100 kcal（8 790 289 J）] 的基本食品需求，以及最低限度的衣着、住房、交通、医疗以及其他社会服务的非食品消费需求，这两者之和即可视为贫困线；在此基础上，再利用居民家庭人均收入或是支出水平同贫困线做比较，可据此来判定该家庭是否属于贫困户。

美国早期的贫困问题专家朗特里曾在 1899 年调研纽约时，绘制了一个以每周最低消费为基础的贫困线（即用以维系家庭生活基本开支的最低费用），结果发现纽约有 35% 的人口生活在贫困状态；1936 年和 1950 年，该学者又采用同样的方法对纽约进行了两次调查，结果发现纽约的贫困群体比例在下降，但贫困的原因已有了很大的变化。除了学术层面的探讨外，美国政府（人口调查局、卫生和公共服务部）也曾为本国划定专门的贫困线和贫困指导线，并根据每一年度的收入和物价水平做出动态调整。

同样在国内，绝对贫困线的标准也从 1981 年的人均年收入 171 元和 1995 年的 530 元，逐步提升至 2014 年的 2 800 元和 2018 年的 3 535 元[①]，可以说已经结合国家发展实情做出了较大调整，但其目前依然存在两个方面的问题：① 制定的收入标准偏低。国际上的贫困标准通常"以一个国家或地区社会中位收入或是平均收入的 50% 作为这个国家或地区的贫困线"，2008 年我国城镇居民人均可支配收入为 15 781 元，因此与国际接轨的贫困标准至少是"人均年收入 7 500 元"，这已高出我

---

　　① 参见中国行业研究网（中研网）。

国确定的贫困线一倍；若标准过低，则会让大量事实上的贫困者被排斥在贫困认定与最低保障之外①。② 对于支出标准的忽视。如果保障基本生活的成本过高和支出压力过大，即便收入看似不低也难免陷入贫困。国务院发展研究中心的一项调研即显示：如果以人均收入作为贫困衡量指标，2007 年全国城市的贫困群体为 1 470 万人；但如果换成人均支出指标，则贫困群体规模立即增至 3 710 万人②。考虑到目前我国社保福利制度尚不健全，因生活支出压力而带来的贫困同样不容忽视。

国际上关于贫困线的测算方法有很多，比如说马丁法、调整基期贫困线法、扩展线性支出系统（Extend Linear Expenditure System，ELES）模型法、因子分析法、商品相对不足法、标准预算法等，这些方法各有其优劣和适用范围，计算的结果也不尽相同，可在应用中结合实际对象和条件加以选择或是组合校核。其中，应用较为普遍和有效的测算方法主要有以下四种：

其一，比例法。通常是将居民户收入处于低层 5% 或是 10% 的最低收入家庭确定为贫困户，其家庭人均可支配收入的上限即为贫困线。

其二，绝对值法。正如前文所述，国际经济合作与发展组织（Organization for Economic Co-operation and Development，OECD）就提出，可采用城市居民人均可支配收入的 50% 或是 60% 作为一个国家或地区的贫困线；或者直接采用世界银行 2015 年发布的"每人每天 1.9 美元（以 2011 年的购买力平价计算）"之标准。

其三，恩格尔系数法。联合国粮食及农业组织（Food and Agriculture Organization，FAO）根据恩格尔定律来划分贫困与富裕的档次：恩格尔系数（食品支出占生活消费总支出的比重）大于 59% 为绝对贫困；50%—59% 为勉强度日；40%—49% 为小康水平；30%—39% 为富裕；30% 以下则为最富裕。在计算中，用维持生活所需要的食品支出除以贫困群体的恩格尔系数 60%，所得商数即为贫困线。

其四，基本需求法。根据各项消费对于人们生活需求的重要程度，确定生活必需品的最低需求量，再依据市场物价测算上述生活必需品所需的全部费用，即可将其确定为贫困线。

5.3.4 贫困问题的基本应对策略

客观而言，改革开放尤其是脱贫攻坚以来，我国减贫政策的焦点其实一直在农村，城市贫困问题并未被纳为国家治理的工作重点。但是城市贫困群体的出现与形成依然是诸多因素综合作用的长期结果，如长期失业或是收入有限、社会保障体系不健全、技能水平和竞争能力低下、消费入不敷出等等，因此围绕着"共同富裕"这一大目标，同样需要制定和实施以下几方面的策略：

1）优化产业结构，创造各类就业机会

产业是城市实力之本、就业之源，不同规模、类型的城市应当根据自身发展实际确定优势产业。在发展现代第三产业的同时，兼顾各类工业的发展；在发展知

---

① 参见百度百科。
② 参见 2007 年 2 月 10 日《财经时报》。

识、资本密集型产业的同时，兼顾劳动力密集型产业的发展；在发展公有制经济的同时，正视城市非正规经济的作用，并为其发展赋予应有的地位和空间，因为当前非正规经济已成为创增就业机会、缓解贫困群体就业压力的重要渠道。曼纽尔·卡斯特（Manuel Castells）也在《底层的世界：非正式经济的起源、动力与影响》中重估了非正式经济对于社会经济的作用，认为"非正式经济越发展，经济和社会就越能成为具有相对自主性的社会行动领域"，这对于形成一个分散的经济组织模型贡献极大，可大幅降低劳动成本，直接带来资本获利，并从根本性上改变阶级结构[①]。总之，通过多种经济增长点的建设和持续快速的经济增长，在提高城市产业实力的同时，可以多渠道地扩大就业机会，吸纳更多有劳动能力的贫困人口就业，这既是解困脱贫的治本之举，也是反贫困的物质基础所在。

2）加强宏观调控，健全社会保障体系

政府作为反贫困的主体，通过各类手段来扶助贫困群体、加强社会经济调控能力、提升老百姓的可获得感和幸福感，是其责无旁贷的目标和任务。这一方面需要加大对贫困群体的投入。目前政府财政收入增幅较大，完全有能力对城市贫困群体给予更多的支持，可以在财政支出中向弱势群体倾斜、向经济落后地区倾斜，从而实现有效帮扶和精准扶贫[②]。另一方面则需要关注城市贫困群体需求，健全社会保障体系。不但要加快建立资金来源多元化、保障制度规范化、管理服务社会化、覆盖范围广域化的社会保障体系（涉及退休人员社会保障、退休金、老年人医疗保险、失业补贴、退伍军人医疗保险等），而且需要将最低生活保障、灾害救助、失业保障、再就业培训和服务、教育与医疗救助等制度和政策整合为一体化的贫困救助体系。在这一过程中，可以有意识地培育社会力量，鼓励政府与社会力量在扶贫救助工作上的各尽其长和分工协作。

3）实现教育公平，提升贫困人口素质

教育是开发人才、提升人口素质的第一要务；而人口素质在决定城市素质的同时，也决定了人口的就业技能和脱贫潜能。城市贫困群体的文化素质普遍较低，这就需要适应市场经济和知识经济的发展需要，通过多层次的教育提升综合素质，增强其就业脱贫能力：一方面在普及九年制义务教育的同时，尝试建立包括职业教育、进修教育、改行教育等在内的"双元制"岗位培训机制，通过加强技能培训使其掌握一技之长，在激烈的竞争中找到自己的就业岗位；另一方面针对当前教育资源分配的严重失衡现象，着力实现教育公平，可以为贫困家庭孩子采取提供教育补助甚至免费入学的方式，以此提升人口素质和脱贫致富的能力。

4）优化城市建设，改善百姓生活质量

人民城市人民建，人民城市为人民。要通过城市的高质量发展和建设，让贫困群体也能共享改革发展成果、切实改善自身生活：其一是加强基础设施建设。在

---

① 参见卡斯特.双元城市的兴起：一个比较的角度［M］.夏铸九，王志弘，译.台北：明文书局，1993：357.
② 精准扶贫是指针对不同贫困区域环境、不同贫困农户状况，运用科学有效的程序对扶贫对象实施精确识别、精确帮扶、精确管理的治贫方式，这一思想和提法最初源于习近平总书记2013年11月考察湘西时所做出的重要指示："实事求是、因地制宜、分类指导、精准扶贫。"

强化现代化、信息化的基础上，增强城市承载力和对人民生活的服务功能，同时利用道路维护、城市绿化等公共工程为城市贫困群体提供更多的就业机会。其二是注重基层社区的公共空间与公共设施建设，保障贫困社区的公共服务水平和可持续运转。其三是打造城市特色形象。真正把历史和现实、时代性和传统性有机结合起来，以古促新、古新一体，以特色来提高城市品质、塑造城市灵魂、吸引外来资金和人才。其四则是强化文化建设。"一个没有文化的城市不是一个完整的城市，也可以说，根本就不是一个城市。"将城市建设成为先进文化的载体，创建现代城市人文精神，凝心聚力，共同关注和解决城市贫困问题。

5.4 老龄化问题

老龄化社会反映的是老年人口占总人口达到或超过一定比例的人口结构模型。按照联合国的传统标准，若一个地区 60 岁以上的老年人达到总人口的 10%，或是 65 岁以上的老年人占总人口的 7%，即意味着该地区已进入老龄化社会。

5.4.1 老龄化：一个世界性趋势

1）世界老龄化概况

老龄化是 21 世纪不可逆转的一个世界性趋势，我们的世界正在加速老化：1960年，全世界 65 岁及以上人口的占比为 4.97%；2000 年，世界老年人口占比为 6.89%；2019 年，世界老年人口占比已达到 9%。仅 2000—2019 年的 20 年间就"衰老"了2.11%[1]。同时也有资料表明，世界上的发达国家基本上都达到了老龄化标准，步入了老年型国家的行列，只是这一问题在经济发展到高水平后才得以浮现。像瑞典、日本、英国、德国、法国等发达国家在进入老龄化时，人均国民生产总值（Gross National Product，GNP）已达到 1 万—3 万美元；在全球 72 个人口老龄化国家中，人均 GNP 达到 1 万美元的国家占到 36%[2]。然而不容乐观的是，目前有不少发展中国家也出现了老龄化趋向，且老龄化的速度明显快于发达国家：像英国的老年人口从 5.0% 增长到7.0% 用了 80 多年，日本老年人口从 5.3% 增长到 7.1% 用了 50 年的时间，瑞典则用了 85 年，而发展中国家在未来的 50 年中，预计老年人口将增长 4 倍（表 5-12）。

表 5-12　发达国家与中国的老龄化进程比较

国家	英国	法国	美国	瑞士	日本	中国
进入老龄化社会所需时间 / 年	80	115	60	85	50	18
65 岁及以上人口所占比重 /%	15.00	12.50	11.00	13.70	9.00	8.16

---

① 参见艾媒网。
② 日本在 1970 年步入老龄化社会时，人均收入已达到可观的 1 689 美元。参见百度百科。

但荒谬的是，预期寿命的延长并未伴随着工作寿命的延长，却因为越来越多的失业导致了更多的劳动力更早地退出劳动力市场，而且还面临着失去社会保障的隐忧。刺激就业仍然是一个压倒一切的关键问题，尤其是那些工业化国家，更需要通过政策的制定来提升老年工人的参与率，这就使许多发展中国家面临着尴尬境地：一方面受到过剩劳动力的困扰；另一方面却不得不围绕着老年人就业及早做出投资和应对。因为对于发展中国家而言，促进生产与体面就业是至关重要的，这样政府将有可能依托更多的资源来建构社会福利制度与保障体系。然而事实却是，这些国家养恤金的低水平甚至缺失已迫使越来越多的老年人流入非正规部门就业，并由此引发越来越显著的老年贫困问题。

2）我国老龄化特征

老龄化同样也将是贯穿我国 21 世纪的基本国情，这既是挑战也是机遇。事实上自 20 世纪 70 年代中期加强计划生育、控制人口快速增长以来，我国的人口生产已由原来的高出生、低死亡、高增长向低出生、低死亡、低增长转化，人口的年龄结构也由此而变化，即逐渐向老龄化转化。根据 2020 年第七次全国人口普查数据的最新发布和大体分析可知，目前中国的老龄化进程已呈现出以下五个方面的特点[①]：

（1）人口老龄化速度较快

人口老龄化速度较快体现在两个方面：其一，我国老龄化速度快于世界老龄化速度。世界人口的年龄结构跨入老年型预计要在 2010 年，而全国人口普查资料却表明，我国的人口年龄结构只用了 18 年（1982—1999 年）便已跨入老年型，比世界人口的老龄化进程整整快了 10 年。其二，我国老龄化进程在明显加快。2010—2020 年，60 岁及以上人口的占比上升了 5.44 个百分点，65 岁及以上人口的占比上升了 4.63 个百分点，可见同上一个 10 年相比，其上升幅度分别提高了 2.51 个百分比和 2.72 个百分点。

（2）老年人口数量巨大

老年人口数量巨大包括两个方面：其一，老年人口的规模巨大。2020 年第七次全国人口普查结果显示，我国总人口（不包括香港、澳门、台湾地区人口）为14.117 8 亿人，其中 60 岁及以上人口为 26 402 万人，占 18.70%（65 岁及以上人口为 19 064 万人，占 13.50%），是世界上老年人口最多的国家。我国除香港、澳门、台湾外，在全国其他 31 个省级行政区中，有 16 个省级行政区的 65 岁及以上人口超过了 500 万人。其二，女性老年人口的数量多于男性。另外，1990—2010 年的人口普查数据表明，全国老年人口的男性数量始终少于女性，只是这一性别比在稳步攀升（由 1990 年的 83.3 上升至 2010 年的 92.68）[②]，但需要指出的是，多出的女性老年人口中有 50%—70% 都属于 80 岁及以上的高龄段人口。

---

① 参见 2020 年 5 月 11 日国务院新闻办公室举行的第七次全国人口普查主要数据结果发布会。参见中华人民共和国国务院新闻办公室网站。

② 参见曾通刚，赵媛. 中国老年人口性别比时空演化及成因分析［J］. 西北师范大学学报（自然科学版），2019，55（1）：95-101。

（3）老龄化水平城乡差异显著

从全国范围来看，广大乡村地区 60 岁、65 岁及以上老年人的占比分别为 23.81%、17.72%，比城镇分别高出 7.99 个百分点、6.61 个百分点。这种城乡倒置的老龄化现象，除了社会经济方面的原因外，还同农业人口大规模的经济型流动（以农民进城为代表）休戚相关。

（4）老年人口质量提高

老年人口质量提高同样包括两个方面：其一，老年人口的文化程度有所提高。2020 年，在 60 岁及以上人口中，拥有高中及以上文化程度的有 3 669 万人，比 2010 年增加了 2 085 万人；高中及以上文化程度的人口占比为 13.90%，比 10 年前提高了 4.98 个百分点。其二，老年人口的预期寿命有所延长。这 10 年来，我国人口的预期寿命也在持续延长，2020 年 80 岁及以上人口有 3 580 万人，占到总人口的 2.54%，比 2010 年增加了 1 485 万人。

（5）老龄化地区分布不平衡

中国人口的老龄化分布具有明显的区域梯度特征，东部沿海经济发达地区明显快于西部经济欠发达地区，人口密度较高的地区老年人口占比也高，反之亦然，这就形成了老龄化地区分布的基本格局：自西北向东南逐步加深的梯度结构。具体就各省级行政区而言，除西藏、香港、澳门、台湾外，其他 30 个省级行政区中 65 岁及以上老年人口的占比均超过了 7%；其中，60 岁以上和 65 岁以上人口的占比辽宁省均排名第一，其他老龄化水平较高的地区则包括沪、苏、黑、吉、川、渝、津、鲁、鄂等（表 5-13）。

表 5-13　中国的老龄化高水平地区分布

地区	辽宁	上海	黑龙江	吉林	重庆	江苏	四川	天津	山东	湖北
60 岁以上人口占比 /%	25.72	23.38	23.22	23.06	21.87	21.84	21.71	21.66	20.90	20.42
65 岁以上人口占比 /%	17.42	16.28	15.61	15.61	17.08	16.20	16.93	14.75	15.13	14.59

5.4.2　人口老龄化的社会影响

所谓老年人口问题，实际上指的是老年人的需求与社会供给之间的矛盾，作为人口老龄化的社会影响则是指随着年龄结构的变化，老年人口比例的增加，为解决这种供需矛盾在实施社会资源的配置过程中，给社会发展所造成的影响。该影响主要包括以下几个方面：

1）老年抚养系数的上升

老龄化会给老年人口的家庭代际结构带来变化，使家庭成员有直系血缘关系的子辈、父辈、祖辈的人员构成中，老年口不断增多，其结果就是，老年抚养系数的快速提升，家庭和社会抚养老年人负担的不断加重。尤其是在我国，受长期计划生育"一胎化"的影响，大量涌现的"4—2—1"家庭不仅会对家庭伦理、道德、婚姻关系造成影响，会使养老、教子等问题日益突出，而且会造成劳动力供给量的持续减少，进而对就业结构和经济发展产生持续影响。

2）医疗保障危机的凸显

通常老年人进入 60 岁之后，人体生物有机体的老化和免疫功能的下降会导致身体健康程度的直线下降，从而使"老有所医"的保障问题变得尖锐起来。老年人对自身健康的关注和需求增加，患病之后能否得到及时治疗，已成为老年人乃至全社会普遍关心的问题。特别是广大农村地区的老年人，在失去劳动能力之后，必须正视的一个现实问题就是，如何面对固定经济来源的缺乏和医疗条件的相对落后。与此同时，全社会的老龄化也会不可避免地引发"领养老金者愈众，而缴养老保险费者愈少"的危机，其结果就是，养老金支付压力的持续上升、医疗费用支出的持续增长和医保基金来源的持续减少。

3）对传统养老模式的冲击

随着现代社会家庭规模的日益缩小，无论是家庭养老、机构养老还是社区养老，采取任何单一的模式都不是最佳选择。这并非意味着家庭成员可以放弃对老年人的赡养义务，因为就大量发展中国家的社会经济发展水平而言，物质上的供养和精神上的慰藉在很大程度上依然依靠的是家庭成员。因此如何取长补短，发挥家庭、社区乃至社会在养老资源上的综合优势，建立起多元、多层次的供养体系和模式，才是未来社会所需解决的重要问题之一。

4）对老年人心理需求的关注

进入老龄化社会后，高龄老年人对社会服务的需求会越来越多、越来越迫切，其生活日用品需要人代购，家务劳动需要人帮做，饮食起居需要人照料；同样在精神生活方面，时常与孤独感、自卑感、抑郁感相伴的老年人也需要不断的情感填充和感情交流，也有社会交际和了解新事物的现实愿望。考虑到老年人个体之间的差异性和交流方式的多样性，要使大多数老年人过上完整意义上的幸福晚年生活，尚有许多事项需列入社会日程加以关注和研究。

5.4.3 老龄化问题的基本应对策略

为改善现有的人口结构和维系原有的"人口红利"，进入 21 世纪以来，我国从 2015 年全面放开"二孩政策"到 2021 年允许和支持"一对夫妻生育三个子女"，再到《中华人民共和国人口与计划生育法修正案（草案）》正式提请十三届全国人大常委会第三十次会议审议，已然是在不断地调整和优化现有的生育国策。在此大背景下，如何应对老龄化既已造成的诸多困扰和影响呢？这就需要有多方面的共同应对。

1）以"老有所医"提升老年人生活品质

这首先要解决医疗费的报销问题，要迅速扭转退休人员医疗费下降的问题；其次是加快医疗保险制度、医疗卫生体制、药品生产流通体制的三项改革，其核心是整顿药品市场秩序，打破垄断，切实提升医疗服务水平。

增加公共卫生经费投入比例，全面改善医疗条件，实现政府提出的"人人享有初级卫生保健的目标"，并将此纳入社会发展规划；调整和优化卫生资源的配置，一方面在城镇加快医疗保险制度的改革，另一方面则是在农村建立由农民自愿参加，由个人、集体和政府多方筹资，以大病统筹为主的农民医疗互助共济的新型农村合作医疗制度，以确保基本卫生服务的均等化，从而在全社会扩大医疗覆盖面。

2）以社区为中心建立老年人服务体系

根据当前家庭小型化、空巢家庭和独居增加的趋势，一方面需要加快社区的老年人服务体系（或是网络）建设，以满足老年人的多元需要。该项举措主要包括：合理规划社区的服务设施布点与网络体系，确保老年人能就近享受咨询、购物、清扫、陪伴、护理等各类服务，并为老年人的学习、文体、康乐、交往等社会活动和交往需求提供空间环境；有条件的大中城市还需建立空巢、孤寡老年人的社会照料系统，对行动不便的老年人提供上门服务，组织志愿者为老年人提供看护和日常服务等，逐步建立适合城乡不同特点、多层次、多功能、多项目的社区老年人服务体系等。

另一方面则是以社区为中心和单元，按一定标准规划和建立养老服务设施体系。该项举措主要包括：① 养老保障的福利化。增加投入用以建设敬老院、托老所、城乡社区日间照料中心、养护院等养老、安老设施，并改善现有设施条件和提高设施建设标准。② 养老服务的多元化。鼓励多类市场主体和社会组织参与老年社区、老年医院、老年文化活动室等养老公共设施的投资、建设和运营，分类供给高端、中端和基本便民服务的公共设施，提高养老服务设施的利用效率。③ 为老设施的均等化。以基本养老保障为基础，实施以医疗服务设施、文化娱乐设施、教育设施等为重点的城乡为老服务体系建设，促进城乡基本养老服务设施的均等化服务[①]。

3）确立家庭养老、机构养老与社区养老相结合的养老模式

以社会保险制度为保障，把家庭养老、机构养老和社区养老有机结合起来，近期形成以家庭养老为主、社区养老为支撑和机构养老为补充的养老模式，远期则尝试确立以社区养老为主、机构养老为辅养老体系，发挥老年人自身、家庭、社会和国家的最佳效用（表5-14）。

其中，家庭养老主要面临居家养老环境的营建问题。住宅设计要充分方便老年人起居和满足老少户可分可合的生活需求，社区规划则要面向老年人安排必要的活动场所与公共设施，通过家庭养老功能的继续发挥，完善具有尊老、敬老传统的家庭养老体系。目前在我国农村，家庭养老仍属于一种主导模式。

机构养老可以把有条件的敬老院、托老所、养护院等建成综合性、多功能、面向老年人的社会福利服务中心，并完善现有的社会救济和五保户供养制度，尤其是要让城乡孤寡老年人过上"有吃，有穿，有住，有医，有葬"的五保生活，让贫困老年人通过最低生活保障线获得救助，同时倡导村民互助，教导年轻人孝敬老年人等。

---

① 本节部分论点参考陈小卉，杨红平. 老龄化背景下城乡规划应对研究：以江苏为例［J］. 城市规划，2013，37（9）：17-21。

表 5-14 2015 年和 2030 年江苏城乡养老模式预测 单位：%

年份	养老模式			苏南	苏中	苏北
2015	城市		家庭养老	80	85	85
			社区养老	16	12	12
			机构养老	4	3	3
	乡村		家庭养老	80	80	89
			社区养老	17	16	6
			机构养老	3	4	5
2030	城市	社区养老	混合居住型	60	68	75
			集中居住型	30	23	17
		机构养老		10	9	8
	乡村	社区养老	混合居住型	75	80	85
			集中居住型	15	12	8
		机构养老		10	8	7

社区养老则是针对中国所面临的巨大老龄化问题而提出的一种新型养老方式[①]，即让老年人居住在自己家里，在继续得到家人照顾的同时，由社区的有关服务机构和人士为老年人提供上门服务或托老服务。可以说，这一养老方式是吸纳了家庭养老和机构养老的双重优势和可操作性，并将二者的最佳结合点落实在了城乡基本生活单元——社区上。

4）健全老年人的社会保障制度

以一种健全、可持续的方式为老年人社会保障体系提供资金，进一步完善城镇离退休人员基本养老金的正常增长机制，完善相对独立的养老金经办机构，重视养老金的征收、给付、营运和管理工作，保证养老金的全额按期支付，并探索以国债形式建立养老保险基金的可能性途径等。农村则可以逐步推行以自我储蓄和家庭保障为主、以集体补助为辅、国家予以政策扶持的农村养老保障制度，并积极推进城乡养老、医疗方面的社会保险和商业保险，逐步建立起城乡老年人的社会保障体系，尤其需要将非正规经济中的老龄弱势群体纳入医疗卫生和福利保障的覆盖范围。

此外，涉及老年人就业的举措还包括：与就业中的年龄歧视做斗争，保障老年工人的劳动权利和基本待遇，尤其是对老年妇女的关注；向老年工人提供安全健康的工作环境，消除危害工作能力的职业危险与工作条件；通过技能培训和就业条件改善来延长工作生涯等。

5）以适老化干预建设老年友好型社区

2007 年，世界卫生组织在《全球老年友好城市建设指南》中提出的"老年友

---

① 社区养老是以家庭为核心，以社区为依托，以老年人日间照料、生活护理、家政服务和精神慰藉为主要内容，以上门服务和社区日托为主要形式，并引入养老机构专业化服务方式的居家养老服务体系。

好社区"（age-friendly community）理念，是指"结构和服务适应并容纳具有不同需求和能力的老年人的社区"。那么，如何确立老年友好型社区的评价指标体系（表5-15）和标准呢？目前，国际上已有不少机构（如美国区域老龄化机构协会、加拿大公共卫生署、英国国际长寿中心等）和学者提供了各具特色的政策和研究，且大多覆盖了建成环境、住房、交通、社会参与、信息交流等方面。

表 5-15　老年友好型社区的评价指标体系示例

目标层 A	准则层 B	指标层 C
老年友好型社区	邻里环境 B1	用地混合度 C1；容积率 C2；可步行性 C3；公共绿地率 C4；绿地率 C5；公共设施的可达性 C6；环境无障碍化程度 C7；标识系统 C8
	环境性能 B2	热环境 C9；环境整洁度 C10；光环境 C11；风环境 C12；饮用水质量 C13；声环境 C14
	住房 B3	住房类型多样化 C15；垂直交通无障碍化 C16；安全性能 C17；套型适老化 C18；室内无障碍化 C19
	服务与设施 B4	医疗设施 C20；商业零售 C21；养老机构（养老院）C22；社区老年文化活动设施 C23；社区日间照护设施 C24；社区养老综合服务设施 C25；老年大学 C26；老年公寓比例 C27
	道路与交通 B5	出行的可选择性 C28；公共交通的可达性 C29；路网密度 C30；道路无障碍化 C31；残疾人专用车位 C32
	社会参与 B6	参与社会组织、团体活动的数量 C33；老年人社会活动的参与度 C34；参与社区事务 C35；志愿活动 C36
	社会包容 B7	家庭代际交流 C37；社区归属感 C38；社区收入多元化程度 C39；对残障人士的支持 C40
	交流与信息 B8	互联网的可达性 C41；紧急呼救系统 C42；邻里交往 C43；法律援助 C44；健康咨询 C45；老年大学入学率 C46

以此为据，老年友好型社区的营建实质上就是从环境、交通、住房、设施等方面入手展开适老化设计、改造和建设，并满足诸多专业领域的技术标准和特定要求。比如说社区公共空间体系的适老化干预，就需要针对老年人口的日常活动特点（如休闲活动持续时间长且有规律、活动场所以社区内和社区周边公共空间为主等），采取明确空间主次层级结构、加强各类公共空间联系、细化空间适老化设计（如遮雨连廊、坡道、光热条件等）等一系列的措施和手段（表5-16）。

表 5-16　老年友好型社区的公共空间适老化干预

干预目标	适老化策略	适老化干预示意图
明确空间主次层级结构	生活街道重构，划分空间层次，设置标志性节点，设置微空间，提高街道安全性，空间复合，考虑微气候	

干预目标	适老化策略	适老化干预示意图
加强各类公共空间联系	底层开发，功能置换，空间联通，设置标志性节点，提高空间安全性，考虑微气候，空间复合	
细化空间适老化设计	解决高差问题，提高空间安全性，设置街道微空间，地面铺装差异化，设置标志性空间，设置休憩空间，拓宽步行道，解决停车问题，加减处理法，设置环形步道，沿街商业挑檐	

第 5 章思考题

1. 城市就业问题包括哪些类型？它们各自的原因和特点分别是什么？

2. 我国城镇住宅的供给曾出现哪些问题，又可以采取哪些基本策略？

3. 什么是贫困？什么是贫困线？我国城市贫困群体主要有哪些特点？

4. 我国的老龄化社会出现了哪些特点？应对老龄化问题的主要方向是什么？

第 5 章推荐阅读书目

1. 康少邦，张宁等. 城市社会学［M］. 杭州：浙江人民出版社，1986.

2. 吴宏洛. 中国就业问题研究［M］. 福州：福建教育出版社，2001.

3. 袁媛. 中国城市贫困的空间分异研究［M］. 北京：科学出版社，2014.

4. 焦怡雪，尹强. 关于保障性住房建设比例问题的思考［J］. 城市规划，2008，32（9）：38-45.

5. 朱冬梅，刘桂琼. "新二元结构"下城镇贫困人口的特征、成因及对策研究［J］. 西北人口，2014，35（4）：59-62.

6. 陈小卉，杨红平. 老龄化背景下城乡规划应对研究：以江苏为例［J］. 城市规划，2013，37（9）：17-21.

6 城市规划的社会学过程

从技术层面来讲，城市规划具有一种职业技术的特征；从管理层面来讲，城市规划具有一种政府行为的特征；从参与层面来讲，城市规划则有一种社会实践的特征。因此，城市规划的社会过程指的就是在城市规划的编制和实施过程中，通过社会各利益群体对规划的参与和反馈，使规划所面对的问题从如何来保证决策的理性转变为如何来改进行动的品质。这并非一个单一的技术过程，而是一个众多社会利益相互制约的复杂的社会过程。或者说，城市规划的社会过程是全方位的，渗透到了规划的编制、实施、管理、监督等各个环节中。

6.1　城市规划的社会价值取向

6.1.1　城市规划的技术与社会过程

城市规划的权威并非完全凭借规划自身技术的科学性来获得，它本身就是一个政治行为和社会活动，具有公共政策的特点。与城市发展相伴随的是城市中个体或团体在价值上的不平等，因而城市规划从社会政治的角度来看，就是一项价值分配的活动，其过程就是寻求和实现社会价值的过程。城市规划的这一特点也决定了其在社会价值问题和技术问题之间存在着一种微妙的平衡。在讨论城市规划的价值取向时，首先需要了解作为技术文件的城市规划和作为社会活动的城市规划的特点与作用之间的相互关系。

城市规划的技术过程是指规划者通过专业知识和技术语汇来解决城市问题，对城市空间发展和土地利用进行综合的分析和判断，并依此来形成共同的行动准则；而城市规划的社会过程则是规划对社会的施加以及社会对规划的接受和服从过程，它一方面被政治制度所规制，另一方面又会以社会的一致赞同为目标。

若将这两个方面严格划分无疑会引发二元对立，并导致城市规划价值取向的绝对化。事实上，作为技术文件的城市规划本身就是规划社会价值的空间再现，当前许多批判城市规划"技术全上"的人们开始重新审视规划的"科学性"含义：过去人们一般认为"好的规划"是由一系列技术范式所构成的，这种将技术作为解决城市问题的最终手段带有浓厚的精英主义倾向，并认为城市规划中存在一种先验的、超出社会之上的价值。例如，19 世纪以来许多理想化的城市模式均体现了这一"技术合法性"的价值取向，有查尔斯·傅立叶（Charles Fourier）的"法朗吉"、罗伯特·欧文（Robert Owen）的"新协和村"、索里亚·马塔（Soria Mata）的"带形城市"、托尼·戛涅（Tony Garnier）的"工业城市"等。但这些理想化的技术模式往往在实施中遭遇挫折，或者在实施中带来一系列的社会问题（如片面夸大政府在规划实施中的作用，忽视所涉及的各种利益群体等）而不得不将规划束之高阁。

社会对城市规划的接受和服从过程主要体现为"一致赞同的规划"（consensus planning），即其权威性在于社会成员的接受程度。如果规划体现了社会的共同价值，则具有更高的权威性，也更易于得到实施。

虽然规划的技术过程不能替代社会过程，但在技术理性中如何体现社会价值是保证规划可操作性的关键所在。纯粹的"技术至上"将导致规划可操作性的丧失，而片面强调规划的"一致赞同"，则会使城市规划陷入追求短期利益的泥沼之中。所以说，城市规划的技术过程本身就是开放性的，与社会过程中的价值取向是一种互动的关系。事实上那些在实施过程中受到一致赞同的规划，往往在技术上也非常完善，并且考虑了社会的利益分配问题。因此，对于城市规划的技术过程来说，其实要建立这样的认知：① 城市规划的技术过程与社会过程是在不同的层面上发挥作用，技术过程为社会过程提供了决策依据和参照，但其本身并不能具体推进社会利益的分配；② 要树立城市规划专业技术层面在城市规划过程中的核心地位，必须融入对社会过程的考虑，并体现社会共同的价值取向。

6.1.2 城市规划中的公共利益

1）公共利益的概念

城市规划的技术过程可被视为其社会价值在空间上再现的过程。一般认为，城市规划的社会价值在于维护公共利益，或是实现城市的整体利益。但这种公共价值的抽象表达往往会导致对城市中个体利益的损害。例如，在旧城改造中，被拆迁的居民、开发商、城市政府之间相互冲突的价值是很难达成一致的，居民自身价值的放弃才成就了代表着开发商和城市政府共同利益的城市规划的"城市整体利益"。因此，需要对公共利益做出恰当的界定和理解。

公共利益指的是公众和社团普遍享有的，或影响到公众与社团的权利和义务的某种利益。虽然人们普遍认为它是积极的，但对公共利益内涵的明确所指却缺乏共识，主要表现为：多少人从一项行动中获益，才可称之为公共利益。大卫·米勒（David Miller）指出公共利益的三个基本特征：① 不可能在社群中某些人中存在；② 同所有成员都有相关性；③ 涉及某些基本的人际原则，如诚实、奉献等。此外，迈克尔·瓦尔泽（Michael Walzer）还提出了公共利益的分配原则：必须关注成员的需要；被分配的利益必须根据需要按比例分配；整个分配以平等的成员资格为基础[1]。

实际上对于公共利益的理解，需要与个人利益相比照，并结合具体的社会现实来界定。例如，在旧城改造中以"公共利益"为名来损害私人利益的行为，在现阶段就可强调个人利益维护同公共利益实现的一致性。因此可以说，代表公共利益的

---

① 参见杨帆. 城市规划政治学［M］. 南京：东南大学出版社，2008：66。

社群主义和代表个人利益的新自由主义是互补的，且与社会环境密切相关。

2）城市规划的社会价值

学者张兵将城市规划的社会价值取向归结为三个方面，即环境的价值、效率的价值和公平的价值，这也是城市规划的核心价值①。具体观点如下所述：

其一，环境的价值取向包括以功能分区、规划指标等手段来保证居民的物质环境质量，并保持城市生态环境的整体平衡；

其二，效率的价值取向指的是利益主体的满意度评价和城市发展的整体经济性评价，"是以各种利益主体的基本经济效率共同作为控制城市土地使用及其变化的价值基点"；

其三，公平的价值取向则指的是城市规划可以通过资源的再分配来弥补社会贫富差别所造成的资源分配不均，缩小势差，增进公平②。

对于一个具有多元价值观的异质性社会来说，城市规划的环境、效率和公平的社会价值无疑有利于规划技术成果实现"一致赞同"。

6.1.3 城市规划的多元价值观

1）城市规划多元价值观的形成

20世纪60年代以后，不同价值观的合理性与平等地位逐渐汇成一个主要的社会议题——多元价值观的逐渐形成。价值多元化的理论主要有三个来源：一是尤尔根·哈贝马斯（Jürgen Habermas）的宪政民主思想；二是查尔斯·泰勒（Charles Taylor）的"政治承认"；三是解构主义理论。前两者提到了不同社会群体之间的公正问题，后者则挑战了正统的话语霸权。

城市本身就是由不同的利益群体所构成，他们具有不同的价值观，而传统城市规划中的技术至上主义和公共利益的片面追求，都有可能造成对特定社会群体利益的损害和对日常生活秩序的破坏。在城市更新和新城建设活动中，规划目标往往会同市民利益发生冲突而招致不满，于是人们开始思考规划与公众个人利益的结合点，城市以及城市规划也由此而成了多元化理论研究和批判的热点。

1965年，英国的规划咨询小组（Planning Advisory Group，PAG）提出了"公众参与规划"的设想，并在1968年的斯凯芬顿报告中研究了公众在规划初期参与规划的形式与方法。但这种参与是有限度的参与，仍保留了政府的决策权力，公众参与方式类似于我国现阶段规划的公众咨询。1969年，美国学者谢里·阿恩斯坦（Sherry Arnstein）在《市民参与的阶梯》（A Ladder of Citizen Participation）一文中设想了一种全面参与的形式（图6-1）：她将政府邀请公众代言人作为顾问（操纵），将政府为了抚慰公众不满而采取的一系列表象措施（治疗）称为"没有参与"，是最下层次的参与；将通告、公众咨询、设立没有决策权的公众委员会的安抚称为"象征性参与"，是中间层次的参与；而建立伙伴关系、市民作为权利代表和市民控制则被称为"公民权

---

① 参见张兵.论城市规划的合法权威与核心价值［J］.规划师，1998，14（1）：107-111。
② 同上。

利"，是参与的最高层次。

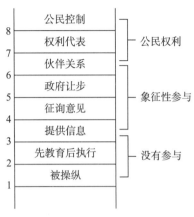

8	公民控制	公民权利
7	权利代表	
6	伙伴关系	
5	政府让步	象征性参与
4	征询意见	
3	提供信息	
2	先教育后执行	没有参与
1	被操纵	

图6-1　阿恩斯坦的公民参与阶梯

在这一进程中，凯文·林奇（Kevin Lynch）通过采集使用者的意见来评价城市空间的好坏，在城市形态研究上同样体现了多元化的价值取向；在城市设计领域，柯林·罗（Colin Rowe）也通过《拼贴城市》表明，城市规划者应在不同的价值观和美学中寻求平衡，以"拼贴"方式来解决城市中交织的矛盾与冲突，并倡导在城市建设中采取"零敲碎补"（bricolage）的方式，而非大规模大尺度的拆建。不仅如此，回溯历史也会发现，全世界有不少地区的城镇居民都会基于自身需要和价值取向自发建设了各自的家园和社区，虽然没有专业人员的帮助，但是这些自下而上的产物（没有设计师的空间）却时常会成就一些伟大的城市空间。像简·雅各布斯（Jane Jacobs）、伯纳德·鲁道夫斯基（Bernard Rudofsky）等专家学者就曾以翔实的案例，阐释了这种市民自发建设行为的社会文化意义与驾驭环境创造的非凡能力，从而引发了城市规划专业界对社会文化影响的重新思考。所以，专业设计人员必须学会理解自身的规划正在影响着的城市的复杂性。

2）多元价值与倡导性规划

在现代社会中，不同社会阶层的价值取向是有冲突的。多元价值观的提出对公共利益的提法产生了质疑。例如，20世纪70年代英国学者金斯利·戴维斯（Kingsley Davis）就在纽卡斯尔地区的调查中发现，城市规划反映并加剧了社会的不平等。许多学者开始从社会学和政治学角度来研究不同价值体系的沟通方法，其中又以保罗·大卫杜夫（Paul Daviddoff）的"倡导性规划"最为著名。

大卫杜夫在《规划中的倡导性和多元主义》（*Advocacy and Pluralism in Planning*）中提出，既然公共利益的分化不可避免，规划师又难以在不同价值取向的权衡中真正做到公正，就应该放弃公共利益代言人的角色，投身到社区、组织和团体中为他们的利益辩护，通过图纸、辩论、协商的方式解决彼此价值和目标上的分歧。

倡导性规划为不同的价值观提供了一个可供博弈的平台，并使这一过程公开化。随后在此基础上产生的渐进主义规划、行动规划等均反映了多元化理论对公共利益的批判。像查尔斯·林德布洛姆（Charles Lindblom）提出的"渐进主义规划"就认为，规划决策的关键不在于寻找最大效益，而在于找到不同价值差异的趋同之处，"好的规划"即意味着共识。上述研究成果均为规划开启了一条新思路，并推动了"社区规划师"制度的产生。

3）对多元价值理论的评价

多元价值理论使城市规划有可能在技治主义之外寻求一条渐进的道路，打破城市规划技术过程与社会过程的二分界线，从而有助于社会共识的达成和社会矛盾的减少。但由于多元价值观需要兼顾城市中各类社会团体和个人的不同利益，人们通常重视可以预期的短期利益，而不愿意投入具有不确定性的长远利益，最终导致规划的短视；与之相反的另一个极端倾向则是，任何价值观都是可以接受的，这同样会让社会失去共同的价值标准，让城市失去共同的目标。最后需要说明的是，多元价值观虽然消解了城市规划中技治主义的价值立场，但也没有提出太多的可操作方式，其实践效果仍有待验证。

6.2　城市规划的公众参与

从法律角度来说，公众参与就是公民或单位不通过国家代表机关直接参与处理社会的公共事务，是实现依法治国、依法治市、促进社会主义民主与法治的基础。城市规划的公众参与，就是市民通过一定的方法和程序直接参与城市规划的制定与实施过程。

公众参与广泛存在于城市规划的编制与实施过程当中：在规划编制过程中，市民尤其是与规划利益相关的市民，参与规划的编制讨论，并将这些意见反映到规划决策中；在规划实施过程中，公民和社区组织则主要参与规划的监督与管理。公众利益与价值通过对规划过程的参与而被纳入规划的决策，并形成丰富的理论与方法。

6.2.1　公众参与的目的与主体

1）公众参与的目的

城市规划中的公众参与缘起于 20 世纪 60 年代西方多元化理论的产生和自由主义思潮的复兴，是一种让群众参与决策过程的设计。这里需要强调的是与公众一起设计，而不是为公众设计。公众参与作为对城市规划现代性的反思，实现了城市规划的社会化，促使其从单一的专业技术领域走向社会政治领域。

公众参与的过程还是一个教育的过程，不管是用户还是专业设计团体，都不存在可替换的真实体验。专业设计团体可以从用户群体中学习社会文脉和价值观，用户则通过与专业设计团体的沟通让实践活动更好地满足人民需求。城市规划的编制和实施既不能缺少公众参与，也不能因为过分强调每个步骤中的公众参与而造成众说纷纭、时间上的延迟以及参与制度贯彻可行性的降低。

具体来说，公众可参与的环节与任务包括：① 提供信息、教育和联络。帮助市民了解城市规划的目的、过程、参与工作的方法，及时公布研究进展与相关发现。② 确定问题、需要及重要价值。确定公众需求以及对于本地段市民来说意义重大的影响因素和现存问题。③ 发掘思想和解决问题。进一步确定备选方案，弥补原有构思的不足，寻找更好的措施对策。④ 收集人们对建议的反应和反馈。获取人们对开发活动和生活各个层面的关系的认识。⑤ 评估各备选方案。掌握与地段综合环境相关的价值信息，并在对备选方案做出选择时考虑这些信息。⑥ 解决冲突、协商意见。了解矛盾冲突的核心问题，设法协调矛盾、补偿不足，就最优方案达成一致意见，避免不必要的纠缠。

2）公众参与的主体与角色

社会学通常会把人的群体作为社会结构分析的基本单元，因为作为个体的人是难以把握的，而作为群体则具有共同的价值取向，面对同样的条件会有相似的行动。因此城市规划的公众参与往往会表现为群体性参与，这包括两种形式：社区性参与和通过中介组织参与。

社区性参与是指专业人员、家庭成员、社区组织、行政官员等通过正式或非正式的合作而制定出一系列措施的过程。在具体实践中，社区组织是社区参与的媒介。因为被赋予了权利的公众作为个体无法总是同政府规划部门对话，而社区组织代表了整个社区的利益，是可以通过社区规划师来联系与组织社区公众意见的。

通过中介组织参与则主要是指通过第三部门（各种民间组织，而非公共与私人部门）来实现参与。这就需要保证第三部门的健康发展及其政治、经济上的独立性。如果在现实中，这些组织对国家的整体依赖性较强，就有可能影响公众参与的公正性。

具体而言，公众参与的主体通常包括四类（表6-1）：其一为以规划设计人员为代表的专业设计团体。该类团体掌握城市规划专业技能，是整个城市规划活动的技术支撑。其二为地方政府部门。该类团体作为经公选形成的国家管理机构，被赋予一定的行政权力，在规划决策中占据优势地位。其三为社会公众或是用户。从产品服务的角度来看，城市规划是一种以社会为委托人的规划设计活动，其运作目的不在于满足个人或是团体的需要，而在于为所有用户创造到达与使用的城市空间环境。从这一意义上来说，所有社会公众（包括专业团体、政府团体在内）都会在生理或心理层面受到规划决策的影响，而成为规划设计结果的接纳与使用对象。其四为私人开发团体。由于现阶段许多规划实施要借助于社会民间资本的投入，这就将相关地产商、投资商、券商等私人或是私人集团从普通市民团体中剥离出来，组成了一支特殊的、以一定市场资本投入为特征的参与团体，其主要是通过对资本投入方向、时机以及量度的选择来左右规划决策。

表6-1　城市规划的参与主体分类与角色分工

评价过程		参与主体			
		专业设计团体	地方政府部门	社会公众或用户	私人开发团体
总体策划	基本目标决策	B	A	A	A
	可行性研究	A	B		B
	项目基本策划	B	A		A
	全面预测评估	A		B	
	拟订工作计划	A	B		
规划组织	调研收集资料	A		B	
	综合分析资料	A			
	多种构思方案	A			
	方案选择	B	A	A	A
	调整深入	A	A		A

评价过程		参与主体			
		专业设计团体	地方政府部门	社会公众或用户	私人开发团体
规划实施	贯彻完成	A	A		A
运作维护	反馈	A	A	A	A

注：A 表示主要角色；B 表示促进支持的角色。

需要指出的是，虽然各种参与主体在城市规划的不同阶段有着各自的角色分工进而影响规划决策，但是社会结构的差异决定了上述主体在决策制衡能力上的强弱差异：地方政府部门作为地方权力机构，无疑占据了决策的优先权；而私人开发团体由于政府部门必须依赖其资源完成建设项目，也间接成为影响决策的强势团体；以规划设计人员为代表的专业设计团体则主要通过各种专业途径来左右规划结果。所以，狭义层面的参与理论认为，以规划设计人员为代表的专业设计团体、地方政府部门与私人开发团体在严格意义上属于公众参与的当然团体，他们在城市规划运作过程中的介入属于自然行为而无须特别安排；反倒是大量没有权力和资源支持的，又是规划设计产品使用者的社会公众，应成为公众参与所关注的核心主体，因为有了他们的介入才是真正意义上的公众参与。

6.2.2 国外城市规划的公众参与

1）英国城市规划的公众参与

（1）公众参与的法规

在英国城市规划体系中，公众参与贯穿了城市规划的整个过程。1968 年颁布的《城乡规划法案》最早规定了公众参与的法定程序，如规划审批前需要公示 60 天，即使审批通过也需要一个公示期；1990 年的《城乡规划法》和 2004 年的《规划与强制购买法》则进一步完善了公众参与机制，简化了公众参与程序。

（2）公众参与的形式

英国城市规划的公众参与以公众咨询、听证会和规划公示为主，但与国内的规划公示不同的是，这类措施多是通过各种组织来操作，并已成为政府日常事务的一部分。此类信息公开程序包括信息的主动公开和信息的依申请公开两种，其中主动公开是地方规划部门和开发主体的法定义务，其又包括三种形式，即媒体公告、现场公示和邻里通告，而采取何种形式则取决于作为公示对象的利益群体特征：如果是临近的居民，多会采用邻里通告形式；如果利益群体散布或是不确定，则多采用媒体公告形式；如果信息未公开，公众还可以申请规划信息的公开，除了法律规定免于公开的外，都会在 20 个工作日内予以公布。

英国的城市规划主要有结构规划和地方规划两种形式，《城乡规划法案》对这两种规划都规定了公众参与的法定程序：在结构规划的编制中，郡规划部门必须将规划目标以附录形式提交给公众讨论，完成规划草案 6 周内进行公众评价；环境事务大臣在审批规划时，必须经公众审查才能最终决策；地方规划部门的编制和审批，也有严格的公众参与的要求，地方规划议题的确定、规划草案的制定和开发目标的确定都必须经过公众审核与讨论[①]。

2）美国城市规划的公众参与

（1）公众参与的法规

公众参与是美国城市规划理论和实践的基本组成部分。美国的许多规划师认为，市民的参与可以提高规划过程中某些决定的准确性。联邦政府要求市民参与政府对地方项目投资经费开支的决策，将公众参与的程度作为投资决策的重要依据，并通过法规来规定参与的程序与方式。从1956年的《联邦高速公路法案》开始，到1969年高速干道项目建设的两次听取意见（指规划初期围绕项目必要性和选址，后期对工程位置及设计听取意见），再到波士顿的交通规划评价，公众参与的程度也在逐渐提高，从事后参与走向了全过程覆盖的实质性参与。20世纪90年代初的《新联邦交通法》更是标志着公众全面参与时代的来临，其规定任何一个大城市的规划机构在提出一个长远计划之前，"都必须为市民们、有关公共机构、交通行业的代表、私人投资者……以及其他利益团体提供公平的机会，来对这一长远计划加以评论，这样可以使行政官员能对其做出恰当的评价"[②]。

（2）公众参与的阶段

美国城市规划的公众参与并没有固定的形式，而强调规划设计人员的联络作用，且在不同规划阶段有着不同的参与形式；同样，市民也并非毫无差别地参与规划全过程，一般认为市民参与最有效的阶段是确定目标和制定政策阶段，规划设计人员的技术性作用则在其他阶段更显重要（表6-2）。

表6-2　美国参与者在规划各阶段的作用

城市规划步骤	参与者		
	市民	规划设计人员	政府部门
1. 社区价值评价	×	○	
2. 目标确定	×	○	×
3. 数据收集		×	
4. 准则、标准设计		×	
5. 比较方案制订		×	
6. 优选方案	×	○	×
7. 规划细节设计执行		×	
8. 规划修订、批准	×	○	
9. 贯彻完成		×	×
10. 信息反馈	×	×	×

注：×表示主要角色；○表示促进或支持作用。

---

① 参见陈志诚，曹荣林，朱兴平. 国外城市规划公众参与及借鉴［J］. 城市问题，2003（5）：72-75，39。
② 参见马门. 规划与公众参与［J］. 国外城市规划，1995（1）：41-50。

（3）公众参与的形式

美国公众参与规划的形式非常多元，其选择主要是依据所应用的规划步骤来决定，包括（表6-3）：适用于任一步骤的参与形式有问题研究会（charrette）、情况通报会和邻里会议、公众听证会等；适用于确定开发价值和目标阶段的有居民顾问委员会、意愿调查、邻里规划会议、机动小组等；适用于方案比选阶段的有公众投票复决、社区专业协助、直观设计、比赛模拟等；适用于实施方案阶段的有市民雇员、公众培训等；适用于方案反馈与修改阶段的有巡访中心、热线等。此外，美国城市规划公众参与的信息技术主要使用了地理信息系统（Geographic Information System，GIS）平台上开发的规划支持系统（Planning Support System，PSS），结合了地理信息系统的空间、文本和图表信息来达到实时互动，并通过互联网手段来促进社区的参与。

表6-3　美国城市规划各阶段的公众参与形式

城市规划阶段	适用的公众参与形式	公众参与方法
城市规划的各阶段	问题研究会	把所有利益相关的团体都邀请来参加马拉松式的会议，以解决某些复杂问题，在短时间内频繁接触使参与者能很快理解材料，建立相互联系，并将结果交给社区官员组成的评审委员会
	情况通报会和邻里会议	情况通报会向居民通报规划的概况和技术方法，给居民一个提问的机会而不是和居民讨论与选择规划方案，也可以是公开的辩论会。邻里会议针对某个项目与直接影响的居民交换意见
	公众听证会	让相关组织发表对公共事务的观点
	公众通报安排	利用报刊专文、直接邮寄、电台广播、电视节目等形式向公众通报情况
	特别小组	为解决某些特殊问题而组织的特定的小组型居民委员会
确定开发价值与目标阶段	居民顾问委员会	由具有广泛代表性的居民组成，权力有限；其改进形式是"居民评议会"，成员从邻里和城市范围中选出，或由规划部门指定，给居民充分的决定权，评议会成员讨论不同的方案并决定实施方案
	意愿调查	给规划人员提供经过统计的有代表性的信息
	邻里规划会议	使居民参与政策制定过程，成员可由政府指定或选举产生
	公众代表陈述	由选举出的或指定的代表把公众的观点直接反映给制定政策的机构
	机动小组	通过群体的力量改进公众参与过程。小组规模为5—25人，必须有一个能激发每个人活力的领导者。对于焦点的问题利用小规模的小组（6—10人）来决定公众所反映的情况，其领导者为有经验的专业仲裁者。小组给计划制订者一个直接了解公众反应的机会
方案比选阶段	公众投票复决	全体参与者就决策进行投票表决，常用于决定公共资金是否用于某项建设
	社区专业协助	社会机构帮助公民充分了解技术知识，从而做出正确判断
	直观设计	是一种开放的规划过程，参与者不是对一个已完成的规划做出反应，而是在完成设计前提出自己的意见。过程包括公众会议、图册、专题讨论会等
	比赛模拟	公众在规划发展过程的模拟中扮演不同的角色，使他们的选择得到验证
	利用宣传媒介表决	利用电视、广播、报纸使大量市民了解规划项目并获得他们的意见，具有更多的潜在参与者

城市规划 阶段	适用的 公众参与形式	公众参与方法
实施方案 阶段	市民雇员	规划部门在社区中雇用当地居民，直接了解某些值得注意的社区需求
	公众培训	通过演讲和印刷资料等方式，在规划实施过程中向公众提供有关项目建设的重要信息和背景资料，促使他们对专业人员的规划做出有效反应
方案反馈 与修改 阶段	巡访中心	由规划部门和当地邻里组织机构来主管的可以四处活动的信息中心，为居民提供便捷的邻里资料交换的场所
	热线	公众通过热线电话听到他们所关心的问题、对他们疑问的解答，或者与规划部门的代表交谈

3）法国城市规划的公众参与

法国的城市规划在 20 世纪 60 年代以前具有较为显著的中央集权特征，并没有将公众参与城市规划事务作为民主的原则之一加以倡导。但是法国公民有着以社会运动的方式自我组织和参与政治的传统，而公众参与能进入实质性操作也正是 20 世纪 60—70 年代城市社会运动推动的结果，并通过法律形式确定了下来。

（1）公众参与的法规

法国 1967 年的《地产指导法》和 1973 年的《城市规划法典》规定，城市规划的编制和审批权属于武器装备部。但是随着 20 世纪 60—70 年代维护城市权、反思消费意义、质疑公共决策方式等社会运动的风起云涌，越来越多的民众开始反对政府的大规模建设行为，纷纷抗议大规模建设中无视城市品质的做法，并要求参与城市建设的决策。于是，1976 年颁布的《城市规划改革法》明确了在某些规划文件修订和审批过程中展开"民意调查"的规定，并通过其后的环境保护等法律得以进一步加强。

公众参与的全面推进则主要得益于 20 世纪 80—90 年代的地方分权制度，《地方分权法》规定，自 1983 年 10 月 1 日起将城市规划管理权移交市镇，决策权基本交给了地方议会，而中央政府只保留了国土和区域规划的编审权；其后，为了确保公众从规划一开始就能参与方案的制定过程，法国政府又决定在规划编制与修订程序中增加公众咨询的环节，并通过 1985 年的《城乡规划指导原则的制定与实施法》明确了下来；1999—2000 年《社会团结与城市更新法》等法律的颁布，则重新建立了法国城市规划体系的指导原则和框架，也进一步扩大了城市规划中公众参与的使用范围。

（2）公众参与的形式

法国城市规划中的公众参与主要是通过公众咨询和民意调查来实现。其中，公众咨询指的是规划编制过程中与公众的沟通与交流，使规划更加符合市民的要求；民意调查则指的是在规划审批过程中，在方案提交终审机关之前由公众针对是否接受这一方案提出意见，其决议有可能会否决之前编制好的城市规划方案。

公众咨询也包括三种组织形式：信息发布、意见征询和共同决策[①]。其中，信息发布是指主管城市规划的公共机构在规划编制过程中保证公众的知情权；意见征询

---

① 本节主要参考卓健. 法国：城市规划中的公众参与 [J]. 北京规划建设，2005（6）：46-50。

是指规划编制过程中通过开放的讨论会或是封闭的工作会议向公众征求意见；共同决策则是指公众以"协会"的形式参与讨论，而公共机构不会事先准备和提供一个供讨论的方案，而是在协商过程中共同拟订方案。

尤其是《社会团结与城市更新法》扩大了民意调查在规划编制中的应用，使之成为环境保护和城市规划决策中最为基本的公众参与程序，其适用范围包括：① 所有需要对私有财产权实施公共征用的项目；② 所有有可能造成环境变化的公共建设项目；③ 1986 年和 2001 年政府令中规定的项目；④ 所有城市规划文件的编制和修订。

4）日本城市规划的公众参与

（1）公众参与的法规

近代的日本城市规划属于中央集权体制下的政府公共项目，1968 年新的《城市规划法》开始推动城市规划方面的地方自治，并明确了城市规划决策权须移交给都道府县知事及市町村，同时还增加了在规划编制和决策审议阶段引进公众参与程序的内容[①]。20 世纪 70 年代，日本城市规划的重点逐渐从基础设施建设和大型综合开发转向社区建设，这也为市民自下而上地参与规划提供了良好的土壤。

1980 年，日本实施的地区规划制度又把社区的道路、公园、建筑布局、性质等以详细规划的形式确定下来，并充分保证了地方基层政府的决策权和公众的参与权；1992 年，《城市规划法》中的"市镇村总体规划编制制度"进一步强调了规划编制过程中市民的参与，这标志着日本城市总体规划进入了市民参与型的新阶段；20 世纪 90 年代的《特定非营利性法人促进法》，则促进了以民间非营利性组织（Non-Profit Organization，NPO）为组织形式的城市规划公众参与，在此背景下，以市民为主体的参与型社区建设活动日益增加。

（2）公众参与的形式

在不同的规划编制阶段或是不同的规划实施过程中，参与主体可采取不同的参与形式，比如说在调研和方案编制阶段就可采取城市规划协议会和讨论会的形式，而在审议与决策阶段则多采取听证会、公开讨论、问卷调查、提交意见书等形式。总体来看，在社区一级的规划中公众参与较为普遍和稳定，而在宏观的战略规划中，限于专业知识和信息的缺乏，市民参与的难度较大。

（3）不同规划阶段公众参与的特点

总体规划阶段的公众参与以咨询式为主，其在制定方案时需要召开市民意见听取会，并将经过整理的市民意见体现在方案之中；初步方案完成后还需召开说明会再次征求市民意见，如果规划方案没有取得市民的支持是很难成立的，就必须进行修订。

同时，总体规划阶段的公众参与程度也是非常有限的，在以专家为主的会议中，由于市民很难融入讨论而沦为政府主导下的信息单向提供模式。针对这一情况，近年来出现的"市民委员会"制度在总体规划审议的会议及委员中，开始通过公开招募和自由应征的方式设立一定的市民委员席位，这在一定程度上促进了市民对规划的意见反馈。

---

① 参见王郁.日本城市规划中的公众参与［J］.人文地理，2006，21（4）：34-38。

在地区规划的公众参与中，社区建设协议会则发挥了重要作用（图6-2）。这是由社区内居民自发组织、自愿参与，以促进社区建设和环境改善为目的的自治性组织。协议会能否代表全体居民的意见？这对于社区规划的民主性和合法性来说意义重大，因此规划方案的制定和决策阶段的程序往往会成为社区建设协议会的中心议题；而且，大多数协议会并未简单采取"少数服从多数"或是表决的方式，而是将不同意见在方案中尽量保留，由规划行政部门从专业角度做出抉择和决策[①]。

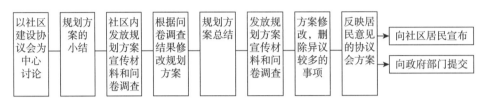

图6-2　日本地区规划编制的具体步骤

5）国外城市规划公众参与的借鉴

公众参与在我国城市规划领域已成为一项重要议题，在规划的编制与实施过程中也有所体现，但是在参与的组织、参与的手段、规划师的作用等方面依然有大量经验需要借鉴，主要包括以下几点：

（1）建立公众参与的组织

与个人化的参与相比，通过社区组织参与城市规划不但更有利于意见的传达和效率的提高，而且可以通过社区团体在一定程度上壮大居民的话语权，建构一个社区居民相互交流与学习的平台，从而增强市民参与的普遍性。

（2）根据规划的实际情况采用不同的参与形式

规划编制与实施在不同的环节具有不同的特点，公众参与在不同的环节也拥有不尽相同的作用。美国城市规划强调公众在规划的不同阶段参与度和参与形式的差异，同样日本的总体规划和地方规划也具有不同的参与形式，这样便于市民更加合理地表达自己的观点，也利于各类观点被听到、被采纳。

（3）转变规划师的职能

全面的公众参与对规划师提出了更高的要求，从单纯的专业设计者的技术专家身份转变为不同价值与利益之间的调解者身份，成为公众意见和政府决策之间的中介与桥梁，同时也是社区规划组织中的联络人和阐释者。尤其是"社区规划师"制度的建立，将有助于在实践中促进这一身份的转变，并推动我国城市规划的公众参与进程。

6.2.3　中国城市规划的公众参与

1）公众参与的法规

在计划经济时代，我国曾认为城市规划就是一个纯粹的技术问题，参与其中的

---

① 参见王郁.日本城市规划中的公众参与[J].人文地理，2006，21（4）：34-38。

主要是规划部门和城市规划的专业技术人员，社会与公众处于事后被告知的地位。随着社会主义市场经济体制的建立与完善，城市规划的公共政策属性受到了越来越多的重视，规划编制与实施过程的社会参与也在逐渐展开。

2008年的《中华人民共和国城乡规划法》（简称《城乡规划法》）确立了城市规划公开的原则，也强调了城市规划制定、实施全过程的公众参与。它不但将公众参与纳入了规划制定和修改的程序，提出了规划公开的原则规定，还确立了作为基本权利的公众知情权，明确了公众表达意见的途径，并对违反公众参与原则的行为做出了处罚。从我国的《城乡规划法》中，可以看到一个相对完整的城市规划公众参与的基本框架，具体如表6-4所述。

表6-4 《城乡规划法》确定的公众参与框架

公众参与的主要方面	条款的相关内容
规划公开的原则	第八条　城乡规划组织编制机关应当及时公布经依法批准的城乡规划……
	第二十六条　城乡规划报送审批前，组织编制机关应当依法将城乡规划草案予以公告，并采取论证会、听证会或者其他方式征求专家和公众的意见。公告的时间不得少于三十日……
	第四十条　……城市、县人民政府城乡规划主管部门或者省、自治区、直辖市人民政府确定的镇人民政府应当依法将经审定的修建性详细规划、建设工程设计方案的总平面图予以公布
	第四十三条　……城市、县人民政府城乡规划主管部门应当及时将依法变更后的规划条件通报同级土地主管部门并公示……
公众的知情权	第九条　任何单位和个人都……有权就涉及其利害关系的建设活动是否符合规划的要求向城乡规划主管部门查询……
	第四十八条　修改控制性详细规划的……征求规划地段内利害关系人的意见……
	第五十条　……经依法审定的修建性详细规划、建设工程设计方案的总平面图……确需修改的，城乡规划主管部门应当采取听证会等形式，听取利害关系人的意见……
	第五十四条　监督检查情况和处理结果应当依法公开，供公众查阅和监督
公众参与的途径	第九条　……任何单位和个人都有权向城乡规划主管部门或者其他有关部门举报或者控告违反城乡规划的行为。城乡规划主管部门或者其他有关部门对举报或者控告，应当及时受理并组织核查、处理
	第二十六条　城乡规划报送审批前，组织编制机关应当依法将城乡规划草案予以公告，并采取论证会、听证会或者其他方式征求专家和公众的意见。公告的时间不得少于三十日……
	第四十六条　省域城镇体系规划、城市总体规划、镇总体规划的组织编制机关，应当组织有关部门和专家定期对规划实施情况进行评估，并采取论证会、听证会或者其他方式征求公众意见……
	第五十条　……经依法审定的修建性详细规划、建设工程设计方案的总平面图不得随意修改；确需修改的，城乡规划主管部门应当采取听证会等形式，听取利害关系人的意见……
规划听取公众意见	第十六条　……规划的组织编制机关报送审批省域城镇体系规划、城市总体规划或者镇总体规划，应当将本级人民代表大会常务委员会组成人员或者镇人民代表大会代表的审议意见和根据审议意见修改规划的情况一并报送

公众参与的 主要方面	条款的相关内容
规划听取 公众意见	第二十二条　乡、镇人民政府组织编制乡规划、村庄规划，报上一级人民政府审批。村庄规划在报送审批前，应当经村民会议或者村民代表会议讨论同意
	第二十六条　城乡规划报送审批前，组织编制机关应当依法将城乡规划草案予以公告，并采取论证会、听证会或者其他方式征求专家和公众的意见。公告的时间不得少于三十日……
违反公众参 与原则的 法律责任	第六十条　镇人民政府或者县级以上人民政府城乡规划主管部门有下列行为之一的，由本级人民政府、上级人民政府城乡规划主管部门或者监察机关依据职权责令改正，通报批评；对直接负责的主管人员和其他直接责任人员依法给予处分……（四）未依法对经审定的修建性详细规划、建设工程设计方案的总平面图予以公布的；（五）同意修改修建性详细规划、建设工程设计方案的总平面图前未采取听证会等形式听取利害关系人的意见的……

2）公众参与的形式

（1）我国城市规划公众参与的状况

以往，我国规划设计的制定基本上是一个"自上而下"的过程。在此过程中，公众基本上被排除在外，他们对于设计结果只有遵守和执行的义务。而今，社会主义市场体制的建立要求设计决策更多地采用"自下而上"的路径，很多城市举办的城市规划成果咨询展、项目建设告示牌、方案投票等举措都反映出我国在这一方面的付出和进展。

但与发达国家相比，我国的公众参与活动还不够成熟，主要体现在：① 成果型参与而非过程型参与。参与形式主要为城市规划成果的公示，以听取社会意见，属于一种事后参与。② 建议型参与而非决策型参与。我国城市规划的决策机构通常为地方规划委员会及其相关部门，其在人员构成上多清一色地为政府官员，由其决定是否采纳公众意见以及采纳的深度。③ 未充分发挥社区与非政府组织的作用。发达国家的参与经验表明，通过社区引导公众活动，可以将个体层面的市民参与上升为社会层面的集体参与，迫使主管部门不得不认真对待公众意见；同时作为专业技术力量的非政府机构的介入，还可以促进相关部门与社区民众之间的有效沟通，并大幅提升参与的科学含量。受制于目前我国社区组织体系的尚不成熟和各类非政府组织的缺乏，相关工作的展开任重而道远。

鉴于此，我们需要进一步激发公众参与的意识与意愿，为参与行为的组织与形成奠定基础；与此同时，加强与完善有关公众参与的内容、阶段、形式、机构、程序、处罚等方面的制度建设，以法律的形式固定下来，为各种参与活动的有效开展创造条件与提供渠道；此外，还要顺应时代变革的形势需要，有意识地走进社区、了解市民，学会借助社区的力量与市民一起共同完成城市设计的宣传、设计与管理工作，同时针对我国非政府组织缺乏的不足，加强各大学、研究机构与社区组织间的联系，通过定点协作来提高市民参与的技术水平。

此外，为了帮助公众理解城市规划的公共过程，媒介也可以在中间发挥重要作用。尤其是数字网络和自媒体技术，已逐步发展成为服务部门与公众之间交流联络最普遍、最便捷的手段，许多政府部门都将一些重要项目的规划设计过程以自媒体公众号的形式公开，增强了同公众之间的透明度与交换度。随着社会主义市场体制的培育、发展和完善，我国的公众思维正在改变，自主意识与日俱增，公众也必将更多地投入城市规划的过程中来，并从根本上影响和改变我国城市规划设计的思想、理念和内容；而城市规划的公众参与正是要在社会系统中确立一种"契约"关系，使更多的人与活动在顾及自身利益需求的基础上预先进行协调，并通过"契约"（合法的规划文本）相互制约，提高规划设计的可行性和实操性。

（2）我国城市规划公众参与的形式

《城乡规划法》中所提到的公众参与方式主要包括听证会、讨论会和公告、公示等。作为城市规划的基本法，《城乡规划法》需要在普适的范围内考虑参与的可行性，而在实际操作中需要更多的配套法规和地方法规来因地制宜地推进，以建构适合地方特点的公众参与体系。

① 规划编制阶段的公众参与

规划编制阶段的公众参与主要包括：规划调研中及草案完成后的公众意见调查，规划编制的过程中也可邀请居民代表参与讨论，分工协作完成。

提高编制阶段公众参与程度的方法之一是招募同规划区域内直接相关的社会志愿者，一方面协助完成规划调研、公众意见收集等工作，另一方面则是在规划编制的过程中积极提出意见，以有效提高参与的深度。

② 规划实施过程中的公众参与

规划实施过程主要涉及三个环节：规划许可、规划执行和规划评估。

规划许可环节可采用公告、听证会和展览的参与形式。其中，传统公告常常布置于大量人流集散的公共场所（如城市规划展览馆、城市广场等），网络、电视、广播、报纸都有条件成为公告的媒体，尤其是网络公告会逐渐成为公告的主要形式；听证会主要用于规划审批过程中各方面意见的征求（尤其是专家意见）；对于一些大型规划（如城市总体规划等）来说，则建议举办专门的展览来征询公众意见，意见的回收方式一般以电话、信函和访问接待为主。此外，当公众参与的社区组织日趋完善并具有一定的决策权时，也可采用投票的方式。

规划执行环节多会采用现场公示、公众监督举报、公众意见征询等参与形式。

规划评估环节则是由政府的规划部门组织周期性的专题研讨和总结，用以考察规划实施和规划方案的对应性以及规划实施后的社会经济影响。在这一过程中，公众参与的形式包括评估细则的公示、公众意见的征询、评估结果的公示等。

6.2.4 公众参与案例研究

波士顿的"大开挖"（big dig）工程是美国有史以来最为庞大的公共建设工程，造价近159亿美元，将1959年修建的跨越城市上空的高速干道——中央干道埋到地下，使其成为一条长达12.55 km的地下快速隧道（图6-3）。这一工程不但解决了长期以来困扰波士顿的地面交通问题，将地面空间还给城市生活，开发了居住、商业和绿化相结合的综合城市廊道，而且重建了城市与海、城市与人的空间联系，形成了约 101.17 hm² 的城市绿地和开放空间。在 159 亿美元的造价中有 1/4 用于公众参与，共计 37.5 亿美元，平均到每年为 1.44 亿美元。可以说，公众的全过程参与对项目的最终建成产生了至关重要的影响。

图 6-3　波士顿中央干道鸟瞰

1）项目开展初期的公众参与

该阶段采取的公众参与形式主要是参与设计。为了使中央干道地区的受影响居民能够对整体的空间政策发表意见，大约有 66 个社会组织参与了这一过程，甚至学校的学生也用绘画为未来的波士顿提出了自己的想法，而一些社会的劳动群体则把重点放在了公共空间网络、住宅供给问题以及如何重塑波士顿的特色上。

2）规划许可阶段的公众参与

该阶段采取的参与形式主要是公众评议和听证会。在 1983—1991 年，"大开挖"工程的监理方和建设方共提交了三个版本的《环境影响评估报告》，放在图书馆、超市、邮局等公共场所供公众取阅并提出意见。随后是听证会和为期一个月的公众再评议。到 1990 年，长达 500 页的《环境影响最终评估报告增补本》已经收录了 264 条公众评议，甚至项目的发起者和交通顾问弗雷德里克·塞尔沃斯（Frederick Salvucci）为防止公众参与的成果因市及州行政长官的换届选举而化为泡影，把最具建设性的数条建议直接列入工程规划，因为规划书是受法律保护的。

3）总体设计阶段的公众参与

该阶段采取的参与形式主要是专家方案和公众意见的结合。波士顿重建局和国际城市专家共提交了四个方案（图 6-4），最后的规划报告由波士顿重建局的城市设计团队在综合了专家、当地社团群体以及其他利益相关者的观点基础上完成。总体方案形成后，又于 1997 年发布了一个名为《面向 2000 年的波士顿，实现美好的憧憬》的新报告，许多自发的个人和组织、公共和私人部门都协助制定了独特的规划方案。在此过程中，将一些潜在的个人利益纳入社会群体的利益当中也是非常重要的，并以此摸索出一套具有创造性的参与途径。比如说工作培训，是指在社会福利性住房中，将每平方英尺（约 929 cm^2）的 1 美元资金用于培训和工作机会的创造上，这就意味着当地社区的人群也需要为参与项目的创造与管理而学习新的技能。正如当地的社区参与者所说，居民这样便能直接同开发者商谈社会或是文化利益。

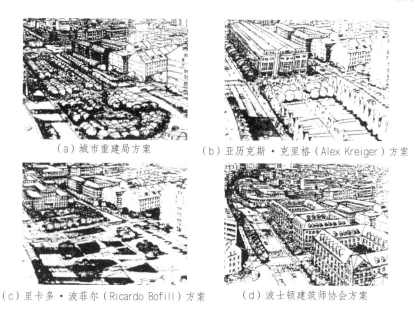

（a）城市重建局方案　　　　　（b）亚历克斯·克里格（Alex Kreiger）方案

（c）里卡多·波菲尔（Ricardo Bofill）方案　　　（d）波士顿建筑师协会方案

图 6-4　波士顿中央干道的四个重建方案

4）项目实施阶段的公众参与

在项目实施过程中，公众评议依然发挥了重要作用。"大开挖"工程于 1981 年开始查尔斯河上的大桥设计，但因为各社团的意见不一而难以抉择。当塞尔沃斯挑选出"Z 方案"（意为"最后一个方案"）的时候，已到了规划的时间期限，如果想及时完工，公众参与的环节就不得不大大压缩。于是在"Z 方案"提出的一年内，塞尔沃斯以及他所在的规划小组都没有公布便于公众理解的三维设计模型，直至 1 年后工程即将动工之际才公布了三维模型，但立即招致公众反对，其代价就是工程延期和预算攀升。直至 1994 年，人们才算找到令各方满意的方案，却因工期延误带来了高达 2 300 万美元的损失。为此，马萨诸塞州公路管理局主席马修·阿莫约罗（Matthew Amorello）表示，如果想要公众参与，就得花时间花钱，而这样的花费是值得的，因为"我们得到的是一座美丽的城市地标式的桥梁，而不是一个几十年的遗憾"。

5）地面工程阶段的公众参与

随着 2002 年地下工程的接近尾声，在地面工程再度加强公众参与已被视为化解之前公众信任危机的必由之路：首先采用的是网上公示和公众培训的方法，12.55 km 的工程沿线被分为 23 个小块，每一块的规划使用均在波士顿的门户网站上加以公示；其次麻省理工学院（Massachusetts Institute of Technology，MIT）城市规划系和电视台合作，把巴塞罗那、曼彻斯特等城市的成功案例推介给公众；最后具体项目的确定，则借助了"社区创意对话"这一重要组织形式，以听取社区居民的建议。正是在居民意见的主导下，"冬季花园"、社区活动中心、"中国城公园"等项目得以先后落成。

总之，波士顿"大开挖"作为一个具有"自上而下"特征的城市公共建设工程，在各阶段均采用了严格的公众参与程序和有效的参与形式，虽然也导致了决策过程缓慢、预算超支等问题，却实现了城市空间品质的提升和市民的拥护。其中，如何通过恰当的培训来提高公众的实际参与能力，如何形成强有力的组织过程和严格的操作程序，又如何在对话中形成和推进项目等做法，均值得大尺度规划的编制者和实施者借鉴。

6.3　行动规划与社区营造

社区是城市规划公众参与的最基本层面，往往也是公众参与程度最高的层面。一般来说，城市宏观层面的规划因其普适性要求，而难以兼顾一些社会群体的具体诉求，这就使宏观的规划框架在具体的实施行动中仍然存在很大的协调空间，需要充分考虑各类社会群体和市民的利益与选择，而这些具体化的选择往往也是推动社区环境改变的动力。与此同时，社区环境的改变还须以来自底层的持续动力为前提。因此，城市规划在社区层面的行动需要依靠完善的组织、程序和恰当的工作方法来发动民众的持续参与，这一规划过程一般被统称为社区行动规划（Community Action Planning，CAP）。

6.3.1　社区行动规划概念

1）社区行动规划的基本特点

"社区行动规划"是发动居民主动参与社区规划的手段之一，在国际上已有较为成功的经验，相似的规划类型还包括"真实规划"（planning for real）、"参与型规划"（participatory planning）、"社区主导型开发"（community-driven development）、"社区营造"等，或者通过成立社区设计中心、开发信托等方式来推动。社区行动规划有别于政府和规划师主导的规划方式，其基本理念是"多方合作和社区参与"。社区行动规划活动虽然有各种不同的具体表现形式，但多有快速、交互和参与的特点，具体表现为以下方面[①]：

一是密集的工作讨论时段。在经过周密的组织之后，行动规划在主要阶段的讨论一般为期4—5天，通常会跨越一个周末。

二是社区参与。鼓励每一位受影响者参加活动。

三是宽泛的任务。在整体框架下围绕着特定的基地、邻里、城市甚至是区域，检视所有的问题与可能性。

四是多领域的合作。以直接的非层级方式，促成来自各相关专业领域的共同合作。

五是独立的支援者。一般由未涉及该地区直接利益或未直接介入该地区事务的人员来援助完成各类活动，旨在保持讨论过程与结果的中立。

---

① 参见华兹.行动规划：如何运用技巧改善社区环境［M］.谢庆达，译.台北：创兴出版社，1996：16。

六是广泛的宣传。对各种活动进行广泛宣传，以保证每个人的参与机会，并确保结果能得到各方面的接纳；一般会在最后阶段举行公开说明会并提交报告。

七是弹性的保持。配合各特定社区的不同要求，可灵活地调整这一过程。

2）社区行动规划的组织

任何人或是社会团体均可提议社区的行动规划活动，往往根据议题的不同可提出不同的组织模式，但总的来说大部分都具有类似的架构（图6-5），且需满足以下四项组织原则：

其一，组织机制上应保证完全的行动自由；

其二，主持此活动的最终责任应由单一的组织负责，但也要得到相关利益者的配合，一般需要组建一个促进团体，主办者可由专业组织者或行政官员担任；

其三，应有独立的专家小组提供技术建议，非独立的专家应担任顾问而非小组成员；

其四，小组主席在活动期间负有全责，应谨慎地加以选择。

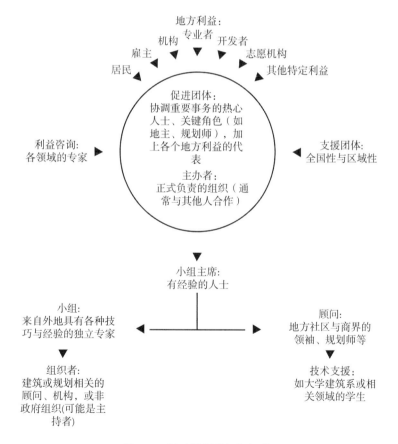

图6-5　行动规划的组织架构

3）社区行动规划的主要程序

不同类型的社区行动规划在程序上是大致相同的，区别主要在于各阶段所安排的时间会因不同的规划议题而有所差别，具体如表6-5所述。

表 6-5 社区行动规划的主要程序

阶段	事项	工作内容
社区行动规划准备阶段	成立组织机构	任命支援者、主办者、组织者；募集经费
	拟定议案	确认受影响团体，探讨行动选择并拟定主要议题
	评估场地，准备资料	踏勘；开展现状评价；准备一张可以清晰显示所有重要信息的总体现状图；准备社区的范围、人口等资料
社区行动规划工作营	开始讨论	讨论社区的价值、社区存在的问题、社区的愿景等
	在工作模型上研究	研究公共设施的位置；各类问题的分项罗列与解决方式
	规划的优先度	进行各类问题的重要性排序；落实解决问题的主体
	住房布局或行动计划	规划与调整布局；或改造内容、谁负责、资金来源、改造的时间顺序等
社区行动规划后续阶段	报告的制作与批准	将工作营的讨论结果汇总，修订规划；通过行动计划
	举行报告会	邀请相关的官员和市民代表参加；敦促相关部门对问题和计划的落实
	规划实施过程的技术帮助	给予技术支持；解答社区的疑问；利用现场工作营调整方案并与居民达成一致

6.3.2 社区营造概述

1）社区营造的产生与发展

"社区营造"（community empowerment）的概念源起于 20 世纪 50 年代的日本（也称"町造"），最早为市民用来描述他们改善社区邻里环境的努力。针对当时自上而下的大规模城市开发中住区多样性和人文精神流失的问题，聚居在一定范围内的人们提出了为保护生活环境和提高生活质量，持续以集体行动来处理共同面对的社区的生活议题，在解决问题的同时也创造共同的生活福祉[1]。其中，营造包含了"经营"与"创造"两层含义，即长期的、集体性的经营，不但与"人的培育""农作物的培育"等具有相似的含义，包含有经过漫长的时间，用心规划、孕育、培养而成的意思，而且与"国家建设""城乡建设"等具有相同的意义，既需要营造"物质性"环境，也需要营造"社会性"环境。自 20 世纪 60 年代起，日本面对城市化过程中地方社会没落的境遇，开启了持续至今的社区营造工作。社区营造作为日本公众参与社区规划的主要形式，涉及人、文、地、产、景五大面，其演化过程大体可分为四个阶段。

20 世纪 60 年代，理念诞生阶段。市民活动倡议者开始引入"社区营造"的概念，来动员居民共同抵抗政府和财团联手推动的开发计划中不合理的部分，重点是针对一系列建筑公害与纷争、历史街区遭受破坏等社会生活问题，展开以居住环境

---

① 参见日本建筑学会.社区营造的方法［Z］.陈金顺，译.台北：文化建设委员会文化资产总管理处筹备处，2010：10。

改善和历史街区保全为主要目标的社区培育运动。

20世纪70年代，社区培育起步阶段。从住民参加的社区规划到市民直接参与的体系建设，再到自发的"地域性活化"运动，通过对各种形式社区培育活动的基础性实验，社区营造进一步成长为进步专业人士和地方政府鼓励市民参与规划的一种规划方法和制度。在该阶段，日本各级政府建立了相对健全的工作机制，为居民的社区营造活动提供了必要的法律保障、资金来源和技术支撑，而居民也在这一工作机制的保障下使用了多种方式方法为社区创造福祉。实践案例越来越多，各种协会与组织越来越多，活动的计划和技术也日趋缜密。

20世纪80年代，社区培育模式与实验阶段。该阶段的工作主要源于"地域固有的创造性要素"的多样化探索与发展，不但社区营造的专业做法日趋成形，参与式的工作坊也逐渐普及，日本中央政府甚至引入了"细部计划系统"，以公众参与的方式将社区基础设施配置和细部计划整合为市区计划体制，赋予地方政府额外的权力以落实社区规划，有些地区还专门为此制定了社区发展条例。其中，邻里规模的社区往往是从居民密切相关的小题目开始探索，通过居民参与的方式进行规划，并以各种基金、地方政府和政府机构所支持的不同独立系统为依托，摸索形成了目标日渐清晰、组织方式日趋体系化和多元化的社区营造模式。

20世纪90年代，社区培育的地域运营阶段。之前源自各地的多样性实践彼此联系、相互刺激，与日俱增的居民力量开始扮演主体角色，社区营造被广泛应用于重建地方社区所链接的市民参与活动，涵盖了社会福利、健康、运动、文化、公共关系、信息服务、历史保存、环境保护、小型邻里商业活动和社区再生等方方面面，其广度和深度得以进一步加强。

总体而言，日本的社区营造经历了一个从个体化抵抗运动到综合解决社区问题的发展过程，其内涵也从最初关注物质环境的发展到后期探索社区培育的治理机制。可见，日本的社区营造是基于地域社会的现有资源，通过多方的参与合作持续不断地促进社区内生力的生长，其本质上属于一种内生的社区发展模式，虽没有以"资产为基"（asset-based）理念作为直接指导，但在内涵上是一致的。

受其影响，中国台湾地区自1968年的"社区发展工作纲要"起也开始探讨和推动社区建设，但初期工作多源于地方政府自上而下的运作和推动，而未激活地方的自主性。20世纪90年代的社区回归活动和社区居民对城市建设的抗争运动，迫使地方政府意识到自下而上建构规划和获得社会认同的重要性。于是，台湾文化建设委员会在1994年提出了"社区总体营造"的概念，这已迥异于过去地方政府主导的自上而下的推动方案，而开始强调带有市民自治特征的公众参与形态，希望通过设计的参与来化解社会的疏离现象。这一时期的社区营造通常以影响环境品质的重要因素为主题，如生态保护、文化认同、文史资源整理、地方产业再造、社区建筑、古迹保护、环境景观等，结合社区居民的共识，自下而上地推动实质性的社区再造；在此过程中，地方政府则发挥法令协调和提供部分经费的作用，予以社区更大的自主权。

2）中国台湾的"社区营造"制度

自1994年起，中国台湾地区开始积极推动社区营造的各项策略，不但各部门提出了相关的社区营造计划，而且有很多社会团体也加入进来，其间就有大量建筑师成了社区总体营造的主力，并在此基础上成立了"社区营造学会"，以致力于相关的学术研究和实务开展。相比而言，文化建设委员会的社区营造一般以社区文化设施的建设为主，而地方上的做法（如台北和高雄都市发展局）则更加注重社区的总体营造。1995年，台北开始推行地区环境改造计划（neighborhood improvement program），即由地方政府补助规划设计经费，鼓励市民团体提出改造地区公共生活环境的计划；1999年，又进一步推出了"社区规划师"制度；配套制定的其他制度则还包括"青年小区规划师培训计划""地区发展计划""都市空间改造"等。

（1）地区环境改造计划

地区环境改造计划的推行是希望能够直接回应社区需求，并由此成为市民参与社区建设的途径。计划提出的工程建设项目虽然是邻里的小型工程，却牵涉范围广泛，其执行机制共分三个层级，具体如表6-6所述。

表6-6　台北市地区环境改造计划的执行机制

机构	组成	职能	工作内容
社区总体营造推动委员会	市政府层级，副市长主持，成员包括学者、专家及相关局处领导	负责本市社区总体营造相关工作计划与预算的跨局处协调及整合、计划审议及执行成效的检讨以及其他有关社区总体营造工作的推动、协调及整合等事项	地区环境发生计划推动策略的研究；地区环境改造计划的甄选及复审；规划、设计及工程执行期间的协调与指导；干事会提案的审议
社区总体营造推动委员会干事会	由市民政局、教育局、社会局、都市发展局、建设局、工务局、财政局、环保局、卫生局、文化局、研究发展暨考核委员会等有关机关人员兼任干事	承担社区总体营造推动委员会主任委员及分组召集人之命处理日常会务工作	地区环境改造计划的甄选及初审；规划设计期间的审查及专业技术协调；工程执行单位的分配与协调；工程执行期间的协调；地区环境改造相关问题提案与讨论
地区环境改造工作小组	隶属于都市发展局总工程师室之下，由副总工程师指挥	专司"地区环境改造计划"相关业务推动，并负责处理社区相关事项	地区环境改造计划的执行推动；地区环境改造计划相关问题的统筹

该计划的提案一般是由地区居民或团体与规划设计专业人士组成的工作团队，针对涉及社区环境的实质性改善而提出规划与设计建议，鼓励由城市规划、城市设计、城市更新、城市开发、建筑设计、环境规划、交通工程、公众参与等技术顾问机构、公司、事务所、学术研究机构与社区中的机关、学校、社会团体、民间组织和居民共同提案。地区环境改造计划的整个工作流程可划分为提案、规划与实施三个阶段。

提案阶段一般由市民或社会团体与专业规划机构联合提出议案，获准后再由都市发展局委托专业人员进行规划设计。

规划阶段采用公众参与方式（如工作营、说明会、公听会等），并由都市发展局承担同市政府各有关部门沟通的职责，然后在综合各方面意见的基础上完成规划设计（表6-7）。

表 6-7 某地区"环境改造计划"项目规划工作日程表

工作内容	月份								
	1	2	3	4	5	6	7	8	9
环境扫描分析	■								
召开工作说明会议	■								
建立合作规划网站	■								
实质现况勘查记录	■	■							
地区环境空间发展构架与推动策略		■	■						
地区环境空间发展计划			■	■					
改造示范性地点初步设计				■	■				
期中简报					■				
示范性地点设计检讨与修正					■	■			
环境空间设计及相关细部设计图说						■	■		
成果展与社区活动之办理							■	■	
期末简报								■	
制作规划成果（简介折页、展板、三度空间电脑模拟）									■

注：■ 表示具体日程安排。

实施阶段则先由都市发展局编制预算，再由相关施工单位发包施工，建成后鼓励社区自行维护与管理。

（2）地区发展计划

地区发展计划是指地区居民和规划设计人员通过合作，针对地区发展所面临的内外环境进行检视与讨论，达成共识并勾勒出地区发展愿景，进而拟定具体行动策略与方案来提升地区生活环境品质的行动计划。地区发展计划以"里"为单元或是以日常生活圈为实施范围，通过"策略规划"（strategic planning）的方法来持续开展社区经营与环境改造工作（图 6-6）。

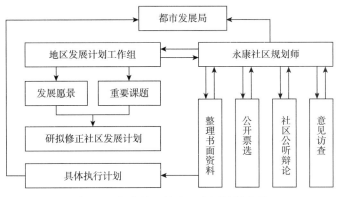

图 6-6 永康社区的地区发展计划流程

（3）"社区规划师"制度

中国台湾地区在"社区总体营造"的实践过程中，逐渐形成了专业规划人员参与社区营造的"社区规划师"制度。台湾都市发展局推动了"社区规划师制度实施计划"项目，在"社区规划师"制度方面主要建置有"社区规划支持中心""社区规划工作站""社区规划工作室"等分级配套服务体系，以协助社区推动由下而上的社区空间营造计划，整合各界资源，进而促使各方达成共识。

社区规划师的角色介于政府和公众之间，具有自主性和专业价值观，以公共空间改善规划的议题为主；同时兼有"地方化"特点，对其工作的社区环境具有相当深度的认知，可以协助社区居民就日常生活领域所涉及的建筑、城市规划、公共环境等问题提供咨询，也可以协同社区向都市发展局提出地区环境发展建议、地区环境改造规划设想等（图6-7）。

以台北市的"社区规划师"制度为例，主要工作范畴包括以下六个方面：

其一，设置社区规划师工作室，现场给居民提供专业咨询服务；

其二，地区环境改造，都市更新课题咨询，发掘、汇整和协助研提规划设计构想；

其三，协助社区研提地区发展计划；

其四，负责社区规划师网站中社区规划师专属网页的经营、维护、管理工作；

其五，出席相关会议，担任市政府相关规划的咨询顾问，参与都市发展课题的研讨；

其六，观察有相当了解程度的工作项目[①]。

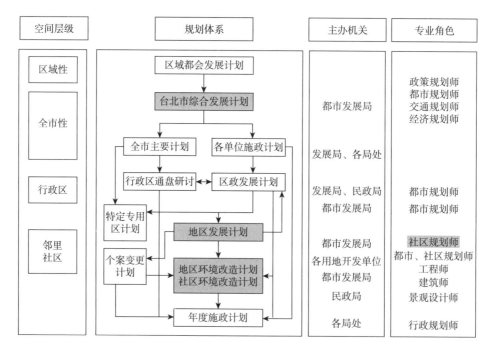

图6-7　地区发展计划、地区环境改造计划和社区规划师在台湾规划体系中的位置与作用

① 参见许志坚，宋宝麒.民众参与城市空间改造之机制：以台北市推动"地区环境改造计划"与"社区规划师制度"为例［J］.城市发展研究，2003，10（1）：16-20。

6.3.3　社区营造案例研究

20世纪90年代，日本非营利组织蓬勃发展，许多民间机构参与城市规划，改变了政府编制规划的单一角色。"社区营造"被用来描述每个居民通过参与社区活动，重建社区连接，包括社会福利、文化、公共活动、历史保存、邻里商业、环境再生等方面，并在支持地区灾后重建的过程中起到了积极的作用。日本知名社区规划师、东京都立大学教授饶庭伸在《社区营造工作指南：创建街区未来的63个工作方式》①中将社区营造的63种工作分成五类："联动社区发起项目""街区设计""土地与建筑的商业活动""支持社区营造的调查与规划""社区的制度与支援措施"。以东京世田谷地区的"社区营造中心"为例，该机构在30年中为社区营造和社区活力的培育提供了有力支持。

世田谷位于日本东京都西南方，是东京23个行政区之一，其西南面是以中老年人口为主的中产阶级住宅区，东北面则是地震和火灾的多发地区，以高密度集合式的出租住宅为主，人口以年轻白领和大学生居多。该地区小型房屋较多，街巷复杂，可以容纳较多的空间和社区生活改善类的活动。自20世纪80年代始，世田谷区政府制定了社区营造条例，通过工作坊和参与式设计，形成了许多小型公园和社区街道的专项规划。1992年设立的"社区营造中心"，其目的是丰富居民生活，把居民、民间机构、政府和企业等原本相互独立的个体和机构组织起来，共同协作，为市民提供了许多参与工作坊运作的机会。到2021年末，世田谷社区营造中心已完成200多项社区行动，用社区营造基金资助的项目达829个，资金总额为1 096万日元。在基金支持下发展出的团体形成了许多活动据点，有地区共生之家、用于社区团体活动的空房、市民共享绿地、社区开放花园等。这些活动场地大小不一，覆盖了世田谷区的各个区域，形成了公共活动网络，打破了原来公共—私人的边界，私人空间共享给他人成为社区风尚。

例如，"玉川社区营造之家"（Tamagawa Machizukuri House，TMH）由三位世田谷玉川地区的社区规划专业人士于1991年成立。他们长期聚焦于玉川900户的社区邻里，以维护邻里生活环境品质、增进社区福利为己任。因为20世纪90年代以来有许多房产开发机构在此投资购房，细分产权后再转手，导致了地块尺度和绿地的萎缩，社区空间品质恶化。"玉川社区营造之家"的工作包括促进居民参与式设计，如公园和公共设施等，并推动居民志愿组织来维护与管理公共空间。

他们以市民参与的方式建造了一所老年人日间照护中心——"玉川日间照护之家"（1995—1998年），为老年人提供日间照护功能，日常的市民活动也可以在此使用。每年春天他们都会在这里举行义卖活动，售卖家庭不需要的二手餐具、饰品和书籍等，不但筹集的资金可用于支付"玉川社区营造之家"经营管理的部分费用，而且为居民提供了彼此交流的机会。他们还举办了关于社区生活环境的各类讨论会，促成义工组织来维护照护中心的日常运作，这些社区行动将一个社区的社会福利设施转变为社

---

① 参见饶庭伸，山崎亮，小泉瑛一. 社区营造工作指南：创建街区未来的63个工作方式［M］. 金静，吴君，译. 上海：上海科学技术出版社，2018。

区的新公共空间，扩展了日本社区公共领域的概念和相关实践（图6-8）。"玉川社区营造之家"作为一个社区非营利组织，不但制定了土地使用建议和地区建筑的管制规则，而且将相关成果提交政府，并被市政府采纳后体现在地区计划（2000年）之中。

（a）玉川日间照护之家　　（b）绿色共有地发展模型　　（c）社区缘侧咖啡座　　（d）"美甘"阅读会馆

图6-8　世田谷玉川社区营造实践

"地区共生之家"另一种空间共享的做法是致力于打开邻里的私人空间，为社区营造小型聚会场所，将闲置的私人空间向社区开放，使之成为社区活动的一个据点。如"冈奶奶之家"是一位冈姓老人的子女在其去世后决定把房子开放给社区使用，供人们聚餐、聚会，照顾本社区的老人。"社区缘侧咖啡座"（"缘侧"即传统日式房子的开放式露台）通过搭建一个与室内咖啡厅相连的木平台，来营造社区活动的新场所。不但许多非营利组织会将此处用作会议空间，在日常生活中这里也会为社区居民提供安静的聚会空间，进而带来社区新公共领域的拓展。此外还有"绿色共有地"（green commons）活动，致力于保存和维护社区中一处被开发商买下的土地。一开始是希望保护一棵位于开发基地上的榉树，居民募捐并为此创立了社区"绿色公地"基金。随着计划的依序展开，开发商也被纳入"玉川社区营造之家"的成员之中，不但为基金捐了款，而且制定了旧建筑物的改建计划，并将树木移植到紧邻道路的广场上。随后，"绿色共有地"计划发展处又提出了"庭院树共有"的设想，旨在设计一套办法让居民珍爱的庭园树木成为社区的共有财产。

在传统自上而下的规划语境下，"公共领域"指的是公共行政机构所拥有、建造和管理的公共设施。但在社区营造的语境下，新的公共领域往往是通过两种机制而生成：其一是通过市民参与，将政府管理的空间转化为与市民共同管理和使用的"共用财产"；其二则是通过市民或企业采取行动，将各自的私有空间开放出来同社区分享。可见在这两种机制中，社区居民的参与都扮演了"新公共"不可或缺的角色。

6.4　城市更新与社会治理

6.4.1　城市更新概述

1）什么是城市更新

城市更新是一种将城市中已经不适应现代化城市社会生活的地区做必要的、有计划的改建活动。2015年中央城市工作会议提出"以人为本、科学发展、改革创新、依法治市"的规划方针，尊重城市发展规律，建设"宜居、活力、特色"城市，标志着中国城市发展进入品质提升的存量阶段。

在此背景下，以资源约束条件下的精明增长替代以往粗放式、蔓延式的城市拓张，实现从增量规划到存量规划的逐渐转型，势必会成为我国城市未来发展的"新常态"，而调整内部结构、集约土地利用、提高空间品质、完善城市功能、复兴衰败地域、倡导社会混合等作为"盘活存量，优化存量"的主要内容和重要手段，往往具有多元价值、有机渐进、小尺度和人性化、参与式和"自下而上"等特点，希望通过一种新型的城市发展模式来不断适应未来多变的发展需求。

城市更新作为城市自我调节机制存在于城市发展之中，其主要目的在于防止、阻止和消除城市衰退，通过结构和功能不断地调节相适，增强城市整体机能，使城市能够不断适应未来社会和经济的发展需求，建立一种新的动态平衡[①]。2017 年 3 月，《关于加强生态修复城市修补工作的指导意见》又指出"开展生态修复和城市修补是治理'城市病'、改善人居环境的重要行动"；要求"提升城市治理能力，打造和谐宜居、富有活力、各具特色的现代化城市"，"让群众在'城市双修'中有更多获得感"。

2）城市更新的关注内容

城市更新涵盖了在城市建成环境上进行的各类建设行为，包含对既有的建成环境做出整治、修补、修复、保存、复兴、再开发等，具体内容则包括调整城市结构和功能、优化城市用地布局、完善城市公共服务设施和基础市政设施、提高交通组织能力和完善道路结构与系统、整治和改善居住环境和居住条件、维持和完善社区邻里结构、保护和加强历史风貌和景观特色、美化环境和提高空间环境质量、更新和提升既有建筑性能、改善与提高城市社会经济与自然环境条件等诸多方面（图 6-9）。

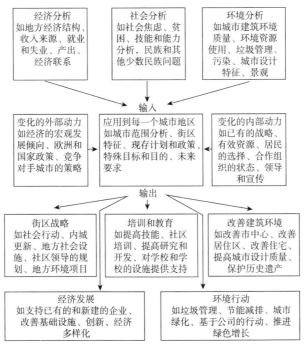

图 6-9　英国城市更新内容与做法图解

①　参见阳建强.西欧城市更新［M］.南京：东南大学出版社，2012。

城市更新是对城市现存问题做出反应的动态过程，其原则包括：① 进行地区条件的详细分析；② 以适应形体结构、社会结构、经济基础和环境条件为目标；③ 综合协调和统筹兼顾战略的制定和执行；④ 可持续发展；⑤ 目标要定量化；⑥ 利用自然、经济、人力和其他资源，包括土地和现存的建筑环境；⑦ 最全面地参与利益攸关者的合作；⑧ 按照设定的精确目标逐步展开，并监控内外部力量的变化；⑨ 调整项目，以便适应变化；⑩ 不同的开发速度需要重新分配资源或是增加资源，以在不同的目标之间达成平衡。

3）城市更新的社会属性

城市更新作为针对城市建成环境的调整，并非无人居住的土地，长期的空间实践已经在场地上形成了一系列人类定居的轨迹，即"城市人为事实"或"场所精神"，这是城市更新先天所具备的社会属性，其载体涉及复杂的产权状况、多元的利益主体、模糊的空间边界、动态的使用功能、持续的更新行动等，并在经济、社会、文化、空间、时间等多个维度上有所反映。考虑到城市更新的过程势必会对场地上已有的社会结构、邻里关系、产权状况、产业运行和生活场景产生影响，很显然，这一状况是无法通过政府或是开发商为主导的"自上而下"的规划模式来抽象完成的，其结果就是，基于居民或是社会组织自主更新动力而发起的"自下而上"的更新实践开始全方位涌现，并逐渐形成了一系列社会学属性。

（1）社会学基础：复杂的产权关系

复杂的产权关系是城市更新的社会学基础。对于城市增量地块（比如新城建设）来说，虽然原场地也会存在特定的产权关系，并从属于特定的个人或是机构，但是城市规划常常会通过征收等手段来简化产权关系，以得到更为理想化的规划结果。城市更新相较于增量地块，面对的是更加多元而错综复杂的产权关系，包含了城市建设之初的土地划分和漫长演变过程中的地界变化，也包含了公有、私有、承租等不同的产权类型。复杂的产权关系不仅仅会带来高昂的交易成本，更重要的是包含了城市演变过程中"层叠"的历史痕迹和关键信息，就像一张被反复摹写的羊皮纸，每一次修改和摹写都基于当时的基础并留下原有的痕迹。因此可以说，城市通过地籍和产权地块关系将城市历史和社会关系浓缩在了城市形态之中，城市更新应在梳理现有产权关系的基础上进行合理优化与调整，而不该为了规划和实施的便利进行抽象、简化甚至抹除。

土地产权可以被视为所有权、使用权、收益权和转让权的集合。我国的城市土地归国家所有，农村土地归集体所有，但是使用权可以通过划拨、出让、招拍挂等形式实现流转，并通过开发、租赁等方式实现土地的收益权，这就使收益权独立于法理上的所有权，而与使用权相挂钩。城市更新中的社会治理在土地产权方面就包含了基于居民自身意愿的一系列产权的流转与调整，而产权关系的每一次变迁其实都意味着城市有机体的又一次自我调节。我国居民作为土地使用权的持有者，在法律规定下通过合约让渡或是变更的方式全部或部分地实现收益，并降低城市更新实施的制度成本来提升社会效益。

简言之，在城市更新中，复杂的产权关系被视为一种代表了城市性的正面价值，而不是简单粗暴地通过征收统统转变为单一产权，那样将消除城市长期演变所蕴含的宝贵复杂性。

（2）社会学特征：多元的利益主体

多元的利益主体是城市更新的社会学特征。同长期演化的动态城市环境相伴随的往往是多元的社会文化，以及由多元利益主体所构成的社会网络，这也是城市生活原真性的活态展示窗口。城市不但在空间功能上渐渐实现了自发混合，包括住宅、办公、商业零售、服务业、作坊、文化教育等，其使用者也涵盖了从居民到产业员工、私营业主和提供各类服务的从业人员。因此不难想象，在城市更新过程中，政府和专业人员、居民、企业、服务提供者等相关利益主体也会拥有自身不同的利益诉求，并呈现出多样化、个性化、交叉重叠等特征。面对这一状况，若还以"自上而下"的方式去强行操作和一刀切，很容易引发矛盾和纠纷。

多元利益主体本身就是构成城市复杂性的重要一环，因此城市更新必须在听取政府、市场、社会等多方意见的基础上来综合确定更新方向，并反映和投射到规划设计中去。随着未来城市建设主体的多元化趋势日益明显，以回应地方和人的需求为导向的"自下而上"型更新模式将会越来越多地成为大众之选，这也是一类在市场化改革中出现的民间力量或是社区组织所发动的并得到政府认可和支持的更新模式。在面对不同方面的利益博弈时，需要通过合理的规划手段来重新分配各方利益，这不仅仅需要物质空间层面的规划，更需要通过制度设计来调配各类资源，同时通过确立和完善实施保障机制来确保规划的有效性。

多元利益主体在参与城市更新的过程中，随着其对于城市更新的理解和认知的加深，提出的建议也会在多方碰撞和协商中持续发生转变。因此，不妨组织"治理型工作坊"，为所涉多方力量提供一方共同学习、相互协商的平台，同时在各类利益主体之间建立必要联系、平衡利益诉求，经协调整合而形成新型的社会网络和合作依赖关系。

（3）社会学动力：动态的自主更新

动态的自主更新是城市更新的社会学动力。在城市更新的漫长过程中，建筑的更新、公共服务设施的改善、业态的变化、邻里关系的重组、政策的出台、资金的支持等，都有可能改变和影响多方利益主体的利益诉求和生活感受，那么是否有可能让多方力量自己来协商决策，甚至于自己来投资、建设和管理呢？只是长期以来，由于缺乏一个多元力量间协调整合和交流合作的有效途径和平台机制，业已造成了设计与使用的错位、政府和非政府力量的分立、投入与产出的失衡等一系列问题，并使城市更新流于表面化的"加顶""刷墙"等面子工程。这里就不得不引入和探讨一个重要的概念——治理。

就城市更新而言，治理的重点同样是要协调政府（权力）、市场（资源）、社会（市民）等多元利益主体之间的多重关系。尤其是涉及尺度和范围越小的更新行动（如社区微更新）时，其治理越需要非政府力量（如社区成员、民间组织等）的有效介入和深度参与来创造政府扶持和市场支撑之下的有利条件。比如说，通过程序制定和政策倾斜为社区成员改造自己的空间赋权，通过引入市场机制和多源资金为民间组织参建家园提供保障，由此而建立的长期动态的自主更新机制，其实正是我们保存和延续城市文化、走向深层次公众参与、提升社区韧性和城市活力的必由之路，也是城市自主更新的源源动力所在。一句话，即要让使用者成为空间的主人，要让社区实现共建共治共享。

6.4.2 社会治理概念

1）治理的概念

"治理"（governance）作为一种在政府与市场之间进行权利平衡再分配的制度性理念，是在西方国家成熟的市场经济环境中，为协调社会各阶层权益，促进区域要素、产业与功能整合，实现区域协调发展的权力构架体系而诞生的一种社会行动。"治理"产生的背景包括：经济全球化带来的巨大冲击、传统政府管理定位的茫然、市场的失灵、市民社会的兴起等[1]。

"治理"一词最初缘起于20世纪70年代的西方，90年代以来频繁现身于联合国、多边和双边机构、学术团体及民间志愿组织的出版物上，并引起了国际学术界（尤其是城市地理学、城市社会学和城市管理学）的普遍关注。从帕特里克·勒·加雷（Patrick Le Galès）[2]到格里·斯托克（Gerry Stoker），再到政体理论（regime theory）、调节理论（regulation theory）等相关理论[3]，均视"治理"为一个在一定地域范围内调节不同（政治的、市场的、社会的）利益主体之间联系，并探索政府、市场、公众等多元力量协调整合的过程。

当前，我国也越来越深刻地认识到，社会治理（尤其是基层治理）是我们实现国家治理体系和治理能力现代化的基础性工程。为此，中共中央和国务院于2021年4月印发了《中共中央 国务院关于加强基层治理体系和治理能力现代化建设的意见》的纲领性文件。该文件不但勾画了中国特色治理体系的图景、构建了治理中的服务格局，而且明确了增强治理能力的方向和路径。

在此背景下，若要在城市更新中也接入"治理"这一社会学过程，还需要明晰以下几点：

其一，在治理目标方面，重点是协调政府与非政府行动者之间的关系，通过共同合作和共同经营，将传统行政手段的"管理"转变为协商手段的"治理"，利用多元力量来提高城市在经济全球化背景下的综合竞争力，推动城市规划与管理的进步，保障城市的可持续发展。

其二，在治理模式方面，治理实质上是一个将政治、经济、社会、文化、生态

---

① 参见张京祥.规划决策民主化：基于城市管治的透视［J］.人文地理，2005，20（3）：39-43。

② 勒·加雷认为，治理一方面反映的是整合与协调地方利益、组织和社会团体的能力，另一方面则是代表地方利益、组织和社会团体而形成的同市场、国家、城市以及其他层次政府相对一致的策略的能力。主要观点可参考 LE GALÈS P.Regulations and governance in European cities［J］.International journal of urban and regional research，1998，22（3）：482-506。

③ 政体理论将城市管治视为政府、市场、社会之间的"非正式合作"，强调政府和非政府力量之间的互相依赖关系，以及政府和非政府行动者之间的合作与协调问题，其根本前提是城市决策者具有相对自主性；调节理论则认为国家的作用即社会过程、机制和制度的合法化，是特定生产和消费关系的调节。

等可持续发展和资本、土地、劳动力、技术、信息、知识等生产要素因素综合涵盖在内的广域治理和整体治理概念，其最佳模式不是集中和单一的，而是分散的、多元的、网络型和多样性的，涉及多元组织的权力协调和多元要素的调配流通。

其三，在治理手段方面，应体现多元化趋向，既有经济、法律、物质和非物质等手段，也不排斥市场行为的部分特征，追逐利润的最大化和成本的最小化。这就使社会治理有条件和可能运用各类协商手段（包括非正式手段）来有效调节城市更新中的矛盾与冲突，并在应对市民抵抗空间重构的过程中创造新的治理方式。

2）城市更新与社会治理的关系

概而论之，只有把城市更新融入社会治理之中，才能焕新城市活力，历久而弥新；反观之，也只有把社会治理的基础理论落入每一个更新单元的微循环之中，才能上导下疏，进而达成"以人为本"的城市更新目标。

一方面，高质量的城市更新会重塑社会治理格局。因为从某种意义上来看，城市更新其实就是通过"空间重构"来寻求产业、文脉、生态、资源之间永续发展的平衡，而这一重构过程主要会涉及三类空间的博弈：产业空间决定着城市发展的外延，即经济增长；公共空间决定着城市发展的内核，即文化底蕴；二者的联结载体则为居住空间。在城市更新和空间重构的过程中，经济增长会吸引人口流入，文化底蕴会提升公民素质，这均有助于确立和重塑社会治理的基本架构：三大类空间的更新提质和博弈联通，在顶层依靠的是治理制度的设计，在中层依靠的是多元利益主体的协调整合，在基层依靠的则是基础设施的联通和各类"流"微循环的落地[1]。

另一方面，有效的社会治理也会助推城市更新和行业进步。欲实现高质量的城市更新，同样需要鼓励政府、市场、社会等以各种方式参与更新规划的编制、实施和管理，并在决策中更好地保障并发挥其知情权、参与权和监督权。因为"治理"本身就是多元利益主体共同参与的一种行为和过程，是一个全周期的过程，其不但可以激发多群体的共同意识、协商意识和互惠意识，共同解决城市更新所遭遇的各类问题，而且可以推动城市规划编制与管理的行业进步。其中的规则意识、协商模式、契约精神、法治理念等，无一不是支撑现代社会正常运转的底层逻辑。

6.4.3 更新治理案例研究

南京小西湖街区地处老城南东部，紧邻夫子庙历史文化街区，是南京传统民居类历史风貌区之一。小西湖街区的占地面积为 4.69 hm^2，留存历史街巷 7 条、文物保护单位 2 处、历史建筑 7 处、传统院落 30 余处。小西湖街区的居住人口密集，涉及居民约 1 173 户、2 700 人，工企单位 25 家，人均居住面积为 12 m^2，远低于南京市 2018 年全市人均面积（34.26 m^2）。经过复杂的历史变迁，小西湖街区的环境逐渐衰败，亟待保护更新[2]（图 6-10）。

---

① 该节部分观点参考江嘉宇.城市治理与城市更新同行［EB/OL］.（2021-12-23）［2022-10-01］. http://www.qianzhan.com/analyst/detail/329/211223-13d3c0ce.html.

② 参见南京市规划和自然资源局网站。

图 6-10　小西湖历史风貌区改造前城市肌理

2015 年开始，南京市规划局会同秦淮区政府正式启动该微更新项目，组织东南大学、南京大学、南京工业大学城市规划、建筑学专业师生联合开展研究生暑期志愿者活动，研究小西湖地区的保护与复兴，探索包括居民在内的多方参与下的历史地段更新机制。后由东南大学团队承担其更新规划设计。规划改变了过去"留下要保护的、拆掉没价值的、搬走原有居民"的做法，建立了产权主体自愿参与、多方协商的平台，以院落为单元渐进更新。这些做法在实践中推进，逐渐成为地方政府、主管部门、社区居民、专家学者等社会各界的共识，包含政府、市场、社会、专业设计团队等在内的多元主体以各种角色和不同方式被纳入整个更新规划的编制、实施和管理之中，保证了小西湖街区的保护与再生建立在尊重多方权益的基础上，兼顾了民生的改善、文化传承和社区活力再生。

1）面向多元产权主体的单元图则

小西湖街区的产权关系复杂，从 2015 年暑期的高校志愿者活动到 2017 年的全覆盖入户调研，从物质空间本体逐步转为居住状况、产权信息、居民意愿的逐户调查，并绘制了"类型学地图"，呈现每一个院落地块、每一栋建筑乃至每一个房间的产权归属和驻留/搬迁意愿，成为支撑设计方案及规划编制的重要基础（图 6-11）。

（a）改造前的环境　　　　　　（b）地块产权类型分布　　　　　　（c）居民搬迁意愿

图 6-11　小西湖街区改造前的环境与现状

规划把小西湖街区历史地籍形态的演进纳入保护视野，从而在根基上提供了维持该地段细密肌理的规划工具（图 6-12）：不但据此划定了 15 个基于街巷体系围合的规划管控单元和 127 个基于产权地块的更新实施单元（图 6-13），还建立了分类土地流转、确权制度和社区规划师制度，明确了不同用地的实施路径和私房更新申报程序。通过与居民的持续沟通而逐步实施就地改造和街区内平移安置，最终驻留住户 367 户，约占原住民户数的 31%[①]。这样通过物质要素、街巷结构、地块形态、邻里社群的立体化系统保护，保留了不同时期的历史遗存和风貌，也留住了老城南的烟火气。

图 6-12　1936 年历史地籍和 2018 年地块的演进关系

注：左图为 1936 年历史地籍，产权地块数量为 117 个；右图为 2018 年地块，产权地块数量为 216 个。

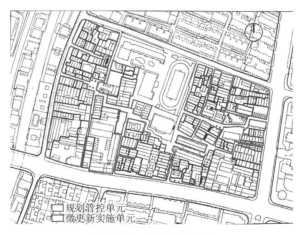

图 6-13　分级管控体系

注：该体系中含有 127 个微更新单元。

2）"一房一策"的多样化更新对策

面对复杂的物质空间和产权状况，设计者通过入户调研和查档，从厘清产权关系入手，明确公房、私房分布情况，摸底了解居民的搬迁意愿，并及时动态调整规划成果。"一房一策"的保护与更新设计除了要考虑居民诉求和场地实际条件外，还结合不同的产权主体，为未来使用者的自主更新提供了一个开放式框架，不同的

① 参见韩冬青. 显隐互鉴，包容共进：南京小西湖街区保护与再生实践 [J]. 建筑学报，2022（1）：1-8。

改造主体均可根据图则的控制和引导要求对相应地块进行自下而上的改造，形成了多样化的更新行动。如"平移安置房"由原3层老旧公房加固改造而成，用于街区居民的平移安置；"三官堂"遗址通过历史建筑修缮，组织文化活动，打造特色民宿；堆草巷31号原为私房，设计者帮助居民设计镂空花墙、改造院落景观进行再生利用，而居民将院落对街巷开放共享，实现居民与游客的和谐共生。因地制宜的更新机制在"私人"和"公共"之间创造了新的公共领域。

3）因地制宜的基础设施改造

小西湖街区采用"小规模、渐进式"的改造原则，选择共商共建的自主更新之路。为了在地块内狭窄的街巷现状中进行市政管沟体系的改造，建设单位采用了微型综合管廊方案（图6-14），并请各专业单位实地勘察、多方讨论、多轮协调，将弱电、强电、雨水管、污水管、自来水管、消防管等市政管线均集成到小西湖狭窄的历史街巷地下管廊中。一开始居民并不配合，第一个月管廊只推进了20 m。在西侧管廊完工后，当居民看到这个基础设施改造的实际功效和环境价值之后，东侧管廊的施工就非常顺利了。

图6-14 微型综合管廊的施工现场

可见，除了专业技术本身的探索之外，小西湖街区的经验和价值更多的还是体现在协同治理机制的创新上，坚持城市更新与社会治理的融合发展，以打造共建共治共享的社会共同体：在共建中，强化市区两级政府的规划、引导、协调、统筹等服务功能，落实基层政府的协调和监管功能，鼓励居民及相关组织深入参与城市更新与社会治理中来；在共治中，激发政府、市场、社会、专业设计团队等多方力量的共同意识、协商意识和互惠意识，共同解决城市更新所遭遇的各类问题；在共享中，则是将城市更新与环境改善、社会治理的软硬件提质联系起来，促进公共服务体系的升级，改革公共服务软环境体系，大力推广由"柜台"到"客厅"的"家"的概念。

第6章思考题

1. 城市规划的技术与社会过程之间的关系是什么？

2. 城市规划的公共利益价值与多元价值观之间有何差异？它们之间的内在联系是怎样的？

3. 公众参与在城市规划过程中应主要注意哪些方面？你认为我国城市规划公众参与应重点关注

哪些方面?

4. 行动规划的主要过程是怎样的? 规划师在其中发挥的主要作用是什么?

5. 治理的概念是什么? 请结合一个你所熟悉的社区非正式自主更新或是自主运营的例子, 试阐述"城市更新与社会治理相结合"的价值和意义。

第 6 章推荐阅读书目

1. 泰勒.1945 年后西方城市规划理论的流变 [M].李白玉, 陈贞, 译.北京: 中国建筑工业出版社, 2006.

2. 张兵.城市规划实效论: 城市规划实践的分析理论 [M].北京: 中国人民大学出版社, 1998.

3. 华兹.行动规划: 如何运用技巧改善社区环境 [M].谢庆达, 译.台北: 创兴出版社, 1996.

4. 阳建强.西欧城市更新 [M].南京: 东南大学出版社, 2012.

5. 侯志仁.城市造反: 全球非典型都市规划术 [M].台北: 左岸文化事业有限公司, 2013.

7 城市规划的社会学方法

城市规划的专业学习，除了要了解和掌握相关的理论知识外，还需要学习和借鉴包括社会学方法在内的各类方法。因为科学方法的合理应用对于城市规划工作的开展来说可以提供不可或缺的技术保障，并产生事半功倍的积极效用。

7.1 城市规划的社会学方法体系

社会学经过上百年的摸索、发展和完善，到今天已形成了一套相对成熟而又种类繁多的方法体系，一个多向度、多层次的体系，涵盖了方法论（methodology）、具体方法（method）和技术（technology）手段三个层次。

以城市规划为导向的社会学方法从某种意义上来说，就是社会学的研究方法在城市规划领域中的延伸和应用，是在具体目标和特定条件下，社会学方法同城市规划编制及研究工作的实际结合。目前，它不仅在城市规划的理论研究方面有着广泛而深入的应用，在城市规划的编制实践中，尤其是在资料采集、专题研究、基础分析等环节中也发挥出愈来愈重要的作用，为规划成果的编制提供了必不可少的先导条件和基础构成。

因此相应地，城市规划的社会学方法体系也可以由高到低划分为方法论、具体方法和技术手段三个层次（图7-1），并呈现出科学化、系统化、定性与定量相结合等特点。

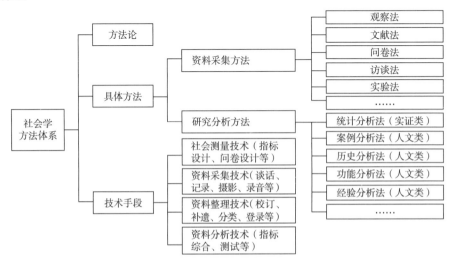

图 7-1 常用的社会学方法体系构成

7.1.1　方法论

方法论代表着社会学方法体系的最高层次。它从属于一般科学方法，规定着学科研究应遵循的基本原则，是研究方式和具体方法的理论与逻辑基础。因此从某种意义上讲，它是一种工具理论，一种针对研究方式和方法的一般原理性的系统探讨与全面评价，但不涉及具体的事实现象。

社会学发展演化至今，先后形成了实证主义方法论、人文主义方法论、批判主义方法论三大类截然不同甚至针锋相对的方法论传统：实证主义偏重于以经验主义和归纳法来理性解析客观社会事实，具有自然主义倾向；人文主义强调自然科学与社会科学的本质区别，突出人的主体性、意识性和创造性，倾向于通过价值关联来剖察人的"主观意义"；批判主义则以辩证法和唯物史观为支撑，以社会基本矛盾分析为根本手段，秉持社会研究的整体观和动态史观，强调研究过程的经验性、实践性等。相对而言，实证主义方法论自 20 世纪以来，一直在西方社会学中占据着主导地位。就城市规划工作的展开而言，这些工具理论可以为之提供必需的立场、方向、视角、基本观点，以及认识和解剖对象所应遵循的基本原则与逻辑程序。

7.1.2　具体方法

具体方法居社会学方法体系的中间层次。它往往贯穿于研究的全过程，需要根据研究方向和研究目的来选择和确定相应的研究程序、研究方案以及研究的实施方式。

城市规划工作"跨界"引用和借鉴最多的方法，实际上属于社会学技术方法的"具体方法"层次，主要由资料采集方法和研究分析方法两大体系构成。资料采集方法包括观察法、文献法、问卷法、访谈法、实验法等，且对于不同的社会学理论源流而言，其采集数据资料的应用方式大同小异；但是研究分析方法却会因不同的理论传统而存在明显分化，大体上包括两类，即实证主义的科学方法（以定量为主）和人文主义的理解方法（以定性为主），二者相互对立而又相互联系，共同发展出一套有关人类群体、社会结构与社会行为的知识体系。

7.1.3　技术手段

技术手段位于社会学方法体系的最低层次，是保障方法论得以贯彻和具体手段得以实施的必不可少的技术支撑。它对于具体方法的选择，需要同一定的技术手段相匹配，如指标设计、问卷设计、记录、摄影、录音、校订、补遗、指标综合等。其中，支撑资料采集方法的技术手段对于不同的社会学理论源流而言大同小异（可能会因采集技术的提升而更精准），而支撑研究分析方法的技术手段则会因为实证主义的科学方法和人文主义的理解方法应用而有所取舍和不同侧重。

对于城市规划领域而言，可供引入的研究技术包括社会测量技术、资料采集技术、资料整理技术、资料分析技术等，而研究所涉及的工具和设备则包括观测记录仪器、实验设备、录音录像设备、电子计算机等。

下面将重点围绕社会学方法体系的中间层次——具体方法，同时结合城市规划研究和编制的特点与要求，分别从资料采集和研究分析两大环节入手进行介绍。

7.2 城市规划的资料采集方法

资料采集作为城市规划研究和编制工作展开的共同前提，经常使用的还是观察法、问卷法、文献法等社会学领域的基本方法。其中，每类方法都有着各自不同的特征、分类、优劣、应用步骤和注意事项，而且在实践运用中也往往是综合性运用，而非截然分开的单一使用。

7.2.1 观察法

观察法是一种在自然情境下，通过耳闻目睹的方式来实地收集有关价值、行为和社会过程的定性资料的方法，也可称之为实地调研法或是田野研究法（field study method）。该法的主要特征为观察型的定性研究，强调实地调研的现场感和反数量化倾向，分析结构性弱。

1）观察法应用的主要类型

根据研究者介入客体的程度，以及观察者与被观察者的关系，观察法又可分为参与观察法（participant observation）和局外观察法（non-participant observation）两类。

（1）参与观察法

参与观察法是指研究者加入被观察的组织或群体中，并成为其活动中正规参与者的一种方法，因此研究者具有观察者和被观察者的双重身份，而且一般不要被其他参与者所知。

威廉·怀特（William White）完成的名作《街角生活》，就是参与观察法实际应用的一则典型案例。1937 年，怀特到东部城市的意大利区生活了三年之久，不但学会了意大利语，而且作为一个参与者融入了所研究的世界。他凭借深入的观察揭示了当地人独特的"街头生活"模式，分析了当地人的集会场所及复杂的社会等级制度，同时也阐释了第二代移民是如何在美国城市的"新世界"里，将父辈从"旧世界"带来的生活方式结合起来的。从某种意义上讲，是参与观察者的双重身份确保了怀特对于现象背后深层意义的发掘和把握。也正由于此，奥古斯特·霍林希德（August Hollingshead）（如《埃尔姆城与埃尔姆城的青年》）和林德夫妇［即罗伯特·林德和海伦·林德（Robert Lynd & Helen Lynd）］（如《中镇：现代美国文化研究》）同样在研究中多次运用参与观察法。

参与观察法在资料采集方面主要有以下优势：

其一，观察者同被观察者之间有直接密切的互动关系，研究方面更易于获取一手资料，尤其是背后那些不为人所知而又具有潜在意义的数据资料。

其二，研究者在行为控制得当、不暴露双重身份的前提下，不会改变观察对象行为的自然过程，进而也保障了观察成果的真实性。

同时，参与观察法也有以下不足：

其一，相对于局外观察法等其他方法，参与观察法可能会在时间、精力、财力甚至风险等方面有着更高的要求，从而制约研究计划的推广和展开。也正由于此，目前的城市规划研究和编制工作还很少引入参与观察的方法。

其二，观察时间的长短会影响观察结果。时间过短，难以确保观察的深度与广度；时间过长，则可能产生当事者迷、旁观者清的"土化"（going nature）现象，某些在局外人看来很明显的事实和现象，也会因为观察者同被观察者之间的密切关系而被忽视，或是出于情感因素而拒绝相信。

其三，研究者的参与会使观察对象的社会关系多出一个分支，并导致被研究对象的关系构成复杂化和难以控制。

（2）局外观察法

局外观察法和参与观察法不同，是指研究者不用加入被观察的组织或群体中，而是以一名局外人的身份进行观察研究的方法。

中国早期的社区研究者，如吴文藻、费孝通、陈达等均强调社区实地考察和实证研究的价值与意义，赵承信更是在中国社会学社的第六届年会（1937年）上，提出了将社区实地研究作为中国社会学建设道路的观点。在此背景下，费孝通围绕着吴江县（现苏州市吴江区）开弦弓村而完成的《江村经济》，还有他主持云南大学社会学研究室工作期间完成的《禄村农田》等著作，实际上多是在选定的典型社区内，以旁观者的身份针对农村经济、地权、家庭组织等特定问题进行冷静观察和长期调研后的成果。这种观察法虽然关注的是某一具体对象，但反映的问题却在当时的中国社会具有一定的普遍意义。

同样，在城市规划领域中，局外观察法也是应用最为普遍的方法之一。它一般借助于调查图表、拍照摄像、观察卡片等手段，运用专业知识进行观察研究和资料采集，以忠实记录和再现现场空间环境的现状及人群的活动情况（表7-1）。其中，调查图表是规划研究和编制工作中经常运用的现场调查记录方式。在实地观察前，研究者往往需要制作观察记录图（比如地形图和用地分界图）；然后在现场勘察中，以符号标注形式在调查图上记录用地性质、权属分界、建筑特征、绿化水体分布等相关因素，并结合绘图、速写等图示方法进一步记录现场地形地貌、建筑形态、空间环境、人群活动等状况（图7-2、图7-3）。

局外观察法在资料采集方面主要有以下优势：

其一，在不为观察对象所知的情况下，观察对象一般不会改变行为的自然真实性，也不会使被研究者之间的关系复杂化。

表 7-1　规划用地现状调查表示例

用地性质	一类居住用地（R1）、二类居住用地（R2）、三类居住用地（R3）、行政办公用地（A1）、文化设施用地（A2）、教育用地（A3）、体育用地（A4）、医疗卫生用地（A5）、社会福利用地（A6）、文物古迹用地（A7）、科研用地（A8）、其他公共管理与公共服务设施用地（A9）、商业用地（B1）、商务用地（B2）、娱乐康体用地（B3）、公用设施营业网点用地（B4）、其他服务设施用地（B9）、一类工业用地（M1）、二类工业用地（M2）、三类工业用地（M3）、一类物流仓储用地（W1）、二类物流仓储用地（W2）、危险品物流仓储用地（W3）、城市道路用地（S1）、城市轨道交通用地（S2）、交通枢纽用地（S3）、交通场站用地（S4）、其他交通设施用地（S9）、供应设施用地（U1）、环境设施用地(U2)、安全设施用地（U3）、殡葬设施用地（U4）、其他公用设施用地（U9）、公园绿地（G1）、防护绿地（G2）、广场用地（G3）				

建筑属性	平均高度	屋顶形式	建筑质量	建筑风貌	平均建造年代
	1. 3 层以下； 2. 4—6 层； 3. 7—9 层； 4. 10 层以上	1. 坡屋顶； 2. 平屋顶； 3. 其他	1. 较好； 2. 一般； 3. 较差； 4. 危旧	1. 传统； 2. 现代； 3. 其他	1. 古代；2. 民国； 3. 20 世纪 50—70 年代； 4. 20 世纪 80—90 年代； 5. 2000 年后

开放空间	地块内开放空间形式	1. 公园；2. 道路绿地；3. 滨水绿地；4. 居住区绿地；5. 广场；6. 其他		
	地块重要景观界面位置		地块重要景观界面类型	
	景观界面特征		1. 建筑；2. 围墙；3. 绿化；4. 其他	

基础设施	停车设施	公交车站	其他大型基础设施	
	1. 大型地面停车场； 2. 地下停车场； 3. 地面道路停车； 4. 零星停车	1. 普通停靠站； 2. 总站； 3. 无	1. 垃圾中转站；2. 高压线走廊；3. 变电所；4. 污水处理设施；5. 高架道路或铁路；6. 其他	

存在问题				

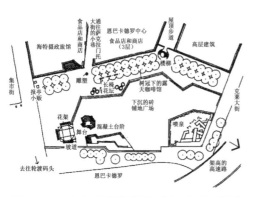

图 7-2　旧金山市贾斯廷赫曼广场平面调查图

图 7-3　哥本哈根某广场的步行线路调查图

注：从图中可以发现几乎每一个人都沿最短线路穿过广场，只有推自行车和婴儿车的人绕过下沉区。

其二，局外人身份可以同观察对象保持一定距离，便于摆脱"土化"状态、冷静客观地收集所需资料。

同时，局外观察法也有以下不足：

其一，由于和被观察者缺乏直接密切的互动关系，局外人的身份往往会限制研究者对于社会现象背后深层意义的真正了解和把握。

其二，观察对象如果察觉了研究者的意图，往往会有所反应，并改变行为的自然过程，从而影响最终成果的真实性和可信度。

2）观察法应用的基本步骤

观察法应用的基本步骤如下：

第一步，选定研究方向。明确规划研究和编制的方向与目的，有利于研究者集中精力、有的放矢地收集所需资料；但同时也要保持一定的弹性。

第二步，决定被研究对象、范围和场合。根据研究目的和方向，选择适合的、具有典型意义的观察点，基本原则为观察的规模和范围不宜过大，面对的社会关系也不宜太复杂，要以能力为限。

第三步，进行初步观察。在正式观察之前，最好能不动声色地到观察点周围看看，留下初步印象，大致做到心中有数。

第四步，获准进入被研究的组织或群体。典型做法是，通过被观察者的上层机构、熟人或中间人的协助，正式或非正式的进入调研地域。即使是参与观察法，在不向其他参与者泄露双重身份的前提下，最好也能取得该群体中关键人物的支持，向其表明合法身份及研究目的。

第五步，正式观察和记录（图7-4）。在正式观察时，研究者应谨慎地顺应被观察者的语言、习俗等，适当地调适自身的言行举止，以尽早与被观察者建立和谐互信的关系，确保观察对象行为的自然性和真实性。而记录最好能与观察同步进行，考虑到操作的便利性，可以当场在记录本或是事先制作好的调查图表上速记一些关键词、符号标注、重要引语及记忆线索，在观察间隙再补充完成全文和图表，为规划研究和编制工作的展开提供依据。记录内容应做到具体、客观、如实，尤其需要将个人的分析判断、感性倾向同观察的事实本身严格地区分开来。若发现有错漏或是含混之处，则需要及时纠正和弥补。

第六步，退出调研地域、整理分析资料，并完成研究报告和相关图表（图7-5）。在退出观察的组织和群体后，仍需同有关人士保持一定的联系，便于日后资料的补充或是后续研究（有关研究报告的撰写要求详见本章第7.4节）。

3）观察法应用的注意事项

其一，观察法比较适用于事件、现象及其内在意义的定性描述和研究分析；在一些相对封闭或是文化程度较低的地区，更有其用武之地。有许多学者在研究人类文化现象时，出于确保文化现象原始性、自然性的目的，也多以观察法为主。

其二，观察法比较适用于个案研究，以深入见长，但易受到个人感知的制约和时空的局限。该结论可以在一定程度上反映类似对象的状况（但结论不建议在更大的范围内任意推广），也可用以发掘重要的指标，并为假设的形成提供有用范畴内

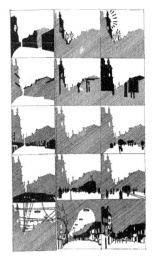

图 7-4 突出某一主题的空间
观察和记录

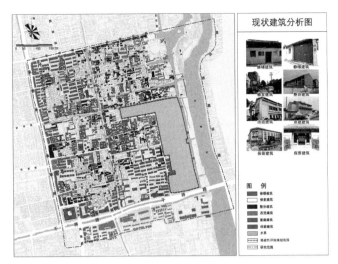

图 7-5 实地观察后完成的建筑现状评估图

的探索性研究，还可以印证和充实其他研究方法所采集的资料数据。

其三，观察法需要以敏锐的观察力、良好的记忆力和丰富的知识为保障，同时在应用中注意一些问题因素：① 研究者本身因疲劳、情绪化和精神不集中而产生的负面影响；② 尽量避免对被研究者的利益造成损害；③ 在自然情境下，一些难以控制的影响资料的外部变项等。

7.2.2 问卷法

问卷法是一种在自然情境下，通过填写问卷（或调查表）的方式系统地收集相关数量性资料的方法，可用于大规模的社会调查。问卷法的主要特征为标准化和定量分析倾向。根据被研究对象的规模和问卷发放的范围，它往往通过全面调查和抽样调查两种方式来实施。

全面调查（complete survey）也称为普查，是指针对被研究对象所包括的全部单位，无一遗漏地发放问卷进行全面调查的方式，如人口普查和高校师资队伍状况的普查。

抽样调查（sampling survey）则是从研究总体中按照一定的方式抽取样本进行调查，并以样本资料来推断和代表总体状况的方式，这也是问卷法应用最为普遍和基本的方式。

1）问卷法应用的主要类型

根据问卷发放过程中研究者与客体的空间关系，问卷法又可分为直接问卷法和间接问卷法两类。

（1）直接问卷法

直接问卷法是指在面对面的场合下，由研究者预先设计好一组问题，并由被调查者做出回答的一种方法。被调查者的回答及研究者所观察到的被调查者的言行和印象，均可作为成果的一部分。

新中国成立后，相继在 1953 年、1964 年、1982 年和 1990 年进行了四次全国人口普查，基本上采用的都是设立登记站与入户访问相结合的全面调查方式，而第五次全国人口普查在技术方法上又有了不少创新：长短表统计技术的使用[①]（通过抽样方法选出 10% 的住户填报长表，而其他 90% 的住户填报短表）实现了全面调查和抽样调查的巧妙结合；明确要求的入户查点询问、当场填报方式，则使直接问卷法成为一项推动第五次全国人口普查展开的主要技术手段。在此背景下，调查表设计作为问卷法应用的关键环节，几经完善后又增设了不少普查指标，如人口迁移和住房的相关内容，相比于第四次全国人口普查时增加了 28 项指标。而第七次全国人口普查则与时俱进地引入了互联网云技术、云服务和云应用工作方式，开始倡导普查对象的自主填报方式，比如说鼓励人们通过手机等移动终端自行申报个人和家庭信息。

同时，直接问卷法也是城市规划领域应用频率较高的基本方法之一，其目的主要是结合城市规划工作的具体目标、现实状态和实际效果，广泛调查和收集市民、专业人士、管理人员等各类群体的相关事实、意见和态度，为规划研究和规划编制提供现实的依据和参照。其中涉及调查指标的遴选、抽样方式的确定、调查计划和提纲的编制、问卷的设计与发放等诸多环节，旨在发挥直接问卷法在基础资料采集方面的独特优势如下（图 7-6）：

> 您的居住方式是：
> □工地现场 □集体宿舍 □宾馆旅店 □亲友家中 □租赁房屋 □其他 _____
>
> 您的住房来源是：
> □自建住房 □购买商品房 □购买经济适用房 □购买原有公房 □租用公有住房 □租用商品房
> □其他 _____
>
> 以下是选择居住空间时可能考虑的各类条件，请您按照自己的关注程度进行排序（在□内填写序号）：
> □地理位置 □金额 □支付方式 □配套设施 □户型 □环境 □社区物业管理

图 7-6　有关进城务工人员居住空间的部分问卷设计示例

一是灵活性、应变性强。研究者可以当场针对具体的问题做出探讨，并对有可能产生误解的问题做出解释，或是根据具体情境对访谈的方式、内容、时间、空间等做出适当调整。

二是有效度高。研究者可以在现场观察回答者的动作、情绪等非言语行为，同时记录其自发性的回答，以此作为调查成果的必要补充。

三是回答率高、完整性好。可尽量保证问卷所有的问题均得到回答。

---

① 为了尽量获得全面的信息且尽可能减少投入，第五次全国人口普查设计了两种普查表——长表和短表：长表的内容最全面（包涵了短表），包括"按户填报项目"23 项和"按人填报项目"26 项，共计 49 项，用于抽样调查统计；短表设有"按户填报项目"9 项和"按人填报项目"10 项，共计 19 项。除此之外，第五次全国人口普查还尽量与国际相接轨，在普查年份的选取、光电录入技术的首次引入等方面出现了不少创新和亮点。

四是独立性强。回答者在回答问卷时需要保持自身意见的独立性，不能接受他人的指示，或由他人代笔完成整份问卷。

五是时空界限明显。

同时，直接问卷法也会给城市规划工作带来以下不足：

一是调查成果存在误差。回答者往往会因为研究者社会地位、年龄、性别、外貌、访问技巧等因素的差异，而产生不同的反应；而且，现场调查方式也让回答者无法从容地进行思考、分析研究和核对记录，加之研究者对于回答的误解误录，这些都可能造成结果的错漏与误差。

二是问卷回答匿名性差。对于某些敏感问题，回答者可能会避而不答或是故意隐瞒说谎，从而影响成果的真实性。

三是易受现场因素干扰。由于调查和回答都要求即时即地展开，研究者和回答者就有可能受到疲乏、病痛、天气、嘈杂等多种因素的烦扰，从而影响最终的调查质量。

（2）间接问卷法

间接问卷法与直接问卷法不同，是指研究者预先设计的问卷通常是以邮寄、网络、分发等方式派送至被调查者，待其自行完成问卷后再回收，因此缺少了面对面的互动访谈环节。

其实在1960年之前，美国人口普查大多采取的是入户访问的直接问卷法。但随着人口的快速增长、逐渐多元化和流动性的不断提高，人口普查官员开始采取通过邮寄方式派发调查表的间接问卷法：在1970年的人口普查中，约有60%的调查表采取了间接问卷法；在1980年的人口普查中，这一比率增加至90%；在1990年的人口普查中，这一比例甚至提升到了94%，但却有1/3的家庭没有寄返调查表，为此政府不得不派人专门上门回收和补充调查[①]。由此可见，间接问卷法确实在回答率、完整性等方面存在着先天不足。

至于间接问卷法具体的优缺点，则基本上与直接问卷法形成互补，这里不再一一赘述。

2）问卷法应用的基本步骤

问卷法应用的基本步骤如下：

第一步，选定研究方向。

第二步，进行初步探索。主要通过文献查阅、向有经验人士请教等方式，为理论性假设的建立和问卷的设计提供理论与实践上的准备。

第三步，遴选相关指标，建立假设性描述。根据研究方向和对象，遴选和确定可用作解释和描述的指标，以此作为问卷设计的基础框架，同时针对各指标之间及其同研究对象之间的关联和影响做出假设性表述。这实质上是一个"把理论假设中的抽象概念具体化，分解转化为可度量的、可检验的操作要素"的转换过程，是问卷设计的必要性前提。其中，指标的筛选要隶属于高层次的抽象概念，同假设性表述相关，最好能成为信度（可靠性）和效度（有效性）的统一。如关于"进城农民

---

① 参见国家统计局网站。

居住质量"的调查，就可以将抽象的"居住质量"概念分解为具体的、可通过问卷法采集和测量的一系列指标，如人均居住面积、居住房间数、厨厕布局（是否共用）、用水与能源等，同时将进城农民的经济收入、受教育程度、从事职业等指标也列入问卷，以此作为验证和分析各指标之间假设性关联的参照因素。

第四步，制定研究策略。这包括指标的测量、调查计划及提纲的编制、抽样方式的选择等环节。指标的测量主要有三种方法：类型法（typological methods）是通过指标的交叉分析来划分类型，像"城市产业结构"的研究，就可以通过业务增长率和产业规模的交叉评定将其划分为四类产业（表 7-2）[①]；指数构成法（index construction methods）是一种相对精确的测量方法，主要通过简明合理、表示数量关系的公式来测算指标，如"容积率"和"隔离指数"的测算[②]；尺度法（scaling methods）则是一种相对模糊的测量方法，主要是针对某些难以量化的指标，根据其构成因子的相对程度和彼此关系来分项评估并累计总值，为研究提供高下判断，最常用的即李可特测量法（Likert-type scales），也可称之为总和尺度法（图 7-7）。调查计划是对整个调查过程的总体安排，内容包括调查的目的、内容、地点、对象、规模、方法、程序、经费预算、人员组织等；调查提纲的编制作为问卷设计的前身和基础，则是调查内容及其操作概念的细则化和条理化，需要兼顾系统性、严密性和一定的灵活性。

表 7-2　类型法的应用示例——关于城市产业结构的测量

城市产业结构		业务增长率	
		高增长率	低增长率
产业规模	大规模	强势产业	成熟产业
	小规模	成长产业	弱势产业

关于"生育思想的封建程度"测量（下述答案中，肯定者得 2 分，中立者得 1 分，否定者得 0 分。分项累计总分越高者，表明回答者的封建思想越严重）：

　　A. 重男轻女　　　B. 养儿防老　　　C. 多子多福　　　D. 五代同堂　　　E. 传宗接代

图 7-7　总和尺度法的应用示例——关于生育思想的封建程度测量

第五步，设计问卷或调查表。这实际上是一个制定相关测量指标，并按照一定顺序进行编排的过程，是问卷法应用成功与否的关键和基础所在（具体注意事项详见下文）。

第六步，收集资料，整理编码和统计分析。资料的整理编码包括分类和登录两类工作。前者的适当分类应做到包罗无遗，后者则最好以简单的数码标示排序，同

[①]　美国著名的管理咨询公司波士顿咨询集团通过"波士顿矩阵"分析法的创立提出，城市复杂的产业结构一般取决于两大基本因素——市场引力与产业实力。其中，业务增长率是决定市场引力和产业发展状况的外在因素，产业规模则是决定产业结构和竞争实力的内在因素。

[②]　有关社会分层、居住隔离和空间分异的研究往往会涉及"隔离指数"的测算，具体方法详见本章第7.3 节。

时结合各类图表，并在重要资料图表上标注资料来源、调查时间与地点、程序方法、所发现的问题等相关信息。资料的统计分析是指在定性分析的基础上，经过综合测算将众多调查资料转化为精简的、以定量分析为特征的数据变量的过程，描述统计（descriptive statistics）和推论统计（interential statistics）是使用较为普遍的两类技术。其中，前者主要是通过对数据资料的系统描述来揭示其所反映的数量关系，它常常运用频数、频率、中位数、平均数、标准差等技术来反映资料的集中或是离散趋势的标准差 [①]；后者则是以概率理论为基础，根据样本所反映的信息来推断总体情况，所以要针对平均值和百分率的有关假设，以及各指标之间假设性关联做出检验和推导。

3）问卷法应用的注意事项

作为问卷法应用的核心环节，问卷的设计尤其需要注意以下几点：

（1）问卷的内容构成

调查问卷一般由卷首语、指导语、问题、答案、编码等部分构成。

首先，卷首语作为问卷表的开端部分，一般以调查者的自我介绍为主，语气宜谦逊诚恳，内容则包括调查的主办单位、调查者的身份、调查内容、调查目的、调查对象的选取方法以及对调查结果的保密措施等。

其次，指导语是对填表方法、要求及注意事项的说明（图7-8）。

> 请在您认为正确的"□"中打"√"，如果您所希望的答案没有列出的话，请在_____（空栏处）填上适当名词或简要说明

图 7-8　问卷指导语示例

再者，问题和答案是问卷的主体，需要针对每一个问题和答案进行编码。

最后，在问卷结尾处，则要对调查者的合作和参与表示感谢，并署上主办单位的名称及调查日期（图7-9）。

> 非常感谢您参与本次调查活动，真心希望××片区成为一个具有优美城市景观、富有诗意的人类宜居地，让我们共同努力！
>
> ××市××区自然资源和规划分局
>
> ××大学建筑学院××研究课题组
>
> ××年××月

图 7-9　问卷结尾示例

（2）问题的设计要点

① 问题类别

较为完整的问卷通常包括三类问题：事实问题、意见问题和态度问题。其中，事实问题不但涉及性别、年龄、职业、文化程度等最为基本的静态资料，往往还需

[①]　频数、频率、中位数、标准差等有关概念的界定可参见吴增基，吴鹏森，苏振芳.现代社会调查方法［M］.2版.上海：上海人民出版社，2003：225-249。

要了解一些关于实际行为等的动态信息，如您是否参加了专业学术团体；意见问题通常代表的是暂时性的、潜含变数的看法；与之相比，态度问题则更倾向于稳定和持久的认识。

因此，问卷设计时应遵循由易到难、循序渐进的原则，依照事实问题、意见问题和态度问题的顺序进行编排。

② 问答形式

问卷的设计可以采取开放式或是封闭式回答，两类方式特征各异、优劣互补，但成规模的社会调查建议还是采取以封闭式为主的问答形式（表 7-3）。

表 7-3　开放式问答和封闭式问答的比较

问答方式	开放式	封闭式
基本特征	问题由被调查者自由填写，调查者不提供任何具体的答案	由调查者全部列出，被调查者只需从中选择一个或多个答案即可
应用优点	灵活性大，适应性强，特别适合潜在答案多而复杂的问题，有利于被调查者充分自由地表达意见	答案易于编码，便于定量分析，而且比较节省时间，容易取得被调查者的配合
应用缺点	答案缺乏标准化，准确性较低，易导致问卷回收率和有效率的降低	答案缺乏弹性和自由选择，容易造成强迫性回答和随意性答案

③ 题型设计

问卷题型应根据不同的研究内容和目的，相应地选取是否型、选择型、排列型、尺度型等多样化的设计。其中，是否型的问题设计一般简明扼要，以是非二分的主观或客观判定为主，选择型的应用最为普遍；排列型要求回答者按照重要性、时间性等标准将备选目标自行排序，通常以 1、2、3、4 等标序；尺度型则是将答案描述为两个极端，中间形成连续统，并根据心理距离平均划分为若干等级，由回答者在认为合适的等级处标注（图 7-10）。

是否型：您觉得该超市周围的停车是否便利：
　　　　自行车车位是否充足：□是　　□否
　　　　机动车车位是否充足：□是　　□否
　　　　停车场进出是否方便：□是　　□否

选择型：您的学历是：
　　□文盲或半文盲　□初中或初中以下　□中专/高中　□大专/本科及以上

排列型：以下哪些要素对于地下空间的规划来说至关重要？请您按照重要程度进行排序（在□内填写序号）：
　　□空气质量　　□照明状况　　□方向标识的识别性　　□商业服务设施　　□休息设施
　　□公厕布局　　□无障碍设施　　□陈设品

尺度型：您对所在社区治安状况的看法是：
　　很不满意　　　　　　很满意
　　1　　2　　3　　4　　5　　6

图 7-10　问卷题型的设计示例

（3）指标的测量层次

测量指标在设计上可以由低到高形成定类、定序、定距三种测量层次，其测量的内容范围和细度深度也随之依次递增（表7-4）。考虑到高层次的指标设计能针对同一现象和事物做出更为细致的描述，并确保数据资料的充分利用，在问卷设计时要尽可能地采用更高层次的指标测量方式。

表7-4　指标的不同测量层次及其内容

测量层次	属性与类别	等级和次序	数值和差距	示例
定类	√			性别：男、女
定序	√	√		社会经济地位：上、中、下
定距	√	√	√	月人均收入：800—1 000 元、1 001—1 500 元、1 501—2 000 元

此外，问题的表述要避免跟主题无关，做到清晰、简练、客观而具体，既不能模棱两可，也不可过于抽象、难以理解，更不能有明显的诱导性和倾向性；而且，在长度上以控制在半小时内答完为宜。

7.2.3　文献法

文献法是一种通过收集分析各类文献档案和统计资料，从中引证对被研究对象的看法或找寻真相的方法。文献法的主要特征为程度不同的回溯性。文献法实施的对象有第一手文献和第二手文献之分：前者往往成形于个人的亲身经历，带有较强的个体主观性和感性色彩，但分析结构性较弱，适用于定性而不是定量分析；后者则是由第三者通过目击者或是第一手文献的阅读来加工完成，因而带有较强的结构性和客观色彩。

文献法作为资料采集的另一重要方法，往往也是城市规划工作展开的先导。对上位规划、相关设计成果的解读，分析其优劣和定位，有助于设计者明确设计的前提和背景，确定设计研究的课题、重点和目标，寻求解决问题的建议和改进策略；对相关案例文献资料的采集整理，可以为设计者提供必要依据和类似经验；对历史文献的阅读分析，则有助于梳理和分析城市空间环境发展演变的基本脉络和主导方向等。

比如在南京市江宁区百家湖—九龙湖轴线地区城市设计项目中，通过运用文献法，设计小组总结出江宁区在不同历史时期的空间形态演变总体脉络，并对未来的空间发展走向做出预测，从而明确了设计范围在江宁区空间发展中的总体定位及相应的设计策略（图7-11和图7-12）；而在城镇总体规划中，文献法更是推动规划工作展开的重要手段和基础方法。

> **对《南京市东山新市区总体规划（2003—2010年）》的文献解读**
>
> 1）功能定位
>
> 江宁区的功能定位：长江三角洲重要的教育产业和知识创新基地；南京都市圈重要的都市农业、休闲度假和空港物流基地；南京市新型工业化和高科技产业化基地；南京城市重要的生态调节圈层。
>
> 东山新市区的主要职能：南京市南部地区次区域级综合服务中心；南部地区综合交通枢纽；重要的教育科研和知识创新基地；重要的高新技术产业基地；山水城林融为一体的花园式新城区。
>
> 2）分析
>
> 百家湖—九龙湖片区应作为规划所确定的花园式新城区的最佳实现地，是生态绿心和城市休闲度假活动中心，因此，部分地块的功能置换与完善势在必行。

图 7-11　上位规划解读示例

图 7-12　通过文献法总结得出的江宁地区发展轴线演变示意图

值得一提的是，随着计算机和网络信息技术的迅猛发展，网络信息技术平台及数字化图书馆已经日益成为规划专业人员进行文献资料收集的重要途径。调查者利用国际互联网搜索平台［比如谷歌（Google）］、基于卫星遥感技术的全球地图信息系统软件［比如谷歌地球（Google Earth）］、网络信息文献资源数据库［如中国知网（CNKI）期刊数据库和万方数据库］和数字化图书馆（如超星数字图书馆），可以按照文献题名、分类、著者、主题、序号、关键词等分项查询，并遵循

图 7-13 瑞典魏林比新城图片

快速浏览、筛选、精读、记录的步骤，从各种文字及声像资料中摘取与所调查课题有关的信息，并对文献中的某些特定信息进行分析研究（图 7-13）。

1）文献法应用的优缺点

文献法在资料采集方面主要有以下优势：

其一，在大多数情况下，研究者获取资料相对方便和经济。

其二，文献作者或编者具有无反应性。当初他们在编著文献时，根本不可能预料到自身作品日后被人研究的方式和结果，因而也不会像观察者—被观察者那样存在着交互反应或是有意识地改变编著过程。

同时，文献法也有以下不足：

其一，研究者的分析工作量大。研究者在查阅文献时，需要针对文献的类型、形式、时间背景、编著者、写作意图及资料的可靠性做出评估。

其二，不少文献因为带有作者自身的见解和倾向，而不乏偏见与片面性，可能会影响研究者的独立判断。

其三，不少文献都有当事人才了解而研究者所不熟悉的特殊知识，从而形成知识空白。

其四，不少文献都缺乏标准格式，难以编码，尤其是第一手文献和某些时间久远、环境磨损的历史文献。

2）文献法应用的基本步骤

文献法应用的基本步骤如下：

第一步，选定研究方向。

第二步，获准使用文献并收集相关文献。

第三步，对文献的可靠性进行评估。

第四步，对文献进行分类和编码。这类似于文献的整理和建库过程，其中的关键是要找寻能够作为研究基础的、原初性质的事实资料，从而为研究者提供和积累限于条件而无法通过观察、实验等手段采集到的资料。在此基础上收集到的文献，可以按照某一标准（如关键词、主题、著者、学科等）进行分类，再以数字、字母、符号等形式加以编码，便于日后快捷有效的查询。

第五步，对文献进行分析和综合。这是一个从文献中挖掘所需材料的过程，必须注意分析文献中哪些是反映客观事实的资料？哪些只是作者个人的观点和评论？又有哪些是经过作者思维加工的事实资料？甚至有时候还要针对文献的背景及其作者情况做出相应分析，以便进一步地判断文献的资料性质。

3）文献法应用的注意事项

其一，文献法的应用切忌断章取义，应在可靠文献的基础上做通篇的系统分析，不可根据有限的文献来推断和概括作者的思想理念和当时的社会状况。

其二，文献法比较适用于跨越一定时间长度的纵贯研究，但也要考虑时间因素的负面影响：某些文献可能会因为时代的变迁而产生价值的变化，或是观点上出现偏颇之处，需要做出适当的调整。

其三，在引用文献时，应出于对引用文献的尊重而标明资料的出处和时间。这既可表明资料的可靠程度，又方便他人的查询和回溯。

7.3 城市规划的研究分析方法

研究与分析工作往往是在资料采集的基础上展开的。对于城市规划的研究来说，这原本就是不可或缺的核心技术环节；而对于城市规划的编制来说，它同样可以通过专题研究、基础分析等工作环节的渗透，为方案的构思、系统的建构和成果的深化提供不可或缺的基础依据。可见，研究分析工作将在城市规划领域占据越来越重要的一席之地，且已经在"具体方法"层面分化为两类导向，即"实证主义的科学方法（以定量为主）＋人文主义的理解方法（以定性为主）"，前者以统计分析法的多元手段为典型代表，后者则包括历史分析、案例分析、功能分析等方法。

7.3.1 实证主义的科学方法

早在社会学发展初期，即有社会学家认为应对社会事实采取经验观察和因果说明的科学方法，以区别于哲学的内省方法和目的论论证方法，像奥古斯特·孔德（Auguste Comte）就主张以建立在观察基础上的科学经验研究代替空洞思辨和主观臆测，从而确立了社会学客观性的学科性质；而实证主义与统计学方法的结合、理论研究与经验社会调查的结合，则源于埃米尔·迪尔凯姆（Émile Durkheim）的不懈努力和杰出贡献，其不但建立了"理论假设—经验调查—理论检验"的实证研究程序，而且借助于多类统计分析技术将变量分析、多因素相关分析等引入社会学研究，为如何利用统计调查资料来分析社会整体结构和建立社会理论提供了范式和路径。

受迪尔凯姆的影响和启发，越来越多的规划工作者尝试引入系统化、精确化的自然科学方法，比如说因子生态分析、社会区域分析、层次分析、空间自相关分析、回归分析等典型的统计分析方法。比如说加拿大环境部为了针对种类繁多、情况复杂的"建筑类历史文化资源"做出全面而合理的评估分析，从 20 世纪 70 年代起就开始专门的研究和摸索，逐渐设立了由 5 项指标、20 项因子、4 级分值共同构成的多元评估体系，不但应用层次分析法兼顾了历史、环境、实用等多重价值，而且在长期的使用中积累了丰富的经验、取得了良好的效果，对于我国同类规划工作的展开具有良好的借鉴意义和推广价值（表 7-5）。

表 7-5 建筑类历史文化资源的评估样表（加拿大环境部）

建筑名称（name）						
建筑位置（location）						
建筑编号（reference number）						
指标因子		书面意见	分值（上限 35 分）			
A 建 筑	建设风格（style）		20	10	5	0
	建筑结构（construction）		15	8	4	0
	建设年代（age）		10	5	2	0
	建筑师（architect）		8	4	2	0
	设计（design）水准		8	4	2	0
	室内（interior）装修		4	2	1	0
指标因子		书面意见	分值（上限 25 分）			
B 历 史	相关人物（person）		25	10	5	0
	相关事件（event）		25	10	5	0
	文脉（context）		20	10	5	0
指标因子		书面意见	分值（上限 10 分）			
C 环 境	持续性（continuity）		10	5	2	0
	匹配性（setting）		5	2	1	0
	地标性（landmark）		10	5	2	0
指标因子		书面意见	分值（上限 15 分）			
D 实 用	兼容性（compatibility）		8	4	2	0
	适应性（adaptability）		8	4	2	0
	公共性（public）		8	4	2	0
	配套设施（services）		8	4	2	0
	成本（cost）		8	4	2	0
指标因子		书面意见	分值（上限 15 分）			
E 完 整	地点（site）		5	3	1	0
	改造（alterations）		5	3	1	0
	境况（condition）		5	3	1	0
评估者		日期				
建议						
验核者		日期				
意见						
批复者		日期				
意见						

近年来随着现代科学技术手段的不断更新升级，尤其是网络信息技术、大数据分析技术和地理信息系统（Geographic Information System，GIS）等各类数字平台的应用，更是让实证主义的统计分析方法升级和渗透到了规划研究（如职住地识别、人口迁移轨迹图解等）、规划编制（如功能集聚热力分析、高度区划评估等）、规划管理（如人机交互式管理信息系统、智慧城市管理服务平台等）等领域，并催生了一大批更加科学和理性的规划成果。下面将从统计分析法的谱系中遴选两类典型代表做一介绍：

1）因子生态分析法

作为统计分析法的代表性构成之一，流行于20世纪60年代的因子生态分析法主要应用于空间系统诸要素的关系分析、城市空间的整体评价和最优化选择，是度量城市空间结构（尤其是居住结构）差异的基本方法之一，因此大多数的变量均围绕着居住分异强度和空间格局的测算而设置，只是不同的城市和地区在变量选取和统计方法的确定上略有差别和出入。

（1）因子生态分析的基本步骤

所谓因子生态分析法，是指借助于多个可量化、可图示、可表现在其他统计分析中的因素，来描述城市社会群体变量和类似变化格局的方法。首先，它在本质上属于一种归纳式分析，这不同于社会区域分析的演绎和推导特征。其次，因子生态分析法是一种合成技术。虽然每一个独立变量只能解释综合差异中的局部特性，但是通过一系列混合变量的归总分析，便可针对城市社会群体变量和类似变化格局的综合特征做出判定。

因子生态分析法的操作过程，实质上是将 n 个基本空间单元的 p 个社会—经济变量数据组成一个（n, p）矩阵，然后再将其变换简化为由 r 个因子（$r<p$）组成的（n, r）矩阵，通过从原始矩阵中消去线性相关的冗余信息，确保所选的 r 个因子能包含原始数据的所有统计信息。因子生态分析的具体步骤如下：

第一步，分析区域概况，界定研究问题，选择基本统计单元。

第二步，选取影响因子，设定符合条件的变量。

第三步，数据变换以消除次要因素的干扰。

第四步，标准化处理，确保所有的数据拥有统一的量度单位。

第五步，建立相关的系数矩阵，进行变量间的相关度量。其中，以皮尔逊（Pearson）的积矩相关度量最为普遍。

第六步，选择和确定适宜的统计分析方法。主成分分析法和标准的因子分析法主要的区别还是在于相关矩阵主对角线元素的处理。

第七步，主成分或因子轴的变换，可选用正交旋转或是斜交旋转方式，以保证因子荷载矩阵的承载信息最大化，利于问题的研究。

第八步，根据因子的得分完成分类，而分类的等级依情形而定。

第九步，空间描述，完成归总分析。

（2）因子生态分析的案例简介

① 芝加哥社会区域的因子生态分析

为了研究芝加哥都市区社会区域生态结构的形成和制约因素，地理学家威廉·瑞斯（William Rees）从中选取了 1 324 个统计区作为研究单元，通过筛选的 12 个变量（如受教育程度、职业类型、收入水平、年龄结构、家庭规模、种族状况等）进行生态分析，经数据处理分析后，得到由各变量（因子）相关系数构成的芝加哥都市区生态因子结构分析表（表 7-6）。

表 7-6　芝加哥都市区生态因子结构分析表（相关系数表）

变量（因子）	社会经济地位	家庭地位	种族和籍贯	社会区域
中学以上	0.920*	−0.011	−0.048	0.850
白领工人比例	0.846*	−0.220	−0.203	0.850
家庭收入超 1 万美元的比例	0.771*	−0.096	−0.484	0.837
年收入达中值水平比例	0.746*	−0.059	−0.510	0.820
1950 年后建成的住房比例	0.697*	0.434	−0.168	0.702
家庭年收入不足 3 000 美元的比例	−0.646*	−0.167	0.597	0.802
一般住房比例	−0.627*	−0.197	0.488	0.670
失业人口比例	−0.618*	0.035	0.566	0.705
家庭人口数	0.032	0.928*	−0.045	0.864
低于 18 岁的人口比例	−0.133	0.867*	−0.064	0.733
高于 65 岁的人口比例	−0.102	−0.847*	−0.241	0.786
黑人比例	−0.277	0.172	0.876*	0.848
解释变量（检验值）	37.3	22.3	19.3	—

注：* 表示两变量显著相关。

由此可见，芝加哥都市区社会区域人群的社会经济地位高低主要取决于职业性质、受教育程度、收入水平、住房状况等变量，家庭地位与家庭人口数及 18 岁以下的人口比例呈高度正相关，与 65 岁以上的人口比例呈负相关，而种族和籍贯则同黑人比例呈明显正相关，这说明老龄化问题、种族问题等已成为芝加哥都市区的重要社会问题。

② 蒙特尔的因子生态分析

塞弗莱恩·勒·博戴斯（Cfline Le Bourdais）和米歇尔·博德利（Michel Beaudry）分别于 1971 年和 1981 年针对蒙特尔都市的部分统计区进行了因子生态分析：1971 年选取了包括 59 个变量在内的 561 个统计区，1981 年则选取了 61 个变量在内的 654 个统计区。通过生态因子数据的统计分析，确定了 6 个主要因素，并检测了 1971 年 80.2% 的原始变量和 1981 年 78.0% 的原始变量（表 7-7）。

可以发现，蒙特尔 1971 年的生态结构与 10 年后存在的差异主要表现在以下两个方面：

其一，各因素影响程度的变化。1971 年该市主要受家庭和种族因素的影响，到 1981 年家庭因素则表现得更为突出，而种族问题则有所改善。

表 7-7　蒙特利尔 1971 年和 1981 年的生态因子结构分析表

1971 年生态因子	因素出现顺序	1981 年生态因子					
		家庭		社会经济		种族	
		1	5	2	4	3	6
家庭	1	0.998	0.045	−0.015	−0.019	−0.013	0.022
	5	0.037	−0.963	−0.097	−0.020	0.069	0.241
社会经济	2	0.021	−0.109	0.993	−0.012	−0.016	−0.035
	4	0.019	−0.015	0.010	0.999	−0.026	0.031
种族	3	0.011	0.070	0.024	0.026	0.997	0.004
	6	−0.032	0.235	0.060	−0.027	−0.022	0.970

其二，各因素影响方向和影响关系的变化。1971 年社会经济因素的不显著正相关已转变为 1981 年的不显著负相关，而且各因素之间的影响关系也发生了变化，如 1971 年种族问题严重时，种族因素和社会经济因素还是弱相关，当 1981 年种族问题逐渐淡化时，二者之间的关联反而加强了。

③ 开罗土地利用的因子生态分析

珍妮特・阿布 - 鲁戈德（Janet Abu-Lughod）也曾针对埃及开罗的土地利用情况做出因子生态分析，其中的关键步骤是引入了三项变量（因子）。

其一，生活方式。得分高的地域特征是宽敞明亮的住房、文化素质高、依赖性与失业率低、家里使用用人等，具有现代化的社会结构。

其二，男子优势。得分高的地域集中在了商业区、发展区和男人社会机构的设立区，未婚男性移民占据了其中的主体。

其三，城市社会解体。得分高的地域集中在了密度较高的中心区贫民窟，这里环境条件恶劣、失业率高、离婚率高等。

依据上述思路的评定和分析，阿布 - 鲁戈德将开罗的人口进一步划分为四类群体，并针对其空间布局和人群特征进行了比较（表 7-8）。

表 7-8　阿布 - 鲁戈德关于开罗人口的群体分类

群体类别	成员构成	区位分布	人口比重 / %	备注
农村群体	进城农民为主	城乡接合部	约 15	—
传统城市群体	底层居民与贫民	城区贫民窟	约 30	延续了开罗百年前的生活方式与职业
现代城市群体	中上阶层为主	—	约 9	同传统的差异主要体现在人口素质、住房与居民风格上
剩余群体	中低收入工人为主	—	约 46	介于现代与传统之间

④ 广州社会空间结构的因子生态分析

同国外相关的研究成果相比，国内的因子生态分析虽然起步较晚，但在广州、上海、西安、南京等部分城市也取得了一定的进展。比如说，许学强、胡华颖等1989年曾以广州市为例，采用因子生态分析方法对社会主义中国的城市是否存在社会空间分异的现象进行论证和分析，选取67个变量进行主成分分析，最后变换简化为人口密集度、科技文化水平、工人干部比重、房屋住宅质量、家庭人口构成等主要因素（主因子），以消除次要因素的干扰和冗余信息，从而推定广州的5个社会区域大致呈向东延伸的同心椭圆态势分布（图7-14）。

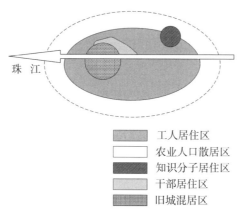

图7-14　广州城市社会空间模式

（3）因子生态分析的主要缺陷

因子生态分析法作为统计分析法的典型代表之一，不仅在城市规划的研究领域中占有一席之地，就算是城市规划的编制（如城市总体规划编制）也可通过该方法的有意识应用，为最终方案的确定提供相对科学的依据。当然，该方法同样存在着一些缺陷，比方说，采用该方法展开的各项研究之间往往缺乏统一的评定标准，从而会导致各结论之间缺乏横比的可能性与清晰性；不同因素和变量的分析可能会对研究结论施加不同的影响，这也包括不同类型的直交和斜交的影响，甚至同类因素和变量的分析也会因不同的问题而产生不同的结果；该方法在应用上偏重于一种描述型的分析，而比较忽视内在机制和动态演化过程的深度剖析等。

2）社会区域分析法

当前的社区研究主要有三类方向：其一是对社会区域的结构和动态展开研究；其二是把社区作为自变量或是因变量加以研究；其三是选择社区生活的某些侧面进行研究。社会区域的分析往往偏重第一类方向的研究，即主要是针对社会分层、种（民）族等重要问题和本质内容展开分析。

（1）社会区域分析的主要指标

不同的社会区域往往拥有不同的根源和特征，为此社会区域的分析往往会应用两类指标：反映社会区域隔离的指标和反映社会区域发展的指标。

① 隔离指标

社会区域的隔离指标主要用来反映社会分异程度的不同以及各类社会区域的特性，这可以通过隔离指数加以衡量：

$$S = \sum_{i=1}^{n} | x_i - y_i | / 2$$

其中，x_i 表示在某类特定子群中，有多少比例的人口生活在理想单元 i 中；y_i 表示在剩余的各类人口中，有多少比例的人口生活在理想单元 i 中；S 表示范围内两个群体的居住隔离程度，其取值为 0—100，0 表示两个群体按人口比例均匀分布，100 表示完全隔离。隔离指数表示的是人口在单元中的分布比例，但不能反映其分布的空间特性。

在这里，理想单元通常是指人口普查的基本统计单元（如街区或是居民委员会）。根据上述公式完成隔离指数的测算后，可以划定不同的社会区域，并分析其生态特征和分异程度，尤其是特定子群的隔离程度。举个例子，如果一个城市被划分为 4 个统计单元，以进城农民为特定子群，可以测算相关的隔离指数，具体如表 7-9 所示。

表 7-9 隔离指数的测算示意

理想单元	进城农民占比 /%	剩余人口占比 /%	绝对差异	各单元隔离指数
1	60	20	40	20
2	20	20	0	0
3	5	35	30	15
4	15	25	10	5

经过测算，该城市的总体隔离指数 =（40 ＋ 0 ＋ 30 ＋ 10）/2=40，而且各理想单元的隔离指数也各不相同。一般来说，隔离指数值越高，表明该特定子群的隔离程度也越高，由此可以推定：进城农民在单元 1 中的生活最为集中，而剩余人口在单元 3 中的集聚程度最高，于是可以将这两个单元划分为不同类型的社会区域。

目前，我国因高速城市化而带来的大量流动人口，与流入地之间存在着诸多冲突与不和谐之处，由此而形成的各类异质性社会区域已经成为城市规划领域研究的热点和重点之一；同样在 20 世纪七八十年代的美国，大多数都市区的社会区域划定和隔离指数测算也都与黑人种族子群相关，其关于生态特征和分异程度的研究已积累了一系列具有针对性的成果。

② 发展指标

隔离和分异状态的现实存在作为社会同化状态的一种补充，往往也是推动社会走向新一轮同化的起点和动力所在。所谓同化，其实就是一个个体、群体之间或是不同的社会区域之间差别逐步消失的持续互动过程，它可以持久地减少或消除冲突和分异，为整个社会带来文化、规范、参与、功能等方面的积极整合。

（2）社会区域分析的基本方法

社会区域分析作为统计分析法的又一典型应用，以往成果多是针对局部区域而展开的，无法完整地反映和代表整个城市的社会生活特征。因为事实上，现代城市的高速发展至少已经给社会带来了三重变化：其一是劳动力的分工日益专业与精细，使城市社会派生出一套同阶层地位相关的职业体系，并由此构成了社会阶层的基本元素；其二是生产由家庭向工厂转移，使传统的个人经济单元——家庭组织的地位和作用在逐步削弱；其三则是人口构成的调整，在产生新种群和阶层的同时，也形成了社会分异的整体格局。

① 社会区域分析的生态因素

基于上述认识，埃什雷夫·谢夫基（Eshref Shevky）和玛丽莲·威廉姆斯（Marilyn Williams）尝试从更广阔的概念上来分析城市社会区域的分异状态，并对应于现代城市的三类变化，引入了三项生态因素，即经济地位（或社会等级）、家庭地位（或城市化水平）和人种地位（或隔离），从而拓展和完善了社会区域分析的基本方法。这三类生态因素又可以通过六项变量（因子）加以衡量，具体如图 7-15 所示。

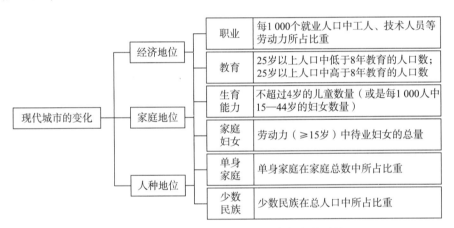

图 7-15　社会区域分析的生态因素与变量测量

② 社会区域分析的基本步骤

根据既定的生态因素与变量构成，社会区域分析法应用的基本步骤如下：

第一步，把城市人口划分为大致相等的若干统计单元——人口普查区；

第二步，用确立的社会区域变量对各区进行统计测算；

第三步，分析统计结果。

可见，该分析法主要是从社会区域采集数据资料，然后根据每个生态因素的权重，通过每项变量打分的方法，将统计单元划分为不同类型的社会区域。谢夫基和温德尔·贝尔（Wendell Bell）认为，如果两个普查区的得分越接近，说明两个社会区域在社会结构、生产方式、人口构成等方面的特征也越相似；反之则意味着社会区域之间的差异越显著。

③ 社会区域分析的技术运用

针对社会区域展开分析的技术手段不少，如聚类分析、主成分分析、因子分析、关联分析等。其中，比较适合于社会区域分析的方法是主成分分析法，即用一些不可预测的随机变量（因子）来发掘和解释观测变量之间的内在联系，以简化大量的变量，因而比较适用于复杂的社会区域生态因子的归纳处理。表 7-10 展示的就是分析过程中的一个环节，即将各生态因素归类后所形成的理想化社会区域的组成成分矩阵。

表 7-10　理想化社会区域的组成成分矩阵

变量（因子）	生态因素		
	经济地位	家庭地位	人种地位
职业	√	○	○
教育	√	○	○
生育能力	○	√	○
家庭妇女	○	√	○
单身家庭	○	√	○
少数民族	○	○	√

注："○"表示弱相关；"√"表示强相关。

（3）社会区域分析的综合评价

社会区域分析法作为统计分析法的代表性构成之一，可以从两个方面做出综合性评价：一方面，该方法在应用上有所创新，已不再局限于土地与空间利用模式的直接式研究，而是融入了社会结构、生产方式、人口构成等更多的相关变量，并且拥有了很广的适用范围。但另一方面，也有不少学者对该方法中变量的选择及由此得到的结论准确性表示质疑，认为其难以解释居民区的异同性，也缺乏对数值的验证等。

7.3.2　人文主义的理解方法

诚如前文所述，实证主义方法确实吸引了大批社会学家的参与，但是人文主义方法在社会学研究中依然发挥着不可替代的重要作用。该类方法不强调发掘社会的普遍性规律，而更关注不可重复的个人世界或是个案，也更强调个别性和主观性表现，其典型代表即是马克斯·韦伯（Max Weber）通过"价值关联"和"主观理解"来诠释社会现象。20 世纪 60 年代以后，更是有部分社会学家尝试从现象学、语言学、历史学中寻求更为有效的分析手段和思想方法，并坚称传统的哲学思辨、历史研究、案例分析等定性方法在理解离散性社会和独特性人文方面仍是一类更好的方法，在洞察事物本质、理解人类行为意义方面拥有独一无二的地位与价值。

受上述方法的影响和启发，不少基于定性资料的研究分析方法（如历史分析法、案例分析法、功能分析法、经验分析法等）（表 7-11）同样在城市规划领域得到了普遍而深入的应用，且目前依然在规划研究（如城镇史和规划史方向）、规划编制（如历史沿革和案例借鉴专题）、规划管理等领域发挥着一如既往的效用；甚至有规划工作者从更为广域的人文社会科学领域（如人类学、历史学、心理学等）中汲取养分，尝试引入生活史研究、心理实验、人格测验等人文主义的研究分析方法，旨在为城市规划工作提供独具人文色彩和个案说服力的基础依据。

表 7-11　人文主义理解方法的主要构成

人文主义的理解方法	基本内涵和特征
历史分析法	根据事物（现象）的起源和历史演化来分析现在的情形和变迁状态，以及根据过去和现在来推断未来的方法。它还可以结合比较分析法，形成更为复杂和深入的历史—比较分析法
案例分析法	结合文献资料等对相关的代表性事物（现象）进行深入而细致的研究，从而获得总体认识和揭示事物（现象）一般性、普遍性规律的方法
功能分析法	将需要认知的事物（现象）放到一个更大的系统结构中进行考察，分析其与整个系统以及其他组成部分之间功能关系的方法。它以系统构成之间的"功能依赖性"为依据，以功能的存在和变化来阐释现象事物的存在和变化
经验分析法	根据价值工程对象选择应考虑的各种因素，凭借分析人员的知识和经验来确定选择对象的方法（亦称因素分析法）。该方法简单易行，要求分析人员对产品熟悉且经验丰富

比如说在《大运河（常州段）遗产保护规划》中，项目组就以"运河相关性"为指向应用历史分析法，通过历史视野下资料信息的考据、梳理和推导，相对清晰而完整地勾勒出其历史变迁的总体脉络，不但实现了规划研究与规划编制的相互支撑，而且为当前河道的价值评估和保护规划提供了不可或缺的历史判定依据（表7-12）；同样在杭州市钱塘高铁枢纽的规划设计中，根据第三代站区标准、站区区位、城市交通分工、车站规模与等级等条件，在国际范围内遴选了代表性高铁站区作为对标案例，应用案例分析法展开包括站区用地配比、功能布局、内外交通组织等在内的专题研究，从中发掘的一般性、普遍性规律可为钱塘高铁枢纽站区的规划设计提供有效参考和基本准则（表 7-13）。

表 7-12　历史分析法在城市规划中的应用示例：大运河（常州段）及相关河道的历史变迁
（春秋—唐）

时段	相关历史事件	河道变迁图解
春秋周敬王二十五年（公元前 495 年）	吴王夫差出于西征北伐军运之需，主持开凿了自苏州望亭经常州奔牛，由孟河出长江的江南运河（东、西下塘河），全长 170 余里（1 里 =500 m）	

时段	相关历史事件	河道变迁图解
战国周元王三年（公元前 473 年）	越范蠡开凿南运河，又名西蠡河、浦阳溪、常溧漕河，后历代疏浚	
战国秦王政二十六年至四十一年（公元前 221 年—前 206 年）	江南运河，从镇江京口至杭州全线通航	
早于唐	南邗沟，亦称乌衣河，其上乌衣桥原名臧桥，建于唐永徽三年（652 年）	
唐咸亨二年（671 年）	北邗沟，其上的玉梅桥始建于咸亨二年（671 年），足见该河历史之久远	

注： 常州市域范围；—— 更新中的主要河道；— — 市域边界；▩ 常州市区范围；▬ 稳定的主要河道；—— 次要河道；■ 大型水面；—— 填没中的主要河道；══ 道路。

表 7-13 案例分析法在城市规划中的应用示例：高铁同类站区的功能布局比较

案例	商业商务	公共服务	绿地	居住
深圳福田站	沿横纵轴延伸	和景观轴结合布置	南北向沿纵轴分布	外围四角分立

案例	商业商务	公共服务	绿地	居住
天津滨海站	向单侧商务中心集聚	临近站点单象限布置	和周边自然山体衔接	单象限集聚
海滨幕张站	向心集聚成带状	和外围功能区衔接	南北向条带状分布	不在核心区内布置
米尔顿·凯恩斯中心站	向铁路单侧发展	临近站点单象限布置	沿轨道形成隔离带	单侧成片，两角分布

7.4 城市规划的研究报告撰写

对于城市规划的研究来讲，研究报告的撰写实际上是对研究成果汇总加工的最后环节；对于城市规划的编制来说，研究报告则成了多类规划成果中必要而又独特的组成部分，例如，开发区规划中的产业布局专题、遗产保护规划中的历史沿革专题和城市设计中的国际案例借鉴专题。可见，研究报告的撰写将越来越普遍地成为一般规划工作展开的基本环节，而这也是其以成品形态实现社会价值的开端。

7.4.1 研究报告的内容构成

城市规划的研究报告在内容构成上和一般的社会调查研究报告大体相似，可分为七个部分，详见表 7-14（研究报告示例详见附录 3）。

表 7-14　城市规划研究报告的内容构成

内容构成	基本要求
首页	包括研究题目、作者（或是项目组）以及撰写时间
提要	作为篇幅较长、内容复杂的研究工作的提炼和概述，该要件需要对目的、主要内容、结构及论点做出精练介绍，要求重点突出、文字清晰、观点明确；在通常情况下，作为支柱性概念还需列出 3—5 个关键词
目录	要反映研究报告的整体框架、结构层次和论述次序
正文	包括绪论、本论和结论三大部分
附录	一般位于正文之后，列出报告使用的问卷、量表、公式、研究材料、统计数据、方案、计划等
注释和参考文献	完整准确地注明文中引用的文献、数据、论点和材料的出处
致谢	对于研究工作中给予支持和帮助的单位和个人表示感谢

其中，正文一般采取三段式结构，并由此形成绪论、本论和结论三个部分。

绪论的重点是解题和技术路线的介绍：解题包括选题的背景、研究的意义、课题的界定（概念术语的阐释）、相关研究的进展等；技术路线的介绍则包括研究对象和时空范围的界定、研究方法的选择、研究程序和研究实施方式的确定等，如问卷的抽样方式和重点观察对象的选择。

本论作为整个报告的核心部分，重点是对研究内容和方法的全面阐述和论证，包括引证材料、归纳特征、诠释原因、分析问题等，需要对研究过程中所获取的数据资料进行全面系统的整理和分析，通过图表、统计结果及文献资料，或通过纵向演化过程，或通过横向分类比较的方式分析论据和提出论点。如果结论与预先的假设一致，就要提出更为精确和周详的解释；如果两者之间存在分歧和出入，则要解释为何如此。

结论的重点是重申结论和研究工作小结：重申结论是指通过对本论分论点的二次归纳，形成总论点，并指出到底解决了哪些问题；若属于应用类研究，往往还需要提出相应的建议策略和预测趋势。对于自身研究工作的小结则包括研究特色、创新点和进展的说明，以及研究中存在的不足和需要进一步展开的后续研究方向。可见，结论的总体要求为总结全文、深化主题、揭示规律、指明方向。

相比于规划研究的成果报告而言，规划编制的研究报告则可以在突出正文内容之外有所简化。以 2007—2009 年《南京市历史文化名城保护规划》的编制为例，东南大学建筑学院项目组承担了多项专题的研究工作。其中，《历史文化资源的评估指标体系研究和名录制定》的专题研究报告是由首页、提要、目录和正文构成的，而省略了附录、致谢等外围内容，旨在强调正文的核心成果，即通过研究思路、案例研究、初步建构、试点操作、调整成果、评估汇总与名录制定的基本程序和内容架构，面向多样而复杂的历史文化资源（法定保护类资源除外），探讨和建构了多元化的评估指标体系（表 7-15）。

表 7-15　城市规划编制的专题研究示例：历史文化资源的评估指标体系构成

历史文化资源分类	具体评估对象及其门槛要求	主要评估指标
点状资源	现存的非法定保护类历史建筑（群）、近现代建筑（群）等	历史价值、建筑艺术和科学价值、环境区位影响、现状保存状况及潜在利用价值
	现存的非法定保护类构筑物等	历史价值、建筑艺术和科学价值、环境区位影响、现状保存状况
	现存的非法定保护类古遗址，古代、近代墓葬（群）等	历史价值、建筑艺术和科学价值、环境区位影响、现状保存状况及潜在利用价值、情感价值
面状资源	① 符合历史地段概念，即保留遗存较为丰富，能够比较完整、真实地反映一定历史时期传统风貌或民族、地方特色，存有较多文物古迹、近现代史迹和历史建筑，并具有一定功能的地区； ② 规模在 1 hm² 以上的街区、建筑群（3 栋以上）和村落； ③ 城市构成要素完整、风貌保存相对完整的街区和村落。 在调查的面状资源中，将符合条件①，同时满足条件②或条件③的面状资源纳入历史地段评估体系进行评估	格局与风貌、整体历史价值、个体资源重要性、功能活力
线形历史廊道	对历史城市线形功能系统的整体环境（涵盖其保护范围内建构筑物）的评估，包括交通系统（道路、铁路、桥梁、水路）、防御系统（城墙、护城河）、景观系统（道路绿化等线形绿化、河道）等；要求具有一定的连续性（200 m 以上），具有一定的知名度，周边有历史建筑遗存或其他历史资源	历史价值、景观价值、环境区位影响、功能活力
混合遗产	对城市历史格局具有重要影响的综合自然山水和其他各类历史资源的混合遗产区进行评估；要求具有一定的规模和一定的知名度，有较丰富的各类历史遗存和景观价值的地区	历史价值、景观价值、环境区位影响、功能活力

7.4.2　研究报告的注意事项

其一，要用事实说话，做到客观严谨和科学准确，不可根据个人喜恶和先入为主的观点任意剪裁资料。写作要求、客观公正。

其二，要在确保报告主题突出与主体结构完整的前提下，做到精练清晰、主次突出、论证有序、观点明确和行文规范。

其三，在整理大量材料的基础上，最好能再次回头对研究的角度做出二次考虑和选择，以使报告的观点能和材料有机地整合。

第 7 章思考题

1. 城市规划的社会学方法体系是如何构成的？

2. 资料采集作为城市规划研究和编制工作展开的共同前提，通常包括哪些基本方法？这些方法各自的特征、优势和不足是什么? 应用的基本步骤又是怎样呢?

3. 研究分析作为一般规划工作展开的基本环节,通常会分化为两类导向,即实证主义的科学方法和人文主义的理解方法,请问不同的导向下分别包括哪些基本方法? 这些方法又如何在实际中加以应用?

4. 城市规划的研究报告在内容构成上可分为几个部分? 各有什么要求和注意事项?

第 7 章推荐阅读书目

1. 康少邦, 张宁, 等 . 城市社会学[M]. 杭州 : 浙江人民出版社, 1986.

2. 吴增基, 吴鹏森, 苏振芳 . 现代社会调查方法[M]. 2 版 . 上海 : 上海人民出版社, 2003.

3. 黎熙元, 何肇发 . 现代社区概论[M]. 广州 : 中山大学出版社, 1998.

4. 顾朝林, 刘佳燕, 等 . 城市社会学[M]. 2 版 . 北京 : 清华大学出版社, 2013.

5. 许学强, 周一星, 宁越敏 . 城市地理学[M]. 北京 : 高等教育出版社, 1997.

6. 李和平, 李浩 . 城市规划社会调查方法[M]. 北京 : 中国建筑工业出版社, 2004.

7. 李旭旦 . 人文地理学论丛[M]. 北京 : 人民教育出版社, 1986.

附录1　社区更新规划示例1

重庆市合川区草花街社区城市修补行动规划

（2017年度全国优秀城乡规划设计二等奖）

项目主持：黄　瓴

项目组成员：

夏　晖　但雨泽　郑　刚　贺文萃　陈颖果　彭　翔

陈晓磊　王思佳　蔡　智　沈默予　何纯夫　周　萌

吴　斌　卢　旸　郝一龙　郑小刚　周晋黎

（重庆大学规划设计研究院有限公司、社区发展治理与城市更新工作室）

徐育中　龚鹏飞　褚兴华　唐光明　刘必禄　杨小华

高　进　刘小丹　王雪梅　张　霞　刘宗云　秦德良

郑　云　欧喜伦　刘继川　邓微微　蒲云亮　黄泽曦

杨　伟　刘克凤　周家英　王　怡

（重庆市合川区钓鱼城街道办事处）

所属院系：重庆大学建筑城规学院

完成时间：2016年8月

摘　要　在新常态与旧城更新背景下，中国规划编制面临重大转型，从关注物质空间转向关注多种利益主体，超越了"工具理性"而走向"交往理性"。本项目从文化资本视角出发，探索在社区层面如何通过协作式规划来协调政府、规划师、居民等相关利益者的关系，研究文化在社区发展与更新中的价值，并总结归纳相关实践的方法与经验。

关键词　文化资本；协作式规划；社区更新；草花街社区

1　绪论

1.1　项目背景及价值梳理

1）项目背景

合川区位于重庆主城区西北部，是重庆主城周边的重要区域。近年来，国家所倡导的内涵式、精细化发展以及社会治理创新的发展战略，已经使存量发展与更新规划成为一种新常态。合川区政府正是在"十三五"规划的编制背景下，以"坚持不懈保障和改善民生"为目标提出了一系列社区更新草案。那么，如何依托国家、重庆市及合川区的城市更新目标和政策，充分认识自身的资源禀赋和社区潜力，正是本项目的重点研究目标；而如何从文化资本入手，寻求合理的更新途径也是本项目需要重点思考的问题。

合川建城史最早可追溯到 2 300 年前的"巴子城"，巴文化时期以巴人入川、合川成为巴国别都，据《合州志》记载，此处很早以前就出现了人类集中居住、商品交易和行政管理的城镇形态^①；而合川城区位于三江交汇处，从巴蜀时期开始历经三次筑城，北宋时期修建了钓鱼城，明代则重修了合州古城。草花街社区位于合州古城的东北部，毗邻嘉陵江，自然、文化资源丰富，是一片典型的老旧居住社区（附录图 1-1）；同时，又紧邻城市商业中心与滨江景观带，区位优势明显（附录图 1-2）。

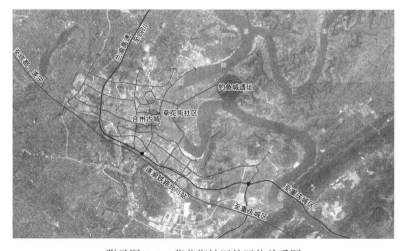

附录图 1-1　草花街社区的区位关系图

---

①　参见刘海波.合川城市滨水景观的规划管理研究［D］.重庆：重庆大学，2015。

附录图 1-2　草花街社区及其与周边关系

2）价值梳理

根据"人居三"精神与"城市双修"的工作要求，强调民生为本、修补城市空间环境和社会文化环境已成为当下城市规划工作的重要目标。同时，党的十九大也提出要推动文化事业发展和培育精神文化产品，尤其要提升社区生活的文化品质。在此基础上，住房和城乡建设部城市工作会议进一步提出要搭建城市协作平台、坚持共谋共建共享。于是，多方参与的协作式社区规划成了创新社区治理的重要手段。

本次实践所在的合川区 2015 年全年接待游客 554 万人次，同比增长 12.7%，同时老城中有大量可资利用文化资本尚未开发；其中，需要更新的草花街社区范围为 3.3 hm^2，涉及 320 户，共 1 000 人。虽然作为老旧生活型社区，草花街社区拥有淳朴浓厚的生活氛围，但也面临空间环境较为衰败、社区经济产业相对落后、社区内部和周边的大量历史文化资源有待整合的问题。重庆市在"十三五"规划中曾明确提出，要推动城市发展从外延扩张式向内涵提升式转变，强化文化传承与创新，把城市建设成为富有历史底蕴和人文魅力的生活空间。如果本次更新项目能通过整体更新打造，来充分发挥社区影响力的话，无疑会带来较强的社会示范效益。

3）困境分析

草花街社区老龄化现象严重，邻里关系密切，因此亟须社区整体文化氛围的提升和多方协作。通过调查，目前社区主要面临以下三大困境（附录图 1-3）：

第一，环境之困。社区空间品质衰败，公共设施老化，景观绿化无序，社区颓态尽显。

第二，文化之困。社区文化资源零散隐匿，文化活动形式单一。

第三，治理之困。社区治理平台不够健全，政府与居民沟通不畅。政府面临管理难行之困，居民面对诉求难表之困。

当前，这一类社区在我国老城中的分布较为普遍且规模不小，涉及人口众多，无法沿用过去拆除重建式的更新模式。在社区居民的参与式更新中，如何进行矛盾管理、社区空间再生产中的利益博弈、文化生活循环对于区域的意义、生活行为对于社区环境的意义均是需要我们思考的重点问题。社区是"人"的社区，应让社区更好地为人服务。

附录图 1-3　空间环境破败、文化资源隐匿的景象

1.2　理念方法

本次规划运用"资产为基"的社区发展理念（Asset-Based Community Development，ABCD），从社区问题视角转向社区资产视角，系统梳理和识别社区空间物质资产，通过挖潜与激活存量资产，打通社区发展与城市更新的关联（附录图 1-4）。

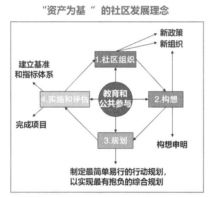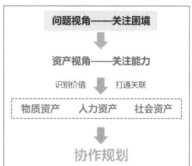

附录图 1-4　基于"资产为基"的社区发展理念

在这一过程中，充分挖掘社区周围可利用的文化资产，是项目的首要工作。待资产梳理完成后，可以继续通过城市空间文化结构思想，营造社区文化旅游线路和社区生活文化线路，提升钓鱼城街道草花街、戴家巷社区的特色社区环境品质。同时通过社区治理服务体系构建，充分挖掘和利用社区人力资产和社会资产，构建政府—居民—社会协作平台，探索全过程、多元主体参与的治理创新机制，进而提升社区培力。

2　资产挖掘与梳理

"资产"视角使我们看到了衰败老旧社区的更新发展潜力，包括特色街巷空间、明代古城墙、开敞公共空间等社区物质资产，社区领袖、和睦友善的老邻居等社区人力资产，以及提供社区服务与发展的机构、组织等社区社会资产 [1]。

---

① "资产为基"社区发展理论一般有物质资产、人力资产和社会资产三种基本类型，在实际研究或实践中可根据具体情况在此基础上进行派生与分化。为强调草花街社区的文化禀赋，本次特将文化资产单列，梳理其文化资产构成。参见黄瓴，骆骏杭，沈默予. "资产为基"的城市社区更新规划：以重庆市渝中区为实证 [J]. 城市规划学刊，2022（3）：87-95。

2.1 文化资产

首先，对社区周边 2 km 半径范围内的重点文化资产进行梳理，包括岩溪桥、八角亭、卢作孚故居、文峰塔、庆福寺大殿等历史文化资源点位。然后，根据全域旅游的思想来构建社区的公共开放体系，并随着社区和城市公共空间体系的生长，带动城市全域旅游与社区的持续发展。可以说，社区公共空间的开放网络体系既是开展社区旅游生活的载体和目的地，更是实现城市社区旅游价值的集中地[①]。

接着，再对社区周边 300 m 左右范围内的重点历史文化资产进行挖掘。社区内最重要的资产是明代古城墙，其在草花街社区内交织纵横，串联和覆盖了社区居民的日常生活。附近的历史文化资源点有"七二二"大轰炸纪念碑、民生公司旧址、瑞映寺、瑞映门、接龙老街等："七二二"轰炸纪念碑反映了合川"七二二"大轰炸的诸多场景，为合川记录下了这段沉重的历史记忆；民生公司旧址为合川籍实业家卢作孚的办公场地和生产场地；瑞映寺始建于明代，其瑞映门高 5 m、宽 3 m，呈拱形，由条石砌成，颇具历史文化韵味；接龙老街则是一条明清老街，犹如一条细小的"游龙"一头接着瑞映门，一头通向纯阳山顶，街区长度大约为 300 m（附录图 1-5）。

附录图 1-5　草花街社区历史文化资产分布图

① 参见黄瓴，陈颖果.全域旅游视角下的城市社区更新行动规划研究：以合川草花街社区为例［J］.上海城市规划，2018（2）：89-94。

在梳理重点历史文化资产点位的基础上，再进一步通过价值评估来比较不同点位的重要性。

2.2 物质资产（社区重点公共空间）

在对社区周边重点公共空间（公园、广场、休闲平台）等进行调查后，可对社区的"点—线—面"关系有一个更全面的认知，并大致梳理出三条重要的文化线路，即以接龙老街、瑞映寺为代表的"老街历史文化线"，以草花街古城墙为代表的"城墙历史文化线"，以滨江岸线为代表的"滨江景观文化线"，三条线路相辅相成，共同服务于社区居民（附录图1-6）。

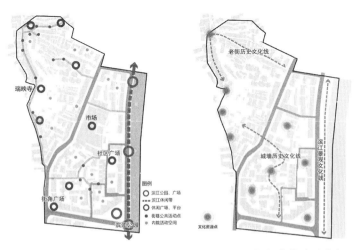

附录图1-6　草花街社区公共空间分布（左）与文化线路（右）

在这三条线路中，城墙历史文化线是居中的一条线路，同时也是草花街社区更新中最重要的一条线路；而另外两条线路也需起到良好的辅助作用，城墙历史文化线才能发挥文化资产的最佳效用。

2.3 社会资产与人力资产

从"资产为基"模式出发的社区更新模式，是在"优势视角"下被提出并加以实践的。这样的优势视角认为每一个个体或单位都具有一定的优势、能力和弹性。在面对社区困境或不利事件时，人们能展现自身抗逆性，从优势视角出发来赋权与增能个体资产，不但关注其个体的态度，而且关注社区整体的资产建设，最终实现社区的可持续发展。

根据梳理挖掘，草花街社区的社会资产主要包括社区组织和网络关系。其中，社区组织主要有文艺宣传队、巡逻队、扶贫济困队，分别负责文艺演出、安全防控和帮扶弱势群体，其他代表则包括嘉滨路小学、街道办事处、合阳派出所、多类社区志愿者组织、稳定的邻里关系、重庆邮电大学等。草花街社区的人力资产代表大致有社区艺术家、社区人才（修理工、裁缝等传统手工艺人）、社区管理者、社区领袖（廖阿姨）、热心居民、外来游客、专业队伍等。

这一系列的社会资产和人力资产在促进社区发展的同时，也会对文化资产起到再生产的作用（附录图1-7）。

附录图1-7　草花街社区物质资产、人力资产和社会资产示意

通过梳理社区资产的清单发现，目前草花街社区丰富但被忽视的存量资产，恰恰是社区更新、城市修补的重要基础。这就需要我们规划运用地理信息系统（Geographic Information System，GIS）平台，通过社区资产识别和评估，绘制社区资产地图，建立一套包括资产类别、特征、状态和潜力的社区资产动态信息库。

3　行动规划

本次行动规划历时半年，经历六个阶段而完成了社区空间修补、社区文化修复和社区治理协作三个部分工作。

3.1　规划内容一：基于公共生活的"社区空间修补"

以居民日常生活活动为基础，结合城市空间文化结构思想，构建"一环五线多点"的社区公共空间网络，并对其中的线性空间与节点空间环境进行系统修补（附录图1-8）。本次规划的总体思路是，以居民生活线路作为参考，主要选择生活气息浓厚、文化价值突出、交通位置便利的物质空间，分别结合草花街入口、滨江路入口1、戴家巷入口、滨江路入口2、申明亭入口五个入口，根据社区的步行体验展开不同的空间序列设计。

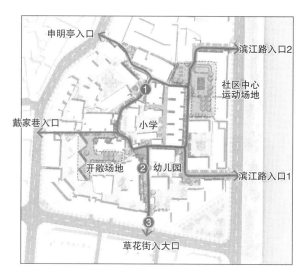

附录图 1-8　草花街社区更新平面结构图

　　社区街巷空间的修补秉承小规模更新的原则，以减少二次破坏，主要涉及四个方面：第一，铺装路面。规整青石铺地、修补坑洼路面、改善步行环境（附录图 1-9）。第二，整治墙面。粉刷底层墙面、增加艺术画作、美化街巷立面。第三，增设设施。增设路灯标识、修补花台坐凳、构建"社区之眼"。第四，完善绿化。清理废弃杂草、丰富植物种类、营造社区花园。社区街巷的修补其实同历史街区街巷具有一定的共通性，二者均注重街巷的整体性、连续性、灵活性，同时注重居民的参与性和经济适用性[①]。

附录图 1-9　草花街社区路面铺装前后对比

　　此外，对社区内主要的节点空间也进行了重点改造。例如，在草花街入口节点设置了古风牌匾，更换了座椅绿植，再造市井风貌（附录图 1-10）；在合州古城墙节点拆除

---

① 参见张庭伟.规划的协调作用及中国规划面临的挑战［J］.城市规划，2014，38（1）：35-40。

了废弃的建筑和电线，展露了城墙古树，再现历史风韵（附录图1-11）；在戴家巷入口节点增设了门头牌匾，辅以青砖装扮，强化入口标志；在德润家园节点则重新粉刷了墙面，设置了社区黑板，用于宣传涂鸦等。

附录图1-10　草花街入口节点前后对比　　　附录图1-11　合州古城墙节点修复前后对比

3.2 规划内容二：基于文化传承的"社区文化修复"

草花街社区在更新中，通过保护文化遗产、梳理文化线路、开展文化活动三大手段实现了社区文化复兴。其中，合州古城墙作为城墙历史文化线的重点载体，需重点维护清理以延续社区文脉，并通过历代文人的诗词和怀旧画增加浓郁的乡愁记忆（附录图1-12）。

附录图1-12　城墙历史文化线更新前后对比

除了城墙历史文化线外，社区更新还充分考虑了社区旅游的需求，通过串联社区文化资产而形成的社区文化线，利用文化标识系统（附录图1-13）和文化展板来展示社区各类要素。考虑到目前的社区标识系统往往存在位置不当、不具系统连续性、缺乏美感、缺少地方文化特色等诸多问题，因此新规划的社区文化标识系统需要强调浅显易懂、一目了然，并突出统一性、连续性、审美性、功能性以及文化地域性。统一性要求整体和局部的风格一致；连续性要求按部就班地布置各类标识，在标识之间保持一定的逻辑序列；审美性要求外观具有一定的美学感染力；功能性要求标识系统的信息不要太复杂，字符的大小、位置易识别；文化地域性则要求标识设计要将地区文化特色和历史要素作为重点，充分突出个性和特色，提升社区在公众中的影响力。

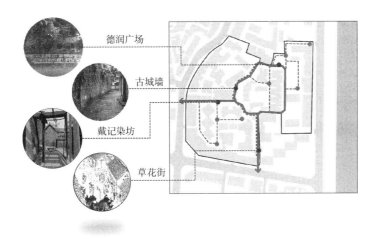

附录图 1-13　社区文化标识系统平面图

此外，草花街社区还在更新中与广告公司合作，共同商讨具有展示效果的材质，最终选择用铝板、仿木纹金属、碳化木、防腐木等材料制作展示载体，对社区历史文化、党建文化、名人事迹、市井文化、城墙文化做全方位的展示，吸引游客和居民驻足留念。对于重点文化节点的展示板，则底座选择青石材质，展板选择仿木纹金属材质（附录图 1-14），展现古色古香的同时也能保持其耐久度。

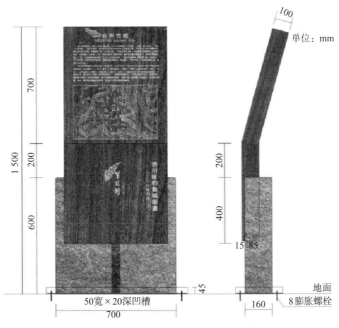

附录图 1-14　文化展示载体设计

3.3 规划内容三：基于多元参与的"社区治理协作"

依托多元主体，构建社区治理平台，形成政府统筹、规划师引导、艺术方助力与社区居民共同参与的治理格局，并形成空间管理、服务供给、组织培育三大板块的社区治理项目库。

其中，规划师参与了协作式规划全过程，分别经历了街道办事处讨论、预调研及工作坊启动、广告公司交流、居民委员会初步会议、初步完成设计方案、现场交互、更新动员大会、治理规划编制和提交成果汇报等过程，作为推进者（facilitator）角色在方案讨论中是以客观中立的身份促进多方群体参与讨论，并最终负责汇总和归纳各种观点。规划师团队在了解居民对各类交通、公共设施（座椅、路灯、垃圾站）、绿化等社区物质层面意见的基础上，形成"城墙历史文化线＋社区文化线"的整治体系，从居民生活需求入手，将文化资产元素注入文化线路，从精神和物质层面整体提升社区环境，也符合政府和居民的目标需求，一举多得。这也表明，在缺乏行政权力和财权的社区规划中，协作式规划模型可以得到充分实施和发展。

1）空间管理

通过统筹使用社区内的各公共空间，以资源共享的方式解决更新前的各项空间矛盾，改善社区环境品质和步行体验（附录图 1-15）：首先，活动空间采取"大集中、小分散"的布置模式，对室内外活动空间加强统筹集中管理，明确公有、半私有和私有活动空间权属；其次，对各垃圾回收点进行"空间划线＋时间管控"，控制其邻避效应，改善社区整体环境品质；最后，将社区低效空置用地挖潜改建为新增停车位，在确保慢行优先、交通支路合理的基础上，划线明确停车使用空间。

附录图 1-15　社区停车、垃圾等空间管理

2）服务供给

基于居民需求拟定社区服务清单，涵盖公共服务、信息化平台、便民服务和福利服务等方面的内容。优化社区治理体制，构建社区居民委员会、社区党组织、社区服务中心、业主委员会、物业服务企业的"五核"模式。社区党组织作为社区工作的领导核

心，以居民委员会为主体，以业主委员会、社区服务中心、物业公司为辅助，以联席会议为纽带，形成"五位一体"的社区治理模式。同时分离居民委员会职能，通过政府投入专项资金，用于各项群众工作，减轻居民委员会工作人员的工作量。此外，社区联席会议还可负责解决、协商各项社区事务，确定近期工作内容和制定个性方案。

3）组织培育

确立"政府主导、项目带动、以社助社、协同治理"的总体思路，确定重点培育项目。目前草花街社区具有代表性的社区文化组织有社区发展小组、邓世昌书画作坊、廖阿姨义工工作组、四点半课堂、夕阳红互助会、就业咨询组、文化宣传队等，充分拓展了社区文化服务内容（附录图1-16）。其中，社区文化宣传队主要负责合州古城墙、草花街、戴记染坊的历史文化挖掘和宣传，并培养部分社区居民作为社区文旅线路的讲解员；文体类社区组织包括社区乒乓球队、羽毛球队等，充分利用社区活动场地来丰富居民生活；志愿类社区组织（廖阿姨义工工作组、邓世昌书画作坊、社区公共设施维护队）等则挖掘社区人力资产和培育社区领袖。通过领袖发挥带头作用，激活社区文化资产。与此同时，规划还建议组建社区发展公司，对戴记染坊、合州古城墙、草花街等文化资产进行挖掘整合以形成社区品牌和商标，创造手工艺类文化旅游产品和培育社区产业，解决部分待业人员的就业问题。

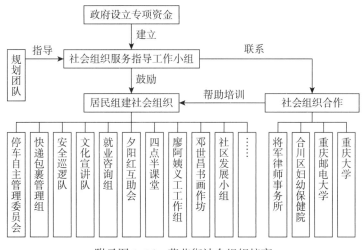

附录图 1-16 草花街社会组织培育

4 总结思考

本次规划成果包括概念策划、环境整治、社区治理和治理清单，并努力实现以下三个方面的创新和探索：

1）理念创新

建立社区发展与城市更新关联，将社区存量资产作为城市修补的重要基础与活力触媒，并将社区发展纳入城市更新的整体框架，探索城市普通社区"细胞微更新"的地方途径。

2）方法创新

探索和建立一套规划师介入社区修补的工作方法，包括社区资产评估方法、社区环境整治设计方法、社区文化线规划方法以及社区治理规划方法。

3）机制创新

建立全过程公众参与协作平台，由钓鱼城街道牵头、规划师引导，分类别、分阶段地组织利益相关者参与资产调查、需求调查、环境整治、文化规划、管理服务等工作，切实提升社区培力。

在社区更新完成之后，项目团队还更进一步采集了各方意见，并得到了积极的意见反馈。重新整治后的社区面貌焕然一新，多家媒体争相报道，社会各界反响良好。总体来说，居民对此次社区文化修复的工作很满意，不仅认为城墙修复唤醒了旧时记忆，社区历史文化和党建文化的展示激活了社区居民的行动力和创造力，而且认为社区的凝聚力有了很大提升，社区空间修补和文化修复对于和谐社会的构建大有裨益，在社区更新规划方面具有积极的参考意义和示范价值。

附录 1 图片来源

附录图 1-1 至附录图 1-3 源自：重庆大学建筑城规学院《重庆市合川区草花街社区城市修补行动规划》文本.

附录图 1-4 源自：黄瓴.实施城市更新行动背景下的社区规划思考［EB/OL］.（2021-06-28）［2022-03-04］.https://mp.weixin.qq.com/s/vbWFJIIVJU35MOCmYlKBbA.

附录图 1-5 至附录图 1-16 源自：重庆大学建筑城规学院《重庆市合川区草花街社区城市修补行动规划》文本.

附录 2　社区更新规划示例 2

重庆市渝中区社区更新总体思路研究与试点行动规划

（2019 年度全国优秀城乡规划设计二等奖）

项目主持：黄　瓴

项目组成员：

贺文萃　彭　翔　王思佳　陈晓磊　林　森　蔡　智

陈颖果　李希越　沈默予　何纯夫　周　萌　赵　畅

明峻宇　骆骏杭　宋春攀　明钰童

（重庆大学、社区发展治理与城市更新工作室）

李俊明　高　琳　雍　娟

（重庆市渝中区发展和改革委员会）

黄　祥　李剑功　周德洋

（重庆市渝中区民政局）

所属院系：重庆大学建筑城规学院

完成时间：2016—2018 年

摘　要　在新型城镇化阶段，尊重城市发展规律、尊重人本需求、尊重自然人文禀赋，共创共建共享高品质活力宜居社区，已成共识。在政府主导的中国特色背景下，"资产为基"的社区更新为构建"人—空间—服务"三位一体治理格局的社区价值实现路径、深化社区资源再利用提供了新思路，而识别社区价值、协作社区更新，也逐渐成了新时代城市更新的重要抓手。本项目在此前实践探索的基础上，进一步深化社区资产内涵，通过分析社区资产在更大范围社区更新中的系统性运用，对渝中区社区的存量资产进行挖掘与甄别、培育与利用，厘清社区需求与潜力，进而为渝中区在社区层面提供存量发展与更新的实施途径、为凝练地方更新规划方法提供借鉴。

关键词　社区资产；"资产为基"的社区发展；城市社区更新；重庆市

1　绪论

1.1　项目背景及价值梳理

1）项目背景

渝中区乃重庆"母城"，地处长江、嘉陵江两江交汇处，3 000 年江州城、800 年重庆府、100 年解放碑，积淀了巴渝文化、抗战文化、红岩精神等厚重的人文底蕴，孕育了独特的山地人居风貌和情怀（附录图 2-1）。渝中区的陆地面积约为 20.08 km²，常住人口为 65 万人，辖 11 个街道，共 77 个社区，其中 74 个涉及老旧社区。在城市转型发展背景下，作为重庆政治、经济、文化与社会发展的中心，渝中区在整体品质大幅提升的同时，也面临着人口老龄化、产业亟待升级、交通拥堵、服务设施陈旧、文化特色式微等大城市中心区发展的普遍困境。如何充分识别和利用自身资源禀赋、科学合理定位、寻求地方可持续发展的城市更新路径就显得尤为重要。作为自 2005 年起重庆市唯一完全城市化的行政区，渝中区率先进入了全面城市更新阶段，2016 年发布的渝中区"十三五"规划纲要就提出要"开展社区规划、实施老旧社区更新"，因此渝中区也肩负着探索具有重庆地方特色的城市更新理念、方法和行动的责任及其机遇。

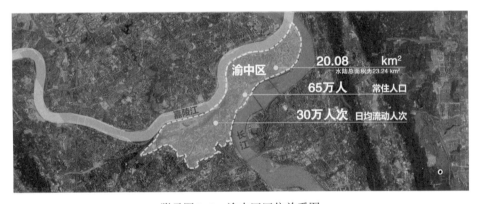

附录图 2-1　渝中区区位关系图

社区作为城市社会的基本构成单元，承载着老百姓的日常生活，拼贴新老城区的城市肌理。地形变化、空间紧凑、人口密集、尺度适宜、步行主导是当前渝中社区的基本特征，优势与不足皆为明显。对此，渝中区的"十三五"规划战略提出，要突出历史文化风貌特色与人文关怀，坚持改善民生与城市更新统筹，促进棚户区改造与文商旅发展融合，开展社区规划，实施一批老旧社区更新等内容，这就需要我们积极建立社区发展与城市更新的关联，真正推动城市内涵式发展和精细化建设。

2）价值认知

2014 年，国家新型城镇化战略强调，要由过去片面注重追求城市规模扩大、空间扩张，改变为以提升城市的文化、公共服务等内涵为中心，真正使城镇成为具有较高品质的适宜人居之所；而国家"十三五"规划纲要也强调，要创新城市治理方式，改革城市管理和执法体制，推进城市精细化、全周期、合作性管理。

社区作为城市社会和城市文化的基本构成单元，既是城市空间特色营造之重要场所，也是城市居民公共生活的重要载体。只是很多老旧社区都面临着公共环境品质低下、社区景观品质下降、特色衰微、市政设施老化、空间环境衰败等现实问题，这在很大程度上限制了居民的日常生活交往，也影响着传统邻里文化的传承与发展。因此可以说，社区作为城市更新的落脚点和基础更新单元，其治理升级可为城市品质提升提供基本保障。

社区同样是渝中区城市管理的基本单元，社区建设的水平不仅直接体现了城市经济和社会发展水平，而且直接关乎城市居民的生活质量和社会安全。因此，本项目将在渝中区文商旅协同发展的目标下，凸显社区价值、对接渝中区"十三五"城市更新整体思路，以实现更好的城市生活。

3）社区困境

在城市转型背景下，渝中区社区的发展面临以下困境：

（1）人口高密、老龄严重

渝中区面临着较严重的老龄化问题，全区共有 8 个街道，60 岁以上人口的老龄化率已突破 20%，政府、社会、家庭背负着较大的养老"负担"，而难以提供充足、优质的养老设施和养老服务（附录图 2-2），这也进一步延缓了渝中区城市综合竞争力的提升，人才吸引力下降，社会结构更新缓慢。

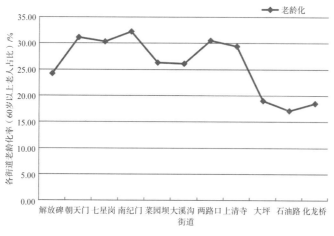

附录图 2-2　渝中区各街道人口老龄化情况

（2）空间破碎、联系不畅

大量的小微公共空间闲置在老旧社区的边角处，位置偏僻，开放度低，使用效率也低；还有不少公共空间被遗弃或占据，环境破败凌乱，让居民丧失了公共交往、交流的空间；此外，分布不均的公共空间封闭、破碎，与街巷、公共设施联系性差，逐渐成为被遗忘的公共空间（附录图2-3）。

到处闲置的公共空间　　　　　被占据的公共空间　　　　　联系性差的公共空间

附录图 2-3　渝中区公共空间现状

（3）设施陈旧、品质不齐

停车设施少而无法满足居民的停车需求，停车难成为整个渝中区普遍面临的问题；大量设施老化严重，如管网破损、人行道残缺、健身设施陈旧，导致整体空间环境衰落；空间环境品质较低，既缺乏人性化设计，也缺少必要的景观绿化和小品设施。

（4）文化杂糅、零散隐匿

历史悠久的渝中区蕴含有丰富的历史文化、人情风貌和珍贵的建构筑物等，但在城市快速发展过程中，大量文化空间、建筑、古树名木等并未得到充分的保护和展示，甚至隐匿散落在诸多社区闲置空间中而未被发现，现状堪忧。与此同时，多种文化资源类型杂糅交错，也未得到系统梳理。

（5）服务治理、供需不均

渝中区各社区的治理水平参差不齐，不同社区之间差异较大，政府提供的服务内容也与社区居民日益丰富的需求不相匹配；社区定位模糊，功能职责不明确，加上考评机制、薪酬待遇机制等问题，导致社区治理服务的整体水平较低。

1.2　理念方法

从"优势视角"出发，将社区潜在资源转化为现实资源，将资源价值转为社会经济文化价值，并进一步实现社区的综合效益，这种从社区存量资源化、资源资产化到资产资本化的递进转换，是社区发展从问题需求到机会潜力的价值应用和实现路径（附录图2-4）。因此，充分识别社区"资产基"[①]，并将其转化为可创造持续综合效益的社区资本，已成为社区未来发展中的持续动力源，更是社区更新规划的价值基础。

---

① 参见黄瓴，骆骏杭，沈默予."资产为基"的城市社区更新规划：以重庆市渝中区为实证［J］.城市规划学刊，2022（3）：87-95。

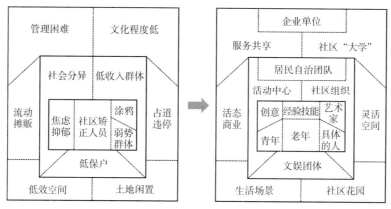

附录图 2-4　从社区需求地图到社区资产地图

在存量发展时期，更应看到存量在激发社区活力、提升社区品质与社区更新中所拥有的重要价值潜力。项目团队在多年实践探索过程中不断深化"资产为基"的社区发展理念，将社区资产纳入社区更新价值体系，以社区"资产基"的角色进入更新过程。"资产为基"的城市社区更新规划框架不是"资产"概念在规划中的直接套用，更多的是为更新提供一个重要的理论基础和分析方法，并会贯穿更新规划的全过程。在城市社区更新规划的不同尺度、不同层面、不同阶段，对社区"资产基"的理解应用各有不同，相应形成的规划方法和规划内容也将有所区别。如城市层面的社区更新规划就需要思考社区资产的城市价值，涉及社区规模调整、建制优化等新内容，此时"资产为基"的城市社区更新规划是一个对社区资产进行合理再分配的过程；而社区层面的社区更新规划则重点强调落地实施，常常以公共空间和公共服务为抓手，充分发挥文化资产、物质资产、生态资产等的价值潜力，以实现社区品质的整体提升。

2　规划内容

本次规划历时三年，先后经区发展和改革委员会、民政局、街道办事处三方委托，运用"资产为基"的社区发展理念，建立了精准化协作的更新平台，重点包括以下四个方面：

2.1　基于存量挖潜的社区资产调查、评估与建库

通过 77 个社区的踏勘走访，首先，结合重庆市已有的地理信息数据，从物质资产、社会资产和人力资产三个方面入手，分类分级全面梳理社区资产状态、特征与问题，建立社区资产地理信息系统（Geographic Information System，GIS）数据库；然后，运用信息落图（mapping）方法来绘制社区资产地图、需求地图和问题地图；在此基础上，再构建三大资产类别下包含物质空间、社区治理、社区文化、社区设施、社区产业、交通状况六个维度在内的共 27 个影响因子的城市社区现状资产评估体系（附录图 2-5）；最终，以 0—3 分为标准分别对各单因子资产评价打分，进而根据总分将其划分为优质（总分 60—90 分）、较好（总分 36—59 分）、一般（总分 0—35 分）三个等级，并据此分析各社区的

资产潜力和绘制社区潜力地图（附录图 2-6）。

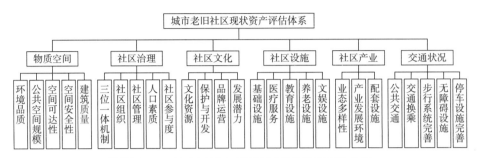

附录图 2-5　渝中区城市老旧社区现状资产评估体系

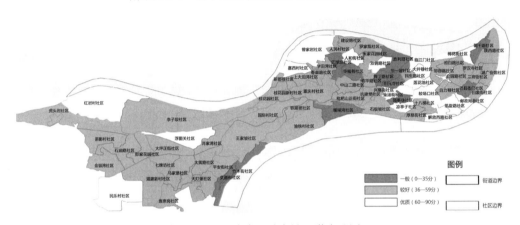

附录图 2-6　渝中区城市社区潜力地图

2.2　基于资产综合评估的社区分类、筛选与更新策略

根据渝中区文商旅发展定位，结合社区内部的资产静态评估与外部的关联动态评估，历经四轮筛选而确立了"抓特色与补底线并重"的社区更新总体策略，并据此分别定制了更新计划和项目清单（附录图 2-7）。

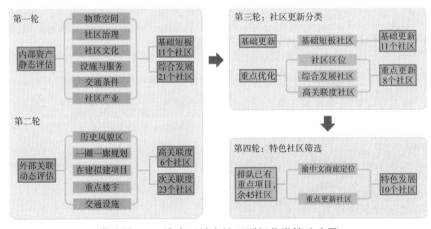

附录图 2-7　渝中区城市社区更新分类筛选步骤

1）"抓特色"

重点营造 10 个特色老社区，通过提升公共空间品质、挖掘社区文化资产、增强服务设施配置、提升社区治理管理和策划社区文化旅游线路等策略，统一规划、分类实施，强调历史传承，强化特色差异。通过串联渝中区的 10 个历史老街区、10 个传统风貌区，共同构建渝中全域旅游网络（附录图 2-8）。

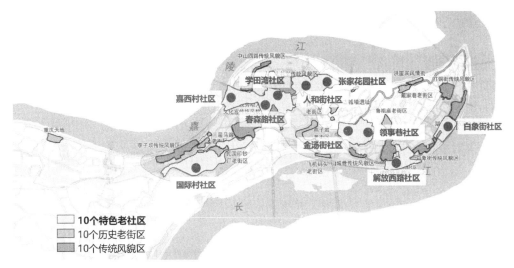

附录图 2-8　渝中区城市社区更新分类

2）"补底线"

针对内部资产条件相对薄弱的社区，需要先完成其基础设施更新补足和空间环境综合整治。重点针对 11 个亟须基础更新的社区，制定基础更新标准与项目清单，强调基本公共服务与基础设施升级，整体提升社区生活品质。

2.3　基于"人—空间—服务"综合治理提升的社区规模调整

针对渝中区现状社区人口分布、空间规模、服务供给三个方面不均衡、不匹配的突出矛盾，以及对突发性公共事件的应急需求，构建定量与定性相结合的社区规模评估指标体系。关注弱势群体、流动人口等特定人群与社区商业、流动摊贩等专属事务所带来的服务需求差异，创立"社区实际管理服务需求量"与"社区服务圈"概念。通过统计一线社区工作者的实际数据提出用"社区管理服务实际需求量测算法"（Community Service Need，CSN）来定量评估各社区的规模合理性[①]，以此作为影响社区规模划分的重要因素和影响规模大小的弹性条件（附录图 2-9）；同时综合考量社区区位、山地复杂地形及文化生活方式等要素，结合社区生活圈理念，构建适合渝中区的"人—空间—服务"社区综合治理提升框架；进而提出与之相适应的社区规模划分标准、社区规模调整原则及其社区规模与人员配置的调整建议，同时制定应急防控治理单元策略（附录图 2-10）。

---

① 参见沈默予 . 治理创新视角下城市中心区社区规模优化策略研究［D］. 重庆：重庆大学，2019。

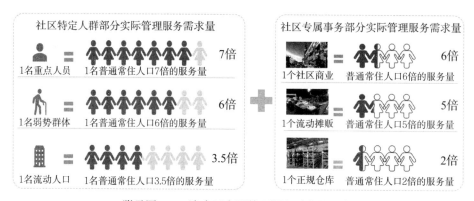

附录图2-9　渝中区实际管理服务需求量示意

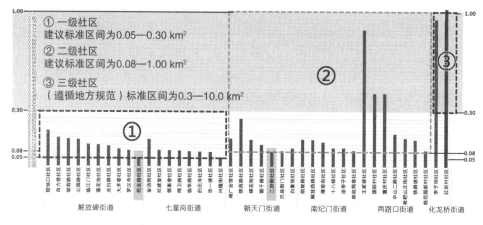

附录图2-10　渝中区社区面积标准区间图

从社区治理视角来看，项目组通过综合评估和合理调配社区的治理服务资源，有助于重新理解社区资产之于城市社区发展的价值意义，并最终实现社区精细化治理的有效性与规模服务的合理性。

2.4　基于公共空间文化复兴的参与式社区更新行动规划

2017年，10个特色老社区的更新行动陆续铺开，且以大溪沟街道张家花园、人和街社区为例。

该社区在"文化引领公共生活"的目标指引下，依托社区社会组织来引导居民参与更新行动（附录图2-11），实现社区公共空间营造和社区文化修复，从社区空间网络修补到社区精神网络重塑。依据城市空间文化结构思想，梳理社区文化资产，激活山地城市社区所特有的生活空间原型，包括错落有致的山城步道等线性空间，历史建筑、小型活动场地等节点空间，边角、斜坡等闲置空间，通过社区空间文化规划和文化标识系统设计，营建具有识别性与可达性的社区生活线路和社区文化线路（附录图2-12），实现社区公共生活的串联。

附录图 2-11　多方调查访谈与社区居民共同参与场景

附录图 2-12　社区文化线路（左）与社区生活线路（右）示意

同时运用场景规划与设计理念，保护既有的美好生活场景，精细化设计和营造富有山地地域特色的宜居社区（附录图 2-13）。

附录图 2-13　社区公共空间与场景营造

3　总结思考

本次规划成果包括基础研究、专题研究、总体思路、行动规划四个部分，最终形成了两项渝中区"十三五"城市更新实施政策，即 10 个特色老社区建设、社区规模调整建议，并最终纳入《重庆市城市提升行动计划》。本次基于"社区资产"的社区更新，旨在充分发挥社区潜在资产优势以加强社区内生力和抗逆力，营造健康富足、活力自持的社区，并形成了以下思考和认知：

（1）在理念上，坚持"资产为基"的社区发展理念，动态评估社区资产，识别社区未来价值，将社区更新纳入城市更新的总体框架；坚持"底线与特色并重"，构建"人—空间—服务"三位一体的社区综合治理评价体系，探索社区更新的渝中途径。

（2）在方法上，运用地理信息系统（GIS）数据平台、信息落图（mapping）分析方法来梳理山地城市社区公共生活空间原型，进一步优化与完善山地城市社区的更新规划方法，包括社区资产动态评估方法、社区服务需求与供给评价方法、社区公共空间场景营造方法、社区文化线路规划方法以及社区治理规划方法等。

（3）在机制上，精准化搭建政府、高校、社区、企业、社会等跨部门、跨行业、跨学科、长时期的更新协作平台，将产学研相结合地扎根社区，形成渝中社区更新的长效机制。

总之，实施城市更新行动是推动解决城市问题、提升人民获得感与幸福感的重大举措，结合城镇老旧小区改造及更广范围的城市社区更新是实施城市更新行动的目标与抓手。作为推动和实现这一重大民生工程的务实工具，将"资产为基"的社区发展理念同我国实情相结合进行在地转译，借助社区资产展开社区更新，通过社区资产挖潜来合理谋划规划途径，不失为一个积极应对国家战略的有效解决方案。

附录2图片来源

附录图2-1至附录图2-3源自：重庆大学建筑城规学院《重庆市渝中区社区更新总体思路研究与试点行动规划》.

附录图2-4源自：黄瓴，骆骏杭，沈默予."资产为基"的城市社区更新规划：以重庆市渝中区为实证[J].城市规划学刊，2022（3）：87-95.

附录图2-5至附录图2-8源自：重庆大学建筑城规学院《重庆市渝中区社区更新总体思路研究与试点行动规划》.

附录图2-9、附录图2-10源自：重庆大学建筑城规学院《重庆市渝中区社区规模调整专题研究》.

附录图2-11源自：笔者拍摄.

附录图2-12源自：重庆大学建筑城规学院《重庆市渝中区大溪沟街道特色老社区环境整治规划》文本.

附录图2-13源自：笔者拍摄.

附录 3　社会调查研究报告示例

在现代化浪潮中飘零的"盘根草"：
南京市七家湾回族社区的变迁调研

（2007 年全国高等院校城市规划专业本科生社会综合实践调查报告二等奖）

指 导 教 师：吴　晓

项目组成员：

王　慧　吴　珏　陈海明　夏茂华

（东南大学建筑学院 2005 级本科生）

所属院系：东南大学建筑学院

完成时间：2007 年 3—7 月

摘　要　改革开放之后，中国在驶入高速城市化轨道的同时，也开始面临城市的现代化问题，而传统社区的现代化正是城市现代化进程的一种典型体现。本报告以南京市七家湾回族社区为例，剖析了中国都市的传统少数民族社区在现代化背景下全方位发生的结构性变迁现象，并针对其伴随的种种问题探讨了相应的对策。

关键词　现代化；七家湾回族社区；社区变迁

"盘根草"是一种盘根错节且极易生长的野草。在传统回族社区中，回民生活离不开"教坊"，社区内部关系错综复杂，亲缘关系盘根错节，回民常用"盘根草"来描述传统回族社区内部的社会结构和纽带联系。

1　绪论

1.1　调研的背景及意义

1）调研背景

改革开放以来，伴随着城市结构的迅速变迁，城市的传统社区也开始受到现代化的多重冲击，尤其是那些承载了数百年悠久历史和民族特色文化的少数民族社区，所承受的影响往往成了城市现代化浪潮的一种缩影；而回族作为我国城市化程度最高的少数民族之一，其城市聚居社区向来以从事非农产业、具有地理空间和社会文化上的独立性等特征而为世人所关注，目前更是成了诸多矛盾和冲击相交织的典型载体（附录表 3-1，附录图 3-1）。

附录表 3-1　全国主要少数民族在县级以上行政单位中的人口分布

少数民族	回族	满族	壮族	蒙古族	苗族
少数民族人数超出 100 人的城镇所占比重 /%	64	36	23	26	19

注：表中的城镇比例统计主要是针对县级以上行政单位而展开。

附录图 3-1　1990 年全国主要少数民族的人口城市化率

就江苏而言，回民主要分布在南京、徐州、扬州、淮安、镇江等地，其中南京有回民近 7 万人，约占全市少数民族人口的 83%[①]，并在七家湾一带按地域聚居，形成典型的回族社区。但这片拥有几百年历史的特殊社区，却在现代化的急流中陷入自身难主沉浮而又不甘随波逐流的两难境界——传统抑或现代化？现代化抑或汉化？因此关注这一社区的走向，可以为南京传统社区的现代化变迁研究提供具有重要意义的典型样本。

2）调研目的

传统的回族社区是指以回族居民为主体，聚集在一定地域空间内，以汉语作为主要

---

① 参见南京政协网站《南京市少数民族统计情况》。

生活用语，有共同的伊斯兰教信仰和某些共同的价值观念、生活方式、风俗习惯的人口群体，是回族凝聚力和归属感（空间和时间）得以形成和延续的象征和标志。

目前的城市回族社区正在以变应变中寻找着自身在流动的城市社会中的重新定位，但现代化浪潮究竟给其带来了哪些层面的变迁？这些变迁会对社区的人口结构、居住格局、社会组织产生哪些影响？少数民族的传统文化和社区结构在现代化的冲击下又该如何延续和体现？于是，本次调研选择七家湾回族社区作为研究对象，希望通过调研初步实现以下目的：

其一，基于调研方法的综合运用及大量一手资料，系统剖析城市现代化给回族社区带来的多重影响。

其二，通过七家湾昨天和今天的比较研究，掌握其发展的基本规律，把握其变迁的大致脉络。

其三，关于传统回族社区明天的良性发展，从专业角度做出一定的思考，并提供相应的建议。

1.2 调研区域及方法

1）调研区域的确定

南京的回民居住区域长期呈现"大分散、小集中"的总体特征，但由于种种原因，人们对七家湾回族社区的范围认知各不相同[1]：广义的指整个城南回民的相对集中区，东至太平路、西到水西门的大片空间；狭义的则指政府设立的有一定行政建制和明确地域范围的社区。

综合各类资料，本次调研最终选取以草桥清真寺为中心，北至建邺路、南至升州路、西到莫愁路、东到中山南路的回族相对集中区域作为调研的重点区域（附录图 3-2 至附录图 3-4）。

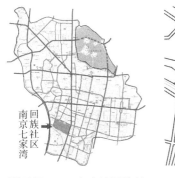
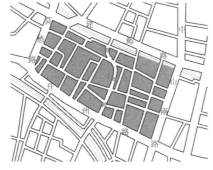

附录图 3-2　七家湾回族社　　　　　附录图 3-3　七家湾回族社　　　　　附录图 3-4　七家湾
　　区的区位分布　　　　　　　　　　　区的调研区域　　　　　　　　　　社区的现状照片

[1]　就南京广大市民的认知而言，七家湾社区大多是指以七家湾路为中心，包含周围许多小街、小巷的七家湾地区。关于七家湾回族社区的地域范围有四种解释：第一，以七家湾路为中心的区域；第二，七家湾社区；第三，20 世纪 50—90 年代曾经存在的七家湾居民委员会；第四，以七家湾社区为中心的整个城南回族居住较集中的地区。

2）调研的技术路线

调研的技术路线如附录图 3-5 所示。

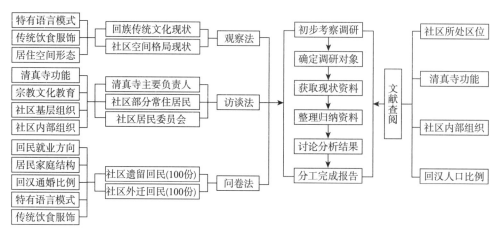

附录图 3-5　七家湾回族社区调研路线

2　调研与分析

2.1　社区的历史沿革

历史上七家湾回族社区的真正形成可追溯到明朝初期：朱元璋将有功的七位回族将领集中安置在秦淮河沿岸，以这七姓为基础建立了回族街——今日的七家湾[①]。其后它又经历了明清时期的稳步拓展和民国时期的动荡停顿，虽然在新中国成立初期有所恢复，但随之而来的历史政治运动和改革开放之后的城市现代化建设，又给七家湾回族社区带来了前所未有的冲击和影响（附录表 3-2）。

根据调研的背景和目的，调研时段将主要锁定为新中国成立前后至现在，以阶段性比较来重点考察改革开放后的现代化建设时期。

附录表 3-2　南京七家湾回族社区的历史沿革

历史阶段		阶段背景	相关事件	影响后果
明初至清末		明朝政府宽大的少数民族政策	草桥清真寺和净觉寺等清真寺的修建	大量回民进驻，社区得以持续稳定的发展
民国时期		社会局势动荡不安，战争频繁	雨花台回回营礼拜寺和净觉寺等被毁，回民先后遭太平天国、湘军、日军迫害	宗教活动被迫停止，人口锐减
新中国成立后	1950—1965 年	国家初建，社会趋于稳定，宗教走向复苏	居民普遍过上安定温饱生活，大多成为有固定收入的社会主义劳动者和建设者	宗教活动逐步复苏，参加礼拜的人数庞大

[①]　这七姓分别是哈、麻、达、沈、率、金、沙。后来，朱元璋又安排常遇春到大常巷，世代在此安居繁衍。至今，这七姓和常姓仍是七家湾的回族大姓。

历史阶段		阶段背景	相关事件	影响后果
新中国成立后	1966—1976 年	"文化大革命"	破四旧、反迷信风潮,导致清真寺被毁、阿訇挨批	宗教活动全面瘫痪,回民身心受到沉重打击
	1977—1989 年	拨乱反正,国家落实宗教政策	开放三座清真寺,即太平南路寺、净觉寺和吉兆营寺;尊重穆斯林传统习俗	由于前期社区连受重创,居民中的知识阶层和技术工人大多离开社区,社区受制于自身的缺陷恢复缓慢
	1990 年至今	社会经济全面推进,现代化进程逐渐加快	政府和房地产公司较为关注,现代化改造势在必行;而回民众多,收入较低,改造困难重重	居民随拆迁移至他处,逐渐形成目前的新旧混杂局面,社区的领域感和整合度进一步下降

2.2 社区的结构变迁

1)人口构成的变迁

(1)回汉人口比例的变化

① 现象描述

七家湾回族社区的回民占比总体呈下滑趋势,但各阶段的变化幅度有所不同(附录表 3-3,附录图 3-6)。

附录表 3-3　回民比例的阶段变化

演化阶段	阶段性特征
阶段一	新中国成立初期,政府为了维护社会的稳定和治安,曾采取了一系列的迁移和分散政策,但七家湾一带的回民仍然占了一半左右,并未对社区造成实质性破坏
阶段二	改革开放以后,社区居民陆续迁出,但受制于南京市回民总量的增长,其回民占比仅有 5% 的缓慢下降,居住也保持着较高的集中度
阶段三	1990 年以来,社区回民规模持续显著地减少,回汉居民比例也由 1∶2 大幅度降至 1∶15

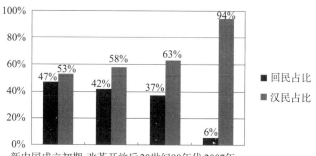

附录图 3-6　七家湾回族社区的回汉人口占比变化

② 现象剖析

通过上述的阶段性分析可以发现，虽然新中国成立之后的回民比例一直下降，但彻底改变七家湾社区回民主体地位人口构成和居住集中度的却是阶段三，这主要取决于两个方面的动因：其一是内部回民的迁出，其中大部分迁到了集庆门外的南苑小区、水西门外的茶西里小区和河西积善新寓一带（附录图3-7）；其二则是外部汉族居民的迁入抢占了回民的主体地位。正是在现代化背景下，城市建设和市场经济所带来的经济落差和需求分异，为回汉人口的相逆流动创造了条件（附录图3-8）。

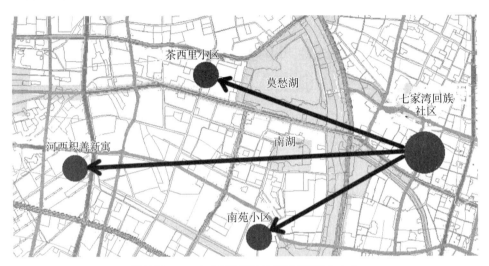

附录图 3-7 七家湾回族社区的回民迁出方向

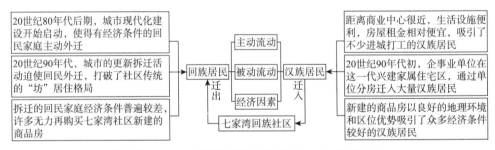

附录图 3-8 七家湾回族社区的回汉人口流动原因分析

（2）回汉通婚比例的变化

① 现象描述

家系和婚姻是编织回族社会亲属网络的经线和纬线，"内婚制度"更是构成了传统回族社区社会结构的一个重要基础，传统的七家湾回族社区几乎无回汉通婚现象，但这种"纯回民户"的结构随着时代的发展已经逐渐解体（附录表3-4，附录图3-9）。

这种回汉通婚比例的变化还集中反映在不同年龄段上（附录图3-10）：60岁以上的回民中回汉通婚户还比较少见，仅有9%；40—60岁回汉通婚户已经超过"纯回民户"；40岁以下的约九成为回汉通婚户。

附录表 3-4　回汉通婚的阶段变化

演化阶段	阶段性特征
阶段一	新中国成立初期，七家湾社区开始出现回汉通婚现象，约为 1/10
阶段二	20 世纪 50 年代后，回汉通婚现象明显增多，通婚户比例已达 36%
阶段三	改革开放以后，回汉通婚现象更为普遍（占七成以上），通婚户远远超出传统的纯回民户

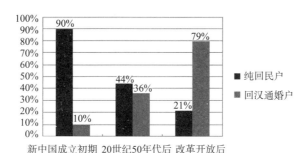

附录图 3-9　七家湾回族社区回汉通婚占比变化

附录图 3-10　七家湾回族社区年龄段通婚占比

② 现象剖析

通过上述阶段性的描述可以发现，自传统内婚制度被打破后，阶段二、阶段三的回汉通婚比例较以往有了明显增长，可见，民族内婚制度作为回族社区伊斯兰教信仰及文化传承的功能正不断减弱，究其原因，主要有两个。

其一，从内化的文化观念来看，时代变迁所带来的伊斯兰教信仰的淡漠和教育中伊斯兰教内容的缺失，已经使民族内婚制度的坚守变得举步维艰，这一比例从老年到青年呈现逐步递减的趋向。

其二，从外在的交往条件来看，数百年来回民赖以延续民族传统的区域在城市的大拆大建中被逐步压缩，由此带来的居住格局和传统行业的解体促成了交往对象和范围的重大转变，从而使族际通婚普遍化成为不可逆转的趋势。

（3）回民就业方向的转化

① 现象描述

由于受到宗教信仰、生活习俗等影响，传统回族社区的居民职业结构明显不同于汉族社区，但目前同样经历了前所未有的变化（附录表 3-5，附录图 3-11）。

附录表 3-5　回民职业的阶段变化

演化阶段	阶段性特征
阶段一	新中国成立前夕，七家湾社区的回民以饮食业和工商业为主导就业方向，2/3 以上的回民都从事同清真文化相关的行业
阶段二	新中国成立初期，由于传统清真饮食业和商业的衰落，该社区有四成回民成为国家和集体企业的职工，导致大半回民转向同清真文化无关的行业
阶段三	改革开放以后，七家湾社区从事传统行业的回民占比急剧下降，今仅剩下一成左右

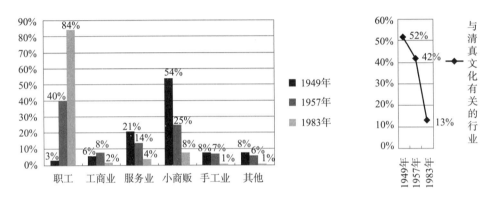

附录图 3-11　七家湾回族社区回民职业占比变化

另据调查，七家湾回族社区的回民在不同年龄段会有不同的选择和特征：60 岁以上的回民大多从事过或正在从事与清真文化相关的行业，而在 40—60 岁及 40 岁以下的回民中，从事传统行业的人数却依次递减（附录图 3-12）；与此同时，共有 22.1% 的回民经历了同清真文化相脱钩的重大择业转型。

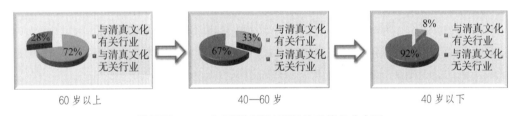

附录图 3-12　七家湾回族社区年龄段就业分布图

② 现象剖析

通过上述调查可以发现，在回民逐步远离传统清真行业的现实背景下，阶段三的就业转化幅度和清真文化相关性的缺失体现得尤为明显，折射出当前回族社区的传统职业结构已趋于解体，究其原因，主要有两个。

其一，传统经济结构的解体，七家湾回族社区原来有不少传统的清真商业服务设施，随着城市改造中经营空间的拆除和回汉人口比例的急剧下降，许多清真店面在城市改造中迁走，回汉人口比例不断下降，许多回民因失去固有客源和经营空间而被迫转行。

其二，文化包容度的扩大，现代社会结构和生活方式对传统宗教文化和风俗习惯的冲击，无形间拓展了回民原本狭窄的就业门路，使许多回民开始包容并从事以前忌讳的某些行业，而且这一现象已越来越多地呈现出年轻化的倾向，即使是老年人也有不少在当下实现了文化上的宽容和就业上的转换。

2）居住结构的变迁

（1）空间格局的异化

① 现象描述

清真寺与回民的日常生活息息相关，传统的七家湾回族社区采取的就是一个以草桥清真寺和大辉复巷女学为中心的空间格局（附录表3-6，附录图3-13）。

附录表3-6　七家湾社区空间格局的阶段变化

演化阶段	阶段性特征
阶段一	新中国成立前夕，以草桥清真寺为中心的10余座清真寺共同构成了七家湾社区围寺而居的典型格局
阶段二	新中国成立初期，宗教改革解散了"教坊制"，32座清真寺合并为8座，但社区的基本空间格局并未发生重大变化
阶段三	改革开放以后，南京大规模拆建破坏了回民社区传统的居住格局，尤其是1998年草桥清真寺的迁移和2000年鼎新路的拓宽进一步打破了围寺而居的居住格局

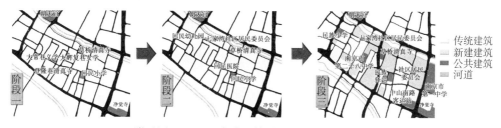

附录图3-13　七家湾回族社区的空间格局演化

② 现象剖析

通过上述分析可以发现，七家湾回族社区空间在近20年里有了根本性的改变，传统以清真寺为核心的居住格局已不复存在，已化作历史的记忆，究其原因，无非是城市开发和社区拆建背景下该特定空间构成要素的缺失和破解：一是作为社区文化和生活中心的草桥清真寺的搬迁，带走了空间文化所承载的空间核心；二则是以鼎新路拓宽为代表的拆建活动，赶走了该居住空间的传统主体——大量原住，从而使得原有围寺而居的空间格局丧失了存在的客观基础（附录图3-14）。

（2）家庭结构的演变

① 现象描述

家庭是所有居民生活和生产的基本单位。根据婚姻、血缘和家庭人口等要素，七家湾回族社区的家庭结构可划分为四类（附录表3-7，附录图3-15）。

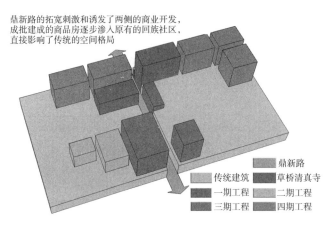

鼎新路的拓宽刺激和诱发了两侧的商业开发，成批建成的商品房逐步渗入原有的回族社区，直接影响了传统的空间格局

	鼎新路
传统建筑	草桥清真寺
一期工程	二期工程
三期工程	四期工程

附录图 3-14　鼎新路拓宽对七家湾回族社区的影响

附录表 3-7　回民家庭结构的阶段变化

演化阶段	阶段性特征
阶段一	新中国成立前夕，传统的联合家庭是七家湾回族社区的主流，主要体现在 60 岁以上的回民身上
阶段二	新中国成立初期，七家湾回族社区的联合家庭比重降低了 10%，核心家庭、主干家庭与联合家庭共存，普遍体现在 40—60 岁的回民身上
阶段三	改革开放以后，随着家庭规模的进一步缩小，七家湾回族社区逐渐形成以核心家庭和主干家庭为主的家庭结构；问卷中选择核心家庭的 40 岁以下的回民远多于中老年回民

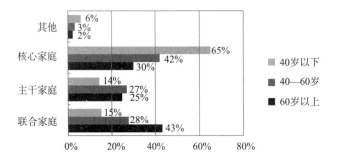

附录图 3-15　七家湾回族社区不同年龄段的家庭结构占比

② 现象剖析

通过上述阶段性的描述可以发现，七家湾回族社区的家庭结构变迁在总体上呈现出"家庭规模逐渐缩小"的特征和走向：一方面曾经占据主导地位的主干家庭、联合家庭占比逐渐降低；另一方面核心家庭、夫妻家庭及单身家庭等小型家庭占比却有所上升，尤其是小规模的核心家庭目前已成为回民的主流选择。家庭结构作为社区变迁的重要缩影，其演变离不开现代社会大环境的变化、家庭观念的更迭、国家政策的调整等多重因素的催化和影响（附录图 3-16）。

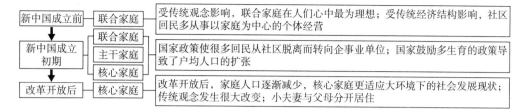

附录图 3-16 七家湾回族社区的家庭结构演变

3）社区组织的变迁

（1）清真寺的功能变革

① 现象描述

七家湾回族社区清真寺的功能随着时代的发展而变化，其中既有核心职能的衰退也有外延职能的转移（附录表3-8）。

附录表 3-8 七家湾回族社区的清真寺功能变化

演化阶段	阶段性特征
阶段一	清真寺是传统回族社区的公共空间：多居于整片社区的核心位置，草桥清真寺和大辉复巷女学便是七家湾回族社区的两大象征符号。 清真寺是穆斯林各类社团组织的大本营：通过共同的社会生活和宗教生活来联系社区内外成员，并通过教坊等宗教组织控制社区权力。 清真寺是穆斯林的文化教育中心：通过寺内的经堂教育，在伊斯兰教文化的传承中扮演传播中心的角色
阶段二	在新中国成立后的历次政治运动中，伊斯兰宗教活动受到抑制和破坏，绝大多数清真寺改变用途，部分被政府"经租代管"； 七家湾回族社区的清真寺丧失了应有的社会功能，回民的宗教生活被中断
阶段三	改革开放以后，南京宗教组织和活动开始缓慢恢复，重新开放的清真寺继续其民族文化传播中心的职能，只是不复存在的经堂教育削弱了这一作用； 对社区居民的全方位控制和组织作用逐步削弱，核心功能退而集中在居民道德和心理层面的整合

另据调查，在七家湾回族社区的宗教信仰程度在不同的年龄段有着不同的体现（附录图3-17）：从相对比例上看，中老年的信教占比（86%）远远高于青少年（24%）；从绝对数值上看，60岁以上的穆斯林明显多于40—60岁和40岁以下的回民。这些均折射出年龄大小与宗教信仰普及度之间的负相关关系。

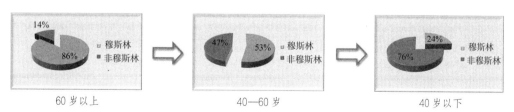

附录图 3-17 七家湾回族社区年龄段宗教分布图

② 现象剖析

通过上述阶段的功能演化可以发现，清真寺的核心功能总体呈现出明显的弱化趋势：一方面，其空间格局的核心地位正随着城市的开发建设逐步丧失；另一方面，其集社团组织大本营和文化教育中心于一身的社区组织的核心地位也在不断削弱，组织控制的力度和文化传承的深度与传统时期已不可同日而语。这主要取决于以下两个方面因素的影响：

其一，就组织意义上的社区而言，同以往封闭状态相比，日益开放的社区结构和现代化的生活方式弱化了清真寺的社区控制职能和社团组织职能，这从拆迁前后回民参加清真寺活动的频率变化上可以得到印证（附录图3-18）。

其二，就文化意义上的社区而言，现代化背景下多元文化的侵入，猛烈冲击了社区内以伊斯兰教信仰为代表的传统文化，并在不同年龄段回民身上呈现出一定的梯度分异，从老年到青年信仰弱化越来越明显（附录图3-19）。

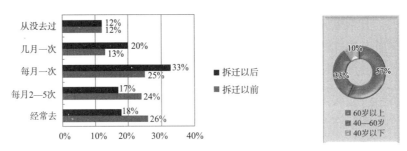

附录图3-18　回民参加清真寺活动的频率变化　　附录图3-19　静觉寺周五主麻人数

（2）内部组织的转化

① 现象描述

在城市现代化的影响下，七家湾回族社区内具有明显民族特征的内部组织发生了新的更替和转化（附录图3-20）。

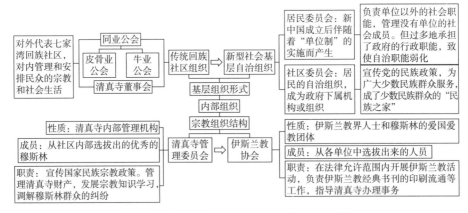

附录图3-20　七家湾回族社区内部组织的转化

② 现象剖析

通过上述分析可以发现，七家湾回族社区内部组织在现代化背景下产生了相应的转化：一是传统回族社区组织的遗失；二是新型社会基层组织的兴起；三是宗教组织的社会化。这主要取决于以下三个方面因素的影响：

其一，社区内外回汉人口的对流引起的回民居住松散和传统文化的丢失，导致了回民间凝聚力的削弱，使得传统回族社区组织逐渐遗失。

其二，新中国成立初期政府成立了居民委员会以便更好地管理和服务社区民众，七家湾居民委员会也正成立于此时，取代了传统组织并发挥其职能。

其三，现代化的迅猛发展，信息化时代的到来，使得宗教文化冲破地域的界限向全社会拓展。

4）生活习俗的遗失

（1）特有语言模式的消失

① 现象描述

七家湾回族社区的内部交流以汉语为主，同时夹杂着一些阿拉伯语或波斯语，形成了既不同于南京其他地区又不同于其他回族社区的特色方言，如称"锅贴"为"扁食"，称"爷爷"叫"巴巴"等。

在新中国成立前夕，这些特色语言曾在社区内部广泛使用，且久居于此的汉族居民也能运用这些语言与回民交流感情；但在 20 世纪 90 年代后，熟知特有语言并能熟练运用的回民大幅减少，且在不同年龄段有着不均衡的分布：久居于此的回族老人基本还能掌握，但 60 岁以下的回民已随年龄的降低而递减，其语言掌握率不到上一个年龄段的50%（附录图 3-21）。

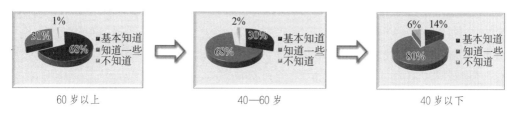

附录图 3-21　七家湾回族社区不同年龄段回民的特色语言使用情况

② 现象剖析

通过上述分析可以发现，目前七家湾回族社区的特色语言使用范围和比例同新中国成立前相比已明显缩小，究其原因，是社区主体的逐步更替与原有文化结构的破坏所带来的必然结果：一方面，城市开发和社区改造不但迁出了大量原住回民，而且削弱了传统经堂教育的根基，动摇了社区特色语言的传播基础；另一方面，大量新迁入的汉族居民对此特色语言了解甚少，更疏于借助其同原住回民进行交流，导致特色语言文化难以在互动中传承。

（2）饮食服饰传统的淡化

① 现象描述

在传统的回族社区中，居民的生活方式往往受到繁多宗教习俗的约束和引导，也形成了诸多伊斯兰教禁忌。

在新中国成立前夕，回民恪守伊斯兰教的饮食禁忌，大都穿戴特色民族服饰；在改革开放之后，禁忌开始有些松弛，恪守传统习俗的回民数量大幅下降，且与不同年龄段形成对应特征：约七成回族老人能遵守饮食禁忌和穿戴民族服饰，但 40—60 岁和 40 岁以下的回民能传承此传统者已大幅缩减，以至于与汉族居民差异甚小（附录图 3-22、附录图 3-23）。

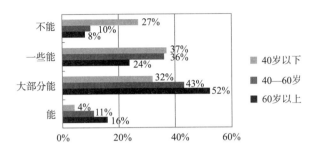

附录图 3-22　七家湾回族社区不同年龄段回民的饮食禁忌情况

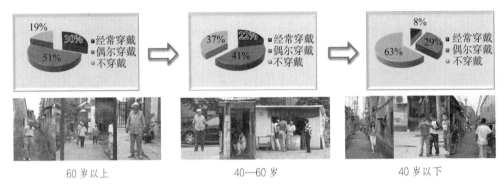

附录图 3-23　七家湾回族社区不同年龄段回民的民族服饰穿戴情况

② 现象剖析

通过饮食服饰传统的分析可以发现，回族社区所承载的传统习俗往往同当地主流文化和强势习俗有不小的差异甚至冲突，这些都在一定程度上阻碍了回民的外向性联络和社会资源的共享，从而在现代化的建设大潮中渐渐失去了坚守的阵营，而被此消彼长的汉文化所同化。

3　总结与建议

3.1　调研总结

基于一手资料的收集和多种调研方法的运用，我们对七家湾回族社区的变迁过程进行了系统考察，可以总结出相互影响、互为因果的四个方面特征和规律（附录表 3-9）。

附录表 3-9　七家湾回族社区变迁规律总结

变迁层面	变迁特征	变迁动因
人口构成	大量回民迁出与汉族居民迁入所带来的回汉人口比例的此消彼长	城市建设和市场经济所带来的经济落差与需求分异
	回汉通婚现象的普遍化、主流化与年轻化	内化文化观念的弱化和外在交往条件的更新
	回民同清真文化相关的传统职业的转换和行业网络的解体	传统经济结构的解体和文化包容度的扩大

变迁层面	变迁特征	变迁动因
居住结构	回族社区围寺而居的传统空间格局的不复存在	城市开发和社区拆建引发的空间构成要素的破解
	回族社区的家庭规模缩简化、结构核心化	社会环境的变化、家庭观念的更替和国家政策的调整
社区组织	清真寺核心职能的衰落、外延职能的转移	空间格局核心地位的消失、现代化背景对组织功能的弱化、多元文化对传统文化的冲击
	传统回族社区组织的遗失、新型社会基层组织的兴起和宗教组织的社会化	回汉人口的对流、居民委员会的建立和宗教文化的拓展
生活习俗	社区特色语言文化缺失的典型化、低龄化现象	社区主体的逐步更替和固有文化结构的破坏
	饮食禁忌的弱化和服饰传统的淡化	传统习俗和主流文化差异的扩大

3.2 问题影响

伴随着大规模强制性、取代性的旧城更新，七家湾回族社区的"盘根草格局"正在现代化浪潮的冲击下飘摆而趋于瓦解（附录图 3-24）。

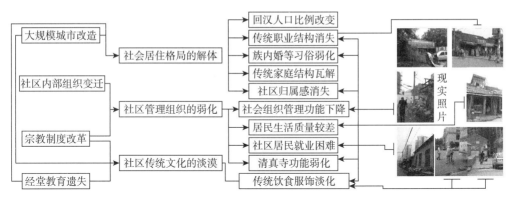

附录图 3-24　现代化背景下七家湾回族社区变迁问题影响

3.3 相关建议

随着城市现代化的不断发展，城市拆建已是不可阻挡的必然现象。都市回族社区如何在新的形势下营建他们自己的社会网络、存续他们的文化、保存他们的认同成了城市管理者不得不认真对待的问题。面对此客观事实，我们应该针对问题采取措施，在必然结果下做出良好调整。

1）保留回族社区传统格局的核心空间

大规模城市改造破坏了现有社区构成，导致回民大量外迁，应倡导有机更新的改造方式，反对强制取代性的大拆大建，从而实现社区新鲜血液的注入。尽量在空间上有意识地恢复传统社区格局，保留社区网络及其归属感，为正常的宗教活动提供必需的空间，使其习俗文化得以延续。

2）加强居民委员会和宗教组织的管理制度

居民委员会应从实际出发，改善居民生活水平，如开展技术培训班，引导回民发展特色文化产业，提高回民就业能力，创造更多就业机会；清真寺等宗教组织应严格控制非清真食品的流入。

3）强化社区内部传统宗教文化的教育

清真寺等宗教组织应定期开展伊斯兰教文化传播课程，延续回民传统文化，传承伊斯兰教的信仰，创造回民心理归属的空间，起到一定的文化认同作用，以维持传统社区的社会结构和关系网络。

附录 3 参考文献

1. 白友涛 . 盘根草：城市现代化背景下的回族社区［M］. 银川：宁夏人民出版社，2005.

2. 张鸿雁，白友涛 . 大城市回族社区的社会文化功能：南京市七家湾回族社区研究［J］. 民族研究，2004（4）：38-46.

3. 周传斌，马雪峰 . 都市回族社会结构的范式问题探讨：以北京回族社区的结构变迁为例［J］. 回族研究，2004（3）：33-39.

4. 杨文炯 . Jamaat 地缘变迁及其文化影响（续）：以兰州市回族穆斯林族群社区调查为个案［J］. 回族研究，2001（3）：10-14.

附录 3 图表来源

附录图 3-1 源自：马金宝 . 回族人口分布的地域特征简析：与其他几个少数民族的比较［J］. 回族研究，2000（4）：9-14.

附录图 3-2 至附录图 3-22 源自：项目组绘制 .

附录图 3-23、附录图 3-24 源自：项目组绘制；项目组拍摄 .

附录表 3-1 源自：马金宝 . 回族人口分布的地域特征简析：与其他几个少数民族的比较［J］. 回族研究，2000（4）：9-14.

附录表 3-2 至附录表 3-9 源自：项目组绘制 .

该问卷是不记名的，感谢您对南京城市建设和研究做出的贡献

［本资料"属于私人单项调查资料，非经本人同意不得泄露"（《中华人民共和国统计法》第三章第二十五条）］

调查问卷

性别＿＿＿＿＿＿＿＿＿＿ 年龄＿＿＿＿＿＿＿＿＿＿ 受教育程度＿＿＿＿＿＿＿＿＿＿

1. 您的先生（夫人）是本族人吗？＿＿＿。
   A. 目前单身 　　　　B. 是 　　　　C. 不是

2. 您的职业：以前为＿＿；现在为＿＿（可多选）。
   A. 国家机关、党群组织、企业、事业单位负责人
   B. 专业技术人员、室内装饰设计师、企业人力资源管理人员
   C. 办事人员和有关人员　　　　　　D. 商业、服务业人员
   E. 农、林、牧、渔、水利业生产人员　　G. 军人
   F. 生产、运输设备操作人员及有关人员　　H. 其他

3. 您的家庭结构：以前是＿＿；现在是＿＿。
   A. 核心家庭（由一对夫妇及未婚子女组成）
   B. 主干家庭（由父母及一个已婚子女及未婚兄弟姐妹组成）
   C. 联合家庭（由两代或两代以上的人，且同一代人中有两对或两对以上的夫妇组成）
   D. 其他结构方式（隔代家庭、夫妻家庭、单身等）

4. 您觉得清真寺的功能：以前是＿＿；现在是＿＿。
   A. 是回民生活中不可缺少的重要场所　　B. 仅作为回民重要的宗教场所
   C. 只是回民偶尔参拜的宗教场所　　　　D. 只是虚设，没有实质意义

5. 您每月去清真寺的频率：以前是＿＿；现在是＿＿。
   A. 从没去过　　B. 几月一次　　C. 每月一次　　D. 每月2—5次
   E. 经常去

6. 关于回族特有的语言词汇（比如，称"奶奶"为"太太"，"爷爷"为"巴巴"，"锅贴"为"扁食"等），您的了解程度为＿＿。
   A. 不知道　　B. 很少知道　　C. 了解一些　　D. 基本了解

7. 关于伊斯兰教的饮食禁忌您能否遵守：以前是＿＿；现在是＿＿。
   A. 能　　　　B. 大都能　　C. 一部分能　　D. 不能

8. 关于回族特有的服饰，您佩戴吗：以前是＿＿；现在是＿＿。
   A. 一直　　　B. 经常　　　C. 偶尔　　　D. 从不

9. 您接受宗教文化教育的机构是＿＿。
   A. 回民学校　　B. 自主学习班　　C. 清真寺　　D. 家庭教育

清真寺访谈记录

问：南京的清真寺从以前到现在的规模有什么变化？

答：南京的清真寺规模最大的时候达到了 41 所，阿訇有 330 多名。明朝共建清真寺 11 所，清朝时共建 19 所，其中 24 所被毁于太平天国时期。民国时期又陆续建成几所清真寺。到新中国成立初期，南京有 30 多所清真寺，共有 70 多名阿訇。后由于"大跃进""文化大革命"等政治运动，清真寺被毁，阿訇被批斗，南京现存清真寺仅 3 所。

问：每天每场来清真寺做礼拜的人数大约是多少？一般回民会多长时间来一次清真寺？哪个年龄层的人居多？与之前人数相比有变化吗？

答：每天每场大概有 20 人，星期五主麻的时候人数比较多。虔诚的教徒应该每天来清真寺做五次礼拜，可是由于时间不足、很多老人行动不便等原因，很多人只能每天或每几天来一次。来做礼拜的人从 20 岁的年轻人到 80 岁的老人均有，60 岁以上的人占多数，老人是宗教信仰的中坚力量。近来由于拆迁等因素的影响，很多原本住在七家湾的回民搬迁到其他地方，人数相对来说有所减少。

问：如今清真寺的功能是否有变化？还存在以前的经堂教育吗？清真寺的重要性是不是在逐渐减小？

答：以前和现在的清真寺的功能都是穆斯林礼拜和聚会的场所。经堂教育现在已经基本不存在了，草桥清真寺内会在周末开办一些古兰经等教育课程，以供穆斯林来这里学习。

问：回族的宗教信仰是否允许回民与其他民族通婚？如可以，有无特殊习俗？

答：《古兰经》对穆斯林结婚的条件做了很明确、很详细的规定。强调男女双方必须都是穆斯林，非穆斯林与穆斯林不能婚配，没有民族之分，只有信仰之分。回民是希望可以同信仰相同的人结婚，而族内婚制度的实行成为回族社会伊斯兰教信仰及文化传承的一个保障，保证回民在生计、社交等方面的联系，为回族的社会舆论开阔了空间。但是随着城市现代化的发展，回民变得更加开放，基本遵循"不主张通婚，也不反对"的原则。通婚后对方可以不随教，但应该尊重回民的宗教信仰和生活习俗。

问：在快速发展的现代化社会进程中，回族本土婚葬礼形式现在是否还在继续？一些传统的习俗是否必须继承？

答：随着时代的发展，原本必须在清真寺例行的婚礼形式逐渐淡化，在南京几乎没有什么回民形式的婚礼了。土葬的形式也带了一定的汉化元素。禁烟禁酒等传统习俗多是一些老人在延续。

问：老一辈回民如何在宗教方面教育下一辈回民的？年青一代的回民对伊斯兰教的信仰程度怎样？

答：在教育下一辈的问题上，大多数回民老人不强迫下一代一定要信仰伊斯兰教。这是很复杂的事情，很多老人其实并不懂得信仰，他们只知道遵循一些生活习惯，在这些方面上引导子女。后代人可以接受也可以不接受回族的传统文化教育，现在也没有专门的回民学校了。这也是现在南京回民汉化、传统文化逐步消失的原因。

问：随着城市现代化的发展，附近很多的回民居住地被逐步拆迁，这给回民的生活带来了什么影响？

答：现在的七家湾社区和原来的已经大有不同，很多汉人迁进来、回民迁出去，原来围寺而居的回族社区已经没有痕迹了，生活气氛已经被破坏了。被迁至异地的回民由于做礼拜不便、回民餐馆较少、清真食品难买等原因，生活也有很多不便，这都是我们不希望看到的。

问：您对以后的规划或者拆迁行动有什么建议或者希望吗？

答：既然是政府规划土地，回民也要顺从。原本希望保留或者修缮现存的回民小区，现在看来已经不大可能了，只是希望能够在拆迁后的回民聚集区再修建清真寺，因为清真寺和回族穆斯林的一生经历都息息相关。

居民委员会访谈记录

问：回汉人口比例有哪些变化？

答：回民比例总体来看是降低的。第一批拆迁迁出了很多回民，大都迁到了南湖那边。2000 年时，七家湾只有 800 多户人家，2003 年时重新划分了区域，与红土桥合并成了现在的七家湾，现有 2 000 多户人家。

——七家湾居民委员会，七家湾 88 号

问：回民通婚比例有哪些变化？

答：现在回汉通婚的年轻人是比以前多多了，以前基本没有多少人通婚，结婚后习惯不一样，生活不方便，但现在的年轻回本来信教的就不多，年轻人走出去了，通婚的人也多了。但居民委员会内的婚姻介绍所只介绍回民与回民。

——评事街居民委员会

问：社区内部组织有哪些变化？

答：传统社区的内部组织是以同业公会和清真寺董事会为主，管理社区内群众的生活和活动。现在主要由居民委员会负责，居民委员会里又包括文化教育工作委员会、社区服务工作委员会、卫生环境工作委员会、妇女计划生育委员会、民调治安工作委员会，另外还有老年协会、残疾人协会、民族之家等组织为社区居民服务。

——七家湾居民委员会，七家湾 88 号

问：社区群众是如何进行宗教知识学习的？

答：由于有些家长的意愿，有些小孩会特意到社区外报班学习民族宗教知识。学校不教授宗教知识，但阿訇会免费教授群众，有时还会组织一些宗教活动（比如，2007 年 5 月 17 日 14 时，白友涛来到清真寺给居民讲授"回族民族的形成与发展"；5 月 18 日，净觉寺的主麻活动聚集了百余名穆斯林）。

——评事街居民委员会

主要参考文献

· 中文文献 ·

包亚明.后现代性与地理学的政治[M].上海:上海教育出版社,2001.

包亚明.现代性与空间的生产[M].上海:上海教育出版社,2003.

北京市农村经济研究中心,北京社科院城市问题杂志社.世界乡村城市化与城乡一体化[Z].北京:城市问题杂志社,1998.

波德里亚.消费社会[M].刘成富,全志钢,译.南京:南京大学出版社,2000.

波普诺.社会学[M].李强,等译.10版.北京:中国人民大学出版社,1999.

布劳.不平等和异质性[M].王春光,谢圣赞,译.北京:中国社会科学出版社,1991.

柴彦威,李春江,夏万渠,等.城市社区生活圈划定模型:以北京市清河街道为例[J].城市发展研究,2019,26(9):1-8,68.

陈小卉,杨红平.老龄化背景下城乡规划应对研究:以江苏为例[J].城市规划,2013,37(9):17-21.

陈志诚,曹荣林,朱兴平.国外城市规划公众参与及借鉴[J].城市问题,2003(5):72-75,39.

德·塞托.日常生活实践 1.实践的艺术[M].方琳琳,黄春柳,译.南京:南京大学出版社,2009.

东南大学建筑系,东南大学建筑研究所.城市环境规划设计与方法[M].北京:中国建筑工业出版社,1997.

费孝通.乡土中国 生育制度[M].北京:北京大学出版社,1998.

冯健,刘玉.中国城市规划公共政策展望[J].城市规划,2008,32(4):33-40,81.

高源.美国现代城市设计运作研究[M].南京:东南大学出版社,2006.

格拉夫梅耶尔.城市社会学[M].徐伟民,译.天津:天津人民出版社,2005.

顾朝林,刘佳燕,等.城市社会学[M].2版.北京:清华大学出版社,2013.

哈维.巴黎,现代性之都[M].黄煜文,译.台北:群学出版有限公司,2007.

韩冬青.显隐互鉴,包容共进:南京小西湖街区保护与再生实践[J].建筑学报,2022(1):1-8.

侯志仁.城市造反:全球非典型都市规划术[M].台北:左岸文化事业有限公司,2013.

胡建淼.十国行政法:比较研究[M].北京:中国政法大学出版社,1993.

华兹.行动规划:如何运用技巧改善社区环境[M].谢庆达,译.台北:创兴出版社,1996.

黄春晓,顾朝林.基于性别制度的中国城市结构的历史演变[J].人文地理,2009,24(2):29-33.

黄瓴,陈颖果.全域旅游视角下的城市社区更新行动规划研究:以合川草花街社区为例[J].上海城市规划,2018(2):89-94.

黄瓴，骆骏杭，沈默予."资产为基"的城市社区更新规划：以重庆市渝中区为实证［J］.
　　城市规划学刊，2022（3）：87-95.

黄瓴，骆骏杭，宋春攀，等.基于社区生活圈理念的社区家园体系规划：以重庆市两江新
　　区翠云片区为例［J］.城市规划学刊，2021，262（2）：102-109.

黄怡.城市居住隔离及其研究进程［J］.城市规划汇刊，2004（5）：65-72.

霍尔.城市和区域规划［M］.邹德慈，金经元，译.北京：中国建筑工业出版社，1985.

贾倍思.香港公屋本质、公屋设计和居住实态［J］.时代建筑，1998（3）：58-62.

贾德裕，朱兴农，郗同福，等.现代化进程中的中国农民［M］.南京：南京大学出版社，1998.

焦怡雪，尹强.关于保障性住房建设比例问题的思考［J］.城市规划，2008，32（9）：38-45.

卡斯特.全球化、信息化与城市管理［J］.杨友仁，译.国外城市规划，2006，21（5）：88-92.

卡斯特.双元城市的兴起：一个比较的角度［M］.夏铸九，王志弘，译.台北：明文书局，
　　1993.

康少邦，张宁，等.城市社会学［M］.杭州：浙江人民出版社，1986.

库采夫.新城市社会学［M］.张叔君，尤艳琴，译.北京：中国建筑工业出版社，1987.

黎熙元，何肇发.现代社区概论［M］.广州：中山大学出版社，1998.

李和平，李浩.城市规划社会调查方法［M］.北京：中国建筑工业出版社，2004.

李惠斌，杨雪冬.社会资本与社会发展［M］.北京：社会科学文献出版社，2000.

李玲，王钰，李郇，等.解析安居解困居住区公建设施规划建设和运营：以广州三大安居
　　解困居住区调研为例［J］.城市规划，2008，32（5）：51-54，87.

李强.改革开放30年来中国社会分层结构的变迁［J］.北京社会科学，2008（5）：47-60.

李旭旦.人文地理学论丛［M］.北京：人民教育出版社，1986.

列斐伏尔.空间的生产［M］.刘怀玉，等译.北京：商务印书馆，2021.

刘怀玉，鲁宝.简论"空间的生产"之内在辩证关系及其三重意义［J］.国际城市规划，
　　2021，36（3）：14-22.

刘佳燕.构建我国城市规划中的社会规划研究框架［J］.北京规划建设，2008（5）：94-101.

刘悦来，尹科娈，孙哲，等.共治的景观：上海社区花园公共空间更新与社会治理融合实
　　验［J］.建筑学报.2022（3）：12-19.

陆学艺.社会学［M］.北京：知识出版社，1996.

马门.规划与公众参与［J］.国外城市规划，1995（1）：41-50.

马特拉斯.人口社会学导论［M］.方时壮，汪念郴，译.广州：中山大学出版社，1988.

芒福德.城市发展史：起源、演变和前景［M］.倪文彦，宋俊岭，译.北京：中国建筑工业
　　出版社，1989.

帕克，伯吉斯，麦肯齐.城市社会学：芝加哥学派城市研究文集［M］.宋俊岭，吴健华，
　　王登斌，译.北京：华夏出版社，1987.

强欢欢，吴晓，王慧.2000年以来南京市主城区居住空间的分异探讨［J］.城市发展研究，
　　2014，21（1）：68-78.

桑内特.肉体与石头：西方文明中的身体与城市［M］.黄煜文，译.上海：上海译文出版
　　社，2006.

沙里宁.城市：它的发展、衰败与未来[M].顾启源，译.北京：中国建筑工业出版社，1986.

施密特.迈向三维辩证法：列斐伏尔的空间生产理论[J].杨舢，译.国际城市规划，2021，36（3）：5-13.

石楠.城乡规划学学科研究与规划知识体系[J].城市规划，2021，45（2）：9-22.

宋博通.从公共住房到租金优惠券：美国低收入阶层住房政策演化解析[J].城市规划汇刊，2002（4）：65-68，73.

孙施文，殷悦.西方城市规划中公众参与的理论基础及其发展[J].国外城市规划，2004，19（1）：15-20，14.

孙施文.我国城乡规划学科未来发展方向研究[J].城市规划，2021，45（2）：23-35.

索杰.第三空间：去往洛杉矶和其他真实和想象地方的旅程[M].陆扬，等译.上海：上海教育出版社，2005.

泰勒.1945年后西方城市规划理论的流变[M].李白玉，陈贞，译.北京：中国建筑工业出版社，2006.

唐正东.社会—空间辩证法与历史想象的重构：以爱德华·苏贾为例[J].学海，2016（1）：170-176.

汪原.亨利·列斐伏尔研究[J].建筑师，2005（5）：42-50.

王德发，章伟君.城市居民家庭最低生活费用的测定及贫困率的计算[J].统计研究，1991，8（2）：21-23.

王彦辉."社区建筑师"制度：居住社区营造的新机制[J].城市规划，2003，27（5）：76-77，96.

王郁.日本城市规划中的公众参与[J].人文地理，2006，21（4）：34-38.

王章辉，黄柯可.欧美农村劳动力的转移与城市化[M].北京：社会科学文献出版社，1999.

韦亚平，赵民.推进我国城市规划教育的规范化发展：简论规划教育的知识和技能层次及教学组织[J].城市规划，2008，32（6）：33-38.

魏立华，闫小培.社会经济转型期中国城市社会空间研究述评[J].城市规划学刊，2005（5）：12-16.

文军.社会学理论的发展脉络与基本规则论略[J].学术论坛，2002，25（6）：119-122.

吴宏洛.中国就业问题研究[M].福州：福建教育出版社，2001.

吴明伟，吴晓，等.我国城市化背景下的流动人口聚居形态研究：以江苏省为例[M].南京：东南大学出版社，2005.

吴启焰.城市社会空间分异的研究领域及其进展[J].城市规划汇刊，1999（3）：23-26.

吴启焰，崔功豪.南京市居住空间分异特征及其形成机制[J].城市规划，1999，23（12）：23-26，35.

吴晓.南京经济适用住房建设现状调查[J].建筑学报，2005（4）：15-17.

吴晓，强欢欢，等.基于社区视野的特殊群体空间研究：管窥当代中国城市的社会空间[M].南京：东南大学出版社，2016.

吴晓，魏羽力.社会学渗透下的城市规划泛论：兼论现阶段的中国城市规划[J].现代城市研究，2011，26（7）：48-54.

吴晓，吴明伟.美国快速城市化背景下的贫民窟整治初探[J].城市规划，2008，32（2）：78-83.

吴增基，吴鹏森，苏振芳.现代社会调查方法[M].2版.上海：上海人民出版社，2003.

吴志强.国土空间规划的五个哲学问题[J].城市规划学刊，2020（6）：7-10.

夏铸九.重读《空间的生产》：话语空间重构与南京学派的空间想象[J].国际城市规划，2021，36（3）：33-41.

夏铸九.空间的文化形式与社会理论读本[M].2版.台北：明文书局，1989.

熊国平，朱祁连，杨东峰.国际经验与我国廉租房建设[J].国际城市规划，2009，23（1）：37-42.

熊易寒.社区共同体何以可能：人格化社会交往的消失与重建[J].南京社会科学，2019（8）：71-76.

徐一大，吴明伟.从住区规划到社区规划[J].城市规划汇刊，2002（4）：54-55，59.

许学强，胡华颖，叶嘉安.广州市社会空间结构的因子生态分析[J].地理学报，1989，44（4）：385-399.

许学强，周一星，宁越敏.城市地理学[M].北京：高等教育出版社，1997.

许志坚，宋宝麒.民众参与城市空间改造之机制：以台北市推动"地区环境改造计划"与"社区规划师制度"为例[J].城市发展研究，2003，10（1）：16-20.

薛德升，曹丰林.中国社区规划研究初探[J].规划师，2004，20（5）：90-92.

阳建强.西欧城市更新[M].南京：东南大学出版社，2012.

杨贵庆.城市社会心理学[M].上海：同济大学出版社，2000.

杨贵庆.试析当今美国城市规划的公众参与[J].国外城市规划，2002，17（2）：2-5.

杨舢，陈弘正."空间生产"话语在英美与中国的传播历程及其在中国城市规划与地理学领域的误读[J].国际城市规划，2021，36（3）：23-32，41.

杨雅彬.中国社会学史[M].济南：山东人民出版社，1987.

于一凡，朱霏飏，贾淑颖，等.老年友好社区的评价体系研究[J].上海城市规划，2020（6）：1-6.

袁媛，许学强.广州市城市贫困空间分布、演变和规划启示[J].城市规划学刊，2008（4）：87-91.

袁媛.中国城市贫困的空间分异研究[M].北京：科学出版社，2014.

张兵.城市规划实效论：城市规划实践的分析理论[M].北京：中国人民大学出版社，1998.

张兵.论城市规划的合法权威与核心价值[J].规划师，1998，14（1）：107-111.

张高攀.城市"贫困聚居"现象分析及其对策探讨：以北京市为例[J].城市规划，2006，30（1）：40-46，54.

张京祥，陈浩，王宇彤.新中国70年城乡规划思潮的总体演进[J].国际城市规划，2019，34（4）：8-15.

张京祥.规划决策民主化：基于城市管治的透视[J].人文地理，2005，20（3）：39-43.

张姗琪，甄峰，秦萧，等.面向城市社区规划的参与式感知与计算：概念模型与技术框架

［J］. 地理研究, 2020, 39 (7): 1580-1591.

张庭伟. 从"向权力讲授真理"到"参与决策权力": 当前美国规划理论界的一个动向: "联络性规划"［J］. 城市规划, 1999, 23 (6): 33-36.

张庭伟. 规划的协调作用及中国规划面临的挑战［J］. 城市规划, 2014, 38 (1): 35-40.

张庭伟. 新自由主义 城市经营 城市管治 城市竞争力［J］. 城市规划, 2004, 28 (5): 43-50.

章俊华. 规划设计学中的调查分析法与实践［M］. 北京: 中国建筑工业出版社, 2005.

赵蔚, 赵民. 从居住区规划到社区规划［J］. 城市规划汇刊, 2002 (6): 68-71.

郑震. 空间: 一个社会学的概念［J］. 社会学研究, 2010, 25 (5): 167-191, 245.

周俭, 钟晓华. 城市规划中的社会公正议题: 社会与空间视角下的若干规划思考［J］. 城市规划学刊, 2016 (5): 9-12.

周凌, 赵民. 构建多层次的城镇住房供应体系: 基于厦门市实证分析的讨论［J］. 城市规划, 2008, 32 (9): 28-37.

周敏. 唐人街: 深具社会经济潜质的华人社区［M］. 鲍霭斌, 译. 北京: 商务印书馆, 1995.

周晓虹. 传统与变迁: 江浙农民的社会心理及其近代以来的嬗变［M］. 北京: 生活·读书·新知三联书店, 1998.

朱冬梅, 刘桂琼. "新二元结构"下城镇贫困人口的特征、成因及对策研究［J］. 西北人口, 2014, 35 (4): 59-62.

朱庆芳. 城镇贫困人口的特点、贫困原因和解困对策［J］. 社会科学研究, 1998 (1): 62-66.

卓健. 法国: 城市规划中的公众参与［J］. 北京规划建设, 2005 (6): 46-50.

佐金. 裸城: 原真性城市场所的生与死［M］. 丘兆达, 刘蔚, 译. 上海: 上海人民出版社, 2015.

· 外文文献 ·

ABU-LUGHOD J L. Testing the theory of social area analysis: the ecology of Cairo, Egypt ［J］. American sociological review, 1969, 34 (2): 198-212.

ARNSTEIN S R. A ladder of citizen participation［J］. Journal of the American planning association, 2019, 85 (1): 24-34.

BARNETT J. Urban design as public policy: practical methods for improving cities［M］. New York: McGraw-Hill Education, 1974.

COLEMAN J S. Social capital in the creation of human capital［J］. The American journal of sociology, 1988, 94: 95-120.

CULLINGWORTH J B, NADIN V. Town and country planning in the UK［M］. 12th ed. London: Routledge, 1997.

DUPONT V. Socio-spatial differentiation and residential segregation in Delhi: a question of scale［J］. Geoforum, 2004, 35 (2): 157-175.

JACOBS J. The death and life of great American cities［M］. New York: Random House, 1961.

LE GALÈS P. Regulations and governance in European cities[J]. International journal of urban and regional research, 1998, 22(3): 482-506.

LEFEBVRE H. The production of space[M]. Oxford: Blackwell, 1974.

LYNCH K, HACK G. Site planning[M]. 3rd ed. Cambridge: The MIT Press, 1984.

MANGIN D. La Ville Franchisée[M]. Paris: Éditions de la Villette, 2004.

MEILLASSOUX C. Maidens, meal, and money: capitalism and the domestic community [M]. Cambridge: Cambridge University Press, 1981.

NORTHEM R M. Urban geography[M]. 2nd ed. New York: Wiley, 1979.

ROWE C, KOETTER F. Collage city[M]. Cambridge: The MIT Press, 1978.

SADLER S. The situationist city[M]. Cambridge: The MIT Press, 1998.

SENNETT R. The fall of public man[M].London: W. W. Norton & Company, 1977.

WATSON G B, BENTLEY I. Identity by design[M]. Oxford: Architectural Press, 2007.

WU X, WANG L J. Settlement spaces: urban survival prospects of China's special communities: empirical study of four types of representative community samples[M]. Singapore: Springer, 2021.

图片来源

图1-1 源自：笔者根据石楠.城乡规划学学科研究与规划知识体系［J］.城市规划，2021，45（2）：9-22绘制.

图1-2 源自：笔者绘制.

图1-3 源自：笔者根据石楠.城乡规划学学科研究与规划知识体系［J］.城市规划，2021，45（2）：9-22绘制.

图1-4 源自：笔者绘制.

图1-5 源自：笔者根据冯健，刘玉.中国城市规划公共政策展望［J］.城市规划，2008，32（4）：33-40，81绘制.

图1-6 源自：笔者绘制.

图2-1 源自：段进.城市空间发展论［M］.南京：江苏科学技术出版社，1999：39.

图2-2 源自：ABU-LUGHOD J L. New York, Chicago, Los Angeles: America's global cities［M］. Minneapolis: The University of Minnesota Press, 1999: 86.

图2-3至图2-5 源自：康少邦，张宁，等.城市社会学［M］.杭州：浙江人民出版社，1986：85.

图2-6 源自：吴瑞芹.上海市居住社区空间分异探讨［D］.上海：华东师范大学，2006.

图2-7 源自：杨上广.大城市社会空间结构演变研究：以上海市为例［J］.城市规划学刊，2005（5）：17-22.

图2-8 源自：杨震，伍秋橙.历史住区风貌保护与更新：以美国波士顿比肯山排屋住区为例［J］.城市规划，2021（5）：103-114.

图2-9 源自：SADLER S. The situationist city［M］. Cambridge: The MIT Press, 1999: 31, 60.

图2-10 源自：致正建筑工作室微信公众号《日常生活的突围与抵抗——定海桥地区居住建筑空间调研（一和完结篇）》（2022年3—6月）.

图2-11 源自：哈维.巴黎，现代性之都［M］.黄煜文，译.台北：群学出版有限公司，2007.

图2-12 源自：法国版《时尚》（Vogue）官网.

图2-13 源自：科斯托夫.城市的形成：历史进程中的城市模式和城市意义［M］.单皓，译.北京：中国建筑工业出版社，2005：13.

图2-14 源自：CAMPOS URIBE A, DE MIGVEL PASTOR M, LACOMBA MONTES P, et al. Multiculturalism in post-war architecture: Aldo van Eyck and the Otterlo Circles［J］. Architecture, 2020, 14（42）: 16.

图2-15 源自：微信公众平台.

图 3-1 源自：陈超，樊丽芳，姚宇乾，等.交往与空间［R］.南京：东南大学，2004：8.

图 3-2 源自：陈超，樊丽芳，姚宇乾，等.交往与空间［R］.南京：东南大学，2004：12.

图 3-3 源自：王增勇.集体行动指南［J］.城市中国，2008（30）：16.

图 3-4 源自：阳建强，吴明伟.现代城市更新［M］.南京：东南大学出版社，1999：64.

图 3-5 源自：宋若蔚，吴靖梅，张佳，等.商业化背景下的住区变迁：以珠江路科技街的兴起为例［R］.南京：东南大学，2005：11.

图 3-6 源自：周静，汤雪璇，黄亦凡，等.安得广厦千万间：南京经济适用住房调研［R］.南京：东南大学，2004：8.

图 3-7、图 3-8 源自：项飚.跨越边界的社区：北京"浙江村"的生活史［M］.北京：生活·读书·新知三联书店，2000：264，563.

图 3-9、图 3-10 源自：笔者拍摄.

图 3-11 源自：吴晓，吴珏，王慧，等.现代化浪潮中少数民族聚居区的变迁实考：以南京市七家湾回族社区为例［J］.规划师，2008，24（9）：15-21.

图 3-12 源自：陈梦娇，王竞楠，吴文昕，等.乡村旅游业对传统农村社区的影响调查：以南京市江心洲为例［R］.南京：东南大学，2007：4.

图 3-13、图 3-14 源自：如流网站.

图 3-15 源自：PERRY C A. The neighbourhood unit（monograph I），neighborhood and community planning，of the regional survey of New York and its environs. vol.7［Z］. New York：In Committee on Regional Plan of New York and Its Environs，1929.

图 3-16 至图 3-18 源自：笔者绘制.

图 3-19 源自：笔者根据李小云.包容性设计：面向全龄社区目标的公共空间更新策略［J］.城市发展研究，2019，26（11）：27-31 绘制.

图 3-20 源自：笔者根据《浙江省未来乡村建设导引》绘制.

图 3-21 源自：黄瓴，牟燕川，彭祥宇.新发展阶段社区规划的时代认知、核心要义与实施路径［J］.规划师，2020，36（20）：5-10.

图 3-22 源自：笔者绘制.

图 3-23 至图 3-26 源自：重庆大学建筑城规学院.重庆市渝中区社区规模调整专题研究［Z］.重庆：重庆大学建筑城规学院，2019.

图 3-27 至图 3-29 源自：笔者绘制.

图 3-30、图 3-31 源自：黄瓴，骆骏杭，宋春攀，等.基于社区生活圈理念的社区家园体系规划：以重庆市两江新区翠云片区为例［J］.城市规划学刊，2021，262（2）：102-109.

图 3-32 源自：重庆大学建筑城规学院.重庆市渝北区翠云片区社区家园布点规划［Z］.重庆：重庆大学建筑城规学院，2017.

图 3-33 源自：黄瓴，骆骏杭，宋春攀，等.基于社区生活圈理念的社区家园体系规划：以重庆市两江新区翠云片区为例［J］.城市规划学刊，2021，262（2）：102-109.

图 4-1 源自：强欢欢，吴晓.个体择居与结构变迁：进城务工人员居住空间演变［M］.南京：东南大学出版社，2020：99.

图 4-2 源自：笔者根据李新 . 北京市居住空间分异与社区文化认同［D］. 北京：北京师范大学，2004：9 绘制 .

图 4-3 源自：哈维 . 巴黎，现代性之都［M］. 黄煜文，译 . 台北：群学出版有限公司，2007：280.

图 4-4 源自：桑内特 . 肉体与石头：西方文明中的身体与城市［M］. 黄煜文，译 . 上海：上海译文出版社，2006：225，227.

图 4-5 源自：微信公众平台 .

图 4-6 源自：笔者绘制 .

图 4-7 源自：吴启焰，崔功豪 . 南京市居住空间分异特征及其形成机制［J］. 城市规划，1999，23（12）：23-26，35.

图 4-8 源自：付磊，唐子来 . 上海市外来人口社会空间结构演化的特征与趋势［J］. 城市规划学刊，2008（1）：69-76.

图 4-9、图 4-10 源自：DUPONT V. Socio-spatial differentiation and residential segregation in Delhi: a question of scale［J］. Geoforum, 2004, 35（2）: 157-175.

图 4-11 源自：陈燕 . 我国大城市主城—郊区居住空间分异比较研究：基于 GIS 的南京实证分析［J］. 技术经济与管理研究，2014（9）：100-105.

图 4-12、图 4-13 源自：强欢欢，吴晓，王慧 . 2000 年以来南京市主城区居住空间的分异探讨［J］. 城市发展研究，2014，21（1）：68-78.

图 5-1 源自：李艳玲 . 美国城市更新运动与内城改造［M］. 上海：上海大学出版社，2004：115.

图 5-2 源自：贝纳沃罗 . 世界城市史［M］. 薛钟灵，余靖芝，葛明义，等译 . 北京：科学出版社，2000：824.

图 5-3 源自：贝纳沃罗 . 世界城市史［M］. 薛钟灵，余靖芝，葛明义，等译 . 北京：科学出版社，2000：818.

图 5-4 至图 5-6 源自：南京市七家湾回族社区的变迁调研组关于南京进城务工人员的抽样调查数据（2015 年）.

图 5-7 源自：袁媛 . 中国城市贫困的空间分异研究［M］. 北京：科学出版社，2014：95.

图 6-1 源自：ARNSTEIN S R. A ladder of citizen participation［J］. Journal of the American planning association, 2019, 85（1）: 24-34.

图 6-2 源自：王郁 . 日本城市规划中的公众参与［J］. 人文地理，2006，21（4）：34-38.

图 6-3 源自：WATSON G B, BENTLEY I. Identity by design［M］. Oxford: Architectural Press, 2007: 219.

图 6-4 源自：WATSON G B, BENTLEY I. Identity by design［M］. Oxford: Architectural Press, 2007: 222.

图 6-5 源自：华兹 . 行动规划：如何运用技巧改善社区环境［M］. 谢庆达，译 . 台北：创兴出版社，1996：29.

图 6-6 源自：陈毓芬.永康社区梦想的蓝图［J］.空间，2000（8）：132.

图 6-7 源自：许志坚，宋宝麒.台北市"社区规划师制度"详解［J］.上海城市管理职业技术学院学报，2003，12（2）：36-40.

图 6-8 源自：侯志仁.城市造反：全球非典型都市规划术［M］.台北：左岸文化事业有限公司，2013：110-115.

图 6-9 源自：阳建强.西欧城市更新［M］.南京：东南大学出版社，2012.

图 6-10 源自：南京市规划和自然资源局网站.

图 6-11 源自：韩冬青.显隐互鉴，包容共进：南京小西湖街区保护与再生实践［J］.建筑学报，2022（1）：1-8.

图 6-12 源自：南京市规划和自然资源局网站.

图 6-13 源自：韩冬青.显隐互鉴，包容共进：南京小西湖街区保护与再生实践［J］.建筑学报，2022（1）：1-8.

图 6-14 源自：南京市规划和自然资源局网站.

图 7-1 源自：笔者绘制.

图 7-2 源自：马库斯，弗朗西斯.人性场所：城市开放空间设计导则［M］.俞孔坚，孔鹏，王志芳，等译.2版.北京：中国建筑工业出版社，2001：69.

图 7-3 源自：盖尔.交往与空间［M］.何人可，译.4版.北京：中国建筑工业出版社，2002：142.

图 7-4 源自：王建国.现代城市设计理论和方法［M］.南京：东南大学出版社，2001：119.

图 7-5 源自：南京东南大学城市规划设计研究院有限公司.苏州平江历史文化街区东南部地块修建性详细规划［Z］.南京：南京东南大学城市规划设计研究院有限公司，2015.

图 7-6 源自：笔者根据相关资料整理绘制.

图 7-7 源自：黎熙元，何肇发.现代社区概论［M］.广州：中山大学出版社，1998：296.

图 7-8 源自：笔者绘制.

图 7-9、图 7-10 源自：笔者根据相关资料整理绘制.

图 7-11、图 7-12 源自：南京东南大学城市规划设计研究院有限公司.南京市江宁区百家湖—九龙湖轴线地区城市设计［Z］.南京：南京东南大学城市规划设计研究院有限公司，2005.

图 7-13 源自：谷歌地球.

图 7-14 源自：许学强，胡华颖，叶嘉安.广州市社会空间结构的因子生态分析［J］.地理学报，1989，44（4）：385-399.

图 7-15 源自：笔者根据谢夫基和贝尔的相关研究成果整理绘制.

表格来源

表1-1 源自:《美国统计摘要》(1912 年, 1931 年, 1941 年, 1960 年).

表2-1 源自: 笔者根据滕尼斯《通体社会与联组社会》相关内容绘制.

表2-2 源自: 笔者根据迪尔凯姆《社会分工论》相关内容绘制.

表2-3 源自: ROBERTS P W, SYKES H. Urban regeneration: a handbook [M]. London: Sage, 2000: 132.

表2-4 源自: 笔者根据康少邦, 张宁, 等. 城市社会学[M]. 杭州: 浙江人民出版社, 1986: 85 绘制.

表2-5 源自: 笔者根据邓肯的 P、O、E、T 理论分析框架绘制.

表2-6 源自: 笔者根据王天夫. 空间、地点与城市社会学[J]. 武汉大学学报(哲学社会科学版), 2021, 74(2): 172-184 绘制.

表3-1 源自: 康少邦, 张宁, 等. 城市社会学[M]. 杭州: 浙江人民出版社, 1986: 323.

表3-2 源自: 笔者根据埃弗雷特·李(Everett Lee)的迁移理论绘制.

表3-3 源自: 中国社会科学院人口研究中心. 中国人口年鉴: 1985[M]. 北京: 中国社会科学出版社, 1986: 232-233.

表3-4 源自: 南京红山片区的外来工聚居区抽样调查(2003 年).

表3-5 源自: 黎熙元, 何肇发. 现代社区概论[M]. 广州: 中山大学出版社, 1998: 65.

表3-6 源自: 马特拉斯. 人口社会学导论[M]. 方时壮, 汪年郴, 译. 广州: 中山大学出版社, 1988: 63.

表3-7 源自: 笔者绘制.

表3-8 源自: LESLIE G R, LARSON R J, GORMAN B L. Order and change [M]. Oxford: Oxford University Press, 1978: 63.

表3-9 源自: 黎熙元, 何肇发. 现代社区概论[M]. 广州: 中山大学出版社, 1998: 6-10, 95.

表3-10 源自: 笔者绘制.

表3-11 源自: 顾朝林. 城市社会学[M]. 南京: 东南大学出版社, 2002: 14-15.

表3-12、表3-13 源自: 赵蔚, 赵民. 从居住区规划到社区规划[J]. 城市规划汇刊, 2002 (6): 68-71; 徐一大, 吴明伟. 从住区规划到社区规划[J]. 城市规划汇刊, 2002 (4): 54-55, 59.

表3-14 源自: 浙江省发展和改革委员会. 浙江省未来社区的试点创建评价指标体系(试行)[Z]. 杭州: 浙江省发展和改革委员会, 2019.

表3-15 源自: 周逸影, 杨潇, 李果, 等. 基于公园城市理念的公园社区规划方法探索: 以成都交子公园社区规划为例[J]. 城乡规划, 2019(1): 79-85.

表3-16 源自:《完整居住社区建设标准(试行)》.

表 3-17 源自：笔者绘制．

表 3-18 源自：重庆大学建筑城规学院．重庆市渝中区社区规模调整专题研究［Z］．重庆：重庆大学建筑城规学院，2019．

表 3-19 源自：笔者绘制．

表 3-20 源自：重庆大学建筑城规学院．重庆市渝北区翠云片区社区家园布点规划［Z］．重庆：重庆大学建筑城规学院，2017．

表 4-1 源 自：ROACH J L，GROSS L，GURSSLIN O R. Social stratification in the United States［M］. Englewood Cliffs：Prentice-Hall，1969.

表 4-2 源自：笔者根据顾朝林．城市社会学［M］．南京：东南大学出版社，2002：78 绘制．

表 4-3 源自：李强．当代中国社会分层［M］．北京：生活·读书·新知三联书店，2019：165-166.

表 4-4 源自：李强．当代中国社会分层［M］．北京：生活·读书·新知三联书店，2019：166-167；世界银行的《2006 年世界发展指标》．

表 4-5 源自：李强．当代中国社会分层［M］．北京：生活·读书·新知三联书店，2019：168；世界银行的《2006 年世界发展指标》．

表 4-6 源自：DUPONT V. Socio-spatial differentiation and residential segregation in Delhi：a question of scale［J］. Geoforum，2004，35（2）：157-175.

表 4-7 源自：强欢欢，吴晓，王慧．2000 年以来南京市主城区居住空间的分异探讨［J］．城市发展研究，2014，21（1）：68-78.

表 5-1 源自：CARMICHAEL S，HAMILTON C V. Black power：the politics of liberation in American［M］. New York：Vintage Books，1967；BENNETT L. The shaping of black America［M］.Chicago：Johnson Publishing Company，1975.

表 5-2 源自：国家统计局．

表 5-3 源自：搜狐网；教育部相关公布数据．

表 5-4 源自：康少邦，张宁，等．城市社会学［M］．杭州：浙江人民出版社，1986：188-189.

表 5-5 源 自：UN-Habitat. State of the world's cities 2006/7［R］. Nairobi：UN-Habitat，2006.

表 5-6 源自：黎熙元，何肇发．现代社区概论［M］．广州：中山大学出版社，1998：276.

表 5-7 源自：黎熙元，何肇发．现代社区概论［M］．广州：中山大学出版社，1998：257.

表 5-8 源自：王松杰．转型与演化：我国大城市工人新村的社会空间探析：以沪宁两地为例［D］．南京：东南大学，2011：54.

表 5-9 源自：笔者根据《南京市城乡居民最低生活保障条例》等相关法规和政策绘制．

表 5-10、表 5-11 源自：张鲁、焦卫冬《西安城市贫困群体现状、特征分析及应对措施》（国家统计局网站）．

表 5-12 源自：顾朝林．城市社会学［M］．南京：东南大学出版社，2002：18；中国 1% 人口的抽样调查统计（2002 年）；百度百科．

表 5-13 源自：2020 年第七次全国人口普查数据．

表 5-14 源自：陈小卉，杨红平．老龄化背景下城乡规划应对研究：以江苏为例［J］．城市规划，2013，37（9）：17-21.

表 5-15 源自：于一凡，朱霏飚，贾淑颖，等．老年友好社区的评价体系研究［J］．上海城市规划，2020（6）：1-6.

表 5-16 源自：周博，刘石磊，申威．基于行为差异性的社区公共空间适老化调查研究：以大连市为例研究［J］．上海城市规划，2020（6）：22-29.

表 6-1 源自：笔者绘制．

表 6-2、表 6-3 源自：马门．规划与公众参与［J］．国外城市规划，1995（1）：41-50.

表 6-4 源自：孙施文，殷悦．基于《城乡规划法》的公众参与制度［J］．规划师，2008，24（5）：11-14.

表 6-5 源自：华兹．行动规划：如何运用技巧改善社区环境［M］．谢庆达，译．台北：创兴出版社，1996.

表 6-6 源自：许志坚，宋宝麒．民众参与城市空间改造之机制：以台北市推动"地区环境改造计划"与"社区规划师制度"为例［J］．城市发展研究，2003，10（1）：16-20.

表 6-7 源自：黄书伟"社区规划师与地区环境改造计划——服务建议书制作与实际案例操作"授课课件．

表 7-1 源自：南京东南大学城市规划设计研究院有限公司，无锡市规划设计研究院．无锡总体城市设计［Z］．南京：南京东南大学城市规划设计研究院有限公司，2007.

表 7-2 源自：笔者根据波士顿咨询集团创建的"波士顿矩阵"整理绘制．

表 7-3、表 7-4 源自：笔者根据相关资料整理绘制．

表 7-5 源自：方遒．我国非文物建筑遗产的评估［D］．南京：东南大学，1998：17.

表 7-6 源自：顾朝林．城市社会学［M］．南京：东南大学出版社，2002：207.

表 7-7 源自：顾朝林．城市社会学［M］．南京：东南大学出版社，2002：209.

表 7-8 源自：ABU-LUGHOD J L. Testing the theory of social area analysis：the ecology of Cairo, Egypt［J］.American sociological review，1969，34（2）：198-212.

表 7-9 源自：笔者绘制．

表 7-10 源自：顾朝林．城市社会学［M］．南京：东南大学出版社，2002：219.

表 7-11 源自：笔者绘制．

表 7-12 源自：南京东南大学建筑设计研究院有限公司．大运河（常州段）遗产保护规划［Z］．南京：南京东南大学建筑设计研究院有限公司，2009.

表 7-13 源自：南京东南大学建筑设计研究院有限公司．杭州钱塘枢纽建筑概念设计暨核心区城市设计［Z］．南京：南京东南大学建筑设计研究院有限公司，2021.

表 7-14 源自：笔者绘制．

表 7-15 源自：南京市规划局，东南大学建筑学院，南京市规划设计研究院有限责任公司，等．南京市历史文化名城保护规划［Z］．南京：南京市规划局，2009.

后记

　　"城市社会学"是一门不断完善和拓展的专业领域，也是城市规划教学不可或缺的专业课程之一；而本书作为国内城市规划专业以"空间"为主线来讲授城市社会学的专业教材，不但在内容组织上涉及社会学相关知识体系和规划编制、研究及管理的融合与重构，而且尤为强调相关理论和方法在中国城市规划实践中的应用和转化。在教材的实际使用和教学过程中，建议采取课堂授课、课堂作业、课外调研与教学研讨相结合的形式，并通过科研成果、工程实践、优秀作业、国际典例等的引证和示范，探究城市结构、生活方式、社会组织等，实现空间性与社会性的统一、本体论与方法论的统一、理论性与实践性的统一。

　　回溯本人同社会学结缘之往昔，肇始于博士学位论文的开题和撰写（关于流动人口聚居形态），磨砺于20载的高校教师生涯，而终执于"城市社会学"领域方方面面的教学和科研工作，不但讲授"城市社会学"等专业课程至今，而且始终将"弱势/边缘群体（如进城务工人员、失地农民、少数民族、新就业大学生等）空间体系"作为本人之专攻，漫漫路上下求索而不敢妄自懈怠。如今围绕着这一特色方向，本人先后承担了包括国家自然科学基金项目在内的省部级以上课题和人才资助项目20余项，发表相关论文40余篇，出版相关论著和教材7部；获全国青年城市规划论文竞赛奖、求是理论论坛优秀论文奖、金经昌中国城市规划优秀论文奖等多次。可以说基本形成了自身体系化的、具有一定创新价值的特色成果，在国内学术界和学科交叉研究中也产生了积极的学术影响。

　　现在看来，一方面，之前宝贵的学术经历确实为本人打开了一扇不同于以往审视城市的窗口；另一方面，本人在面对博深精妙的社会学科时，常常会限于学识的浅薄、时间的仓促以及与专业基础的差距而感到力不从心，以至于重重压力之下难以自安。故而从战战兢兢地分工修订到统稿校核，再到交稿，停停写写历时近2年，距离第一版教材已逾10年，全赖东南大学出版社徐步政先生和孙惠玉编辑的宽容与帮助，本教材方得以告竣，本人谨表歉意与谢意于先。

　　当然，在本人同社会学结缘的悠长岁月里，首先需要感谢的是吾师吴明伟老先生，正因为先生的谆谆教诲、悉心指导和热忱支持，开启和照亮了本人从无意识的懵懂状态转向基于城市社会学执着探知的学术之路；其次是这20年来源源不断地为本人教学和科研工作提供专业启示和学术给养的大批学者及其研究成果，尤其是那些经典文献虽历时已久，却如同黄钟大吕之音常闻常新、发人深思；最后是这一路上邂逅和相陪的诸多同道和同仁，他们的及时点拨、中肯意见和携手合作，让本人在摸索前行时受益匪浅、在困顿踯躅时柳暗花明，在此一并深表谢意！像这次合作修订教材的黄瓴教授就熟识多年，其在"社区营造与更新"方向上深耕多年且多有建树，欣然承担起了第3章和附录相关规划示例的主要编撰工作；而魏羽力副研究员长期浸淫于经典社会学理论和学派的研读之中，素有自身的深度思考和独到见解，故本次也分担了包括"社会分层与空间分异"在内的若干章节的理论梳理和编撰工作。

最后，还要感谢的是使用第一版教材的诸多高校的反馈意见，以及参与教学改革和课程实践并及时反馈教材效果的东南大学的学生们，正是他们即时的"用户体验"为本次教材的再版提供了具体的方向和依据，也有助于新一版教材专业匹配性和使用效果的提升。此外，还有邵云通、骆骏杭、王雪妃等研究生参与了本教材大量配图的绘制和加工工作，在此一并感谢！

《中庸》有云："博学之，审问之，慎思之，明辨之，笃行之。"平日无论教与研，常以此自勉，本次教材的再版亦不例外。然而限于本人才学和种种原因，教材的撰写虽颇费周折、几经推敲和多有反复，仍不免有挂一漏万、主观片面之处，权当抛砖引玉，敬请学术界前辈与同仁不吝赐教。

吴晓

2022 年 10 月

本书作者

吴晓，福建惠安人，东南大学城市规划与设计专业工学博士。现为东南大学建筑学院教授、博士生导师，教育部"新世纪优秀人才支持计划"资助对象、江苏省"333高层次人才培养工程"培养对象、江苏省"六大人才高峰"项目和"青蓝工程"资助对象；兼任中国城市规划学会理事及其城市更新学术委员会秘书长、中国建筑学会城市设计分会理事、江苏省城市规划研究会城市更新专业委员会委员、江苏省城市规划研究会城镇化与空间战略研究专业委员会委员等。主要研究方向为：城市社会学与社区发展、弱势群体空间及其保障体系、城市设计理论与方法等。主持和主要承担国家自然科学基金项目6项、国家科技支撑（或重点研发）计划5项、世界银行项目1项、省部级科研、人才和教学改革研究课题10余项；发表学术论文140余篇，出版专（译）著、教材20部；获教育部科学技术进步奖、华夏建设科学技术奖、全国优秀城乡规划设计奖、部省级优秀规划设计和教学成果奖近40项。

魏羽力，江苏宜兴人，东南大学建筑设计及其理论专业工学博士。现为南京工业大学建筑学院副教授、高级规划师、中国城市规划学会城市影像学术委员会委员。主要研究方向为：城市形态及其社会机制、城市设计理论与方法、城市影像与城市文化等。出版译著《城市街区的解体：从奥斯曼到勒·柯布西耶》《设计与场所认同》等，发表学术论文近20篇。

黄瓴，重庆人，重庆大学城市规划与设计专业工学博士。现为重庆大学建筑城规学院教授、博士生导师；住房和城乡建设部科学技术委员会社区建设专业委员会委员，民政部全国基层政权建设和社区治理专家委员会委员，中国城市规划学会城市更新学术委员会副主任委员、住房与社区规划学术委员会委员，中国社会学会社会地理学专业委员会理事，重庆市社会稳定风险评估市级专家库成员，重庆市首批社区规划师等。主要研究方向为：社区发展治理与城市更新、社区规划与城市设计、城市社会学与城市空间文化学。主持和承担国家自然科学基金4项、国家重点图书出版规划与国家出版基金1项、省部级课题多项；发表学术论文80余篇，出版专著、教材7部；主持社区更新研究与规划实践30余项；获全国优秀城乡规划设计二等奖3项、三等奖2项，重庆市优秀城乡规划设计奖多项，教育部科学技术进步奖一等奖，民政部政策理论研究二等奖。